U0194506

杭州市科协科普专项资助

高等院校数据科学与大数据专业"互联网+"创新规划教材

大数据、数据挖掘理论与应用实践

李文书　吴奇石　李　杨

蔡　霞　黄　海　苏先创　著

北京大学出版社

PEKING UNIVERSITY PRESS

内 容 简 介

本书从大数据、数据挖掘、实际案例三个方面深入浅出地介绍了大数据领域的知识。全书分为三个部分：第一部分是大数据篇，主要从数据起源、生态系统、生命周期以及行业应用来分析大数据的研究方向和趋势，并对数据预处理、可视化、安全等大数据技术进行了详细的阐述；第二部分是数据挖掘认知篇，主要从线性回归、聚类、关联规则、分类与预测、时间序列等方面剖析数据挖掘技术；第三部分是数据实践篇，主要从业务和技术角度阐述已有的科研成果，使读者在从理论到实践的过程中深刻理解大数据的用途及技术的本质。

本书可作为大学本科学生的教材，也可作为从事智能信息处理、大数据、云服务等领域的科研工作者和广大工程技术人员的参考书，以及对大数据感兴趣的读者的自学用书。

图书在版编目（CIP）数据

大数据、数据挖掘理论与应用实践/李文书等著. —北京：北京大学出版社，2020.12
高等院校数据科学与大数据专业"互联网+"创新规划教材
ISBN 978-7-301-31899-7

Ⅰ.①大…　Ⅱ.①李…　Ⅲ.①数据处理—高等学校—教材　Ⅳ.① TP274

中国版本图书馆 CIP 数据核字（2020）第 247437 号

书　　　名	大数据、数据挖掘理论与应用实践	
	DA SHUJU、SHUJU WAJUE LILUN YU YINGYONG SHIJIAN	
著作责任者	李文书　等　著	
策 划 编 辑	郑　双	
责 任 编 辑	郑　双	
数 字 编 辑	蒙俞材	
标 准 书 号	ISBN 978-7-301-31899-7	
出 版 发 行	北京大学出版社	
地　　　址	北京市海淀区成府路 205 号　100871	
网　　　址	http://www.pup.cn　新浪微博：@北京大学出版社	
电 子 信 箱	pup_6@163.com	
电　　　话	邮购部 010-62752015　发行部 010-62750672　编辑部 010-62750667	
印 刷 者	天津中印联印务有限公司	
经 销 者	新华书店	
	787 毫米×1092 毫米　16 开本　25 印张　600 千字	
	2020 年 12 月第 1 版　2022 年 12 月第 2 次印刷	
定　　　价	69.00 元	

前　言

在当今信息爆炸的时代，信息伴随着社会事件和自然活动大量产生(数据的海量增长)，人类正面临着"被信息所淹没，但却饥渴于知识"的困境。随着计算机软硬件技术的快速发展、企业信息化水平的不断提高和数据库技术的日臻完善，人类积累的数据正以指数级速度增长。面对海量的、杂乱无序的数据，人们迫切需要一种将传统的数据分析方法与处理海量数据的复杂算法有机结合的技术。数据挖掘就是在这样的背景下产生的。它可以从大量的数据中去伪存真，提取有用的信息，并将其转换成知识。

数据挖掘涉及多学科领域，它融合了数据库、人工智能、机器学习、模式识别、模糊数学和数理统计等最新技术的研究成果，可以用来支持商业智能应用和决策分析。如顾客细分、交叉销售、欺诈检测、顾客流失分析、商品销量预测等，目前广泛应用于金融、医疗、工业、零售和电信等行业。数据挖掘技术的发展对于各行各业来说，都具有重要的现实意义。本书知识点关联图如图 0.1 所示。

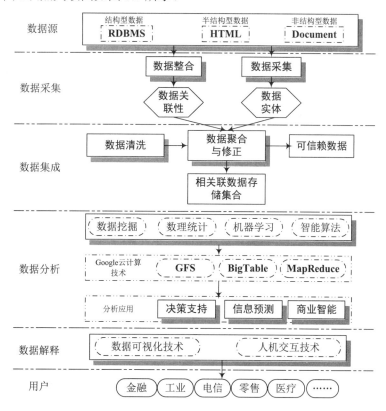

图 0.1　书中各知识点关联图

本书是在国家科技部重点研发计划(2018YFB1004901)、国家自然科学基金(60702069，31771224)、浙江省科技厅项目(Y1080851，LGF19F020009，LY17C090011)及 863 重点项目(2006AA020805)资助下研究成果的总结。写本书的初衷就是总结这些年的工作和学习经验，希望可以分享给更多人，同时对自己而言也是一个提高和升华的过程。

本书的写作思路是围绕"一个主线"和"两个基本点"展开的。"一个主线"就是按照数据采集、数据预处理、数据分析和数据解释 4 个阶段的顺序，简述自己最新的研究成果。对"两个基本点"来说，其一是每一章从概念、技术、方法、应用等维度详尽讲解，以期使读者系统、深入地掌握相关知识；其二是力求反映自己在大数据技术领域这十多年的研究成果。因此，本书包括了大数据分析相关技术的基本内容，同时又具有一定的深度和广度。希望通过本书的讲解，使读者既能了解大数据的概貌，又能把握大数据技术的国际动态和发展趋势。

李文书

2020 年 6 月

本书教学资源

目　　录

第一部分
大 数 据 篇

第1章 绪 论

学 习 目 标

[1] 领会大数据的定义及主要特性。
[2] 精通大数据的生命周期。
[3] 掌握大数据的科学问题。

重要知识点图谱

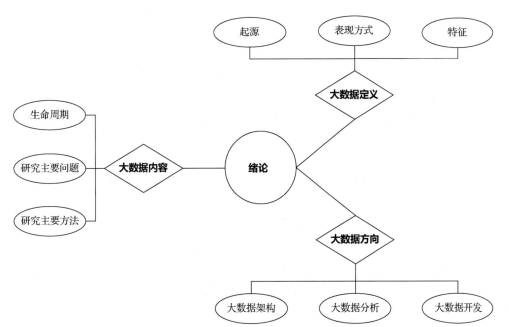

 重点与难点

[1] 数据科学研究的主要问题。
[2] 结构化数据、非结构化数据、半结构化数据。

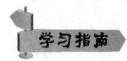 学习指南

厘清结构化数据、非结构化数据、半结构化数据;理解大数据的生命周期、架构和开发方向;通过学习数据科学研究的方法理解监督、非监督和半监督的关系。

1.1　什么是大数据

在大数据研究专家维克托·迈尔-舍恩伯格博士看来,世界的本质是数据。认识大数据之前,世界原本就是一个数据时代;认识大数据之后,世界却不可避免地分为大数据时代、小数据时代。

很多人这样理解大数据:"大数据就是大规模的数据。"这个说法真的准确吗?其实"大规模"只是针对数据的量而言的,也就是说,数据量大,并不代表数据一定有可以被深度学习算法利用的价值。例如,地球绕太阳运转的过程中,每一秒钟记录一次地球相对太阳的运动速度、位置,可以得到大量数据。可如果只有这样的数据,就并没有太多可以挖掘的价值。

另一种定义是,大数据(big data)指无法在一定时间范围内用常规软件工具进行捕捉、管理和处理的数据集合,是需要新处理模式才能具有更强的决策力、洞察发现力和流程优化能力的海量、高增长率和多样化的信息资产。在维克托·迈尔-舍恩伯格及肯尼思·库克耶编写的《大数据时代》中,大数据指不用随机分析法(抽样调查)这种捷径,而采用所有数据进行分析处理的数据。

1.1.1　大数据的来源

今天我们所说的大数据其实是在 2000 年后,因信息交换、信息存储、信息处理(见图 1.1)三方面能力的大幅增长而产生的数据。

(1) 信息交换。据估算,从1986 年到2007 年这20 余年间,地球上每天可以通过既有信息通道交换的信息数量增长了约 217 倍,这些信息的数字化程度,则从1986 年的约 20%增长到2007 年的约 99.9%。在数字化信息爆炸式增长的过程里,每个参与信息交换的节点都可以在短时间内接收并存储大量数据。

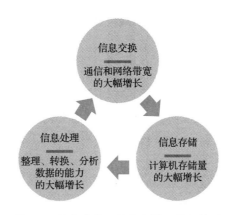

图 1.1　信息交换、信息存储、信息处理

(2) 信息存储。全球信息存储能力大约每 3 年翻一番。从 1986 年到 2007 年，全球信息存储能力增加了约 120 倍，所存储信息的数字化程度也从 1986 年的约 1%增长到 2007 年的约 94%。1986 年即便用当时所有的信息载体、存储手段，也只能存储全世界所交换信息的约 1%，而 2007 年则已经增长到约 16%。信息存储能力的增加为我们利用大数据提供了近乎无限的想象空间。

(3) 信息处理。即使有了海量的信息获取和存储能力，我们也必须有对这些信息进行整理、加工和分析的能力。例如，谷歌、Facebook 等公司在数据量逐渐增大的同时，也相应建立了灵活、强大的分布式数据处理集群。

1.1.2　大数据的表现形式

大数据可以有多种形式，包括结构化数据、非结构化数据、半结构化数据。

1. 结构化数据

结构化数据指可以使用关系型数据库表示和存储，表现为二维形式的数据。一般特点是数据以行为单位，一行数据表示一个实体的信息，每一列数据的属性是相同的，如表 1.1 所示。

表 1.1　关系型数据库中的二维数据

ID	name	age	gender
1	Jenny	12	female
2	Charlie	46	male
3	Mark	1	male

表 1.1 中数据是结构化的，可以看出其存储和排列是很有规律的，这对查询和修改等操作很有帮助。但其扩展性不好(如增加一个字段)。

结合到典型应用场景中更容易理解,如企业 ERP、财务系统、医疗 HIS 数据库、教育一卡通、政府行政审批、其他核心数据库等。这些应用的基本存储需求都包括高速存储应用、数据备份、数据共享以及数据容灾。

2. 半结构化数据

半结构化数据具有一定的结构性,它并不符合关系型数据库或其他数据表的形式关联起来的数据模型结构,但包含相关标记,用来分隔语义元素及对记录和字段进行分层。因此,它也被称为自描述的结构。

半结构化数据属于同一类实体可以有不同的属性,它们被组合在一起时,这些属性的顺序并不重要。常见的半结构数据有 XML 和 JSON。对于两个 XML 文件,第一个文件的内容可能为

```
<person>
    <name>Jenny</name>
    <age>12</age>
    <gender>female</gender>
</person>
```

第二个文件的内容可能为

```
<person>
    <name>Charlie</name>
    <gender>male</gender>
</person>
```

从上面的例子可以看出,属性的顺序是不重要的,不同的半结构化数据的属性的个数不一定一样。通过这样的数据格式[1],可以自由地表达很多有用的信息,比如自我描述信息(元数据),所以,半结构化数据的扩展性是很好的。

半结构化数据包括邮件、HTML、报表、资源库等,典型应用场景有邮件系统、Web集群、教学资源库、数据挖掘系统、档案系统等。这些应用实现数据存储、数据备份、数据共享以及数据归档等基本存储需求。

3. 非结构化数据

非结构化数据,顾名思义,就是没有固定结构的数据。各种文档、图片、视频/音频等都属于非结构化数据,如图 1.2 所示。对于这类数据,一般直接整体进行存储,而且一般存储为二进制的数据格式。典型应用场景有医疗影像系统、教育视频点播、视频监控、地理信息系统(Geographic Information System,GIS)、设计院设计图、文件服务器(PDM/FTP)、媒体资源管理等,这些应用的基本存储需求包括数据存储、数据备份及数据共享等。

(1) 典型的人为生成的非结构化数据包括文本文件、电子邮件、社交媒体等,具体如表 1.2 所示。

---

[1] 以树或图的数据结构存储的数据,如<person>标签是树根节点,<name>和<gender>标签是子节点。

图 1.2 非结构化数据

表 1.2 典型的人为生成的非结构化数据

分类	描述
文本文件	文字处理、电子表格、演示文稿、电子邮件、日志等
电子邮件	电子邮件由于其元数据而具有一些内部结构，有时将其称为半结构化数据。但是，消息字段是非结构化的，传统的分析工具无法解析它
社交媒体	微博、微信、QQ、Facebook、Twitter、LinkedIn 等平台的数据
多媒体网站	YouTube、Instagram、照片共享网站等的数据
移动数据	短信、位置等
通信	聊天、即时消息、电话录音、协作软件等
媒体	MP3、数码照片、音频文件、视频文件等
业务应用程序	MS Office 文档、生产力应用程序等

(2) 典型的机器生成的非结构化数据包括卫星图像、科学数据、数字监控等，具体如表 1.3 所示。

表 1.3 典型的机器生成的非结构化数据

分类	描述
卫星图像	天气数据、地形、军事活动等
科学数据	石油勘探、天然气勘探、空间勘探、地震图像、大气数据等
数字监控	监控照片和视频等
传感器数据	交通、天气、海洋传感器数据等

1.1.3 大数据的特征

大数据具有数据规模大、数据类型复杂、数据处理速度快、数据真实性高、数据蕴藏价值等特点。其可总结为 4V+1O，具体包括数据量(Volume)大，速度(Velocity)快，时效高，类型(Variety)繁多，价值(Value)密度低，数据在线(Online)五个方面。

其中，数据量大指采集、存储和计算的量都非常大。大数据的起始计量单位至少是P(1 000 个 T)、E(100 万个 T)或 Z(10 亿个 T)；速度快、时效高指处理速度快，时效性要求高，如搜索引擎要求几分钟前的新闻能够被用户查询到，个性化推荐算法尽可能要求实时完成推荐，这是大数据区别于传统数据挖掘的显著特征；类型繁多指包括结构化、半结构化和非结构化数据，具体表现为网络日志、音频、视频、图片、地理位置信息等，多类型的数据对数据的处理能力提出了更高的要求；价值密度低指随着互联网及物联网的广泛应用，信息感知无处不在，信息海量，但价值密度较低，如何结合业务逻辑并通过强大的机器算法来挖掘数据价值，是大数据时代最需要解决的问题。

数据在线是指数据随时能调用和计算，这是大数据区别于传统数据最大的特征。现在我们所谈的大数据不仅仅是量大，更重要的是数据变成在线的了，这是在互联网高速发展背景下的特点。例如，对于打车软件，客户的数据和出租车司机的数据都是实时在线的，这样的数据才有意义。但如果是放在磁盘中且是离线的，这些数据就远远不如在线的商业价值大。

1.2 什么是商业智能

经常和大数据一起出现的词汇是商业智能(Business Intelligence，BI)，如图 1.3 所示。

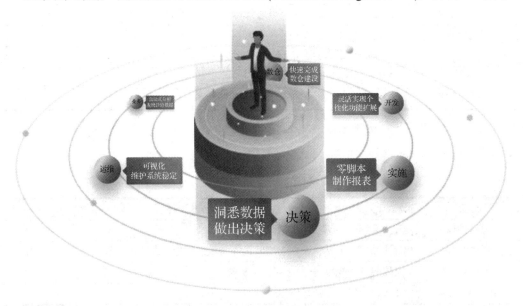

图 1.3 商业智能

业界比较公认的说法是，商业智能是在 1996 年由加特纳集团(Gartner Group)提出的一个商业概念，通过应用基于事实的支持系统来辅助商业决策的制定。商业智能技术提供使企业迅速分析数据的技术和方法，包括收集、管理和分析数据，将这些数据转化为有用的信息。

例如，公司在日常运营过程中是需要做很多决策的，而决策不管是股东大会讨论还是企业领导、部门领导直接发布行政命令，最终可能是由很多因素共同影响做出的结果，无论其来自主观还是客观。

如何获取这些决策呢？可以由领导直接凭经验决定；可以群策群力开会决定；可以咨询行业专家；在古代甚至可以找个算卦先生来占卜……从概念上说以上都属于辅助决策。显然，人们期望不论最终是如何做出这些决策和命令的，它们都应该是更为理性、科学、正确的。但是如何做出更为理性、科学、正确的决策呢？商业智能就是研究这个课题的。目前为止，业界普遍比较认可的方式就是基于大数据所做的规律性分析。因而，市面上成熟的商业智能软件大多是基于数据仓库做数据建模、分析及数据挖掘和报表的。

可以说，商业智能是一个具体的、大的应用领域，也是数据挖掘和机器学习应用的一个天然亲密的场景。而且商业智能这个解决问题的理念其实不仅仅可以应用于商业领域，还可以应用于国防军事、交通优化、环境治理、舆情分析、气象预测等多个领域。

1.3 大数据生命周期

大数据的生命周期从数据的传导和演变上可以分为数据收集、数据存储、数据建模、数据分析和数据变现五个环节，如图 1.4 所示。

图 1.4 大数据生命周期中的五个环节

1. 数据收集

数据收集是大数据生命周期的第一个环节，这里要注意，数据的收集和平时在业务生产库中的做法不太一样，更像以前数据仓库里的收集方式。

方法一是快照法。可以每天、每周、每月用数据快照的方式把当前这一瞬间某数据的状态复制下来放入相应的位置——这个位置就是大数据的数据中心所采用的数据容器，可以用 Hive 实现，也可以用 Oracle 或其他专业的数据仓库软件实现。

方法二是使用工具进行流式的数据导入，如 TCP 流或 HTTP 长/短链接。

2. 数据存储

数据存储的方式也有多种，当数据收集进入数据中心时，可以考虑使用 HDFS 或 Ceph 等开源且低成本的方案。数据量较小的时候可以采用网络附属存储(Network Attached Storage，NAS)直接挂载(mount)到一台 Linux 服务器的某挂载点。推荐使用 HDFS 和 Ceph，主要是因为这两种存储系统在业界已经应用很长时间，方案成熟稳定，部署价格低廉且扩展性极好。

3. 数据建模

数据建模是指数理关系的梳理，并根据数据建立一定的数据计算方法和数据指标。一般来说，在一个比较成熟的行业里，数据指标是相对比较固定的，只要对业务有足够的了解就能比较容易地建立起运营数据模型。使用人们熟悉的 SQL 语言就可以对存储容器中的数据进行筛选和清洗，如果数据存储的容器是其他异构容器，如 HBase 或 MongoDB 等，就只能使用它们自己的命令去操作了。

这里需要注意的是，有一个比较重要的环节——数据清洗。不同的业务习惯下，清洗有着不同的解释，但核心思想都是让数据中那些由于误传、漏传、叠传等原因产生的数据失真部分被摒弃在计算之外。此外，原始数据从非格式化变成格式化需要有个"整形"的过程，目的是让它能够参照其他数据来进行运算，清洗同样涵盖这个"整形"的过程。也有人习惯把这个环节直接放在数据收集的部分一次性完成，关于究竟哪种方式比较好，不能一概而论。在数据收集的时候就直接"整形"完毕，可能会使后面的数据存储、建模等环节处理起来成本更低一些，这是它的好处；但是在这个过程中会发生一部分数据裁剪的动作，而裁减掉的数据所蕴含的信息以后再想找回是不可能的。孰优孰劣还是因地制宜地进行讨论比较好。

4. 数据分析

"分析"包含两个方面的内容：一方面，在数据之间尝试寻求因果关系或影响的逻辑；另一方面，对数据的呈现做适当的解读。这两个方面或许有重叠的部分，但前者偏重数据挖掘、试错与反复比对；后者偏重业务结合、行业情景带入等。

初识 Python

市面上有不少数据分析工具，有开源的，也有收费的，到目前还没有特别好用的，大多使用门槛较高且使用习惯十分"西化"。目前收费的软件里比较好的有 IBM 的 SPSS、SAP 的 BW/BO，以及微软的 SAS 和 SSRS；开源的软件里有 Mahout、Spark ML Lib、Python Pandas 等。

收费软件通常会把挖掘分析和可视化结合得比较好，而开源软件里主要是封装的算法比较多，但是环节较为孤立，绘图的丰富程度和美观程度会大打折扣或干脆没有。

5. 数据变现

数据变现是大数据热潮中最现实的话题之一。网易云音乐、知乎、哔哩哔哩、支付宝等都在 2020 年年初对 2019 年的年度报告、年度账单进行了总结，这其实就是一种把过去难以收集的、非结构化的数据进行结构化处理的一种呈现。信息结构越发多元化和有用，大数据不是"革了财务的命"，而是在信息市场上"分了会计的羹"。

大数据营销

数据变现，首先是要有数据，其次是要有人，最关键的还是要有钱，并且相信入能敷出，因为这是个研究过程，并不一定真的能研究出名堂。利用数据变现本质上就是尽可能把商品卖出去的市场营销。不难看到，在数据变现中，上游是数据收集，对于非传统互联网企业来说是个大成本；中游是带有敏锐度(Business Acumen)的统计分析，对于传统公司和非传统公司来说都需要大成本；下游产品可能是推送给客户，客户很满意，于是就顺手买了，也可能是换作它用(比如金融)，也可能是纯粹给机构客户一份咨询报告和建议(类似传统咨询业 MBB[1]收集数据和商业分析的业务)。

---

[1] 顶级管理咨询公司——麦肯锡、波士顿、贝恩(MBB)。

目前，电信运营商的语音收入正在大幅下滑，但他们拥有庞大的客户群，每位手机用户每次触控手机时都会产生数据，这些数据及该用户的大量个人信息会被存储在电信运营商的系统中，因此，电信运营商试图在上述数据产品方面挖掘价值，从而弥补传统语音收入的不足。其中，西班牙电信开发了"Smart Steps"唤醒沉睡的数据。其可以为零售商、政府机构和交通运输部门提供大数据服务。当然西班牙电信一开始并没有想到要把它变现，只是为了创造社会福利，服务于社会，同时也希望能够带动公司的转型。

Smart Steps 采用统计学进行数据的计算和分析，从而使数据不仅适用于自己的客户群，也可以用于其他机构的人口分析。还可以为市一级的政府提供这个城市的市民在城市中流动的规律，如从 A 点到 B 点的流动人群数量，从而帮助市政府决定是在 A 点到 B 点之间修一条路，还是建一条地铁，另外，还可以将数据用于大型流行疾病前的预警。例如，西班牙电信和医疗卫生机构合作，一旦发现某个社区有不少人诊断得了某种疾病，此疾病还有爆发传染的趋势，基本就可以判断此病具有传染性，从而建议病人待在自己家中，避免去传染别人。这些数据还可以更好地帮助企业进行广告投放。因为男士和女士在消费选择方面的区别非常大，Smart Steps 可以帮助企业去辨别某个顾客是男性消费者还是女性消费者，从而进行细分化的广告投放，或产品推介；利用地理位置数据信息，通过运营商的网络数据，可以精确统计人口驻流的情况，为当地的零售商提供精确的开店选址服务。在精确统计人口驻流的情况之后，形成细分的可视化网格，还可以分析出区域内人口的消费情况，从而制定选址分析报告，辅助银行网点进行精确的选址。

1.4 数据科学研究的主要问题

大数据已渗透到各行各业，包括政府、医疗、金融、交通、教育、电信、安防、传媒、电商等，如图 1.5 所示。

图 1.5 大数据的应用领域

其中，医疗行业通过临床数据对比、实时统计分析、远程病人数据分析、就诊行为分析等，辅助医生进行临床决策，规范诊疗路径，提高医生工作效率；在智慧政府模式下，政府得以"感知"社会的发展变化需求，行政决策更加科学化、公共服务更加精准化、资源配置更加合理化；电子商务企业可以获得精准的数据分析，更好地了解用户的需求，制定合理的营销策略，从而向用户推广其更感兴趣的产品，提高营销成功率；传媒行业为了达到有效传播，云集各式各样的信息，实现分类筛选、摘编和深度加工，实现对用户个性化需求的准确定位和把握，并追踪用户的浏览习惯，不断进行信息优化；安防行业可实现视频图像模糊查询、快速检索、精准定位，挖掘海量视频监控数据背后的价值信息，反馈内涵知识辅助决策判断；在电信行业，大数据技术可以应用于网络管理、客户关系管理、企业运营管理等，并且使数据对外商业化，实现单独盈利；在教育行业，通过学习和分析大数据，能够为每位学生创设一个量身定制的个性化课程，提供一个富有挑战性而不会让人厌倦的学习计划；在用户画像的基础上，金融行业可以根据用户的年龄、资产规模、理财偏好等，对用户群进行精准定位，分析出潜在的金融服务需求；大数据技术还可预测未来交通情况，提供优化方案，有助于交通运输部门提高对道路交通的把控能力，防止和缓解交通拥堵，提供更加人性化的服务。

数据科学研究的问题，就是从上述行业或领域的实际业务需求中提炼出来的问题。下面通过几个例子来讲解数据研究的主要问题。

例 1.1　家庭收入与消费支出

为了研究某社区家庭月消费支出与家庭月可支配收入间的关系，随机抽取并调查了 12 户家庭的相关数据，如图 1.6 所示。通过调查所得样本数据能否发现家庭消费支出与家庭可支配收入间的数量关系，以及如果已知家庭月可支配收入，能否预测家庭月消费支出水平呢？

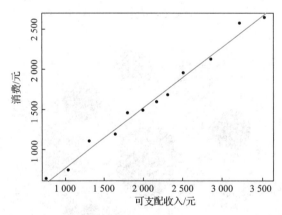

图 1.6　家庭月消费和月可支配收入散点图

例 1.2　消费贷公司对客户的信用评分

客户在申请消费贷时，消费贷公司根据收到的客户的收入、工作年限、职业等数据，以及从其他渠道获取的数据来评估客户的信用评分，以便决定是否给予核准贷款。那么，该如何预测客户借钱后是否会违约？该如何给每位客户评分？

例 1.3　员工离职预测

一定的员工流动率能为企业注入新鲜的活力,增强组织的创新能力,但过多的员工离职,特别是核心员工离职则会对企业的竞争优势造成一定的影响。因此,通过对离职影响因素的分析,企业管理者可以有效地对员工的离职行为进行管理。例如,通过收集员工满意度、绩效评估、完成的项目数量、每月工作时数、工作年数等因素(见图 1.7),用于预测员工是否离职,以便提前做好准备。

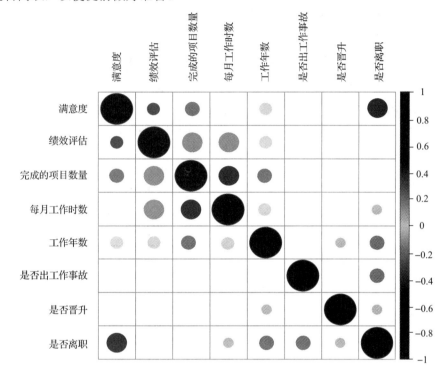

图 1.7　是否离职与其他因素的相关系数

例 1.4　购物篮分析

表 1.4 是某超市顾客购物记录的数据库,包含 6 个事件 $T_k(k=1, 2, \cdots, 6)$,其中项集 $I=\{$面包,牛奶,果酱,麦片$\}$。现在要分析已购买面包的顾客,有多大概率会买牛奶?如何根据顾客过去的购买记录,推荐其感兴趣的商品?

表 1.4　某超市顾客购物记录数据库

DIT	Date	Items
T100	6/6/2020	{面包,麦片}
T200	6/8/2020	{面包,牛奶,果酱}
T300	6/10/2020	{面包,牛奶,麦片}
T400	6/13/2020	{面包,牛奶}
T500	6/14/2020	{牛奶,麦片}
T600	6/15/2020	{面包,牛奶,果酱,麦片}

例 1.5　花卉细分

测量 18 种花卉的 8 个指标,这 8 个指标包括是否能过冬、是否生长在阴暗的地方、是否有块茎、花卉颜色、所生长泥土、人们对这 18 种花卉的偏好选择、花卉高度、花卉之间所需的距离间隔。如何根据这 8 个指标对 18 种花卉进行细分?该分为几类比较合适?

例 1.6　文本挖掘

从网上收集 1 000 多篇关于房地产的相关新闻,如何分析这 1 000 多篇新闻里都在讨论哪几个主要话题?如何有效地把这些新闻归类?如何提取新闻情感倾向并编制成指数?

1.5　数据科学的模型方法

数据科学的模型方法可分为有监督学习(supervised learning)、无监督学习(unsupervised learning)及半监督学习(semi-supervised learning),如图 1.8 所示。

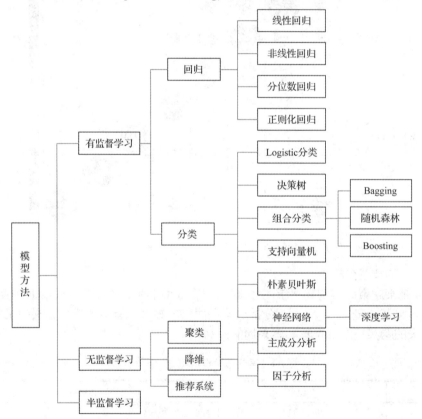

图 1.8　数据科学的模型方法

1.5.1　有监督学习

有监督学习是指在建模时,对每个(某些)自变量 $x_i = (x_{i1}, x_{i2}, \cdots, x_{ip})^{\mathrm{T}}$(向量默认用列表示),$i = 1, 2, \cdots, n$,都有对应的因变量 y_i。模型学习的好坏,可以通过因变量的实际观察值进行评判。一个好的模型对因变量的预测值要尽可能接近其对应的真实观察值。

另外，根据因变量 $y_i = (y_{i1}, y_{i2}, \cdots, y_{ip})^T$ 取连续值或离散值，有监督学习又分为回归(regression)和分类(classification)两大类问题。当因变量取连续值时，称为回归。回归分析(regression analysis)是研究一个变量关于另一个(此)变量的具体依赖关系的计算方法和理论。通过后者的已知或设定值，去估计和(或)预测前者的(总体)均值。可以表示为

$$y = f(X) + \varepsilon \tag{1.1}$$

其中，y 是因变量向量；$X = (X_1, X_2, \cdots, X_p)$ 是含有 p 个自变量的矩阵；f 是关于 X 的函数，f 可以是已知的(如最简单的就是线性回归，即 $y = X\beta + \varepsilon$)，这类方法被称为参数回归，f 也可以是未知的，此时就需要根据数据去估计 f，这类方法被称为非参数回归；ε 是随机误差项(error term)，这部分是无法预测的。

建模时，要拟合一个比较合理的 $\hat{f}$ 去估计 f，当给定了 X，就可以得到 $\hat{y} = \hat{f}(X)$。由于变量间关系的随机性，回归分析关心的是根据 X 的给定值，考察 y 的总体均值 $E(y|X)$，即当自变量取某个确定值时，因变量所有可能出现的对应值的平均值[1]。

当因变量取离散值时，称为分类。例如，在信用卡违约预测时，因变量 y 取值是{违约, 不违约}，这是个二元(binary)的取值。模仿回归的表达式，可以将分类问题写为

$$y = C(X) \tag{1.2}$$

其中，C 是关于 X 的函数，往往称为分类器(classifier)，如 Logistic 分类、决策树、随机森林和支持向量机(Support Vector Machine，SVM)等都是经典的分类器。

1.5.2 无监督学习

无监督学习指只有 X 而没有 y。对于这类数据，无法像有监督学习方法那样拟合模型去预测 y，所以，无监督学习往往用于理解数据的结构、数据降维等。无监督学习经典的方法有聚类分析(clustering)、主成分分析(principle component analysis)、因子分析(factor analysis)、关联规则(association rule)、社交网络(social network)等。

1.5.3 半监督学习

在实际问题中，假设共有 n 个观测，其中有 $m(m<n)$ 个既能观测到 X，也能观测到 y，而剩下的 $n-m$ 个由于数据采集困难等原因，只能观测到 X，而无法观测到 y。例如，在信用评分研究中，假设公司数据库里有 10 000 名顾客的资料，其中已经给 6 000 名顾客发放了贷款，并且已知有 500 名发生了违约，5 500 名没发生违约。而剩下的 4 000 名顾客由于

---

[1] 不同的学科或不同的教材对 y 和 X 有不同的术语。通常，y 称为被解释变量(explained variable)、因变量(dependent variable)或响应变量(response variable)；X 称为解释变量(explanatory variable)、自变量(independent variable)或协变量(covariate)。在数据挖掘和机器学习里，往往把模型 f 看作"机器"(machine)或者"箱子"(box)。因此，往往又更加形象地将 y 称为输出变量(output variable)，将 X 称为输入变量(input variable)。即输入变量 X 丢入"机器(箱子)"里，输出变量 Y 就被输出。所以，当模型 f 比较简单且容易理解时，往往也称白箱子(white box)，而当 f 比较复杂且难以理解时，也就相应地称为黑箱子(black box)。

还未发放贷款，故他们是否违约是未知的。在建模时，综合利用这两部分信息，则把这类问题称为半监督学习。

注意，图 1.8 所示的数据科学模型方法的划分并不是绝对的[1]。例如，Logistic 分类主要是针对因变量取离散值的问题，但在很多书上，习惯地称其为 Logistic 回归。再如，决策树、随机森林、支持向量机、神经网络等方法除可以针对取离散值的因变量建模(分类)外，还可以针对取连续值的因变量建模(回归)，但在实际应用中，这些方法更多的是应用到分类问题上，所以在本书里，主要将它们归到分类中。

1.6 大数据方向

1.6.1 大数据架构方向

大数据框架

5 种主流大数据框架

要培养大数据架构方向的人才，应更多地注重 Hadoop、Spark、Storm[2] 等大数据框架的实现原理、部署、调优和稳定性问题，以及它们与 Flume、Kafka 等数据流工具及可视化工具的结合技巧，再有就是一些工具的商业应用问题，如 Hive、Cassandra、HBase、PrestoDB 等。能够将这些概念理解清楚，并能够用辩证的技术观点进行组合使用，达到软/硬件资源利用的最大化，服务提供的稳定化，这是大数据架构人才培养的目标。

以下是大数据架构方向研究的主要方面。

(1) 架构理论，关键词有高并发、高可用、并行计算、MapReduce、Spark 等。

(2) 数据流应用，关键词有 Flume、Fluentd、Kafka、ZMQ 等。

(3) 存储应用，关键词有 HDFS、Ceph 等。

(4) 软件应用，关键词有 Hive、HBase、Cassandra、PrestoDB 等。

(5) 可视化应用，关键词有 HightCharts、ECharts、D3、HTML5、CSS3 等。

其他架构理论层面、数据流层面、存储层面、软件应用层面等都需要做比较深入的理解和落地应用。尤其是需要至少从每一个层面中挑选一个可以完全纯熟应用的产品，然后组合成一个完整的应用场景，在访问强度、实现成本、功能应用层面都能满足需求，这是一个合格的大数据架构师必须完成的最低限度要求。

1.6.2 大数据分析方向

要培养大数据分析方向的人才，应更多地注重数据指标的建立、数据的统计、数据之

---

[1] 图 1-8 中所罗列的方法并非是全部方法，随着该领域的快速发展，每年都有很多新的方法被提出，由于篇幅有限，本书主要讲解在实践中被反复检验的经典方法，这只是从数据科学方法这个浩瀚的大海里取的一瓢水而已。

[2] Storm、Spark 和 Hadoop 分别用于实时大数据分析、准实时大数据分析、离线大数据分析。

间的联系、数据的深度挖掘和机器学习，并利用探索性数据分析的方式得到更多的规律、知识及对未来事物预测和预判的手段。其研究的主要方面如表 1.5 所示。

表 1.5 大数据分析方向研究的主要方面

方向	关键词
数据库应用	RDBMS、NoSQL、MySQL、Hive、Cassandra 等
数据加工	ETL、Python 等
数据统计	统计、概率等
数据分析	数据建模、数据挖掘、机器学习、回归分析、聚类、分类、协同过滤等

1.6.3 大数据开发方向

要培养大数据开发方向的人才，应更多地注重服务器端开发、数据库开发、呈现与可视化、人机交互等衔接数据载体和数据加工各个单元以及用户的功能落地与实现。其研究的主要方面如表 1.6 所示。

表 1.6 大数据开发方向研究的主要方面

方向	关键词
数据库开发	RDBMS、NoSQL、MySQL、Hive 等
数据流工具开发	Flume、Heka、Fluentd、Kafka、ZMQ 等
数据前端开发	HightCharts、ECharts、JavaScript、HTML5、CSS3 等
数据获取开发	爬虫、分词、自然语言学习、文本分类等

可以注意到，大数据开发和大数据架构方向有很多关键词虽然是重合的，但是一个是"应用"，一个是"开发"。其中，"应用"更多的是懂得这些技术能为人们提供什么功能，以及使用这些技术的优缺点，并擅长做取舍；"开发"更注重的是熟练掌握，快速实现。

本 章 小 结

数据的认识和数据的应用是大数据与机器学习的基础，数据、信息、算法、概率、数据挖掘、商业智能，这些是大数据最为核心的基础概念与要素。大数据产业已经向我们敞开了大门，整个产业才刚刚开始萌芽，只要多观察、学习和思考，任何领域、任何业务都会享受到大数据产业带来的好处。

对AI、ML 和 DM 的理解

习 题

一、选择题

1. 当前大数据技术的基础是由(   )首先提出的。
   A. 微软
   B. 百度
   C. 谷歌
   D. 阿里巴巴

2. 大数据的起源是( )。

    A. 金融   B. 电信

    C. 互联网   D. 公共管理

3. 大数据最明显的特点是( )。

    A. 数据类型多样   B. 数据规模大

    C. 数据价值密度高   D. 数据处理速度快

4. 大数据时代，数据使用最关键的是( )。

    A. 数据收集   B. 数据存储

    C. 数据分析   D. 数据再利用

5. 数据的精细化程度是指( )，越细化的数据，价值越高。

    A. 规模   B. 活性

    C. 颗粒度   D. 关联性

6. 美国海军军官莫里通过对前人航海日志的分析，绘制了新的航海路线图，标明了大风与洋流可能发生的地点。这体现了大数据分析理念中的( )。

    A. 在数据基础上倾向于全体数据   B. 在分析方法上更注重相关分析

    C. 在分析效果上更追求效率   D. 在数据规模上强调相对数据

7. 当前社会中，最为突出的大数据环境是( )。

    A. 互联网   B. 自然环境

    C. 综合国力   D. 物联网

8. 信息技术不包括( )。

    A. 计算机技术   B. 通信技术

    C. 传感技术   D. 新材料技术

9. 下列关于大数据特点的说法中，错误的是( )。

    A. 数据规模大   B. 数据类型多样

    C. 数据处理速度快   D. 数据价值密度高

二、简答题

1. 大数据有哪三个特点？在处理大数据时主要需要考虑哪些因素？

2. 大数据有哪几种形式？各形式之间的关系是什么？请说出非结构化数据的内容。

3. 大数据的生命周期分为几个部分？请用图的形式解释。

4. 数据科学研究的主要问题有哪些？请用实例说明。

5. 简述商业智能和数据科学之间的区别。

第2章
数据预处理

学习目标

[1] 领会统计与数据预处理的定义及主要特性。

[2] 精通参数估计、假设检测、数据清洗、数据变换等。

[3] 掌握数据归约、泛化、离散化。

重要知识点图谱

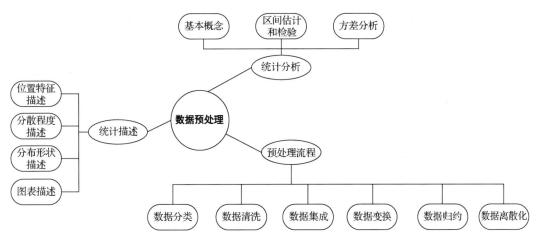

重点与难点

[1] 通过 Python 实现大数据的参数估计、假设检测、数据清洗、数据变换。

[2] 实现数据的离散化。

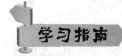

在学习本章内容之前要储备一定的 Python、数据结构、算法分析与设计等知识。

2.1 统 计 分 析

统计分析是大数据挖掘技术的重要组成部分。例如，通过统计分析了解不同专业在当前热门工作中的比例，对于挖掘专业背景与就业率（见图 2.1）、专业招生规模变化、公共教育资源配置等之间的关系具有重要的作用。

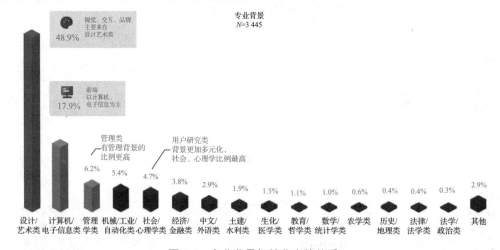

图 2.1 专业背景与就业率的关系

数据挖掘与统计分析的相似处与不同点如表 2.1 所示。

表 2.1 数据挖掘与统计分析的相似处与不同点

数据挖掘与统计分析	描述
相似处	①数据挖掘仍然是数据分析 ②设法去发现数据中隐藏的各种模式 ③尽可能去解释或预测某些现象 ④可以用于各种不同的应用

数据挖掘与统计分析	描述
不同点	①数据挖掘对所发现的模型不做任何假设 ②在模型可能的空间中自动地搜索问题的解 ③算法具有可扩展性 ④通过可视化方式将有助于进行直观的解释

2.1.1　统计描述

当要给出有关某一数据集的描述时，采用大多数人所熟悉的术语进行描述是非常有帮助的。因此，本书将普遍地使用这些术语来描述数据集。下面将从一个给定数据集的位置特征、分散程度和分布形状等方面分别进行讨论。

1. 位置特征的描述

位置特征的描述把所有值中的单个数值或其平均值作为所考察数据的代表。主要方法是使用算术平均值(arithmetic mean)。在实际应用中使用最广泛的是均值(mean)，还有两个有关位置特征的描述，它们分别是中位数(median)和众数(mode)。

(1) 均值

给定 n 个数的集合，例如，$x_1, x_2, \cdots, x_n$，那么均值通常表示为 $\bar{x}$ 或 μ (表示总体参数)，计算表达式为 $\bar{x} = \dfrac{x_1 + x_2 + \cdots + x_n}{n} = \dfrac{1}{n} \sum_{i=1}^{n} x_i$。

(2) 中位数

它满足 $P(X < x) \leqslant \dfrac{1}{2}$ 且 $P(X > x) \leqslant \dfrac{1}{2}$，即 $x_1, x_2, \cdots, x_n$ 有一半的取值要比中位数大，同时，$x_1, x_2, \cdots, x_n$ 中又有一半的取值要比中位数小。

例 2.1　对于整数集合 S，有 $S = \{1,6,3,8,2,4,9\}$，先对 S 进行排序 $S = \{1,2,3,4,6,8,9\}$。从集合 S 中可以看出，4 同时位于平分位线的上边和下边，因此，本例的中位数为 4。又如，对于有序集合 $S = \{1,2,3,4,6,8,9,12\}$，在数据列表中间的数据不止一个，有两个数值，即 4 和 6，那么这种情况下的中位数就是 4 和 6 中的任意一个数值。不过，在通常情况下取 4 和 6 的均值作为本例的中位数，即 $x=(4+6)/2=5$。

注意：对于 n 个有序的数据点，如果 n 为奇数，那么中位数恰好位于集合中数据点的中间位置，即中位数所处位置为 $(n+1)/2$。如果 n 为偶数，那么中位数是有序集合中中间位置的两个数的平均值，这两个数所处的位置分别为 $n/2$ 和 $n/2+1$。

(3) 众数

众数是指数据集中出现最为频繁的值。换言之，集合中该值的出现具有最大概率值。有时，有 2 个、3 个或更多个取值的出现具有相对而言较大的概率值，在这些情况下，分别称为双众数(bimode)、三众数(trimode)和多众数(mulimode)。

例 2.2　有一个 10 个面的骰子经过滚动形成的集合 $R = \{2,8,1,9,5,2,7,2,7,9,4,7,1,5,2\}$，在集合 R 中出现次数最多的数值是 2，出现了 4 次。因此，集合 R 的众数是 2。如果 7 在集合中出现的次数再多一次，则集合 R 的众数将有两个(2 和 7)，即集合 R 具有双众数。

(4) 百分位数

通常为了方便，需要把有序数据集用纵线将其进行细分，因此纵线以下的所有数据点的数量将占整个数据集观测值的某一个百分比。与这个纵线位置相对应的值称为百分位数(percentile)，或称为百分位值。例如，小于 $x_{0.01}$ 的值的数量占总集合取值的百分位数是 0.01，即 1%，同时，将 $x_{0.01}$ 称为 1 分位数(1st percentile)。如果有一半的数据点落在中位数以下，则称为 50 分位数(50th percentile 或 fifth decile)，表示为 $x_{0.50}$。

此外，25 分位数通常被认为是位于中位数以下的中位数，记为 Q_1，同时 75 分位数是位于中位数以上的中位数，记为 Q_3。25 分位数也称为四分之一位数(quartile)，75 分位数称为四分之三位数，中位数称为 50 分位数或者二分之一位数。

2. 分散程度的描述

为了描述数据集中各变量值相对于均值的离散程度，需要对数据进行分散性的度量。如果数据集中各值趋向于集中在均值的附近，那么分散性的度量值较小；反之，如果数据集中各值的分布远离均值，则分散性的度量值较大。通常关于分散性描述的两个度量称为方差(variance)和标准差(standard deviation)。

(1) 方差

方差是概率和数理统计中一个非常重要的量，对于一个有 n 个数的集合 $\{x_1, x_2, \cdots, x_n\}$，方差通常表示为 σ^2(表示总体参数)或 s^2。其计算公式为

$$\delta^2 = \frac{(x_1 - \mu)^2 + (x_2 - \mu)^2 + \cdots + (x_n - \mu)^2}{n-1} = \frac{1}{n-1}\sum_{i=1}^{n}(x_i - \mu)^2 \tag{2.1}$$

(2) 标准差

方差是一个非负数，方差的正平方根称为标准差[1]，记为 σ 或 s，即有

$$\delta = \sqrt{\delta^2} = \sqrt{\frac{1}{n-1}\sum_{i=1}^{n}(x_i - \mu)^2} \tag{2.2}$$

例 2.3　对于一个学生考试成绩的集合 T，计算其方差和标准差，其中 $T=\{75,80,82,87,96\}$。因为要度量各值关于均值的离散程度，所以需要先计算数据集的均值，可得

$$\mu = \frac{75 + 80 + 82 + 87 + 96}{5} = 84$$

进一步计算该数据集的方差，可得

$$\delta^2 = \frac{(75-84)^2 + (80-84)^2 + (82-84)^2 + (87-84)^2 + (96-84)^2}{5-1} = 63.5$$

---

[1] 标准差是方差的平方根，其意义是数据集中各个点到均值点距离的平均值，反映的是数据离散度。

要得到标准差 σ 或 s，需要对上述方差值取正平方根，即

$$\delta = \sqrt{\delta^2} = \sqrt{63.5} = 7.968\,7$$

(3) 其他

① 极差。其计算公式为

$$R = x_{(n)} - x_{(1)} \ 或 \ R = x_{max} - x_{min} \tag{2.3}$$

② 四分位差(quartile deviation)，也称为内距或四分间距(inter-quartile range)。其计算公式为

$$Q_d = Q_3 - Q_1 \tag{2.4}$$

③ 变异系数(coefficient of variation)。其计算公式为

$$C_v = \frac{\delta}{\mu} \times 100\% \tag{2.5}$$

在上述几个特征的度量中，方差、标准差、极差及四分位差的单位与原来变量的单位相同，而变异系数是无量纲的度量，它便于比较均值不等或量纲不同的两组数据的分散性。

3. 分布形状的描述

偏度和峰度是用于描述分布形状的特征量，用它们可以观察数据分布的对称性、数据的倾斜程度及异常行为等。

(1) 偏度(skewness)

其计算公式为

$$g_1 = \frac{1}{n-1} \times \frac{\sum_{i=1}^{n}(x_i - \mu)^3}{\delta^3} \tag{2.6}$$

考察数据的分布形状是否对称时，要通过计算偏度 g_1 来进行判断。若 $g_1 \approx 0$，则认为分布形状是对称的；若 $g_1 > 0$，则认为存在右偏态(正偏)，此时在均值边的数据更为分散，在图像上表现为数据右边拖了一条长长的尾巴，这时大多数值分布在左侧，有一小部分值分布在右侧；若 $g_1 < 0$，则认为存在左偏态(负偏)，此时在均值左边的数据更为分散。

偏度与峰度

(2) 峰度(kurtosis)

其计算公式为

$$g_2 = \frac{1}{n-1}\sum_{i=1}^{n}(x_i - \mu)^4 / \delta^4 - 3 \tag{2.7}$$

峰度反映的是图像的尖锐程度，峰度越大，表现在图像上面是中心点越尖锐。在相同方差的情况下，中间一大部分的值方差都很小，为了达到和正态分布方差相同的目的，必须要有一些值离中心点远些，这就是所说的"厚尾"，反映的是异常点增多这一现象。对于正态分布而言，有 $g_2 = 0$。若 $g_2 > 0$，则表示数据中含有较多的远离均值的极端值，此时分布有一较粗的尾巴；若 $g_2 < 0$，则表示均值两侧的极端值较少。因此，峰度也可作为偏离正态分布的衡量尺度。

例 2.4　构造一个正态分布的 100 个随机数，把排序后比较大的 20 个数乘以 4，造成偏度和峰度都变大的数据，把所有数据都取自然对数，再看偏度和峰度，代码如下所示。

```
import matplotlib.pyplot as plt
import math
import numpy as np
import pandas as pd
import seaborn as sns

x = np.random.randn(100)
x.sort()
# print(calc_stat(x))
# print(np.std(x))
skew = round(pd.DataFrame(x).skew()[0], 2)
kurtosis = round(pd.DataFrame(x).kurtosis()[0],2)
label = 'Original-skew:' + str(skew) + ' kurtosis:' + str(kurtosis)
g = sns.distplot(x, kde=True, hist = False, label = label)
g = g.legend(loc='upper right')

x[79:99] = x[79:99] * 4
skew = round(pd.DataFrame(x).skew()[0],2)
kurtosis = round(pd.DataFrame(x).kurtosis()[0],2)
label = 'Skewed-skew:' + str(skew) + ' kurtosis:' + str(kurtosis)
g = sns.distplot(x, kde=True, hist = False, label = label)
g = g.legend(loc='upper right')

x = np.log(x)
skew = round(pd.DataFrame(x).skew()[0],2)
kurtosis = round(pd.DataFrame(x).kurtosis()[0],2)
label = 'logged-skew:' + str(skew) + ' kurtosis:' + str(kurtosis)
g = sns.distplot(x, kde=True, hist = False, label = label)
g = g.legend(loc='upper right')
g_fig = g.get_figure()
g_fig.savefig('./plot.png', dpi = 400)
```

从图 2.2 中可以看到，20 个数变大后增加了右边的尾巴厚度，直接增大了 skewness 和 kurtosis 的值，造成正偏分布，而对所有数取自然对数又把数据的概率密度扁平化了，减小了这两个值。

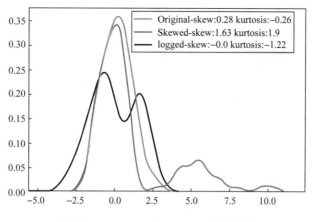

图 2.2 skewness 和 kurtosis 的趋势图

4. 图表描述

为了进一步研究数据取值的分布情况，可以通过频数表、直方图(分布图)、茎叶图、盒形图和正态分布图等进行分析。

(1) 频数表

为了了解数据取值的分布情况，要列出数据在取值范围的若干区间间隔内的频数、累计频数等，即需要列出频数表。

(2) 直方图

可以利用频数表中的频数或百分数生成频数或频率直方图(分布图)，利用累计频数或累计百分比生成相应的累计频数或累计直方图。

(3) 其他

除了以上介绍的几种图表外，经常使用的图表还有茎叶图、盒形图和正态分布图，这些图形均可用来直观地分析数据的取值分布及其特征。

2.1.2 统计分析中的基本概念

1. 随机变量与概率分布

在自然界中，有这样一些变量，在每次观察之前不可能事先确定它们取什么数值，但是，经过反复的观察和实验，其取值又呈现出一定的规律性，这种变量称为随机变量。例如，抛硬币出现正面的概率是 0.5，如果连续抛硬币 50 次，则出现正面的次数 X 是一个随机变量。

随机变量 X 通常分为两类，如果 X 的可能取值是有限多个或为可列多个，则称 X 为离散型的随机变量，如上例中硬币出现正面的次数 X 是一个离散型的随机变量；另一类是非离散型的随机变量，它是最重要的一类随机变量，在实际中最常见的是连续型随机变量，如顾客等待服务的平均时间 X 是连续型随机变量，它的可能取值区间为[0,10]。

对于上述两类随机变量，其规律性可以用不同的方式加以描述。离散型随机变量 X 常用一系列概率值来描述它取各个可能值的分布情况，称为 X 的概率分布，形如

$$P\{X = x_i\} = p_i, \qquad i = 1, 2, \cdots \tag{2.8}$$

对于连续型随机变量，考察随机事件 $\{a < X < b\}$ 的概率，如果存在非负可积函数 $p(x)$，对任意 $a, b(a < b)$ 有 $P\{a < X < b\} = \int_a^b p(x)\mathrm{d}x$，则称 $p(x)$ 为连续型随机变量 X 的概率密度函数。

对于所有随机变量，其规律性还可统一用如下所定义的概率分布函数 $F(x)$ 来描述。

$$F(x) = P\{X \leqslant x\} \tag{2.9}$$

2. 总体和样本

人们常常把研究对象的全体组成的集合称为总体。把在总体中选取部分有代表性的成员组成的子集称为样本。总体和样本的定义与所研究问题涉及的范围有密切关系。

例 2.5 某市一家银行的客户总数为 500 000 人，从中随机地抽取 20%的客户，即 100 000 名客户进行直邮促销活动。如果研究问题是对这 20%的客户的总体构成情况进行分析，则这 20%的客户将构成一个总体。如果目标是根据这 20%的客户对直邮活动的响应情况来推断全部客户的响应能力，则全部客户将构成所研究问题的总体，而这 20%的客户则构成总体的一个样本。

一般地，总体是研究对象的某种特征值组成的全体，常用一个随机变量 X 来表示。一个样本是来自总体 X 的一组相互独立且与 X 分布相同的随机变量；而样本值是由总体 X 随机抽取的一组观测值，常用 $x_1, x_2, \cdots, x_n$ 来表示样本或样本值。

3. 参数和统计量

(1) 统计量是对样本特征进行的统计指标。对样本进行研究之后，会得到一些指标，如平均水平是什么样的，离散程度是怎么样的，这种对样本的描述指标就是统计量。

(2) 参数也叫参变量，是一个变量。在研究当前问题的时候，关心几个变量的变化及其相互关系，其中有一个或一些叫自变量，另一个或另一些叫因变量。

统计量的对象是样本，总体参数的对象是总体。进行统计分析时希望得到的是总体的分析，也就是总体参数，但是实际上由于各种原因，如技术、成本、时间等，都是用统计量来进行分析，分析统计量是希望去推算或估计总体参数。

即参数反映总体特点的数字特征；统计量反映样本特点的数字特征。

如采用样本均值 $\bar{x}$ 和样本方差 s^2 分别作为总体均值 μ 和总体方差 σ^2 的估计，通常称样本 $x_1, x_2, \cdots, x_n$ 的函数为统计量。例如，$\bar{x}$ 和 s^2 均为统计量，分别用于估计均值和方差，故称 $\bar{x}$ 为样本均值，s^2 为样本方差。

4. 正态分布

在实际问题中，考虑总体特征量(即随机变量 X)的规律性时可以用正态分布来进行描述。正态分布是总体的一种理论分布，有严格的数学定义。

如果随机变量 X 的概率分布密度函数为 $p(x) = \dfrac{1}{\sqrt{2\pi}\delta}\mathrm{e}^{-\frac{(x-\mu)^2}{2\sigma^2}}$，则称随机变量 X 服从均

值为 μ、方差为 σ^2 的正态分布，记为 $X \sim N\left(\mu, \sigma^2\right)$。当 $\mu = 0, \sigma^2 = 1$ 时，正态分布称为标准正态分布(或高斯分布)，记为 $X \sim N(0,1)$。下面是关于正态分布的一些性质和特点。

(1) 完全由其均值 μ 和方差 σ^2 来决定。

(2) 概率密度函数曲线是中间高、两边低且对称、光滑的钟形曲线，如图 2.3 所示。

(3) 位置特征量的均值、众数和中位数相等。

(4) 偏度和峰度均[1]为 0。

如果数据来自正态分布总体，经验规则(3σ 准则)如下(见图 2.3)。

(1) 68%的值落在距均值 μ 一个标准差 σ 的范围内，即区间 $[\mu - \sigma, \mu + \sigma]$。

(2) 95%的值落在距均值 μ 二个标准差 σ 的范围内，即区间 $[\mu - 2\sigma, \mu + 2\sigma]$。

(3) 99%的值落在距均值 μ 三个标准差 σ 的范围内，即区间 $[\mu - 3\sigma, \mu + 3\sigma]$。

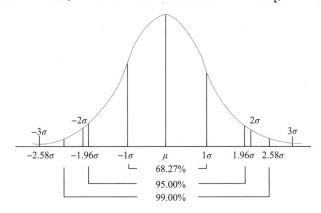

图 2.3　正态分布和 3σ 经验准则

2.1.3　参数估计和假设检验

利用样本对总体进行统计推断，主要有两类问题：一类是参数估计[2]的问题，另一类是假设检验的问题。

参数估计的问题是多种多样的，如总体的参数估计，分布函数、密度函数的估计等。估计的方法也有很多，如最大似然法、矩估计法和最小二乘法等。

假设检验是从样本值出发去判断关于总体分布的某种"看法"或"结论"是否成立。这种"看法"或"结论"称为"假设"，这类问题就是假设检验。

例 2.6　为了检验一枚硬币是否匀称(即正、反面出现的机会是否相同)，做抛掷硬币的试验。假设试验结果有以下两种：①出现 55 次正面，45 次反面；②出现 40 次正面，60

---

[1] 偏度用于衡量总体分布是否对称，而峰度用于衡量分布的尾重。

[2] 很多参数估计问题均采用似然函数作为目标函数，当训练数据足够多时，可不断提高模型精度，但以提高模型复杂度为代价，同时带来一个机器学习中非常普遍的问题——过拟合。所以，模型选择问题在模型复杂度与模型对数据集描述能力(即似然函数)之间寻求最佳平衡。人们提出许多信息准则，通过加入模型复杂度的惩罚项来避免过拟合问题。

次反面。试问如何判断此硬币是否匀称?

用假设检验来判断此硬币是否匀称的基本步骤如下。

(1) 首先提出原假设(或零假设)和备择假设(或对立假设)。

原假设就是最初考虑的命题,即认为硬币是匀称的,出现正、反面的机会是相等的。需要说明的是,原假设和备择假设在逻辑上是相互对立的。

(2) 指定一个显著性水平 α (通常 $\alpha=0.05$ 或 0.01 等)。

α 值是一个衡量否定(或拒绝)原假设时所需证据多少的指标。α 值越小,表明要否定原假设的条件越高,即不容易否定原假设;α 值越大,表明要否定原假设的条件越低,即比较容易否定原假设。

(3) 构造检验统计量 W。

为此,先引入 X_i 表示第 i 次试验的结果。$X_i=1$ 表示第 i 次抛掷出现硬币的正面;$X_i=0$ 表示第 i 次抛掷出现硬币的反面。令 $Y=\sum\limits_{i=1}^{100}X_i$,表示 100 次实验中出现正面的次数;$Z=100-Y$,表示 100 次实验中出现反面的次数。因此,检验统计量 $W=|Y-Z|$,表示 100 次实验中出现正、反面的次数之差的绝对值。

(4) 进行统计检验。

收集数据(或收集证据),并计算检验统计量及显著性概率 p 的值。在实验结果中,显然 $W=10$,重复实验多次还可以计算得到当硬币匀称的假设成立时,出现正、反面次数之差在 10 次或 10 次以上的概率,假设该概率 $p=P\{W\geqslant10\,|\,\text{硬币匀称}\}=0.27$。

(5) 判断。

因 $p=0.27>\alpha$(取 $\alpha=0.05$),故没有足够的证据否定原假设,则认为所提出的假设是相容的,即接受硬币是匀称的这一假设。对于实验结果,有 $W=20$,类似可得:$p=P\{W\geqslant20\,|\,\text{硬币匀称}\}=0.04$,因 p 值小于 α(取 $\alpha=0.05$),表明在硬币匀称的假设下,在 100 次抛掷硬币的试验中很少出现正、反面的次数之差相差 20 次以上的情况,故在 0.05 的显著性水平下,有足够的证据否定原假设,即认为硬币不匀称。

但是,在实验结果中,如果显著性水平 α 取值为 0.01。因 $p=0.04>\alpha$。故在 0.01 的显著性水平下没有足够的证据否定原假设,则认为所提出的假设是相容的,即接受硬币是匀称的这一假设。

2.1.4 区间估计和检验

如果观测数据是来自某一总体 X 的样本值,在前面给出了三类描述统计量:表示位置特征、分散程度和分布形状的度量,它们是描述相应总体特征量的点估计。下面将讨论均值和方差的区间估计以及均值和方差的检验问题。

1. 均值和方差的区间估计

(1) 总体均值的区间估计

设正态分布 $N(\mu,\sigma)$ 的随机样本和样本值均记为 $x_1,x_2,\cdots,x_n$。样本均值 $\bar{x}$ 是总体均值 μ 的一个很好的估计量。利用 $\bar{x}$ 的分布,还可以得出 μ 的置信度为 $1-\alpha$ 的置信区间(通常

取 $\alpha=0.05$)为

$$\left[\bar{x}-u_{1-\frac{\alpha}{2}}\frac{\sigma_0}{\sqrt{n}}, \bar{x}+u_{1-\frac{\alpha}{2}}\frac{\sigma_0}{\sqrt{n}}\right], \qquad 当 \sigma=\sigma_0 时 \tag{2.10}$$

或者为

$$\left[\bar{x}-t_{1-\frac{\alpha}{2}}\frac{s}{\sqrt{n}}, \bar{x}+t_{1-\frac{\alpha}{2}}\frac{s}{\sqrt{n}}\right], \qquad 当 \sigma 未知时 \tag{2.11}$$

其中，$u_{1-\frac{\alpha}{2}}$(或 $t_{1-\frac{\alpha}{2}}$)是标准正态分布(或 t 分布)的 $1-\frac{\alpha}{2}$ 分位数，其值可以在标准正态分布表 (t 分布表)中查到，即 $P\{|U|\leqslant u_{1-\frac{\alpha}{2}}\}=1-\alpha$，其中 $U\sim N(0,1)$。

在置信度 $1-\alpha$ 给定、α 未知的情况下，均值的标准差(即标准误差) $s_m=s/\sqrt{n}$ 越小，置信区间的范围越小，这说明估计的精度越高。

(2) 总体方差的置信区间

总体方差 σ^2 的无偏估计量为 s^2 (样本方差)。通过研究 $\sum_{i=1}^{n}(x_i-\bar{x})^2/\sigma^2=(n-1)s^2/\sigma^2$ 的分布，可得出 σ^2 的置信度为 $1-\alpha$ 的置信区间为

$$\left[\frac{(n-1)s^2}{\chi^2_{1-\frac{\alpha}{2}}(n-1)}, \frac{(n-1)s^2}{\chi^2_{\frac{\alpha}{2}}(n-1)}\right] \tag{2.12}$$

其中，$\chi^2_{1-\frac{\alpha}{2}}(n-1)$ 是自由度为 $n-1$ 的 χ^2 分布的 $\frac{\alpha}{2}$ 分位数，其值可以在 χ^2 分布表中查到。

2. 均值和方差的检验

设 $x_1, x_2, \cdots, x_n$ 是来自正态总体 $N(\mu, \sigma^2)$ 的样本。下面将讨论有关总体均值 μ 和方差 σ^2 的几个假设检验的问题。

在实际问题中，正态总体的方差通常为未知量，所以常用 t 检验法来检验关于正态总体均值的检验问题。

t 检验的零假设 $H_0: \mu=\mu_0$，备择假设 $H_1: \mu\neq\mu_0$（显著性水平为 α）。由于 S^2 是 σ^2 的无偏估计，则用 S 来代替 σ，采用

$$t=\frac{\bar{X}-\mu_0}{S/\sqrt{n}} \tag{2.13}$$

作为检验统计量。当观察值 $|t|=\left|\frac{\bar{x}-\mu_0}{s/\sqrt{n}}\right|$ 过分大时就拒绝 H_0，拒绝域的形式为

$$|t|=\left|\frac{\bar{x}-\mu_0}{s/\sqrt{n}}\right|\geqslant k \tag{2.14}$$

当 H_0 为真时，$\dfrac{\bar{X}-\mu_0}{S/\sqrt{n}} \sim t(n-1)$，故由

$$P\left\{\text{当}H_0\text{为真，拒绝}H_0\right\}=P_{\mu_0}\left\{\left|\frac{\bar{X}-\mu_0}{S/\sqrt{n}}\right| \geq k\right\}=\alpha \tag{2.15}$$

得 $k=t_{\alpha/2}(n-1)$，即得拒绝域为

$$|t|=\left|\frac{\bar{x}-\mu_0}{s/\sqrt{n}}\right| \geq t_{\alpha/2}(n-1) \tag{2.16}$$

另，当 μ,σ^2 均未知时，常用 χ^2 检验法检验方差。χ^2 检验的零假设 $H_0:\sigma^2=\sigma_0^2$，备择假设 $H_1:\sigma^2 \neq \sigma_0^2$，$\sigma_0^2$ 为已知常数。由于 S^2 是 σ^2 的无偏估计，当 H_0 为真时，观察值 S^2 与 σ_0^2 的比值 S/σ_0^2 一般来说应在 1 附近摆动，而不应过分大于 1 或过分小于 1。当 H_0 为真时

$$\frac{(n-1)S^2}{\sigma_0^2} \sim \chi^2(n-1) \tag{2.17}$$

取 $\chi^2=\dfrac{(n-1)S^2}{\sigma_0^2}$ 作为检验统计量，上述检验问题的拒绝域具有以下形式：

$$\frac{(n-1)s^2}{\sigma_0^2} \leq k_1 \text{或} \frac{(n-1)s^2}{\sigma_0^2} \geq k_2 \tag{2.18}$$

此处 k_1,k_2 的值由下式确定

$$P\left\{\text{当}H_0\text{为真，拒绝}H_0\right\}=P_{\sigma_0^2}\left\{\left(\frac{(n-1)S^2}{\sigma_0^2} \leq k_1\right)\bigcup\left(\frac{(n-1)S^2}{\sigma_0^2} \geq k_2\right)\right\}=\alpha \tag{2.19}$$

为方便计算，习惯上取

$$P_{\sigma_0^2}\left\{\frac{(n-1)S^2}{\sigma_0^2} \leq k_1\right\}=\frac{\alpha}{2}, P_{\sigma_0^2}\left\{\frac{(n-1)S^2}{\sigma_0^2} \geq k_2\right\}=\frac{\alpha}{2} \tag{2.20}$$

故得 $k_1=\chi_{1-\alpha/2}^2(n-1),k_2=\chi_{\alpha/2}^2(n-1)$。于是拒绝域为

$$\frac{(n-1)s^2}{\sigma_0^2} \leq \chi_{1-\alpha/2}^2(n-1) \text{或} \frac{(n-1)s^2}{\sigma_0^2} \geq \chi_{\alpha/2}^2(n-1) \tag{2.21}$$

利用 $\bar{x}$ 可以构造检验统计量为

$$U=\frac{\bar{x}\sqrt{n}}{\sigma_0}, \qquad \text{当}\sigma^2=\sigma_0^2\text{时} \tag{2.22}$$

$$T=\frac{\bar{x}\sqrt{n}}{s}, \qquad \text{当}\sigma^2\text{未知时} \tag{2.23}$$

由样本值计算 U(或 T)统计量 u(或 t)及其相应的概率值 $p=P\{|U|>|u|\}$，$U \sim N(0,1)$ 或者为 $p=P\{|T|>|t|\}$，$U \sim N(0,1)$。可以根据 p 值的大小来判断上述假设是否成立。当 p 值小于显著性水平 α（如取 α=0.05）时，则应该否定上述假设，即总体均值 μ 与 0 有显著的差异，否则认为总体均值 μ 与 0 没有显著的差异。

方差分析

方差分析(Analysis of Variance，**ANOVA**)，又称变异数分析或 F 检验，用于两个及两个以上样本均数差别的显著性检验。

在研究一个(或多个)分类型自变量与一个数值型因变量之间的关系时，方差分析就是其中主要方法之一。如果在数据分析过程中，遇到的分类变量有多个，且每一分类变量对应的因变量的值形成的多个总体分布都服从于正态分布，并且各个总体的方差相等，那么比较各个总体均值是否一致的问题可以用方差分析来解决。

表面上看，方差分析是检验多个总体均值是否相等的统计分析方法，但本质上它所研究的是分类型自变量对数值型因变量的影响。方差分析就是通过检验各总体的均值是否相等来判断分类型自变量对数值型因变量是否有显著影响。具体如下。

(1) 每次抽样为一个试验，所要检验对象称为因素或因子，因素的不同表现称为水平或处理。

(2) 将在试验中会改变状态的因素称为因子，常用大写字母表示。

(3) 因子所处的状态称为因子的水平，常用因子的字母加下标来表示。

(4) 试验中所考察的指标，是一个随机变量。

1. 单因素方差分析

单因素方差分析(one-way analysis of variance)即影响试验的因素只有一个。判断控制变量的不同水平是否对观测变量产生了显著影响。

需要满足的假设如下。

假设一：独立假设，观测值之间都是独立的。

假设二：方差齐性假设，各个总体的方差相同。

假设三：正态假设，对于因素的每个水平，其观测值都是来自正态总体的随机样本。

设试验只有一个因子 A(又称因素)有 r 个水平 $A_1, A_2, A_3, \cdots, A_r$。在每个水平下指标的全体都构成一个总体，因此共有 r 个总体。

先在水平 A_i 下进行 n_i 次独立试验，得到的观测数据为 X_{ij}，则单因素方差模型可表示为

$$X_{ij} = \mu + \alpha_i + \varepsilon_{ij}\ (i=1,2,\cdots,r;\ j=1,2,\cdots,n_i) \tag{2.24}$$

其中，μ 为总平均；α_i 是第 i 个水平的指标；ε_{ij} 是随机误差，$\varepsilon_{ij} \sim \mathrm{N}(0,\sigma^2)$ 且 ε_{ij} 相互独立，$\sum_{i=1}^{r} n_i \alpha_i = 0$。

我们的目的是要比较因素 A 的 r 个水平的指标是否有显著差异，这可归结为检验以下假设。

$$H_0: \alpha_1 = \alpha_2 = \cdots = \alpha_r$$
$$H_1: \alpha_1, \alpha_2, \cdots, \alpha_r\text{不全相等}$$

如果 H_0 不真时，则说明因素 A 的各个水平的指标之间有显著差异，否则称因素 A 不显著。即方差分析是在相同方差假定下检验多个正态均值是否相等的一种统计分析方法。

按照方差分析的思想，将总离差平方和分解为两部分，即

$$SS_T = SS_E + SS_A \tag{2.25}$$

其中，$SS_T = \sum_{i=1}^{r} \sum_{j=1}^{n_i} (X_{ij} - \bar{X})^2$，$\bar{X} = \frac{1}{n} \sum_{i=1}^{r} \sum_{j=1}^{n_i} X_{ij}$，$SS_E = \sum_{i=1}^{r} \sum_{j=1}^{n_i} (X_{ij} - \bar{X}_i)^2$，$\bar{X}_i = \frac{1}{n} \sum_{i=1}^{n_i} X_{ij}$；$SS_A = \sum_{i=1}^{r} \sum_{j=1}^{n_i} (\bar{X}_i - X_{ij})^2$。这里称 SS_T 为总离差平方和(总变差)，它是所有数据 X_{ij} 与总平均值 $\bar{X}$ 之差的平方和，描绘所有观测数据的离散程度；SS_E 为误差平方和(组内平方和)，是对固定的 i，观测值 $X_{i1}, X_{i2}, \cdots, X_{in_i}$ 之间的差异大小的度量。SS_A 为因素 A 的指标平方和(组间平方和)，表示因素 A 各水平下的样本均值和总平均值之差的平方和。

可以证明，当 H_0 成立时，有 $\frac{SS_E}{\sigma^2} \sim \chi^2(n-r)$、$\frac{SS_A}{\sigma^2} \sim \chi^2(r-1)$ 且 SS_A 与 SS_E 独立，于是有 $F = \frac{SS_A / (r-1)}{SS_E / (r-1)} \sim F(r-1, n-r)$。若 $F > F_\alpha(r-1, n-r)$，则拒绝原假设，认为因素 A 的 r 个水平有显著差异。

例 2.7 将抗生素注入牛的体内会产生抗生素与血浆蛋白质结合的现象，这种结合会降低药效。表 2.2 给出了四种常用的抗生素注射到牛的体内时，抗生素与血浆蛋白质结合的百分比。推断不同抗生素的结合百分比是否有显著性差异(设显著性水平为 0.05)。

表 2.2 抗生素与血浆蛋白质结合的百分比

抗生素	结合百分比
A1	29.6,24.3,28.5,32.0,28.6,31.5,25.7
A2	27.3,32.6,30.8,34.8,31.4
A3	21.6,17.5,18.3,19.0,23.4,14.8
A4	29.2,32.8,25.0,24.2,28.2,27.4

相应的代码如下。

```
import numpy as np
import pandas as pd
import scipy.stats as stats
#将数据导入Python
dic_t=[{'抗生素':'A1','结合百分比':29.6},{'抗生素':'A1','结合百分比':24.3},
    {'抗生素':'A1','结合百分比':28.5},{'抗生素':'A1','结合百分比':32.0},
    {'抗生素':'A1','结合百分比':28.6},{'抗生素':'A1','结合百分比':31.5},
    {'抗生素':'A1','结合百分比':25.7},{'抗生素':'A2','结合百分比':27.3},
    {'抗生素':'A2','结合百分比':32.6},{'抗生素':'A2','结合百分比':30.8},
    {'抗生素':'A2','结合百分比':34.8},{'抗生素':'A2','结合百分比':31.4},
    {'抗生素':'A3','结合百分比':21.6},{'抗生素':'A3','结合百分比':17.5},
    {'抗生素':'A3','结合百分比':18.3},{'抗生素':'A3','结合百分比':19.0},
    {'抗生素':'A3','结合百分比':23.4},{'抗生素':'A3','结合百分比':14.8},
```

```
{'抗生素':'A4','结合百分比':29.2},{'抗生素':'A4','结合百分比':32.8},
{'抗生素':'A4','结合百分比':25.0},{'抗生素':'A4','结合百分比':24.2},
{'抗生素':'A4','结合百分比':28.2},{'抗生素':'A4','结合百分比':27.4},]
df_t=pd.DataFrame(dic_t)
```

运用方差齐性检验，先对各总体方差的假设进行检验，代码如下。

```
def f_homovar(df_c,col_fac,col_sta):
df=df_c.copy()
list_fac=df[col_fac].unique()
for i in list_fac:
df.loc[df[col_fac]==i,col_sta]=abs(df[df[col_fac]==i][col_sta]-df[df
    [col_fac]==i][col_sta].mean())
r=len(list_fac)
n=df[col_sta].count()
x_bar=df[col_sta].mean()
list_Qa=[]
list_Qw=[]
    for i in list_fac:
    series_i=df[df[col_fac]==i][col_sta]
    xi_bar=series_i.mean()
    ni=series_i.count()
    list_Qa.append(ni*(xi_bar-x_bar)**2)
    list_Qw.append(((series_i-xi_bar)**2).sum())
Sa=sum(list_Qa)/(r-1)
Sw=sum(list_Qw)/(n-r)
F=Sa/Sw
sig=stats.f.sf(F,r-1,n-r)
dic_res=[{'Levene Statistic':F,'df1':r-1,'df2':n-r,'Sig.':sig}]
df_res=pd.DataFrame(dic_res,columns=['Levene Statistic','df1','df2','Sig.'])
return df_res
f_homovar(df_t,'抗生素','结合百分比')
```

结果如图 2.4 所示。

No.	Levene Statistic	df1	df2	Sig.
0	0.062518	3	20	0.97899

图 2.4　方差齐性检验结果

由于 p 值 Sig.$\approx 0.979 > 0.05$，故可以认为各总体方差相等。接下来进行单因素方差分析，代码如下。

```
def f_oneway(df_c,col_fac,col_sta):
```

```
        df=df_c.copy()
        list_fac=df[col_fac].unique()
        r=len(list_fac)
        n=df[col_sta].count()
        x_bar=df[col_sta].mean()
        list_Qa=[]
        list_Qw=[]
    for i in list_fac:
            series_i=df[df[col_fac]==i][col_sta]
            xi_bar=series_i.mean()
            ni=series_i.count()
            list_Qa.append(ni*(xi_bar-x_bar)**2)
            list_Qw.append(((series_i-xi_bar)**2).sum())
    Sa=sum(list_Qa)/(r-1)
    Sw=sum(list_Qw)/(n-r)
    F=Sa/Sw
    sig=stats.f.sf(F,r-1,n-r)
    df_res=pd.DataFrame(columns=['方差来源','平方和','自由度','均方','F 值','Sig.'])
    df_res['方差来源']=['组间','组内','总和']
    df_res['平方和']=[sum(list_Qa),sum(list_Qw),sum(list_Qa)+sum(list_Qw)]
    df_res['自由度']=[r-1,n-r,n-1]
    df_res['均方']=[Sa,Sw,'-']
    df_res['F 值']=[F,'-','-']
    df_res['Sig.']=[sig,'-','-']
    return df_res
f_oneway(df_t,'抗生素','结合百分比')
```

结果如图 2.5 所示。

序号	方差来源	平方和	自由度	均方	F 值	Sig.
0	组间(因子影响)	488.381583	3	162.794	18.8672	4.75615e-06
1	组内(误差)	172.568000	20	8.6284	——	——
2	总和	660.949583	23	——	——	——

图 2.5　单因素方差分析结果

由于 p 值 Sig.≈ 0.000 < 0.05，故可以认为不同抗生素与血浆蛋白质的结合百分比有显著差异。

2. 多因素方差分析

在单因素方差分析中讨论了影响变量 Y 的因素只有一个时的统计推断问题。但是在实践中，影响变量 Y 的因素往往有多个，这些因素之间又互相联系(交互作用)。随着因素数目的增加，问题将变得更加复杂。归纳起来有两方面的问题：一方面是如何设计试验方案使得试验次数少而得到的信息多；另一方面是如何分析和处理数据。这两方面是相互联系的。

假设对于两个因素的情况采用最简单的设计全面试验，即两个因素的所有可能的水平都互相搭配，做 n 次试验($n \geqslant 1$)。

(1) 分析模型(无重复试验)

一般地，两因素方差分析新问题的设计方案及试验数据具有如表 2.3 所示的形式。

表 2.3　两因素方差分析设计方案

因素	因素 B_1	因素 B_2	$\cdots$	因素 B_n
A_1	$y_{11}(A_1B_1)$	$y_{12}(A_1B_2)$	$\cdots$	$y_{1n}(A_1B_n)$
A_2	$y_{21}(A_2B_1)$	$y_{22}(A_2B_2)$	$\cdots$	$y_{2n}(A_2B_n)$
$\vdots$	$\vdots$	$\vdots$	$\vdots$	$\vdots$
A_n	$y_{m1}(A_mB_1)$	$y_{m2}(A_mB_2)$	$\cdots$	$y_{mn}(A_mB_n)$

说明：括号中的内容表示各因素的组合条件。

设因素 A 有 m 个水平，因素 B 有 n 个水平，指标 Y 在 A_iB_j 条件下的试验数据 y_{ij} 满足以下模型。

$$y_{ij} = \mu + a_i + b_j + \varepsilon_{ij}, \qquad i = 1,2,\cdots,m;\ j = 1,2,\cdots,n$$

$$\sum_{i=1}^{m} a_i = 0, \sum_{j=1}^{n} a_j = 0 \qquad\qquad (2.26)$$

$$\varepsilon_{ij} \sim N(0,\sigma^2), \qquad i = 1,2,\cdots,m;\ j = 1,2,\cdots,n;\text{且相互独立}$$

检验的假设为

$$H_0^{(a)}: a_1 = a_2 = \cdots = a_m = 0, \qquad \text{因素} A \text{对指标} Y \text{没有影响}$$

$$H_0^{(b)}: b_1 = b_2 = \cdots = b_n = 0, \qquad \text{因素} B \text{对指标} Y \text{没有影响}$$

当因素 A 或因素 B 对指标 Y 有显著的影响时，进一步可对因素 A 或因素 B 逐个进行多重比较，找出最佳的组合条件。

(2) 方差分析方法

下面将采用与单因素方差分析相同的方法来检验以上两个假设。设指标 Y 的总体偏差平方和 SS_T，可分解为

$$SS_T = \sum_{i=1}^{m}\sum_{j=1}^{n}(y_{ij} - \overline{y})^2$$

$$= \sum_{i=1}^{m}\sum_{j=1}^{n}[(y_{ij} - \overline{y}_i + \overline{y}) + (\overline{y}_i - \overline{y}) + (\overline{y}_j - \overline{y})]^2 \qquad (2.27)$$

$$= \sum_{i=1}^{m}\sum_{j=1}^{n}(\overline{y}_i - \overline{y})^2 + \sum_{i=1}^{m}\sum_{j=1}^{n}(\overline{y}_j - \overline{y})^2 + \sum_{i=1}^{m}\sum_{j=1}^{n}(y_{ij} - \overline{y}_i - \overline{y}_j - \overline{y})^2$$

$$= SS_A + SS_B + SS_E$$

其中

$$\overline{y} = \frac{1}{m \times n}\sum_{i=1}^{m}\sum_{j=1}^{n}y_{ij}$$

$$\overline{y}_i = \frac{1}{n}\sum_{j=1}^{n}y_{ij}, \qquad i = 1, 2, \cdots, m$$

$$\overline{y}_j = \frac{1}{m}\sum_{i=1}^{m}y_{ij}, \qquad j = 1, 2, \cdots, n$$

SS_A 称为因素 A 的偏差平方和，它反映因素 A 的不同水平对指标 Y 的影响力；SS_B 称为因素 B 的偏差平方和，它反映因素 B 的不同水平对指标 Y 的影响力；SS_E 称为误差(或残差)平方和，它反映因素 A 和因素 B 以外的其他因素及随机误差对指标 Y 的影响力。

直观而言，如果因素 A 对指标 Y 的影响是显著的(即否定了假设 $H_0^{(a)}$)，则 SS_A 相对于误差平方和 SS_E 就应该大；类似地，如果 SS_B 相对于误差平方和 SS_E 较大，则也应该否定假设 $H_0^{(b)}$ 。下面分别是检验假设 $H_0^{(a)}$ 和 $H_0^{(b)}$ 的检验统计量。

$$F_A = \frac{SS_A / f_A}{SS_E / f_E}$$

$$F_B = \frac{SS_B / f_B}{SS_E / f_E} \qquad (2.28)$$

其中，$f_A = m - 1$ 是 SS_A 的自由度(即平方和 SS_A 中的独立项数)；$f_B = n - 1$ 是 SS_B 的自由度；$f_E = (m-1)(n-1)$ 是 SS_B 的自由度。

在假设成立时，这两个统计量分别服从 $F(f_A, f_B)$ 和 $F(f_B, f_E)$ 分布。利用试验数据计算统计量 F_A 和 F_B 的值及假设成立时检验统计量大于这两个概率值(p 值)。若 p 值是小概率(小于给定的显著性水平 α)，就否定前提假设，否则认为假设是相容的。

(3) 交互作用(重复试验)

在某些两因素的试验设计中，在试验的范围内，两因素单独对指标产生影响，即两因素不同水平的交叉搭配对指标没有产生特殊的影响。但在一些试验中考虑的两个因素不同水平的交叉搭配可能会对指标有显著的影响，这种联合作用称为因素间的交互作用。交互作用是否存在，除根据经验做出判断外，也可通过对试验数据进行分析而给出答案。为此必须在 $A_iB_j (i = 1, 2, \cdots, m; j = 1, 2, \cdots, n)$ 条件下进行 $n(n \geqslant 2)$ 次重复试验，并假定方差分析模型为

$$
\begin{cases}
y_{ijt} = \mu + a_i + b_j + (ab)_{ij} + \varepsilon_{ijt}, & i = 1,2,\cdots,m; j = 1,2,\cdots,n; t = 1,2,\cdots,s \\
\displaystyle\sum_{i=1}^{m} a_i = \sum_{j=1}^{n} b_j = 0 \\
\displaystyle\sum_{i=1}^{m} (ab)_{ij} = 0, & j = 1,2,\cdots,n \\
\displaystyle\sum_{j=1}^{n} (ab)_{ij} = 0, & i = 1,2,\cdots,m \\
\varepsilon_{ijt} \sim N(0,\sigma^2), & i = 1,2,\cdots,m; j = 1,2,\cdots,n; t = 1,2,\cdots,s; \text{且相互独立}
\end{cases}
\tag{2.29}
$$

检验的假设为

$H_0^{(a)}: a_1 = a_2 = \cdots = a_m = 0$，因素 A 对指标 Y 没有影响

$H_0^{(b)}: a_1 = a_2 = \cdots = a_n = 0$，因素 B 对指标 Y 没有影响

$H_0^{(ab)}: (ab)_{11} = (ab)_{12} = \cdots = (ab)_{mn} = 0$，因素 A 和 B 没有相互作用

对考虑交互作用的两因素模型的分析方法仍然使用方差分析方法。

3. 协方差分析

在进行方差分析时，要求控制变量(因素)是可控的，但在实际应用中，对有些因素的不同水平很难进行人为控制，但它们确实会对观测变量产生显著的影响。在方差分析中如果忽略这些因素的存在，而仅去分析其他因素对观测变量所产生的影响，往往会夸大或缩小这些因素的影响作用，使分析结论不正确。协方差分析是将那些很难控制的因素作为协变量，在排除协变量影响的条件下，分析控制变量对观测变量所产生的影响，从而更加准确地对控制因素进行评价。

方差分析中的影响变量(因素)都是定性变量，而协方差分析中的协变量则应是定量变量，即连续型变量。协变量之间没有交互影响，且与控制变量之间也没有交互影响。它们通常表现为两个变量之间取值大小(或高低)的相互关联的趋势，即一致性和不一致性。其中，一致性是指一个变量观测值的高(低)与其他变量观测值的高(低)相关联的趋势相同；而不一致性是指一个变量观测值的低(高)与其他变量观测值的低(高)相关联的趋势不同。衡量一致性最常用的指标是协方差，定义为

$$
\text{Cov}(X,Y) = \frac{1}{n} \sum_{i=1}^{n} [x_i - \mu(X)][y_i - \mu(Y)]
\tag{2.30}
$$

其中，$\mu(X)$ 是变量 X 的均值；$\mu(Y)$ 是变量 Y 的均值。如果两个变量是一致的，则方差取正值；反之，方差取负值。该值可以用相应的散点图来表示。

例 2.8　双因素方差分析即影响试验的因素有两个，且分为无交互作用和有交互作用两种情况。

(1) 无交互作用的情况由于不考虑交互作用的影响，对每一个因素组合(A_i，B_j)只需进行一次独立试验，称为无重复试验。

① 准备数据。考虑三种不同形式的广告和五种不同的价格对某种商品销量的影响。

选取某市 15 家大超市, 每家超市选用其中的一个组合, 统计出一个月的销量如表 2.4 所示 (设显著性水平为 0.05)。

表 2.4　超市月销量

单位: 元

广告	价格 B1	价格 B2	价格 B3	价格 B4	价格 B5
A1	276	352	178	295	273
A2	114	176	102	155	128
A3	364	547	288	392	378

将数据导入 Python, 代码如下。

```
dic_t2=[{'广告':'A1','价格':'B1','销量':276},{'广告':'A1','价格':'B2','销量':352},
        {'广告':'A1','价格':'B3','销量':178},{'广告':'A1','价格':'B4','销量':295},
        {'广告':'A1','价格':'B5','销量':273},{'广告':'A2','价格':'B1','销量':114},
        {'广告':'A2','价格':'B2','销量':176},{'广告':'A2','价格':'B3','销量':102},
        {'广告':'A2','价格':'B4','销量':155},{'广告':'A2','价格':'B5','销量':128},
        {'广告':'A3','价格':'B1','销量':364},{'广告':'A3','价格':'B2','销量':547},
        {'广告':'A3','价格':'B3','销量':288},{'广告':'A3','价格':'B4','销量':392},
        {'广告':'A3','价格':'B5','销量':378}]
df_t2=pd.DataFrame(dic_t2,columns=['广告','价格','销量'])
```

② 无交互作用的双因素方差分析。接下来进行无交互作用的双因素方差分析, 代码如下。

```
def f_twoway(df_c,col_fac1,col_fac2,col_sta,interaction=False):
    df=df_c.copy()
    list_fac1=df[col_fac1].unique()
    list_fac2=df[col_fac2].unique()
    r=len(list_fac1)
    s=len(list_fac2)
    x_bar=df[col_sta].mean()
    list_Qa=[]
    list_Qb=[]
for i in list_fac1:
        series_i=df[df[col_fac1]==i][col_sta]
        xi_bar=series_i.mean()
        list_Qa.append((xi_bar-x_bar)**2)
    for j in list_fac2:
        series_j=df[df[col_fac2]==j][col_sta]
        xj_bar=series_j.mean()
        list_Qb.append((xj_bar-x_bar)**2)
```

```python
        Q=((df[col_sta]-x_bar)**2).sum()
        df_res=pd.DataFrame(columns=['方差来源','平方和','自由度','均方','F值','Sig.'])
    if interaction==False:
        Qa=s*sum(list_Qa)
        Qb=r*sum(list_Qb)
        Qw=Q-Qa-Qb
        Sa=Qa/(r-1)
        Sb=Qb/(s-1)
        Sw=Qw/((r-1)*(s-1))
        sig1=stats.f.sf(Sa/Sw,r-1,(r-1)*(s-1))
        sig2=stats.f.sf(Sb/Sw,s-1,(r-1)*(s-1))
        df_res['方差来源']=[col_fac1,col_fac2,'误差','总和']
        df_res['平方和']=[Qa,Qb,Qw,Q]
        df_res['自由度']=[r-1,s-1,(r-1)*(s-1),r*s-1]
        df_res['均方']=[Sa,Sb,Sw,'-']
        df_res['F值']=[Sa/Sw,Sb/Sw,'-','-']
        df_res['Sig.']=[sig1,sig2,'-','-']
        return df_res
    elif interaction==True:
        list_Qw=[]
        t=len(df[(df[col_fac1]==list_fac1[0]) & (df[col_fac2]==list_fac2[0])])
        for i in list_fac1:
            for j in list_fac2:
                series_ij=df[(df[col_fac1]==i) & (df[col_fac2]==j)][col_sta]
                list_Qw.append(((series_ij-series_ij.mean())**2).sum())
        Qa=s*t*sum(list_Qa)
        Qb=r*t*sum(list_Qb)
        Qw=sum(list_Qw)
        Qab=Q-Qa-Qb-Qw
        Sa=Qa/(r-1)
        Sb=Qb/(s-1)
        Sab=Qab/((r-1)*(s-1))
        Sw=Qw/(r*s*(t-1))
        sig1=stats.f.sf(Sa/Sw,r-1,r*s*(t-1))
        sig2=stats.f.sf(Sb/Sw,s-1,r*s*(t-1))
        sig3=stats.f.sf(Sab/Sw,(r-1)*(s-1),r*s*(t-1))
        df_res['方差来源']=[col_fac1,col_fac2,col_fac1+'*'+col_fac2,'误差','总和']
        df_res['平方和']=[Qa,Qb,Qab,Qw,Q]
        df_res['自由度']=[r-1,s-1,(r-1)*(s-1),r*s*(t-1),r*s*t-1]
        df_res['均方']=[Sa,Sb,Sab,Sw,'-']
        df_res['F值']=[Sa/Sw,Sb/Sw,Sab/Sw,'-','-']
        df_res['Sig.']=[sig1,sig2,sig3,'-','-']
```

```
        return df_res
    else:
        return 'interaction 参数错误'
f_twoway(df_t2,'广告','价格','销量')
```

结果如图 2.6 所示。

	方差来源	平方和	自由度	均方	F值	Sig.
0	广告	167804.133333	2	83902.1	63.089	1.26367e-05
1	价格	44568.400000	4	11142.1	8.37815	0.00583302
2	误差	10639.200000	8	1329.9	—	—
3	总和	223011.733333	14	—	—	—

图 2.6　广告与价格双因素方差分析结果

(2) 有交互作用的情况。

由于因素有交互作用，需要对每一个因素组合(A_i, B_j) 分别进行 t 次$(t \geqslant 2)$重复试验，称这种试验为等重复试验。

① 准备数据。火箭的射程与燃料的种类和推进器的型号有关，现对四种不同的燃料与三种不同型号的推进器进行试验，每种组合各发射火箭两次，测得火箭的射程结果如表 2.5 所示(设显著性水平为 0.01)。

表 2.5　火箭的射程

燃料	推进器 B1	推进器 B2	推进器 B3
A1	58.2,52.6	56.2,41.2	65.3,60.8
A2	49.1,42.8	54.1,50.5	51.6,48.4
A3	60.1,58.3	70.9,73.2	39.2,40.7
A4	75.8,71.5	58.2,51.0	48.7,41.4

将数据导入 Python，代码如下。

```
df_t3=pd.DataFrame(dic_t3,columns=['燃料','推进器','射程'])
dic_t3=[{'燃料':'A1','推进器':'B1','射程':58.2},{'燃料':'A1','推进器':'B1','射程':52.6},
        {'燃料':'A1','推进器':'B2','射程':56.2},{'燃料':'A1','推进器':'B2','射程':41.2},
        {'燃料':'A1','推进器':'B3','射程':65.3},{'燃料':'A1','推进器':'B3','射程':60.8},
        {'燃料':'A2','推进器':'B1','射程':49.1},{'燃料':'A2','推进器':'B1','射程':42.8},
        {'燃料':'A2','推进器':'B2','射程':54.1},{'燃料':'A2','推进器':'B2','射程':50.5},
        {'燃料':'A2','推进器':'B3','射程':51.6},{'燃料':'A2','推进器':'B3','射程':48.4},
        {'燃料':'A3','推进器':'B1','射程':60.1},{'燃料':'A3','推进器':'B1','射程':58.3},
        {'燃料':'A3','推进器':'B2','射程':70.9},{'燃料':'A3','推进器':'B2','射程':73.2},
        {'燃料':'A3','推进器':'B3','射程':39.2},{'燃料':'A3','推进器':'B3','射程':40.7},
        {'燃料':'A4','推进器':'B1','射程':75.8},{'燃料':'A4','推进器':'B1','射程':71.5},
```

```
{'燃料':'A4','推进器':'B2','射程':58.2},{'燃料':'A4','推进器':'B2','射程':51.0},
{'燃料':'A4','推进器':'B3','射程':48.7},{'燃料':'A4','推进器':'B3','射程':41.4},]
```

② 有交互作用的双因素方差分析。接下来进行有交互作用的双因素方差分析，代码如下。

```
f_twoway(df_t3,'燃料','推进器','射程',interaction=True)
```

	方差来源	平方和	自由度	均方	F值	Sig.
0	燃料	261.675000	3	87.225	4.41739	0.025969
1	推进器	370.980833	2	185.49	9.3939	0.00350603
2	燃料*推进器	1768.692500	6	294.782	14.9288	6.15115e-05
3	误差	236.950000	12	19.7458	—	—
4	总和	2638.298333	23	—	—	—

图 2.7　燃料与推进器双因素方差分析结果

从图 2.7 中可以看出，Sig.(燃料) ≈ 0.026 > 0.01，Sig.(推进器) ≈ 0.004 < 0.01，Sig.(燃料*推进器) ≈ 0.000 < 0.01。故可以认为燃料对火箭的射程没有显著影响，而推进器及燃料与推进器的交互作用影响显著。

2.2　数据预处理

在实际数据挖掘过程中，我们拿到的初始数据往往存在缺失值、重复值、异常值或错误值，通常这类数据称为脏数据，需要对其进行清洗。另外，有时数据的原始变量不满足分析的要求，需要先对数据进行一定的处理，也就是数据的预处理。数据预处理的主要目的是提高数据质量，从而提高挖掘结果的可靠度，这是数据挖掘过程中非常必要的一个步骤。否则"垃圾数据进，垃圾结果出"。一个典型的数据预处理流程如图 2.8 所示。

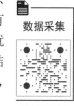

数据采集

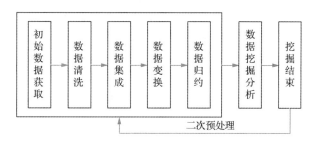

图 2.8　数据预处理流程

2.2.1 数据清洗

数据清洗是数据准备过程中最重要的一步，通过填补缺失数值、平滑噪声数据、识别或删除离群点并解决不一致性来清洗数据，进而达到数据格式标准化，清除异常数据、重复数据，纠正错误数据等目的。

1. 处理缺失数据

从数据缺失的分布角度来看，缺失值可以分为完全随机缺失(Missing Completely At Random，MCAR)、随机缺失(Missing At Random，MAR)和完全非随机缺失(Missing Not At Random，MNAR)。完全随机缺失是指数据的缺失是完全随机的，不依赖于任何完全变量或不完全变量。缺失情况相对于所有可观测和不可观测的数据来说，在统计意义上是独立的，也就是说，直接删除缺失数据对建模影响不大。随机缺失是指数据的缺失不是完全随机的，数据的缺失依赖于其他完全变量。具体来讲，一个观测出现缺失值的概率是由数据集中不含缺失值的变量决定的，与含缺失值的变量关系不大。完全非随机缺失是指数据的缺失依赖于不完全变量，与缺失值本身存在某种关联。例如，在调查时因所设计的问题过于敏感，被调查者拒绝回答而造成的缺失。

从统计角度来看，非随机缺失的数据会产生有偏估计，而非随机缺失数据处理也是比较困难的。事实上，绝大部分的原始数据都包含缺失数据，因此怎样处理这些缺失值很重要。

例如，分析格力电气的销售和顾客数据，希望得到许多元组的一些属性，但顾客的income(收入)没有记录值。怎样才能为该属性填上丢失的值？来看看下面的方法。

(1) 忽略元组。当缺少类标号时通常这样做(假定挖掘任务涉及分类)。除非元组有多个属性缺少值，否则该方法不是很有效。当每个属性缺少值的百分比变化很大时，其性能特别差。

(2) 人工填写缺失值。一般该方法很费时，并且当数据集很大，缺少很多值时，该方法可能行不通。

(3) 用全局常量填充缺失值。将缺失的属性值用同一个常量(如 Unknown 或 $-\infty$)替换，则挖掘程序可能误以为它们形成了一个有趣的概念，因为它们都具有相同的值"Unknown"。因此，尽管该方法很简单，但是它并不十分可靠。

(4) 用属性的均值填充缺失值。例如，假定 AllElectronics 顾客的平均收入为 56 000 美元，则使用该值替换 income 中的缺失值。

AI 算法

(5) 用于给定元组属同一类的所有样本的属性均值填充缺失值。例如，将顾客按 credit_risk 分类，则用具有相同信用度给定元组的顾客的平均收入替换 income 中的缺失值。

(6) 用最可能的值填充缺失值。可以用回归、使用贝叶斯形式化的基于推理的工具或决策树归纳确定。例如，利用数据集中其他顾客的属性，可以构造一棵决策树来预测 income 的缺失值。决策树、回归和贝叶斯推理将在第 8 章详细介绍。

方法(3)～(6)使数据偏置，填入的值可能不正确。然而，方法(6)是流行的策略，与其他方法相比，它使用已有数据的大部分信息来预测缺失值。在估计 income 的缺失值时，通过考虑其他属性的值，有更大的机会保持 income 和其他属性之间的联系。

2. 处理噪声数据

数据噪声是指数据中存在的随机性错误或偏差，产生错误或偏差的原因很多。噪声数据的处理方法通常有分箱、聚类分析和回归分析等，有时也与人的经验判断相结合。

(1) 分箱(binning)。分箱方法通过考察数据的"近邻"(即周围的值)来平滑有序数据的值。有序值分布到一些"桶"或"箱"中。由于分箱方法考察近邻的值，因此可实现局部平滑。一般的分箱方法包括等深分箱法、等宽分箱法、最小熵法和用户自定义区间法等。而数据平滑方法包括平均值平滑、按边界值平滑和按中值平滑等。

其中，统一权重也称等深分箱法，将数据集按记录行数分箱，每箱具有相同的记录数，每箱记录数称为箱子的深度；统一区间也称等宽分箱法，使数据集在整个属性值的区间上平均分布，即每个箱的区间范围是一个常量，称为箱子宽度；用户自定义区间法，用户可以根据需要自定义区间，当用户明确希望观察某些区间范围内的数据分布时，使用这种方法可以方便地帮助用户达到目的。

例 2.9　对于一组 price 数据 {4, 8, 15, 21, 21, 24, 25, 28, 34}。先排序并划分大小为 3 的等频箱(即每箱包含 3 个值)。用箱均值平滑，即箱中每一个值都被箱的均值替换。其中，箱 1 中的值 4、8 和 15 的均值是 9。因此，该箱中的每一个值都替换为 9。类似的，也可使用箱中位数平滑。此时，箱中每一个值都被中位数替换。用箱边界平滑，箱中的最大值和最小值被视为箱边界。箱中每一个值都被最近的边界值替换。一般来说，宽度越大平滑效果越好。

```
Sorted data for price(in dollars): 4, 8, 15, 21, 21, 24, 25, 28, 34
Partition into (equal-frequency)bins
Bin1:4,8,15
Bin2:21,21,24
Bin3:25.28.34
Smoothing by bin means:
Bin1:9,9,9
Bin2:22,22,22
Bin3:29,29,29
Smoothing by bin boundaries:
Bin1:4.4.15
Bin2:21,21,24
Bin3:25.25.34
```

(2) 回归分析，可以用一个函数(如回归函数)拟合数据来平滑数据。线性回归涉及找出拟合两个属性(或变量)的最佳线，使得一个属性可以用来预测另一个属性。多元线性回归是线性回归的扩展，其中涉及的属性多于两个，并且数据拟合到一个多维曲面。

(3) 聚类分析，可以通过聚类检测离群点，将类似的值组织成群或簇。直观来说，落在簇集合之外的值视为离群点，如图 2.9 所示。

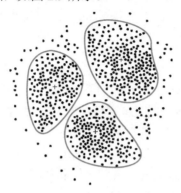

图 2.9　聚类示意图

3.　偏差检测(discrepancy detection)

导致偏差的因素可能有多种，包括具有很多可选字段的设计糟糕的数据输入表单、人为输入错误、有意的错误(如不愿意泄露自己的信息)，以及数据退化(如过时的地址)。偏差也可能源于不一致的数据表示和编码的不一致使用。记录数据的设备错误和系统错误是另一种偏差源。当数据(不适当地)用于不同于当初的目的时，也可能出现错误。数据集成也可能导致不一致(如给定的属性在不同的数据库具有不同的名称)。

字段过载(field overloading)是另一种错误源，通常是由以下原因导致：开发者将新属性的定义挤压到已经定义的属性的未使用(位)部分。例如，使用一个属性未使用的位，该属性取值已经使用了 32 位中的 31 位。

还应当根据唯一性规则、连续性规则和空值规则考察数据。唯一性规则是指给定属性的每个值都必须不同于该属性的所有其他值。连续性规则是指属性的最低值和最高值之间没有缺失的值，并且所有的值还必须是唯一的(如检验数)。空值规则说明空白、问号、特殊符号或指示空值条件的其他串(如给定属性的值不能使用)的使用，以及如何处理这样的值。缺失值的原因可能包括：被要求提供属性值的人拒绝提供和/或发现没有所要求的信息(如非司机未填写 license-number 属性)；数据输入者不知道正确的值；值在稍后提供。空值规则应当说明如何记录空值条件，如数值属性存放 0、字符属性存放空白或其他使用方便的约定(诸如"unknown"或"？"这样的项应当转换成空白)。

4.　数据清洗工具(data scrubbing tool)

使用简单的领域知识(如邮政地址知识和拼写检查)检查并纠正数据中的错误。在清理多个数据源的数据时，这些工具依赖分析和模糊匹配技术。数据审计工具(data auditing tool)通过分析数据发现规则和联系，以及检测违反这些条件的数据来发现偏差。它们是数据挖掘工具的变种。例如，可以使用统计分析来发现相关，或通过聚类分析识别离群点。

有些数据不一致可以使用其他外部材料人工地加以更正。例如，数据输入时的错误可以使用纸上的记录加以更正。然而，大部分错误需要数据变换。这是数据清洗过程的第二步，即一旦发现偏差，通常需要定义并使用(一系列)变换来纠正它们。

商业工具可以支持数据变换步骤。数据迁移工具(data migration tool)允许说明简单的变换，如将字符串"gender"用"sex"替换。提取/变换/装入(Extraction/Transformation/Loading，ETL)工具允许用户通过图形用户界面(Graphical User Interface，GUI)说明变换。通常，这些工具只支持有限的变换，因此，常常可能需要为数据清理过程的这一步编写定制的程序。

2.2.2 数据集成

数据分析任务多半涉及数据集成。数据集成合并多个数据源中的数据，存放在一个一致的数据存储(如数据仓库)中。这些数据源可能包括多个数据库、数据立方体或一般文件。

在数据集成时，有许多问题需要考虑。模式集成和对象匹配可能需要技巧。来自多个信息源的现实世界的等价实体如何才能匹配？这涉及实体识别问题。例如，数据分析者或计算机如何才能确信一个数据库中的 customer_id 和另一个数据库中的 cust_number 指的是相同的属性？每个属性的元数据包括名字、含义、数据类型和属性的允许取值范围，以及处理空白、零或 null 值的空值规则。这样的元数据可以用来帮助避免模式集成的错误。元数据还可以用来帮助变换数据。例如，pay_type 的数据编码在一个数据库中可以是 H 和 S，而在另一个数据库中可以是 1 和 2。因此，这一步也与前面介绍的数据清洗有关。

冗余是另一个重要问题。一个属性(如年收入)可能是冗余的，如果它能由另一个或另一组属性推导出。属性或维命名的不一致也可能导致结果数据集中的冗余。

有些冗余可以被相关分析检测到。给定两个属性，这种分析可以根据可用的数据度量一个属性能在多大程度上蕴涵另一个。对于数值属性，通过计算属性 A 和 B 之间的相关系数，又称皮尔逊积矩系数(Pearson product coefficient)，来估计这两个属性的相关度 $r_{A,B}$。即

$$r_{A,B} = \frac{\sum_{i=1}^{N}(a_i - \overline{A})(b_i - \overline{B})}{N\sigma_A\sigma_B} = \frac{\sum_{i=1}^{N}(a_ib_i) - N\overline{A}\,\overline{B}}{N\sigma_A\sigma_B} \tag{2.31}$$

其中 N 是元组个数；a_i 和 b_i 分别是元组 i 中 A 和 B 的均值；σ_A 和 σ_B 分别是 A 和 B 的标准差；$\sum_{i=1}^{N}(a_ib_i)$ 是 AB 乘积的和。$-1 \leqslant r_{A,B} \leqslant +1$，如果 $r_{A,B} > 0$，则 A 和 B 是正相关的，意味着 A 的值随 B 的值增加而增加，相关性越强。因此，一个较高的 $r_{A,B}$ 值表明 A(或 B)可以作为余而被去掉；如果 $r_{A,B} = 0$，则 A 和 B 是独立的，不存在相关；如果 $r_{A,B} < 0$，则 A 和 B 是负相关的，说明一个值随另一个值的减小而增加。这意味着每一个属性都阻止另一个出现。

注意，相关并不意味有因果关系。也就是说，如果 A 和 B 是相关的，这并不意味 A 导致 B 或 B 导致 A。例如，在分析人口统计数据库时，我们可能发现一个地区的医院数与汽车盗窃数是相关的。这并不意味其中一个导致另一个。实际上，二者必然关联到第三个属性——人口。

对于分类(离散)数据，两个属性 A 和 B 之间的相关联系可以通过 χ^2(卡方)检验发现。设 A 有 c 个不同值 $a_1, a_2, a_3, \cdots, a_c$，$B$ 有 r 个不同值 $b_1, b_2, b_3, \cdots, b_r$。$A$ 和 B 描述的数据元组

可以用一个相依表显示，其中 A 的 c 个值构成列，B 的 r 个值构成行。令(A_i, B_j)表示属性 A 取值 a_i，属性 B 取值 b_j 的事件，即$(A=a_i, B=b_j)$。每个可能的(A_i, B_j)联合事件都在表中有自己的单元或位置。χ^2 值(又称皮尔逊 χ^2 统计量)的计算公式为

$$\chi^2 = \sum_{i=1}^{c} \sum_{h=1}^{r} \frac{(o_{ij} - e_{ij})^2}{e_{ij}} \tag{2.32}$$

其中，o_{ij} 是联合事件(A_i, B_j)的观测频度(即实际计数)；e_{ij} 是(A_i, B_j)的期望频度，计算公式为

$$e_{ij} = \frac{\text{Count}(A=a_i) \times \text{Count}(B=b_j)}{N} \tag{2.33}$$

其中，N 是数据元组个数；$\text{Count}(A=a_i)$ 是 A 具有值 a_i 的元组个数；$\text{Count}(B=b_j)$ 是 B 具有值 b_j 的元组个数。注意，对 χ^2 值贡献最大的单元是其实际计数与期望计数很不相同的单元。

此外，需要注意的是，数据语义的异构和结构对数据集成提出了巨大挑战。由多个数据源小心地集成数据能够帮助降低和避免结果数据集中的冗余和不一致，这有助于提高其后续挖掘过程的准确率和速度。

2.2.3　数据变换

数据变换包括平滑、聚合、泛化、规范化、属性和特征的重构等操作。其中，数据平滑是指将噪声从数据中移出，前文已经讲过，这里不再赘述；数据聚合是指将数据进行汇总，以便对数据进行统计分析；数据泛化是将数据在概念层次上转化为较高层次的概念的过程，如将分类替换为其父分类。数据泛化的主要目的是减少数据的复杂度。

下面介绍数据规范化的常用方法。

(1) 标准差标准化

标准差标准化又称零-均值规范化(z-score 标准化)，是将变量的各个记录值减去其平均值，再除以其标准差，即

$$x'_{ij} = \frac{x_{ij} - \overline{x}_i}{S_i} \tag{2.34}$$

其中，$\overline{x}_i = \dfrac{1}{n}\sum_{j=1}^{n} x_{ij}$ 是均值；$S_i = \sqrt{\dfrac{1}{n}\sum_{j=1}^{n}(x_{ij} - \overline{x}_i)^2}$ 是标准差。

经过标准差标准化处理后的数据的平均值为0，标准差为1。标准差分数可以回答"给定数据距离其均值有多少个标准差？"这样的问题，在均值之上的数据会得到一个正的标准化分数，反之会得到一个负的标准化分数。

标准差标准化的特点是对不同特征维度的伸缩变换的目的是使其不同度量之间的特征具有可比性，同时不改变原始数据的分布。其好处是不改变原始数据的分布，保持各个

特征维度对目标函数的影响权重；对目标函数的影响体现在几何分布上；在已有样本足够多的情况下比较稳定，适合现代嘈杂大数据场景。

(2) 极差标准化

极差标准化是将各个记录值减去记录值的平均值，再除以记录值的极差，即

$$x'_{ij} = \frac{x_{ij} - \overline{x}_i}{\max(x_{ij}) - \min(x_{ij})} \tag{2.35}$$

经过极差标准化处理后的数据的极差等于 1。

(3) 最小–最大规范化

最小–最大规范化又称离差标准化，是将所有的数据转化到新设定的最小值和最大值的区间内，即

$$x'_{ij} = \frac{x_{ij} - \min(x_{ij})}{\max(x_{ij}) - \min(x_{ij})} \tag{2.36}$$

离差标准化保留了原来数据中存在的关系，是消除量纲和数据取值范围影响的最简单方法。这种处理方法的缺点是若数值集中且某个数值很大，则规范化后各值接近于 0，并且将会相差不大。如(1, 1.2, 1.3, 1.4, 1.5, 1.6, 8.4)这组数据，若将来遇到超过目前属性[min, max]取值范围的时候，会引起系统报错，需要重新确定 min 和 max。

离差标准化的特点是对不同特征维度进行伸缩变换；改变原始数据的分布，使得各个特征维度对目标函数的影响权重归于一致(使得扁平分布的数据伸缩变换成类圆形)；对目标函数的影响体现在数值上；把有量纲表达式变为无量纲表达式。其好处是提高迭代求解的收敛速度；提高迭代求解的精度。

(4) 小数定标规范化

小数定标规范化是指通过移动属性值的小数位数，将属性值映射到[-1, 1]之间，移动的小数位数取决于属性值绝对值的最大值。转化公式为 $x* = \frac{x}{10^k}$。

2.2.4 数据归约

数据归约技术可以用来得到数据集的归约表示，它小得多，但仍接近保持原数据的完整性。这样，对归约后的数据集挖掘将更有效，并产生相同(或几乎相同)的分析结果。数据归约的策略如表 2.6 所示。

表 2.6 数据归约的策略

策 略	描 述
数据立方体聚集	聚集操作用于数据立方体结构中的数据
属性子集选择	可以检测并删除不相关、弱相关或冗余的属性或维
维度归约	使用编码机制减小数据集的规模
数值归约	用替代的、较小的数据表示替换或估计数据，如参数模型(只需要存放模型参数，而不是实际数据)或非参数方法，如聚类、抽样和使用直方图

策略	描述
离散化和概念分层产生	属性的原始数据值用区间值或较高层的概念替换。数据离散化是一种数据归约形式，对于概念分层的自动产生是有用的。离散化和概念分层产生是数据挖掘强有力的工具，允许挖掘多个抽象层的数据

1. 数据立方体聚集

数据立方体提供对预计算的汇总数据进行快速访问，因此，适合联机数据分析处理和数据挖掘。

在最低抽象层创建的立方体称为基本方体(base cuboid)。基本方体应当对应于感兴趣的个体实体，如 Sales 或 Customer。换言之，最低层应当是对于分析可用的或有用的。最高层抽象的立方体称为顶点方体(apex cuboid)。对于如图 2.10 所示的销售数据，顶点方体将给出一个汇总值：所有商品类型、所有分店三年的总销售额。对不同抽象层创建的数据立方体称为方体(cuboid)，因此，数据立方体可以看作方体的格(lattice of cuboids)。每个较高层抽象将进一步减少结果数据的规模。当回答数据挖掘查询时，应当使用与给定任务相关的最小可用方体。

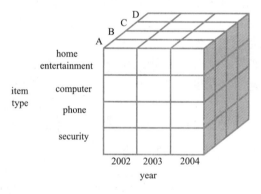

图 2.10　销售数据顶点方体

2. 属性子集选择

遗漏相关属性或留下不相关属性都是有害的，会导致所用的挖掘算法无所适从。这可能导致发现质量很差的模式。此外，不相关或冗余的属性增加可能会减慢挖掘进程。

属性子集选择通过删除不相关或冗余的属性(或维)减小数据集。属性子集选择的目标是找出最小属性集，使得数据类的概率分布尽可能地接近使用所有属性得到的原分布。对减小的属性集挖掘还有其他优点。它减少了出现在发现模式的属性数目，使得模式更易于理解。

如何找出原属性的一个"好的"子集？对于 n 个属性，有 2^n 个可能的子集，穷举搜索找出属性的最佳子集可能是不现实的，特别是当 n 和数据类的数目增加时。因此，对于属性子集选择，通常使用压缩搜索空间的启发式算法。通常，这些方法是贪心算法，在搜索属性空间时，总是做看上去当时最佳的选择。策略是做局部最优选择，期望由此导致全局最优解。在实践中，这种贪心方法是有效的，并可以逼近最优解。

　　"最好的"和"最差的"属性通常使用统计显著性检验来确定。这种检验假定属性是相互独立的。也可以使用其他属性评估度量，如建立分类决策树使用信息增益度量。属性子集选择的基本启发式方法包括以下几种，如图 2.11 所示。

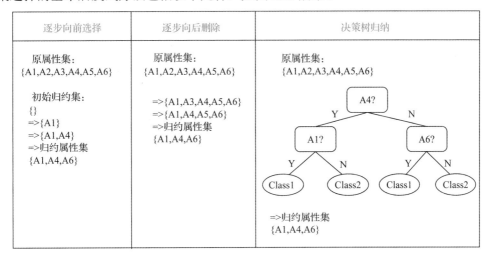

图 2.11　属性子集选择示例

　　(1) 逐步向前选择。该过程由空属性集作为归约集开始，确定原属性集中最好的属性，并将它添加到归约属性集中。在其后的每一次迭代步，将剩下的原属性集中最好的属性添加到该集合中。

　　(2) 逐步向后删除。该过程由整个属性集开始。在每一步，删除尚在属性集中最差的属性。

　　(3) 向前选择和向后删除的结合。可以将逐步向前选择和逐步向后删除方法结合在一起，每一步选择一个最好的属性，并在剩余属性中删除一个最差的属性。

　　(4) 决策树归纳。决策树算法，如 ID3、C4.5 和 CART 最初是用于分类的。决策树归纳构造一个类似于流程图的结构，其中每个内部(非树叶)节点表示一个属性的测试，每个分枝对应于测试的一个输出；每个外部(树叶)节点表示一个类预测。在每个节点，算法选择最好的属性，将数据划分成类。

　　① 当决策树归纳用于属性子集选择时，由给定的数据构造决策树。不出现在树中的所有属性假定是不相关的。出现在树中的属性形成归约后的属性子集。

　　② 方法的结束标准可以不同。该过程可使用一个度量阈值来决定何时停止属性选择过程。

3. 维度归约

　　维度归约使用数据编码或变换，以便得到原数据的归约或"压缩"表示。如果原数据可以由压缩数据重新构造而不丢失任何信息，则该数据归约是无损的。如果只能重新构造原数据的近似表示，则该数据归约是有损的。下面介绍两种流行、有效的有损的维度归约方法：小波变换和主成分分析。

(1) 小波变换

离散小波变换(Discrete Wavelet Transformation，DWT)是一种线性信号处理技术，当用于数据向量 X 时，将它变换成数值上不同的小波系数向量 X'。两个向量具有相同的长度。当这种技术用于数据归约时，每个元组看作一个 n 维数据向量，即 $X = (x_1, x_2, \cdots, x_n)$，描述 n 个数据库属性在元组上 n 个测量值。

DWT 有若干小波族，如图 2.12 所示。流行的小波变换包括 Haar-2、Daubechies-4 和 Daubechies-6 变换。

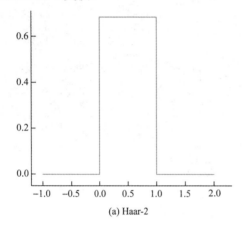
(a) Haar-2

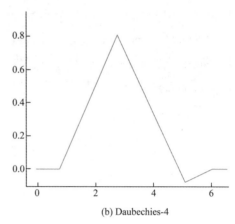
(b) Daubechies-4

图 2.12　小波族

应用离散小波变换的一般过程使用一种分层金字塔算法(pyramid algorithm)，它在每次迭代时将数据减半，具有很快的计算速度。该方法的变换过程如下。

① 输入数据向量的长度 L，必须是 2 的整数幂。必要时($L \geqslant n$)，通过在数据向量后添加 0，这一条件可以满足。

② 每个变换涉及应用两个函数。第一个使用某种数据平滑法，如求和或加权平均。第二个进行加权差分，产生数据的细节特征。

③ 两个函数作用于 X 中的数据点对，即用于所有的测量对(x_{2i}, x_{2i+1})。这导致两个长度为 $L/2$ 的数据集。一般它们分别代表输入数据的平滑后的版本或低频版本和它的高频内容。

④ 两个函数递归地作用于前面循环得到的数据集，直到得到的数据集长度为 2。

⑤ 由以上迭代得到的数据集中选择值，指定其为数据变换的小波系数。

等价地，可以将矩阵乘法用于输入数据，以得到小波系数。所用的矩阵依赖于给定的 DWT。矩阵必须是标准正交的，即列是单位向量并相互正交，使得矩阵的逆是它的转置。由于篇幅所限，在此不做深入探讨，但这种性质允许由平滑和平滑差数据集重构数据。通过将矩阵因子分解成几个稀疏矩阵，对于长度为 n 的输入向量，快速 DWT 算法的复杂度为 $O(n)$。

小波变换可以用于多维数据，如数据立方体。可以按以下方法做：首先将变换用于第一个维，然后第二个，以此类推。计算复杂性关于立方体中单元的个数是线性的。对于稀疏或倾斜数据和具有有序属性的数据，小波变换有很好的结果。小波变换的有损压缩比当前的商业标准 JPEG 压缩好。小波变换有许多实际应用，包括指纹图像压缩、计算机视觉、时间序列数据分析和数据清理。

(2) 主成分分析

假定待归约的数据由 n 个属性或维描述的元组或数据向量组成。主成分分析(Principal Components Analysis，PCA)搜索 k 个最能代表数据的 n 维正交向量，其中 $k \leqslant n$。这样，原来的数据投影到一个小得多的空间，导致维度归约。不像属性子集选择通过保留原属性集的一个子集来减少属性集的大小，PCA 通过创建一个替换的、更小的变量集组合属性的基本要素。原数据可以投影到该较小的集合中。PCA 常常揭示先前未曾察觉的联系，并因此允许解释不寻常的结果。

其基本归约过程如下。

① 对输入数据规范化，使得每个属性都落入相同的区间。此步有助于确保具有较大定义域的属性不会支配具有较小定义域的属性。

② PCA 计算 k 个标准正交向量，作为规范化输入数据的基。这些是单位向量，每一个方向都垂直于另一个。这些向量称为主成分。输入数据是主成分的线性组合。

③ 对主成分按重要性或强度降序排列。主成分基本上充当数据的新坐标轴，提供关于方差的重要信息。也就是说，对坐标轴进行排序，使得第一个坐标轴显示数据的最大方差，第二个显示次大方差，以此类推。

④ 既然主成分根据重要性降序排列，就可以通过去掉较弱的成分(即方差较小)来归约数据的规模。使用最强的主成分，应当能够重构原数据的近似表示。

PCA 的计算开销低，可以用于有序和无序的属性，并且可以处理稀疏和倾斜数据。多于二维的多维数据可以通过将问题归约为二维问题来处理。主成分可以用作多元回归和聚类分析的输入。与小波变换相比，PCA 能够更好地处理稀疏数据，而小波变换更适合高维数据。

4. 数值归约

能通过选择替代的、较小的数据表示形式来减少数据量吗？数值归约技术确实可以用于这一目的。这些技术可以是参数的，也可以是非参数的。参数方法使用一个模型估计数据，只需要存放数据参数，而不是实际数据，如对数线性模型，它可估计离散的多维概率分布。非参数方法包括直方图、聚类和抽样。

(1) 回归和对数线性模型

回归和对数线性模型可以用来近似表示给定的数据。

① 简单线性回归是对数据建模，使之拟合到一条直线。例如，将随机变量 y (称为响应变量)建模为另一随机变量 x (称为预测变量)的线性函数

$$y = wx + b \tag{2.37}$$

其中，假定 y 的方差是常量。在数据挖掘中，x 和 y 是数值数据库属性。系数 w 和 b(称为回归系数)分别为直线的斜率和 Y 轴截距。系数可以用最小二乘方法求解，它最小化分离数据的实际直线与直线估计之间的误差。多元线性回归是简单线性回归的扩充，允许响应变量 y 建模为两个或多个预测变量的线性函数。

② 对数线性模型(log-linear model)可近似表示离散的多维概率分布。给定 n 维(如用 n 个属性描述)元组的集合,可以把每个元组看作 n 维空间的点。可以使用对数线性模型基于维组合的一个较小子集,估计离散化的属性集的多维空间中每个点的概率。这使得高维数据空间可以由较低维空间构造。因此,对数线性模型也可以用于维度归约(由于低维空间的点通常比原来的数据点占据较少的空间)和数据平滑(因为与较高维空间的估计相比,较低维空间的聚集估计较少受抽样方差的影响)。

回归和对数线性模型都可以用于稀疏数据,尽管它们的应用可能是受限制的。虽然两种方法都可以处理倾斜数据,但是回归表现更好。当用于高维数据时,回归可能是计算密集的,而对数线性模型表现出很好的可伸缩性,可以扩展到 10 维左右。

(2) 直方图

直方图使用分箱来近似表示数据分布,是一种流行的数值归约形式。属性 A 的直方图将 A 的数据分布划分为不相交的子集或桶。如果每个桶只代表单个属性值/频率对,则该桶称为单桶。通常,桶表示给定属性的一个连续区间。

确定桶和属性值的划分规则如下。

① 等宽。在等宽直方图中,每个桶的宽度区间是一致的。

② 等频(或等深)。在等频直方图中,创建桶,使得每个桶的频率粗略地为常数,即每个桶大致包含相同个数的邻近数据样本。

③ V 最优。给定桶的个数,如果考虑所有可能的直方图,则 V 最优直方图是具有最小方差的直方图。直方图的方差是每个桶代表的原来值的加权和,其中权等于桶中值的个数。

④ MaxDiff。在 MaxDiff 直方图中,考虑每对相邻值之间的差。桶的边界是具有 $b-1$ 个最大差的对,其中,b 是用户指定的桶数。

V 最优和 MaxDiff 直方图是其中最准确和最实用的。对于近似稀疏和稠密数据,以及高倾斜和均匀的数据,直方图是高度有效的。

(3) 聚类

聚类技术将数据元组视为对象。它将对象划分为群或簇,使一个簇中的对象相似,而与其他簇中的对象相异。通常,相似性基于距离函数,用对象在空间中的接近程度定义。簇的质量可以用直径表示,直径是簇中任意两个对象的最大距离。质心距离是簇质量的另一种度量,定义为由簇质心(表示平均对象,或簇空间中的平均点)到每个簇对象的平均距离。

在数据库系统中,多维索引树主要用于对数据的快速访问。它也能用于分层数据的归约,提供数据的多维聚类。这可以用于提供查询的近似回答。对于给定的数据对象集,索引树递归地划分多维空间,其树根节点代表整个空间。通常,这种树是平衡的,由内部节点和树叶节点组成。每个父节点(包含关键字和指向子节点的指针)和其子节点一起表示父节点代表的空间。每个树叶节点包含指向它所代表的数据元组的指针(或实际元组)。这样,索引树可以在不同的分辨率或抽象层存放聚集和细节数据。它提供了数据集的分层聚类,其中每个簇有一个标记，存放该簇包含的数据。如果把父节点的每个子节点看作一个桶，则索引树可以看作一个分层的直方图。

例 2.10 图 2.13 所示 B+树的根具有指向数据键 986、3396、5411、8392 和 9544 的指针。假设该树包含 10 000 个元组，其键值从 1～9999。树中的数据可以用 6 个桶的等频直方图近似，其键值分别从 1～985、986～3395、3396～5410、5411～8391、8392～9543、9544～9999。每个桶大约包含 10 000/6 个数据项。类似的，每个桶进一步分成更小的桶，允许在更细的层次聚集数据。作为一种数值归约形式使用多维索引树依赖于每个维上属性值的次序。二维或多维索引树包括 R 树、四叉树和它们的变形。它们都非常适合处理稀疏数据和倾斜数据。

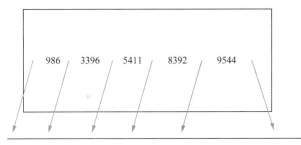

图 2.13　B+树的根

(4) 抽样

抽样可以作为一种数值归约技术使用，因为它允许用小得多的随机样本(子集)表示大型数据集。假定大型数据集 D 包含 N 个元组，其可以用于数据归约的最常用的对 D 的抽样方法，如图 2.14 所示。

① s 个样本无放回简单随机抽样(SRS Without Replacement，**SRSWOR**)是指从 D 的 N 个元组中抽取 s 个样本($s < N$)。其中，D 中任意元组被抽取的概率均为 $1/N$，即所有元组的抽取是相等可能的。

② s 个样本有放回简单随机抽样(SRS With Replacement，**SRSWR**)。该方法类似于 SRSWOR，不同之处在于每次从 D 中抽取一个元组后，记录它，然后放回原处。也就是说，一个元组抽取后，放回 D，以便它可以再次被抽取。

③ 聚类抽样。如果 D 中的元组分组放入 M 个互不相交的簇，则可以得到 s 个簇的简单随机抽样(Simple Random Sampling，SRS)，其中 $s < M$。例如，数据库中元组通常一次检索一页，这样每页就可以视为一个簇，如可以将 SRSWOR 用于页，得到元组的簇样本，由此得到数据的归约表示；也可以利用其他携带更丰富语义信息的聚类标准，如在空间数据库中可以基于不同区域位置上的邻近程度地理地定义簇。

④ 分层抽样。如果 D 划分成互不相交的部分，称为层，则通过对每一层的 SRS 就可以得到 D 的分层样本。特别是当数据倾斜时，可以帮助确保样本的代表性。例如，可以得到关于顾客数据的一个分层样本，其中分层针对顾客的每个年龄组创建，这样，具有顾客最少数目的年龄组就能够被表示。

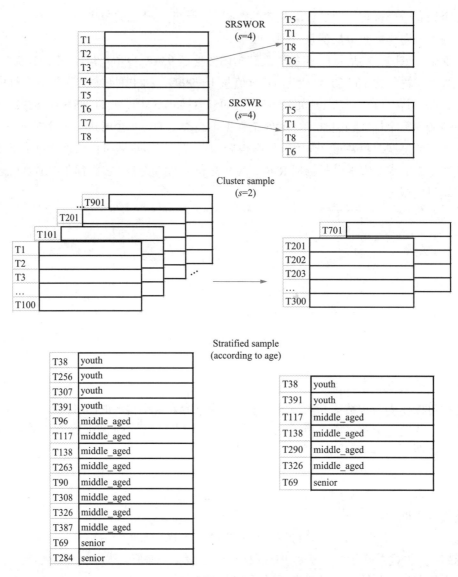

图 2.14　抽样流程

　　采用抽样进行数值归约的优点是，得到样本的花费正比于样本集的大小 s，而不是数据集的大小 N。因此，抽样的复杂度子线性(sublinear)等于数据的大小。其他数值归约技术至少需要完全扫描 D。对于固定的样本大小，抽样的复杂度仅随数据的维数 n 线性地增加；而其他技术，如使用直方图，复杂度随 n 指数增长。

　　用于数值归约时，抽样最常用来估计聚集查询的回答。在指定的误差范围内，可以确定(使用中心极限定理)估计一个给定的函数所需的样本大小。样本的大小 s 相对于 N 可能非常小。对于归约数据集的逐步求精，抽样是一种自然选择。通过简单地增加样本大小，这样的集合可以进一步求精。

5. 数据离散化和概念分层产生

通过将属性值划分为区间，数据离散化技术可以用来减少给定连续属性值的个数。区间的标记可以替代实际的数据值。用少数区间标记替换连续属性的数值，从而减少和简化原来的数据。这导致挖掘结果的简洁的、易于使用的、知识层面的表示。

离散化技术可以根据如何进行离散化加以分类，如根据是否使用类信息或根据进行方向(即自顶向下或自底向上)分类。如果离散化过程使用类信息，则称它为监督离散化(supervised discretization)；否则，称它为非监督的(unsupervised)。如果首先找出一点或几个点(称为分裂点)来划分整个属性区间，然后在结果区间上递归地重复这一过程，则称它为自顶向下离散化或分裂。自底向上离散化或合并正好相反，首先将所有的连续值看作可能的分裂点，通过合并相邻域的值形成区间，然后递归地应用这一过程于结果区间。可以对一个属性递归地进行离散化，产生属性值的分层或多分辨率的划分，称为概念分层。概念分层对于多个抽象层的挖掘是有用的。

对于给定的数值属性，概念分层定义了该属性的一个离散化。通过收集较高层的概念(如青年、中年或老年)并用它们替换较低层的概念(如年龄的数值)，概念分层可以用来归约数据。通过这种数据泛化，尽管细节丢失了，但是泛化后的数据更有意义、更容易解释。这有助于通常需要的多种挖掘任务的数据挖掘结果的一致表示。此外，与对大型未泛化的数据集挖掘相比，对归约的数据进行挖掘所需的输入/输出操作更少，并且更有效。正因为如此，离散化技术和概念分层作为预处理步骤，在数据挖掘之前而不是在挖掘过程中进行。例如，属性 price 的概念分层如图 2.15 所示。对于同一个属性可以定义多个概念分层，以适合不同的用户的需要。

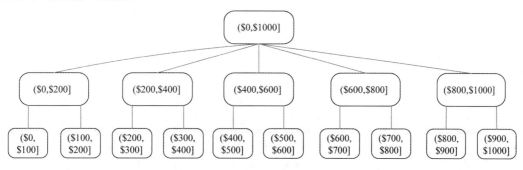

图 2.15 属性 price 的概念分层

对于用户或领域专家，人工地定义概念分层可能是一项令人乏味、耗时的任务。幸而可以使用一些离散化方法来自动地产生或动态地提炼数值属性的概念分层。此外，许多分类属性的分层结构蕴含在数据库模式中，可以在模式定义级自动地定义。

(1) 数值数据的离散化和概念分层产生

数值属性的概念分层可以根据数据离散化自动构造，包括分箱、直方图分析、基于熵的离散化、χ^2 合并、聚类分析和通过直观划分离散化等方法。一般来说，每种方法都假定待离散化的值已经按升序排序。

① 分箱。分箱是一种基于箱的指定个数自底向上的分裂技术。这些方法也可以用作数值归约和概念分层产生的离散化方法。例如，通过使用等宽或等频分箱，然后用箱均值或中位数替换箱中的每个值，可以将属性值离散化，就像分别用箱的均值或箱的中位数平滑一样。这些技术可以递归地作用于结果划分，产生概念分层。分箱并不使用类信息，因此是一种非监督的离散化技术。它对用户指定的箱个数很敏感，也容易受离群点的影响。

② 直方图分析。像分箱一样，直方图分析也是一种非监督离散化技术，因为它也不使用类信息。直方图将属性 A 的值划分成不相交的区间，称为桶。例如，在等宽的直方图中，将值分成相等的划分或区间。使用等频直方图，理想的分割值使得每个划分包括相同个数大数据元组。直方图分析算法可以递归地用于每个划分，自动的产生多级概念分层，直到达到预先设定的概念层数过程为止。也可以对每一层使用最小区间长度来控制递归过程。最小区间长度设定每层每个划分的最小宽度，或每层每个划分中值的最少数目。直方图也可以根据数据分布的聚类分析进行划分。

③ 基于熵的离散化。熵(entropy)是最常用的离散化度量之一。它由香农在信息论和信息增益概念的开创性工作中首次引进。基于熵的离散化是一种监督的、自顶向下的分裂技术。它在计算和确定分裂点(划分属性区间的数据值)时利用类分布信息。为了离散数值属性 A，该方法选择 A 的具有最小熵的值作为分裂点，并递归地划分结果区间，得到分层离散化。这种离散化形成 A 的概念分层。

设 D 由属性集和类标号属性定义的数据元组组成。类标号属性提供每个元组的类信息。该集合中属性 A 的基于熵的离散化的基本方法如下。

Ⅰ A 的每个值都可以看作一个划分 A 的值域的潜在区间边界或分裂点(记为 split_point)。也就是说，A 的分裂点可以将 D 中的元组划分成分别满足条件 $A \leqslant$ split_point 和 $A >$ split_point 的两个子集，这样就创建了一个二元离散化。

Ⅱ 基于熵的离散化使用元组的类标号信息。为了解释基于熵的离散化的基本思想，必须考察一下分类。假定要根据属性 A 和某分裂点上的划分将 D 中的元组分类。理想地，希望该划分能使元组准确分类。例如，如果有两个类，希望类 C_1 的所有元组落入一个划分，而类 C_2 的所有元组落入另一个划分。然而，这不大可能。例如，一个划分可能包含许多 C_1 的元组，也可能包含某些 C_2 的元组。在该划分之后，为了得到完全的分类，还需要多少信息？这个量称为基于 A 的划分对 D 的元组分类的期望信息需求，计算公式为

$$\text{Info}_A(D) = \frac{|D_1|}{|D|}\text{Entropy}(D_1) + \frac{|D_2|}{|D|}\text{Entropy}(D_2) \tag{2.38}$$

其中，D_1 和 D_2 分别对应于 D 中满足条件 $A \leqslant$ split_point 和 $A >$ split_point 的元组；$|D|$ 是 D 中元组的个数，以此类推。给定集合的熵函数 Entropy 根据集合中元组的类分布来计算。例如，给定 m 个类 $C_1, C_2, \cdots, C_m$，则 D_1 的熵为

$$\text{Entropy}(D_1) = -\sum_{i=1}^{m} p_i \log_2(p_i) \tag{2.39}$$

其中，p_i 是由 D_1 中类 C_i 类的元组数除以 D_1 中的元组总数 $|D_1|$ 确定。这样，在选择属性 A 的分裂点时，希望选择产生最小期望信息需求[即 $\min(\text{Info}_A(D))$]的属性值。这将导致在用 $A \leqslant \text{split\_point}$ 和 $A > \text{split\_point}$ 划分之后，对元组完全分类需要的期望信息量最小。这等价于具有最大信息增益的属性—值对。

　　Ⅲ 确定分裂点的过程递归地用于所得到的每个划分，直到满足某个终止标准，如当所有候选分裂点上的最小信息需求小于一个小阈值 ε，或者当区间的个数大于阈值 max_interval 时终止。

　　基于熵的离散化可以减少数据量。与迄今为止提到的其他方法不同，基于熵的离散化使用类信息。这使得它更有可能将区间边界(分裂点)定义在准确位置，有助于提高分类准确性。

　　④ 基于 χ^2 分析的区间合并。ChiMerge 是一种基于 χ^2 的离散化算法。ChiMerge 采用自底向上的策略，递归地找出最佳临近区间，然后合并它们，形成较大的区间。这种方法是监督的，它使用类信息。其基本思想是，对于精确的离散化，相对类频率在一个区间内应当完全一致。因此，如果两个临近的区间具有非常类似的类分布，则这两个区间可以合并。否则，它们应当保持分开。

　　ChiMerge 算法的过程为：初始，将数值属性 A 点每个不同值看作一个区间；对每个相邻区间进行 χ^2 检验；将具有最小 χ^2 值的相邻区间合并在一起，因为低 χ^2 值表明它们具有相似的分布；该合并过程递归地进行，直到满足预先定义的终止标准。

　　终止标准通常由三个条件决定。第一个条件是，当所有相邻区间对的 χ^2 值都低于由指定的显著水平确定的某个阈值时合并停止。χ^2 检验的置信水平值太高(或非常高)可能导致过分离散化，而太低(或非常低)可能导致离散化不足。通常，置信水平设在 0.1～0.01 之间。第二个条件是，区间数可能少于预先指定点 max-interval，如 10～15。最后，ChiMerge 算法的前提是区间内相对类频率应当完全一致。实践中，某些不一致是允许的，但不应当超过某个预先指定的阈值，如 3%，这可以由某训练数据估计。最后一个条件是，可以用来删除数据集中不相关的属性。

　　⑤ 聚类分析。聚类分析是一种流行的数据离散化方法。通过将属性 A 的值划分成簇和组，聚类算法可以用来离散化数值属性 A。聚类考虑 A 的分布及数据点的邻近性，因此，可以产生高质量的离散化结果。遵循自顶向下的划分策略或自底向上的合并策略，聚类可以用来产生 A 的概念分层，其中每个簇形成概念分层的一个节点。在前者，每一个初始簇或划分可以进一步分解成若干子簇，形成较低的概念层。在后者，通过反复的对邻近簇进行分组，形成较高的概念层。

　　⑥ 通过直观划分离散化。尽管分箱、直方图、聚类和基于熵的离散化对于数值分层的产生是有用的，但是许多用户希望看到数值区域被划分为相对一致的、易于阅读、看上去直观或自然的区间。例如，更希望将年薪划分成像[$50 000, $60 000]的区间，而不是像由某种复杂的聚类技术得到的[$51 263.98, $60 872.34]那样。

3-4-5 规则可以用于将数值数据划分成相对一致、自然的区间。一般来说，该规则根据重要的数字上的值区域，递归地、逐层地将给定的数据区域划分为 3、4 或 5 个相对等宽的区间。该规则如下。

Ⅰ 如果一个区间在重要的数字上包含 3、6、7 或 9 个不同的值，则将该区间划分成 3 个区间(对于 3、6 和 9，划分成 3 个等宽的区间；而对于 7，按 2-3-2 分组，划分成 3 个区间)。

Ⅱ 如果它在重要数字上包含 2、4 或 8 个不同的值，则将区间划分成 4 个等宽的区间。

Ⅲ 如果它在重要数字上包含 1、5 或 10 个不同的值，则将区间划分成 5 个等宽的区间。

该规则可以递归地用于每个区间，为给定的数值属性创建概念分层。由于在数据集中可能有特别大的正值和负值，最高层分段简单地按最小和最大值可能导致扭曲的结果。

例 2.11 在资产数据集中，少数人的资产可能比其他人高几个数量级。按照最高资产值分段可能导致高度倾斜的分层。这样，顶层分段可以根据代表给定数据大多数的数据区间(如第 5 个百分位数到第 95 个百分位数)进行。超过顶层分段的特别高和特别低的值将用类似的方法形成单独的区间。根据直观划分产生数值概念分层的步骤如图 2.16 所示。

(2) 分类数据的概念分层产生

分类数据是离散数据。分类属性具有有限个(但可能很多)不同值，值之间无序，如地理位置、工作类别和商品类型。有很多方法产生分类数据的概念分层。

① 由用户或专家在模式级显式地说明属性的偏序。通常，分类属性或维的概念分层涉及一组属性。用户或专家在模式级通过说明属性的偏序或全序，可以很容易地定义概念分层。

② 通过显式数据分组说明分层结构的一部分。这基本上是人工地定义概念分层结构的一部分。在大型数据库中，通过显式的值枚举定义整个概念分层是不现实的。然而，对于一小部分中间层数据，可以很容易地显式说明分组。

③ 说明属性集但不说明它们的偏序。用户可以说明一个属性集形成概念分层，但并不显式地说明它们的偏序。然后，系统可以尝试自动地产生属性的序，构造有意义的概念分层。

没有数据语义的知识，如何找出任意的分类属性集的分层顺序？考虑下面的事实：由于一个较高层的概念通常包含若干从属的较低层概念，定义在高概念层的属性(如 country)与定义在较低概念层的属性(如 street)相比，通常包含少数数目的不同值。根据这一事实，可以根据给定属性集中每个属性不同值的个数自动地产生概念分层。具有最多不同值的属性放在分层结构的最低层。一个属性的不同值个数越少，它在所产生的概念分层结构中所处的层次越高。在许多情况下，这种启发式规则都很有用。在考察了所产生的分层之后，如果需要进行局部层次交换或调整可以由用户或专家来做。

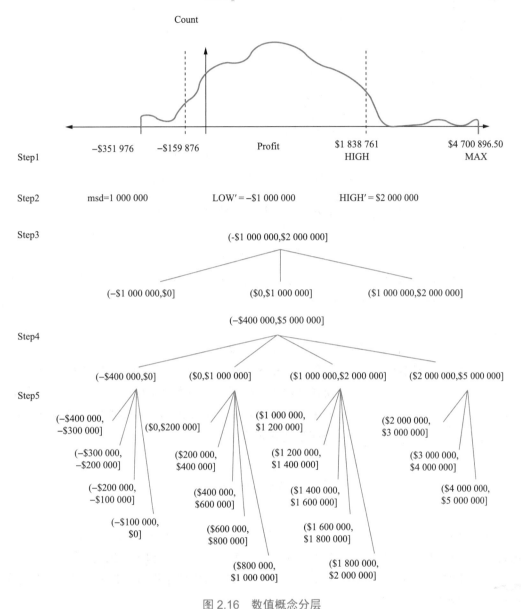

图 2.16　数值概念分层

④ 根据每个属性的不同值的个数产生概念分层。假定用户对于 AllElectronics 的维 location 选定了属性集：street、country、province_or_state 和 city，但没有指出这些属性之间的层次顺序。location 的概念分层可以自动地产生，如图 2.17 所示。首先，根据每个属性的不同值个数，将属性按降序排列，其结果为(其中，每个属性的不同值数目在括号中)：country(15)，province_or_state(365)，city(3 567)，street(674 339)。然后，按照排好的次序，自顶向下产生分层，第一个属性在顶层，最后一个属性在底层。最后，用户考察所产生的分层，必要时，修改它，以反映期望属性之间期望的语义联系。本例中，显然不需要修改产生的分层。

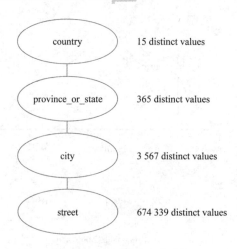

图 2.17　自动产生概念分层

注意，这种启发式规则并非完美无缺。例如，数据库中的时间维可包含 20 个不同的年，12 个不同的月，每星期 7 个不同的天。然而，这并不意味时间分层应当是 year < month< days_of_the_week，days_of_the_week 在分层结构的顶层。

在定义分层时，有时可能因为用户不小心，或者对于分层结构有一些模糊的想法。结果，用户可能在分层结构说明中只包含了相关属性的一小部分。为了处理这种只包含部分说明的分层结构，需要在数据库模式中嵌入数据语义，使得语义密切相关的属性能够捆绑在一起。用这种办法，一个属性的说明可能触发整个语义密切相关的属性，形成一个完整的分层结构。并且在必要时，用户应当选择忽略这一特性。

本 章 小 结

本章首先简述了统计概念、参数估计和假设检验等统计分析的知识；然后分析了数据预处理相关知识，因为现实中的数据多半是不完整的、有噪声和不一致的。因此，数据预处理对于数据仓库和数据挖掘具有重要的意义。数据预处理流程包括数据清洗、数据集成、数据变换和数据归约等。

(1) 描述性数据汇总为数据预处理提供分析基础。数据汇总的基本统计学度量包括度量数据集中趋势的均值、加权平均、中位数和众数，度量数据离散程度的极差、四分位数、四分位数间距、方差和标准差。图形表示，如直方图、盒图、分位数图、分位数-分位数图、散布图和散布图矩阵都有利于数据的视觉考察，因此对数据预处理和挖掘是有用的。

(2) 数据清洗是填补缺失的值，平滑噪声，识别离群点并纠正数据的不一致性。

(3) 数据集成将来自不同数据源的数据整合成一致的数据存储。元数据、相关分析、数据冲突检测和语义异构性的解决都有助于数据的顺利集成。

(4) 数据变换是将数据变换成适于挖掘的形式。例如，属性数据规范化，使得它们可以落在较小的区间。

(5) 数据归约技术包括数据立方体聚集、属性子集选择、维度归约、数值归约、离散化和概念分层产生都可以用来得到数据的归约表示，而使信息内容的损失最小。

(6) 数值数据的数据离散化和概念分层产生可能涉及诸如分箱、直方图分析、基于熵的离散化、$\chi 2$ 分析、聚类分析和基于直观划分的离散化等技术。对于分类数据，概念分层可以根据定义分层的属性的不同值个数自动产生。

(7) 尽管已经开发了许多数据预处理的方法，由于不一致或脏数据数量巨大以及问题本身的复杂性，数据预处理仍然是一个活跃的研究领域。

许多数据平滑的方法涉及离散化的数据归约方法。例如，分箱技术减少了每个属性的不同值数量。对于基于逻辑的数据挖掘方法(如决策树归纳)，反复地对排序后的数据进行比较，这充当了一种形式的数据归约。概念分层是一种数据离散化形式，也可以用于数据平滑。

习　　题

一、选择题

1. 数据清洗的方法不包括(　　)。
   A. 缺失值处理　　　　　　　　B. 噪声数据清除
   C. 一致性检查　　　　　　　　D. 重复数据记录处理

2. 数据预处理方法主要有(　　)。
   A. 数据清洗　　　　　　　　　B. 数据集成
   C. 数据归约　　　　　　　　　D. 数据交换
   E. 以上都是

3. 噪声数据的产生原因主要有(　　)。
   A. 采集设备有问题　　　　　　B. 数据录入过程产生错误
   C. 数据传输过程出现错误　　　D. 以上都是

4. 噪声数据处理的方法主要有(　　)。
   A. 分类　　　　　　　　　　　B. 聚类
   C. 回归　　　　　　　　　　　D. 以上都是

5. 下列关于数据重组的说法中，错误的是(　　)。
   A. 数据重组是数据的重新生产和重新采集
   B. 数据重组能够使数据焕发新的生机
   C. 数据重组实现的关键在于多源数据融合和数据集成
   D. 数据重组有利于实现新颖的数据模式创新

二、简答题

1. 属性 age 包括 13，15，16，16，19，20，20，21，22，22，25，25，25，25，30，33，33，35，35，35，35，36，40，45，46，52，70。

(1) 使用深度为 3 的箱，用箱均值平滑以上数据。说明你的步骤，讨论这种技术对给定数据的效果。

(2) 如何确定该数据中的离群点？

(3) 还有哪些方法来平滑数据？

2. 采用哪些方式可以获取大数据？

3. 简述数据预处理的原理。

4. 数据清洗有哪些方法？

5. 数据集成需要重点考虑的问题有哪些？

6. 数据变换主要涉及哪些内容？

第3章
大数据可视化

学习目标

[1] 了解数据可视化的发展历程。

[2] 掌握可视化的设计原则和开发流程。

重要知识点图谱

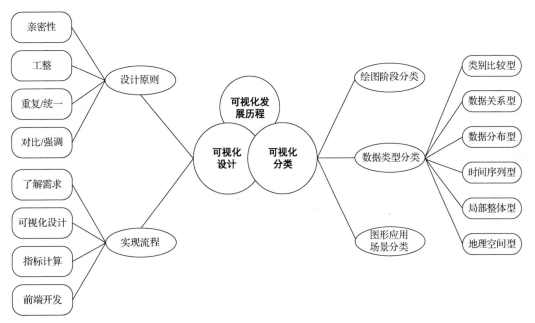

 重点与难点

[1] 可视化的编程实现。
[2] 灵活开发，能选用恰当的可视化方案。

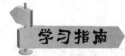 学习指南

大数据分析在数据处理和应用方面发挥着关键的作用。可视化是一个重要的途径，它能帮助大数据获得完整的数据图表并挖掘数据的价值。大数据分析离不开可视化这一工具的推动。本章将介绍大数据可视化的基本实现过程、特点，以及可视化对人类社会的作用，让读者感受到可视化大数据的魅力。

此外，还绘制了一些经典图表，并提供相应的代码，为读者以后的学习和工作提供一臂之力。

3.1 数据可视化的发展历程

例 3.1 案例导入

在人类历史的长河中，一张好图能达到"一图抵万言"的至臻境界[1]。1812 年拿破仑征俄(见图 3.1)。1869 年，法国工程师查尔斯·约瑟夫·米纳德(Charles Joseph Minard)绘制了描述 1812—1813 年拿破仑因入侵俄国时而遭受的灾难性损失。图 3.2 中灰色的那一条是进军路线，下方黑色的那一条是撤军路线，线条的宽度表示了兵力多寡。可以看出拿破仑当时雄心壮志地入侵俄国，然后灰溜溜地退出俄国。也可看出哪些大战役出现大减员，比如在别列津纳河，本来侥幸会师的两股法军，瞬间又吃一记猛击，军力骤然变弱。

另外，在图 3.2 的下方标注了法军撤退的时间序列，还有随之相应的俄罗斯隆冬的气温(摄氏度)。因此，仅凭这一张图，就能让人直观地感受到拿破仑 40 万大军是如何在长途跋涉和严寒之中逐步溃散的。

从图 3.2 中能看到六个变量[2]：法军的规模(对应人数)、法军的位置(横纵两个变量)、法军的行军路线、法军撤军的时间序列和法军撤军时当时的气温。

图 3.2 将拿破仑征俄的过程，精确而巧妙地通过数据可视化的方式展现出来。

---

[1] Edward Tufte 教授认为好图与好翻译一样，应做到"信、达、雅"。即真实地表达丰富的数据，避免扭曲数据；目的清晰，发人深省，激发观察者去比较不同的数据内容；有美感(aesthetic)。

[2] 对应六个变量的信息：法军规模、距离、温度、经纬度、移动方向、时—空关系。

图 3.1　拿破仑征俄

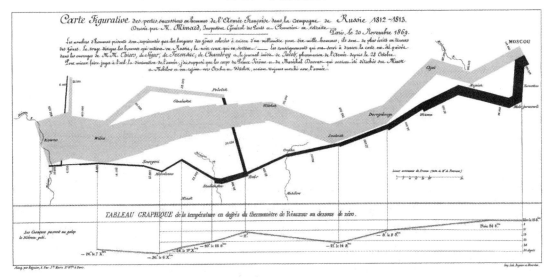

图 3.2　拿破仑征俄路线图

下面再举一个很有意思的例子，即安斯库姆四重奏(Anscombe's Quartet)。

表 3.1 包含四组数据，每一组数据都包括了 11 个 XY 坐标轴上的点。例如，第一组数据包括(10, 8.04)、(8, 6.95)、……、(5, 5.68)共 11 个点，应用前面学过的统计分析知识，对第一组数据进行分析，如表 3.2 所示。

表 3.1　安斯库姆四重奏

一		二		三		四	
x_1	y_1	x_2	y_2	x_3	y_3	x_4	y_4
10.0	8.04	10.0	9.14	10.0	7.46	8.0	6.58
8.0	6.95	8.0	8.14	8.0	6.77	8.0	5.76
13.0	7.58	13.0	8.74	13.0	12.74	8.0	7.71
9.0	8.81	9.0	8.77	9.0	7.11	8.0	8.84

续表

一		二		三		四	
x_1	y_1	x_2	y_2	x_3	y_3	x_4	y_4
11.0	8.33	11.0	9.26	11.0	7.81	8.0	8.47
14.0	9.96	14.0	8.10	14.0	8.84	8.0	7.04
6.0	7.24	6.0	6.13	6.0	6.08	8.0	5.25
4.0	4.26	4.0	3.10	4.0	5.39	19.0	12.50
12.0	10.84	12.0	9.13	12.0	8.15	8.0	5.56
7.0	4.82	7.0	7.26	7.0	6.42	8.0	7.91
5.0	5.68	5.0	4.74	5.0	5.73	8.0	6.89

表 3.2　对安斯库姆四重奏第一组数据的统计分析

性质	数值
x_1 的平均数	9
x_1 的方差	11
y_1 的平均数	7.50(精确到小数点后两位)
y_1 的方差	4.122 或 4.127(精确到小数点后三位)
x_1 与 y_1 之间的相关系数	0.816(精确到小数点后三位)
线性回归方程	$y_1=3.00+0.500x_1$(分别精确到小数点后两位和三位)

数据可视化

对四组数据进行统计分析后，可以发现这几组数据的关键统计量都一样，并且都共享一个回归线性方程($y=3.00+0.500x$)。如果仅凭统计结果就认为这几组数据的形态差不多，那就大错特错了。当把这些数据画到坐标系里，就会发现被数据的统计量欺骗了，如图 3.3 所示。因此，很多数据必须要用可视化的方式呈现，不然根本无法把握这些数据的意义。

数据可视化是当今数据分析领域中发展最快，也是最引人注目的领域，目的是"让数据说话"，展现数据之美。好的图表会说话，也能抓住用户的心。但是说到数据可视化的起源一般认为是起源于统计学诞生的时代。但是真正追溯其根源，可以把时间再往前推几个世纪。

3.1.1　萌芽时期

在远古时期，我们遥远的祖先——智人就已经学会画画，基于自己对周边环境的认知，将人、鸟、兽、草、木等事物及狩猎、耕种、出行、征战、搏斗、祭祀等日常活动记录在岩石上、石壁上、洞穴里。著名的岩画遗址有拉斯科洞窟壁画、阿尔塔米拉洞窟壁画、大麦地岩画、拉文特岩画、平图拉斯河手洞壁画、非洲大象岩刻、将军崖岩画等，如图 3.4 所示。

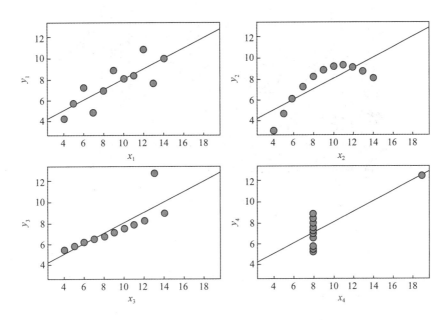

图 3.3　安斯库姆四重奏四组数据的形态

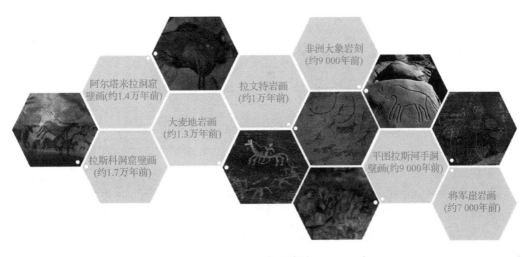

图 3.4　岩画遗址

再来看一幅 10 世纪的数据可视化作品,如图 3.5 所示。这应该是目前能找到的最久远的数据可视化作品,是由一位不知名的天文学家创作的。在这幅作品中包含了很多现代统计图形元素:坐标轴、网格、时间序列。

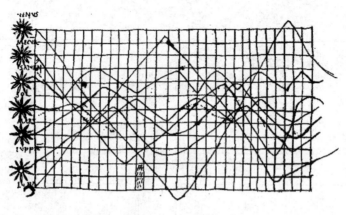

图 3.5　多线图

3.1.2　拉开帷幕

文艺复兴时期(14 世纪至 17 世纪)出现了很多科学家和艺术家，发明了各种测量技术。例如，笛卡儿[1]创造了解析几何和坐标系(见图 3.6)，费马和帕斯卡发展出了概率论等。这些科学和艺术的发展，为数据可视化奠定了基础。

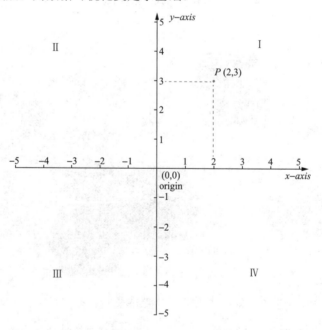

图 3.6　笛卡儿坐标系

---

[1] 笛卡儿(René Descartes)对数学最重要的贡献是创造了解析几何和坐标系。在笛卡儿的时代，代数还是一个比较新的学科，几何学的思维还在数学家的头脑中占有统治地位。笛卡尔致力于将代数和几何联系起来的研究，于 1637 年，发明了坐标系，成功地创立了解析几何学。他的这一成就为微积分的创立奠定了基础，而微积分又是现代数学的重要基石。解析几何直到现在仍是重要的数学方法之一。

3.1.3　初露锋芒

时间来到 18 世纪，物理、化学、数学蓬勃发展，统计学也出现了萌芽。数据的价值开始为人们所重视，人口、商业等经验数据被系统地收集、整理、记录下来，各种图表和图形也诞生了。

首先来看一张哈雷[1]于 1702 年绘制的地图，如图 3.7 所示。这张地图在网格上用等值线标注了磁偏角[2]。

牛津大学最强辍学生埃德蒙哈雷

图 3.7 彩图

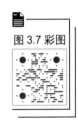

图 3.7　大西洋地区的磁偏角等值线地图

图 3.7 是世界上第一张描绘等值线形态的地图，即图中每条曲线经过的点磁偏角的值都相同。这一绘图方法，成为如何描绘抽象地理观测数据的创造性模型，该图也被公认为制图史上最重要的地图之一。当今常见的等高线地形图、海洋等深线地图、有关等压线的天气地图等都是启发自等值线地图。

1786 年，苏格兰政治经济学家 William Playfair 发明了折线图、柱状图、面积图等现代统计图表(见图 3.8)，成了统计图形分析的开创者和奠基人，影响了未来两百多年的数据可视化的发展。这是可视化历史上的一个里程碑。

---

[1] 哈雷彗星的轨道计算者，著名天文学家。

[2] 磁偏角即地磁偏角，是地球磁场的一种自然现象，即指南针指示的北方与实际正北方的夹角(磁北与真北的夹角)。据记载我国宋代科学家沈括最早发现了磁偏角现象。

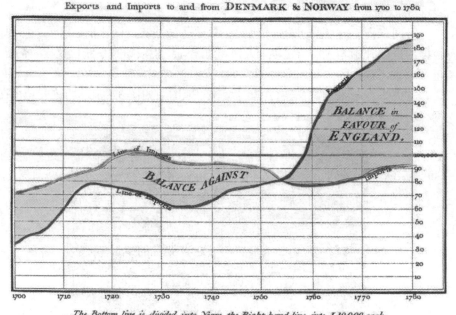

图 3.8 彩图

图 3.8　英格兰 1700—1780 年进出口情况统计图

3.1.4　黄金时代

19 世纪是现代图形学的开始，工业革命从英国扩展到欧洲大陆和北美。

在这一时期，数据可视化的重要发展包括统计图、散点图、直方图、极坐标图和时间序列图等当代统计图形的出现。主题图方面，主题地图和地图集成为这个时期展示数据信息的一种常用方式，应用领域涵盖社会、经济、自然等各个方面。

1864 年，John Snow 医生使用散点在地图上标注了伦敦的霍乱发病分布情况，如图 3.9 所示。从而判断出 Broad Street 的水井污染是疫情暴发的根源。这是一个典型的数据可视化案例。

另一个数据可视化的经典案例是，1858 年南丁格尔(开创了护理事业)为展现克里米亚战争中军队伤亡原因而绘制的玫瑰图，如图 3.10 所示。图中将圆平分为 12 个部分，代表 12 个月份，每个扇面使用不同的颜色代表不同的死因。该图不仅清晰展示了军队死亡人数的变化，而且更重要的是，将三种死亡情况分别用不同颜色标记出来：蓝色表示死于可预防的疾病、红色表示死于战争伤害、黑色表示死于其他原因。这样可以清楚了解军队伤亡原因的结构，真正影响伤亡的并非战争本身，而是军队缺乏有效的医疗护理。

图 3.9　霍乱发病分布图

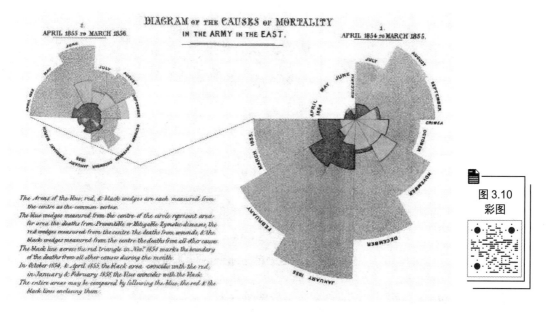

图 3.10　南丁格尔玫瑰图

　　1885 年，Etienne Jules Marey 发明了第一款腕式血压脉搏计，如图 3.11 所示。这是一款便携式可复用的设备，可以将脉搏可视化地记录到纸上，这是人类第一次将血压变成可以测量的可视化内容。

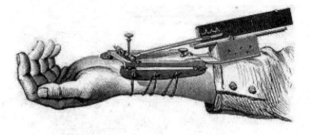

图 3.11　腕式血压脉搏计

19 世纪中期，米纳德(即本章开篇提到的绘制拿破仑征俄路线图的作者)利用饼图展现法国各地运送到巴黎的家畜数量及比例，如图 3.12 所示。

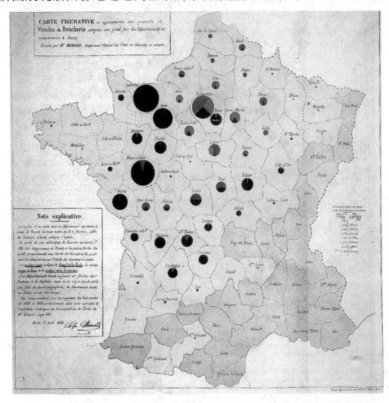

图 3.12
彩图

图 3.12　法国各地运送到巴黎的家畜数量及比例饼图

3.1.5　稳步发展

20 世纪初，数据可视化进入了低谷，原因有以下两点。

(1) 因为数理统计的诞生，追求数理统计的数学基础成为首要目标，而图形作为一个辅助工具，被搁置起来。

(2) 第一次世界大战、第二次世界大战的爆发，对经济的影响深远，之前的数据表现方式已经足够使用了。

当然这个时期依然还是有不少标志性作品，如伦敦的地铁线路图，如图 3.13 所示。这种图形目前全世界的地铁仍在使用，距离发明的时间已经过去快一个世纪了。

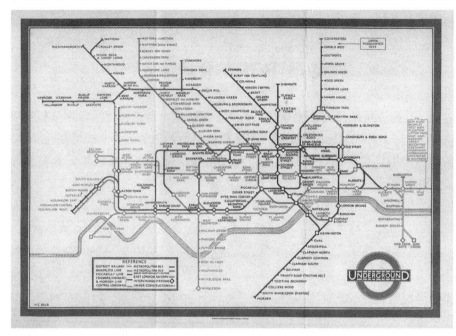

图 3.13
彩图

图 3.13　1933 年伦敦地铁线路图

3.1.6　日新月异

进入 20 世纪下半叶，随着计算机技术的兴起，数据统计处理变得越来越高效。在理论层面，数理统计也把数据分析变成了基础科学。工业和科学发展导致的对数据处理的迫切需求把这门学科运用到各行各业。统计的各个应用分支建立起来，处理着各自行业面对的数据问题。在应用层面，图形表达占据了重要的地位，与参数估计和假设检验相比，明快直观的图形形式更容易被人接受。

随着图形符号学理论的发展和人类计算能力的增强，以计算机为载体的信息可视化开始逐渐成为一门独立的学科。1987 年，在美国国家科学基金会召开的"科学计算可视化研讨会"中，首次正式提出科学计算可视化(visualization in scientific computing)的概念，主要使用可视化技术研究自然科学领域的数据建模、分析、处理等问题。

随着互联网浪潮的出现，信息可视化新的研究分支开始出现，它起源于统计图形学，主要是对抽象信息的展示、说明和研究。这也是大众最熟悉、在媒体上出现频率最高的一种可视化分支。

进入数据爆炸时代，可视化与数据分析技术的结合又产生了可视分析学。这是一门把可视化、人机交互、数据挖掘结合在一起的新的思维方式，是当前可视化领域的研究热点之一。

科学可视化(scientific visualization)、信息可视化(information visualization)和可视分析学(visual analytics science and technology)这三个方向现在统称为数据可视化。数据可视化即将进入一个新的黄金时代。

3.2 数据可视化的分类

在大数据时代，数据分析结果成了企业做决策的重要依据，而可视化是数据分析结果有效展示的方式。企业对于可视化应做到对症下药，在不同场景下采用不同的可视化类型。无论是可视化的业务应用场景，还是业务人员对可视化各个类型的沟通理解，都需要让数据可视化真正产生价值。

数据可视化的分类并没有非常明确的学术定义，往往是依据数据类型、展示方式、应用场景等方面进行划分，让最终展示端的可视化结果与相应需求最大化地匹配。

3.2.1 依据数据类型分类[1]

依据数据类型可把图表分成类别比较型、数据关系型、数据分布型、时间序列型、局部整体型和地理空间型。

1. 类别比较型图表

类别比较型图表的数据一般包含数值型和类别型两种数据类型。例如，在柱形图中，X轴为类别型数据，Y轴为数值型数据，采用位置+长度两种视觉元素。类别比较型图表主要包括柱形图、条形图、雷达图、坡度图、热力图等，通常用来比较数据的规模，如图3.14所示。

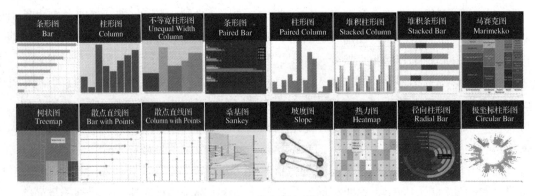

图 3.14 类别比较型图表

---

[1] 从数据本身的角度划分，可视化可以分为统计数据可视化、关系数据可视化、地理空间数据可视化、时间序列数据可视化和文本数据可视化。

2. 数据关系型图表

数据关系型图表主要展示数据相关性(correlation)与数据流向(flow)。

(1) 数据相关性型图表，主要展示两个或多个变量之间的关系，包括常见的散点图、气泡图、曲面图、矩阵散点图等，如图 3.15 所示。该图表的变量一般都为数值型，当变量数量为 1～3 个时，可以采用散点图、气泡图、曲面图等；当变量多于 3 个时，可以采用高维数据可视化方法，如平行坐标系、矩阵散点图、径向坐标系、星形图和切尔诺夫脸谱图等。

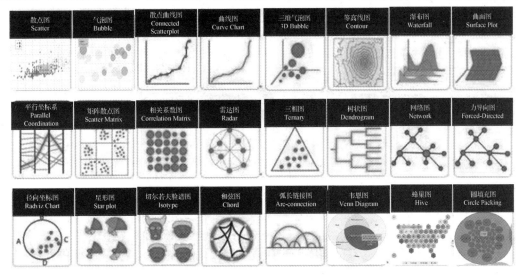

图 3.15　数据关系型图表

(2) 数据流向型图表，主要展示两个或两个以上的状态、情境之间的流动量或流动强度，包括网络图、和弦图、星形图、蜂巢图等，如图 3.15 所示。其中，网络图就是展示出不同类型对象之间的关系强度和内部关联关系。

3. 数据分布型图表

数据分布型图表主要显示数据集中的数值及其出现的频率或分布规律，包括直方图、核密度曲线图、瓶型图、箱型图、小提琴图等，如图 3.16 所示。其中，直方图最为简单与常见，又称质量分布图，由一系列高度不等的纵向条纹或线段表示数据分布的情况。一般用横轴表示数据类型，纵轴表示分布情况。

4. 时间序列型图表

时间序列型图表强调数据随时间的变化规律或趋势，X 轴一般为时序数据，Y 轴为数值型数据，包括折线图、面积图、雷达图、日历图、柱形图等，如图 3.17 所示。其中，折线图是用来显示时间序列变化趋势的标准方式，非常适用于显示在相等时间间隔下的数据趋势。

5. 局部整体型图表

局部整体型图表能显示出局部组成部分与整体的占比信息，主要包括饼图、圆环图、旭日图、华夫饼图、树状图等，如图 3.18 所示。其中，饼图是用来呈现部分和整体关系的常见方式，在饼图中，每个扇区的弧长、圆心角或面积大小为其所表示的数量的比例。但要注意的是，这类图很难精确比较不同组成的大小。

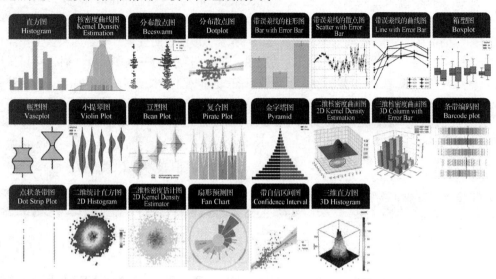

图 3.16　数据分布型图表

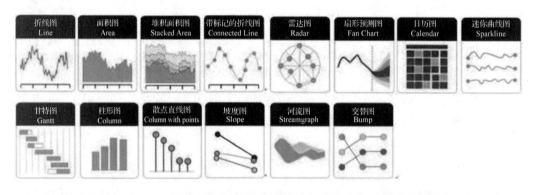

图 3.17　时间序列型图表

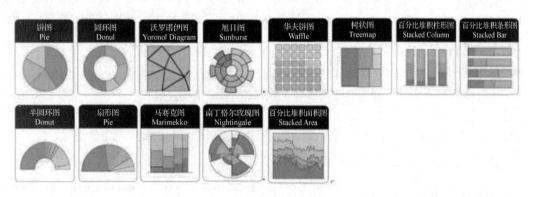

图 3.18　局部整体型图表

6. 地理空间型图表

地理空间型图表主要展示数据中的精确位置和地理分布规律，包括等值区间地图、带气泡的地图、带散点的地图等。地图用地理坐标系可以映射位置数据。位置数据的形式有许多种，包括经度、纬度、邮编等，但通常都是用经度和纬度来描述的。

3.2.2　依据展示方式分类

我们在选取和制作可视化图表的时候，往往需要首先考虑区分相同类型的图形(如列、环、蜘蛛等)的长度、高度或面积，以清楚地表达对应于不同指示的索引值之间的对比度。这种方法将可以让用户一目了然地查看可视化后的比较、趋势等结果。另外，在制作此类数据可视化图形时，可以用数学公式表示精确的比例。

(1) 颜色可视化。通过颜色的深度来表示索引值的强度和大小。用户可以非常直观地看到指标数据值的突出部分和强调部分。

(2) 图表可视化。当我们设计指标数据时，使用具有相应实际意义的图表来组合演示将使数据图表更加生动地显示，使用户更容易理解图表所表达的主题。

(3) 区域空间可视化。当指标数据的主题与区域相关时，通常选择使用相应区域的地图作为背景。这样，用户可以直观地了解整体数据情况，还可以根据地图快速定位某个区域，查看详细数据。

(4) 概念可视化。通过将抽象指标数据转换为熟悉的、易于理解的数据，使用户更容易理解图形的含义。例如，将一些抽象的指标如客户维护效果、客户互动效果转化为客户转化率、回购率增长等指标的可视化会更容易理解。

3.2.3　依据应用场景分类

在数据可视化方面，运用恰当的图表实现数据可视化非常重要。每个图形都有其合适的应用场景，以及不同的表现特点。

数据图表是最常用的可视化元素，除了常见的柱形图、条形图、饼图、环形图、线图、散点图、面积图、雷达图、K 线图、地图等基本图表外，还有许多新式的图表，如山峰图、气泡图、热力图、漏斗图、树图、箱形图、瀑布图、河流图、词云图、仪表盘图、南丁格尔玫瑰图、旭日图、和弦图、桑基图、3D 图等。另外，人们常常创意性地将各种图表混搭。

除图表外，对图片和图标的灵活运用，可以使可视化更加美观、形象、贴切，如图 3.19、图 3.20 所示。

原图　　　图片的裁剪　　　颜色的调整　　　形状的合并

图 3.19　图片的灵活运用示例

图 3.19 彩图

图 3.20　图标的灵活运用示例

3.3　数据可视化设计的原则

数据可视化设计的基本准则是所有的设计细节都必须经过精心构思，都必须站在用户的角度来思考。

下面列出一些在设计可视化作品时，应遵循的原则。

3.3.1　亲密性(分组)

在生活中，几乎每件事都蕴含逻辑，如时间、空间、因果等逻辑，人们也喜欢遵循一定的逻辑去理解万事万物。

在做可视化设计的时候，所要表达的内容一定不能是杂乱无章的，否则会给用户造成理解上的混乱。可视化设计的作品应当能够遵循大多数人所能理解的思维逻辑，将内容分成几部分按顺序一步一步地展现出来。

关系紧密的内容，应当相互靠近；关系不大的内容，应当明显地分隔开来。这就是亲密性原则，如图 3.21 所示，上下部分内容之间用空行隔开或间距放大。

Peng Zhao
Data Scientist

Building， *** street，Pudong，Shanghai
Phone13858******
Email *******@163.com

Taotao Zhou
AI Engineering

Building， *** street，Pudong，Shanghai
Phone13372******
Email *******@163.com

图 3.21　亲密性原则

3.3.2　对齐

在版式布局上，元素的摆放会影响甚至主导用户的视觉流程。因此，任何元素都不能随意摆放，否则会造成混乱，而混乱会令人不适。通过对齐使每个元素都与其他元素建立起某种视觉联系，也让可视化作品更加清晰、精巧、清爽，如图 3.22 所示。

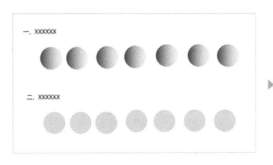 

图 3.22 对齐原则

3.3.3 重复/统一

通常人们会先入为主，当看到与之前不和谐、不一致的东西，会感到突兀，甚至会本能地抗拒。在可视化作品中反复使用一些视觉要素，能建立上下文之间的联系，增加条理性，保持视觉上的统一。

任何视觉元素都可以在同一作品中重复使用，如颜色、形状、材质、空间关系、线宽、字体、大小和图片等，如图 3.23 所示。

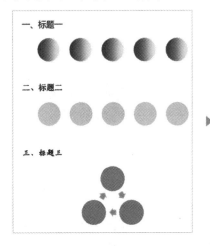 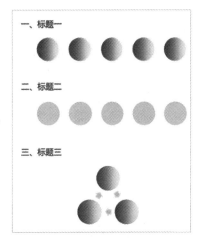

图 3.23 重复/统一原则

3.3.4 对比/强调

在做可视化设计时，我们的初心是以图文的形式把所要表达的信息清晰地传递给用户，让用户一目了然。为了达到这一目的，需要强调重点，弱化次要，避免作品中所有元素的重要程度看起来都是一样的。如果所有的东西都同等重要，那就相当于所有的东西都不重要。

如果想突出某些信息要点，可让对应的元素(字体、颜色、大小、线宽、形状、空间等)与其他元素不同，让用户首先就能关注到它们，如图 3.24 所示。

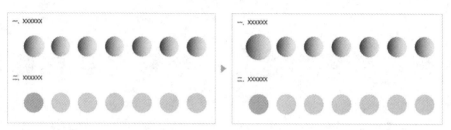

图 3.24　对比/强调原则

3.3.5　力求表达准确、到位、简洁、易懂

在设计可视化作品时，要保证所表达的信息能被用户正确理解。除遵循上面几个原则外，还可附加一些辅助信息，如文字、箭头等。在可视化作品中，文字的篇幅要加以控制。文字的表达要准确、到位、简洁、易懂，要能引导用户正确地理解图表的意思，而不能引起任何歧义。

3.4　数据可视化的流程

数据可视化的实现流程如图 3.25 所示。

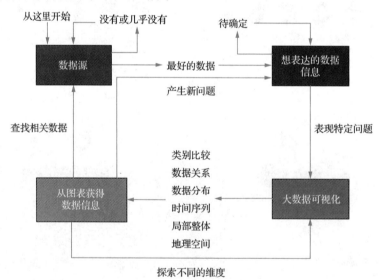

图 3.25　数据可视化的流程

3.4.1　了解需求

关于需求，在实现之前，一定要听清楚要做什么，想清楚怎么做，说清楚怎么做。了解与分析数据可视化需求，主要围绕以下几点来展开。

1. 看什么

"看什么"即哪些内容需要可视化。需求方很少能够准确、全面地说出他们真正想要什么，他们只能描述出大概的样子。因此，需要不断引导他们以明确真正详细的需求。

(1) 可视化的目的是什么，用户是谁，在哪里看，什么情况下看，多久看一次。

(2) 了解数据，看看有哪些指标可以直接取得，哪些需要复杂计算，哪些可以实时，哪些只能离线。

(3) 哪些指标必须展现，哪些指标不要展现，哪些指标可展现可不展现。

(4) 展现的维度有哪些，是展现实时数据还是历史数据。

(5) 通过可视化，期望从中知道哪些信息，等等。

2. 谁看

"谁看"即用户是谁。如果面对的是求真务实的公司管理者，那可能需要侧重于内容，追求逻辑的合理性和数据的准确性；如果是来访参观的客户，那可能为了展示公司实力与形象而追求高大上的设计；如果是不懂技术的业务人员，在可视化时可能需要避免过于技术性。

3. 在哪里看

"在哪里看"即有哪些可视化形式。如果是一次性的工作汇报，可使用 PPT、Excel，或其他工具(如脑图)；如果为很多用户提供周期性计算的指标数据，且满足在不同条件下的查看，则适合做一款数据产品或可视化报表。

4. 什么情况下看

多数情形下使用手机查看的用户只会根据标题有选择地浏览少量文章。因此，取一个生动、有趣、亮眼的标题(见图 3.26)，比普通标题更有视觉冲击力，会让你的文章从众多内容中脱颖而出，赢得更多用户点击阅读。

图 3.26　标题

除标题要吸引人外，还需要注意用户打开邮件的实际场景。不少用户打开群发邮件时，常常是下面的情况，一堆的收件人，一堆的抄送人，这已经占据了有限的计算机屏幕的一部分，剩下的部分就是点击某个邮件时出现的正文内容的部分。在这一区域完整显示出标题(以及内容摘要)，才能吸引用户往下看。

3.4.2　可视化设计

可视化设计是最重要的环节，只有做好这一环节，后面的事情才会变得更顺畅。

1. 梳理逻辑

逻辑就像一棵树的枝干，如果只见树叶不见枝干，就会显得混乱。因此，在可视化设计前，一定要站在用户的角度思考，梳理出清晰的逻辑结构，想清楚怎么做。

把逻辑设计得简单一些，清晰一些，用户就能更快明白你的设计用意。

2. 制定风格

风格能营造一种氛围，驱动用户沉浸式阅读。不同的风格，适合不同的用户不同的场景，如科技、学院、活泼、严肃、可爱等。

3. 版式设计

版式设计就是关于如何处理信息重点，要让最重要的信息首先被注意到，然后是次要信息。

一般来说，可视化作品一般包括标题、正文、图表、说明文字等要素。版式就是基于第 3.3 节提到的几个原则，确定元素之间的层次结构，合理摆放这几个要素。

4. 选择图表

不是越酷的图表就越适合，这首先要看展现什么数据。某些图表只适合展现相应格式的数据；其次，也需要对展现数据的图表进行个性化定制，包括样式、风格、颜色、字体，使之契合上下文语境。

5. 调整细节

单个部分的可视化设计做得美观，并不能保证整体上的和谐一致。因此要对某些细节进行调整，使之整体上保持一致。例如，使各部分视觉元素之间保持对齐；在配色、字体或其他细节上，要尽量做到协调；各部分之间要有明显的区隔等。

3.5　应用实践

本节通过应用几个常见的可视化图表，实现场景的经典可视化展示，包括折线图、散点图、柱状图、词云图、雷达图。

3.5.1 折线图

折线图可显示随时间而变化的连续数据。因此，非常适合显示在相等时间间隔下数据的趋势。

例 3.2 给定某厂 2013—2019 年鼠标和键盘的销售量，用折线图实现可视化展示。代码如下。

```
# 导入 matplotlib 绘图库
import matplotlib.pyplot as plt
# 需要绘制的数据
x_data = ['2013','2014','2015','2016','2017','2018','2019']
y_data = [48000,60200,63000,71000,84000,90500,107000]
y_data2 = [32000,44200,51500,58300,56800,59500,62700]
# 绘制折线图
ln1= plt.plot(x_data,y_data,color='red',linewidth=2.0,linestyle='--')
ln2= plt.plot(x_data,y_data2,color='blue',linewidth=3.0,linestyle='-.')
plt.title("某厂电子产品销售量")              # 设置标题
plt.legend(handles=[ln1,ln2],labels=['鼠标年销量','键盘年销量'])
# 设置边框属性
ax = plt.gca()
ax.spines['right'].set_color('none')        # right 边框属性设置为 none 不显示
ax.spines['top'].set_color('none')          # top 边框属性设置为 none 不显示
plt.show()
```

其中，polt()为绘制折线图的方法。结果如图 3.27 所示。

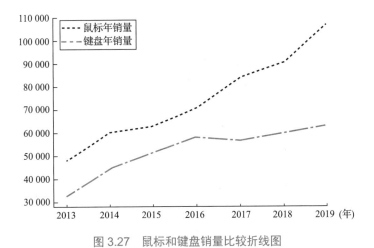

图 3.27　鼠标和键盘销量比较折线图

3.5.2 散点图

散点图表示因变量随自变量而变化的大致趋势，据此可以选择合适的函数对数据点进行拟合，用两组数据构成多个坐标点，考察坐标点的分布，判断两个变量之间是否存在某种关联或总结坐标点的分布模式。散点图通常用于比较跨类别的聚合数据。

例 3.3 通过身高、体重的数据画出相应的散点图，反映身高和体重之间的关系。代码如下。

```python
# 导入所需要的python库
from numpy import array
from numpy.random import normal
import matplotlib.pyplot as plt

heights=[]
weights=[]
# 产生身高、体重数据
for i in range(10000):
    while True:
        # 身高服从均值为172，标准差为6的正态分布
        height = normal(172,6)
        if 0 < height:
            break
    while True:
        # 体重由身高作为自变量的线性回归模型产生，误差服从标准正态分布
        weight=(height-80)*0.7+normal(0,1)
        if 0 < weight:
            break
    heights.append(height)
    weights.append(weight)
# 绘制散点图
plt.scatter(array(heights),array(weights))
plt.xlabel('Heights')
plt.ylabel('Weight')
plt.title('Heights & Weight of Students')
plt.show()
```

其中，scatter()为绘制散点图的方法。结果如图 3.28 所示。

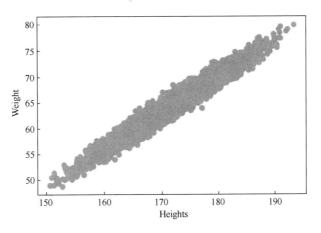

图 3.28   身高和体重之间的趋势散点图

3.5.3   柱状图

柱状图，又称长条图、柱状统计图、条图、条状图、棒形图，用来比较两个或两个以上变量的数值，通常用于较小的数据集分析。

例 3.4   用柱状图分析某商场的商家 A 和 B 的销售情况。代码如下。

```python
# 导入所需要的 python 库
# 此处用到 pyecharts 库,可通过命令 pip install pyecharts 安装
from pyecharts.charts import Bar
from pyecharts import options as opts
bar = Bar()
bar.add_xaxis(["衬衫", "羊毛衫", "雪纺衫", "裤子", "高跟鞋", "袜子"])
bar.add_yaxis("商家 A", [5, 20, 36, 10, 75, 90])
bar.add_yaxis("商家 B", [57, 134, 137, 129, 145,60])
bar.set_global_opts(title_opts=opts.TitleOpts(title="某商场销售情况"))
bar.render()
```

结果如图 3.29 所示。该图亦可横向排列，或用多维方式表达。

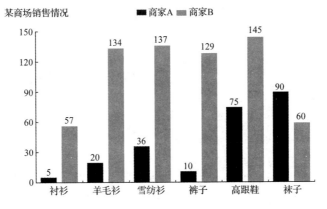

图 3.29   A 和 B 商家的销售情况柱状图

3.5.4　词云图

"词云"这个概念是由美国西北大学新闻学副教授、新媒体专业主任里奇·戈登(Rich Gordon)提出的,是通过形成关键词云层或关键词渲染,对网络文本中出现频率较高的关键词的视觉上的突出。词云图过滤掉大量的文本信息,使浏览网页者只要扫一眼就可以领略文本的主旨。

例 3.5　生成爱心词云图,具体要求如下。

(1) 词云图制作前,需先做以下准备。

① 下载 python wordcloud 库,这也是词图库制作的关键库。

② 下载 numpy 库,用于图片处理,将图片读取后解析成数组。

③ 如果要对中文句子进行分词,那么需要下载 jieba 库;如是英文,则不需要分词。

④ 如果要在界面上直接展示词云图,那么需要下载 matlplotlib 库来画图。

⑤ 要处理图片,更少不了 PIL 模块。

(2) 准备要分析的内容(userdict.txt)和词云图的形状(见图 3.30)。

图 3.30　词云图的形状

代码如下。

```
# 导入所需要的python库
import numpy as np
import jieba
from PIL import Image
from wordcloud import WordCloud, STOPWORDS
import matplotlib.pyplot as plt
def draw_word_cloud(word):                    # 定义生成词云图的函数
    words = jieba.cut(word)
    wordstr = " ".join(words)
```

```
sw = set(STOPWORDS)
sw.add("ok")
mask = np.array(Image.open('love.jpg'))
wc = WordCloud(
    font_path='C:/Windows/Fonts/simhei.ttf',        # 设置字体格式
    height= 800,
    width = 1000,
    mask=mask,
    max_words=50,
    max_font_size=200,
    stopwords=sw,
    scale=4,
    background_color="white",
).generate(wordstr)
plt.imshow(wc)                                        # 显示词云图
plt.axis("off")
plt.show()
wc.to_file('result.jpg')                             # 保存词云图
if __name__ == "__main__":                           # 生成词云图
    with open("userdict.txt", "rb") as f:
        word = f.read()
draw_word_cloud(word)
```

上述代码中核心函数为 WordCloud()，其中 width 属性为画布宽度，height 属性为画布高度，max_words 属性为最大显示单词字数，max_font_size 属性为最大单词的字体大小。结果如图 3.31 所示。

图 3.31　爱心词云图

3.5.5　雷达图

雷达图也称网络图、蜘蛛图、星图、蜘蛛网图、极坐标图或 Kiviat 图，是从同一点出发的多个轴上显示多变量数据的图形方法。其主要用于展示企业经营状况，如对收益性、生产性、流动性、安全性和成长性进行评价。

例 3.6　用雷达图展示某学生的成绩分布。代码如下。

```python
# 导入所需要的 python 库
import numpy as np
import matplotlib.pyplot as plt
# 生成数据
name = ['语文','数学','英语','物理','化学','生物']        # 标签
# 将圆根据标签的个数等比分
theta = np.linspace(0,2*np.pi,len(name),endpoint=False)
value = np.random.randint(60,100,size=6)        #在 60-120 内，随机取 5 个数
theta = np.concatenate((theta,[theta[0]]))        # 闭合
value = np.concatenate((value,[value[0]]))        # 闭合
ax = plt.subplot(111,projection = 'polar')        # 构建图例
ax.plot(theta,value,'m-',lw=1,alpha = 0.75)        # 绘图
ax.fill(theta,value,'m',alpha = 0.75)        # 填充
ax.set_thetagrids(theta*180/np.pi,name)        # 替换标签
ax.set_ylim(0,100)        # 设置极轴的区间
ax.set_theta_zero_location('N')        # 设置极轴方向
ax.set_title('某学生成绩分布图',fontsize = 18,y=-0.2) # 添加标题
plt.show()
```

其中，subplot()方法的 projection 属性设置为 polar，表示绘制的是一个雷达图。默认是 none，表示绘制一个线形图。结果如图 3.32 所示。

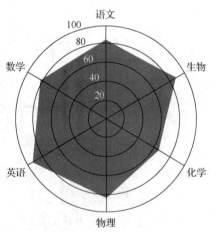

图 3.32　某学生的成绩分布雷达图

因篇幅所限，大数据可视化的其他经典图表展示见二维码。

本 章 小 结

在设计需求方案的时候，要根据不同图表类型的特点来选用。例如，折线图适合展现数据的波动、趋势；柱状图适合展现量的变化；饼状图适合展现各变量的比例；散点图适合展现各种统计分布；雷达图适合多维数据对比等。

人们对数据可视化的视觉体验要求逐步提升，不再仅仅满足于平面和静态，而是希望能更深入地挖掘数据背后隐藏的价值与含义。因此，传统的数据可视化图表已不能满足要求，现代媒介和可视化类型更加多样，人们感知数据的方式也更加多元，从而能更深入、更全面地理解事物。

习　题

一、填空题

1. 不属于传统统计图的是(　　)。
  A. 柱状图   B. 饼状图
  C. 曲线图   D. 网络图

2. 平行坐标系使用(　　)来代表维度，通过在轴上刻出多维数据的数值并用折线相连某一数据项在所有轴上的坐标点，从而在二维空间内展示多维数据。
  A. 平行的竖直轴线   B. 交叉的横直轴线
  C. 平行的横直轴线   D. 交叉的竖直轴线

3. 散点图矩阵通过(　　)坐标系中的一组点来展示变量之间的关系。
  A. 一维   B. 二维
  C. 三维   D. 多维

4. 目前有多种成熟的知识可视化工具，(　　)不属于这类可视化工具。
  A. 概念图   B. 思维导图
  C. 认知地图   D. 趋势图

5. 可视化模型有助于理解可视化的具体过程，常用的可视化模型不包括(　　)。
  A. 循环模型   B. 分析模型
  C. 递归模型   D. 顺序模型

6. 极坐标图是使用(　　)来绘制的。
  A. 原点和半径   B. 相角和距离
  C. 横纵坐标   D. 原点和相角

二、简答题

1. 谁为数据可视化拉开帷幕？
2. 至少指出使用颜色可视化提供信息的两个优点和两个缺点。

3．依据数据类型分类，可视化可以分为哪几类？简要概述如何划分。

4．简述可视化设计环节。

5．常用图表形式有哪些？

6．阐述大数据可视化的意义。

7．假设医院随机选择18个不同年龄的成年人检测体脂率，得到如表3.3所示的结果。

表3.3　18个成年人的年龄和体脂率数据

年龄(岁)	23	23	27	27	39	41	47	49	50
体脂(%)	9.5	26.5	7.8	17.8	31.4	25.9	27.4	27.2	31.2
年龄(岁)	52	54	54	56	57	58	58	60	61
体脂(%)	34.6	42.5	28.8	33.4	30.2	34.1	32.9	41.2	35.7

(1) 计算年龄和体脂率的均值、中位数和标准差。

(2) 绘制年龄和体脂率的盒图。

(3) 根据年龄和体脂率这两个属性绘制散点图。

第**4**章
大数据安全

 学 习 目 标

[1] 领会数据安全的定义及主要特性。

[2] 掌握数据安全的技术。

[3] 能运用大数据安全知识妥善处理隐私保护问题。

 重要知识点图谱

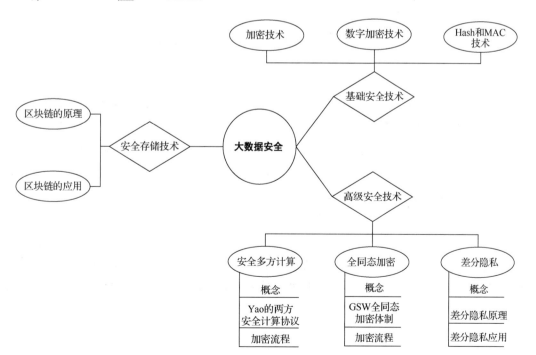

[1] 用代码实现经典加密。
[2] 安全多方计算和全同态加密的加密流程。

大数据的价值密度高，往往为黑客所觊觎。还有相当一部分大数据是关于个人隐私的，所以除了安全需求外，大数据还普遍存在隐私保护需求。因此只有学好大数据，正确了解大数据安全，才能妥善保护隐私。

4.1　大数据安全概述

大数据时代
如何保护
信息安全

　　大数据安全是一个跨领域、跨学科的综合性问题，可以从法律、经济、技术等多个角度进行研究。考虑到大数据平台为上层应用系统提供存储和计算资源，是对数据进行采集、存储、计算、分析与展示等处理的工具和场所，因此，我们以大数据平台为基本出发点，形成了大数据安全技术总体视图，如图 4.1 所示。

　　在总体视图中，大数据安全技术体系分为大数据平台安全、数据安全和隐私安全三个层次，自下而上为依次承载的关系。大数据平台不仅要保障自身基础组件的安全，还要为运行其上的数据和应用提供安全机制保障；除平台安全保障外，**数据安全防护技术**为业务应用中的数据流动过程提供安全防护手段；**隐私安全保护**是在数据安全基础之上对个人敏感信息的安全防护。大数据安全技术体系所用的技术非常广泛，包括系统安全、网络安全和密码学等各个分支。本章介绍的大数据安全技术主要包括基本的密码学工具及高级的密码学技术，它们可以应用到平台安全、数据安全和隐私保护三个层次。大数据安全三个最基本的安全目标是保密性、完整性和可用性，统称为 CIA。

4.1.1　保密性

　　保密性是将所有敏感数据对对手保密。更正式地说，传统的保密原则保证对手不应了解敏感数据的任何信息，只需了解其长度。机密性在大数据应用程序中至关重要，以保证敏感数据不会泄露给错误的各方。

图 4.1　大数据安全技术总体视图

4.1.2　完整性

完整性是指任何未经授权的数据修改都应该是可检测的。也就是说，恶意对手不应在不留下跟踪的情况下修改此类数据。这对于确保在大数据应用程序中收集的数据的准确性来说是非常重要的。

4.1.3　可用性

可用性是始终能够访问数据和计算资源。特别是，对手不应禁用对关键数据或资源的访问。这是大数据处理中一个非常重要的安全目标，因为数据的体积和速度使得保证持续访问成为一项困难的任务。然而，在当今的大数据系统中，可用性通常是通过非加密方式(如复制)来保证的，我们在本章中不再进一步讨论。

4.2　基本的密码技术

4.2.1　加密技术

传统加密技术的主要目标是保护数据的机密性。一个加密算法被定义为一对数据变换。其中一个变换应用于消息，称为明文，所产生的相应数据称为密文。而另一个变换应用于密文，恢复出明文。这两个变换分别称为加密变换和解密变换。习惯上，也使用加密和解密这两个术语。加密和解密的操作通常都是在一组密钥控制下进行的，分别称为加密密钥和解密密钥。更正式一点地说，加密算法由以下三个算法组成。

(1) KeyGen：生成密钥的密钥生成算法；

(2) Enc(k, m)：使用密钥 k 将明文 m 加密成密文 c 的加密算法；

(3) Dec(k, c)：使用密钥 k 来从密文 c 中恢复明文 m 的解密算法。

上述加密算法的特点是，加密密钥 k 和解密密钥 k 一样，同样的密钥 k 用于加密和解密数据，因此它也叫作对称加密算法。对称加密算法有着悠久的历史，计算效率较高，可用于加密大规模数据。常用的对称加密算法是数据加密标准(Data Encryption Standard，DES)和高级加密标准(Advanced Encryption Standard，AES)。然而，对称加密算法的主要缺点是通信双方在加密数据前必须通过安全信道建立一个共同的密钥，这点通常是难以实现的。

1976 年，美国学者 Diffie 和 Hellman 为解决对称加密算法密钥分发的问题，提出一种新的密钥交换协议，允许通信双方在不安全的信道上交换信息，安全地协商密钥，这就是公开密钥系统(也叫作非对称加密算法)。与对称加密算法不同的是，非对称加密算法需要两个密钥：公开密钥(Public key)和私有密钥(Private key)。公开密钥(公钥)与私有密钥(私钥)是一对，如果用公开密钥对数据进行加密，只有用对应的私有密钥才能解密。因为加密和解密使用的是两个不同的密钥，所以这种算法叫作非对称加密算法。

非对称密钥算法的设计比对称密码算法的设计具有更大的挑战性，因为公钥为攻击算法提供了一定的信息。目前最流行的公钥密码算法有两大类：一类基于大整数因子分解问题，如 RSA 公钥加密；另一类基于离散对数问题，如 Diffie-Hellman 密钥交换协议。1977 年由 Rivest、Shamir 和 Adelman 提出了第一个比较完善的公钥密码，这就是著名的 RSA 算法。RSA 也是迄今应用最广泛的公钥密码，其安全性基于大整数因子分解困难问题：已知大整数 $N=p*q$，其中 p,q 是两个素因子，求 p 和 q 是计算困难的。

4.2.2　数字签名技术

数字签名，又称电子签名，是对消息进行密码交换运算，产生一个标签附加在消息上。签名接收者能够确认数据的完整性，防止被敌人伪造。数字签名不对消息进行加密，而是确保消息的完整性，防止敌手伪造。数字签名与写在纸上的、普通的物理签名类似，只不过它使用了公钥技术实现。数字签名算法由以下三个算法组成。

(1) KeyGen：生成签名公钥 pk 和私钥 sk 的密钥生成算法。

(2) Sign(sk, m)：使用私钥 sk 和消息 m 来生成签名 σ 的签名算法。

(3) Verify(pk, m, σ)=b：使用公钥 pk、消息 m 和签名 σ 的验证算法，它根据消息和签名是否正确匹配返回布尔值 b。

与公钥加密一样，数字签名也有两个密钥：公钥和私钥。签名生成者用私钥对消息 x 进行签名，生成签名标签 σ。消息的接收者使用公钥对签名对(x,σ)进行验证，以确定签名是否正确。数字签名只有信息的发送者(私钥的拥有者)才能产生，别人无法伪造。任何人都可以验证签名的合法性。可以说，数字签名是对信息的发送者所发送信息真实性的一个有效证明。经过数字签名后的消息的完整性是很容易验证的(不需要骑缝章、骑缝签名，也不需要笔迹专家)，而且数字签名具有不可抵赖性(不需要笔迹专家来验证)。数字签名的概念最初是由 Diffie、Hellman 提出的，后来 Rivest、Shamir 和 Adelman 第一次提出了 RSA 算法，它实现了加密和数字签名双重功能。

4.2.3　Hash 函数和 MAC 算法

Hash 函数，也称杂凑函数或哈希函数，可将任意长的消息压缩为固定长度的 Hash 函数值。Hash 函数需具有如下性质。

(1) 单向性。对一个给定的 Hash 函数值，构造一个输入消息将其映射为该函数值在计算上是不可行的。

(2) 抗碰撞性。构造两个不同的消息将它们映射为同一个 Hash 函数值在计算上是不可行的。

Hash 函数可用于构造分组密码、序列密码和消息认证码，也是数字签名的重要组件，可破坏输入的代数结构，进行消息源认证；也可用于构造伪随机数生成器，进行密钥派生等。典型的 Hash 函数有 SHA-256 算法、SM3 算法和 SHA-3 算法。

与 Hash 函数算法相关的是消息认证码(Message Authentication Code，MAC)算法。MAC 算法也是基于一个大尺寸数据生成一个小尺寸数据，在性能上也需要避免碰撞，但 MAC 算法有密钥参与，计算结果类似于一个加密的 Hash 函数值，攻击者难以在篡改内容后伪造它。因此，MAC 值可单独使用，而 Hash 函数值一般配合数字签名使用。MAC 算法主要基于分组密码或普通 Hash 函数算法改造。HMAC 是最常用的 MAC 算法，它通过 Hash 函数来实现消息认证。HMAC 可以和任何迭代 Hash 函数(如 MD5、SHA-1)结合使用而无须更改这些 Hash 函数。目前常用的 Hash 函数如 MD5、SHA1、SHA2、SHA3 等。消息认证代码 HMAC 和 NMAC 最初是由 Bellare、Canetti 和 Krawczyk 提出的。

4.3　全同态加密技术

4.3.1　基本定义

全同态加密(Fully Homomorphic Encryption，FHE)是一种新型加密方法，可以在不解密的前提下对密文进行计算，计算结果以密文形式保存。全同态加密解决了在不可靠云环境中对密文进行计算这一难题。例如，用户将所需要处理的数据在本地采用全同态加密技术进行加密处理，然后将加密后的数据上传给云服务器；云服务器对加密后的数据进行相应的处理，并将处理结果以密文形式传输给用户；用户使用密钥解密得到数据处理后的结果，其过程如图 4.2 所示。整个过程中，云服务器并不知道用户数据的具体内容，用户数据的隐私性得到了完美的保护。

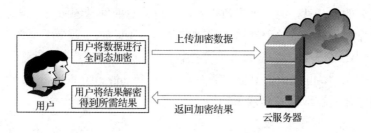

图 4.2　全同态加密在云计算中应用

全同态加密技术支持对密文的任意计算，应用范围极其广泛。在一些常见的应用领域，如保护隐私的数据分析、图像分析、机器学习、安全多方计算、加密数据检索、匿名投票等都有着广泛的应用。可以预计，全同态加密技术的普及将必然有力推动云计算、大数据等产业的应用发展，产生巨大的经济效益，进而对人们的生活方式产生巨大的影响。

4.3.2　全同态加密技术原理

2009 年，Gentry 首次提出了一个全同态加密方案，它支持任意函数的同态计算，这是一项革命性的成果。全同态加密算法除了有普通公钥加密方案相关的算法(如参数生成、加密和解密)之外，还具有同态算法(如有限域上的同态加法、同态乘法)等。任何人都可以执行同态加密和同态乘法而不需要解密密钥。

随后，全同态加密技术得到了迅猛的发展，学者们提出了大量的改进方案。目前，全同态加密体制可分为三代：基于理想格和基于整数的第一代全同态加密体制；基于(环上)容错学习的第二代全同态加密体制；基于近似特征向量方法的第三代全同态加密体制。

前两代全同态加密方案都需要计算密钥(私钥信息的加密，可以看成公钥的一部分)的辅助才能达到全同态的目的。但是计算密钥的尺寸一般来说都很大，这是制约全同态加密效率的一大瓶颈。

2013 年，Gentry、Sahai、Waters 提出了利用近似特征向量方法构造的第三代全同态加密体制 GSW(其名称由三位发明者的首字母组成)方案，GSW 方案是目前所有方案中最简洁的，并且掀起了全同态加密研究的一个新高潮。此后，研究人员在高效的自举算法、多密钥全同态加密、CCA1 安全的全同态加密和电路私密的全同态加密等方面进行了大量的研究，得到了丰硕的成果。在介绍 GSW 方案之前，先介绍一下必要的符号和定义。

设 $\vec{a}$、$\vec{b}$ 是两个 $\mathbb{Z}_q$ 上的 k 维向量。设 $\ell = \lfloor \log q \rfloor + 1$，$N = k \cdot \ell$，定义 $\mathrm{BitDecomp}(\vec{a}) = (a_{1,0}, \cdots, a_{1,\ell-1}, \cdots, a_{k,0}, \cdots, a_{k,\ell-1})$ 为一个 N 维向量，其中 $a_{i,j}$ 是 a_i 二进制表示的第 j 位。设 N 维向量 $\vec{a}' = (a_{1,0}, \cdots, a_{1,\ell-1}, \cdots, a_{k,0}, \cdots, a_{k,\ell-1})$，定义 $\mathrm{BitDecomp}^{-1}(\vec{a}') = (\sum 2^j \cdot a_{1,j}, \cdots, \sum 2^j \cdot a_{k,j})$。对于 N 维向量 $\vec{a}'$，定义 $\mathrm{Flatten}(\vec{a}') = \mathrm{BitDecomp}(\mathrm{BitDecomp}^{-1}(\vec{a}'))$。

当 A 是一个矩阵时，$\mathrm{BitDecomp}(A)$、$\mathrm{BitDecomp}^{-1}(A)$ 和 $\mathrm{Flatten}(A)$ 定义为将 A 的每行分别应用上述定义形成的矩阵。

然后定义 $\mathrm{Powersof2}(\vec{b}) = (b_1, 2b_1, \cdots, 2^{\ell-1}b_1, \cdots, b_k, 2b_k, \cdots, 2^{\ell-1}b_k)$，可知下面事实成立。

① $<\mathrm{BitDecomp}(\vec{a}), \mathrm{Powerspof}(\vec{b})> = <\vec{a}, \vec{b}>$

②　$< \vec{a'}, \text{Powersof2}(\vec{b}) >=< \text{BitDecomp}^{-1}(\vec{a'}), \vec{b} >=< \text{Flatten}(\vec{a'}), \text{Powersof2}(\vec{b}) >$

现在可以正式描述 GSW 方案。将密钥生成算法分成三部分：参数初始化算法 Setup、私钥生成算法 SecretKeyGen 和公钥生成算法 PublicKeyGen。解密算法 Dec 适用于解密小消息空间如 $\{0,1\}$，而解密算法 MPDec 适用于任意消息解密 $\mu \in \mathbb{Z}_q$。

1. 参数初始化算法：Setup$(1^\lambda, 1^L)$

选择一个 $\kappa = \kappa(\lambda, L)$ 位的模数 q，格空间维数 $n = n(\lambda, L)$，误差分布为 $\chi = \chi(\lambda, L)$，其中 λ 是 LWE(Learning With Errors，容错学习)问题的安全参数。选择参数 $m = m(\lambda, L) = \mathrm{O}(n \log q)$。设系统参数 params$=(n, q, \chi, m)$，设 $\ell = \lfloor \log q \rfloor + 1$，$N = (n+1) \cdot \ell$。

2. 私钥生成算法：SecretKeyGen(params)

输出私钥 sk $= \vec{s} \leftarrow (1, -t_1, \cdots, -t_n) \in \mathbb{Z}_q^{n+1}$，其中 $\vec{t} \leftarrow \mathbb{Z}_q^{n+1}$。设 $\vec{v} = \text{powerof2}(\vec{s})$。

3. 公钥生成算法：SecretKeyGen(params, sk)

生成矩阵 $\boldsymbol{B} \leftarrow \mathbb{Z}_q^{m \times n}$ 和向量 $\vec{e} \leftarrow \chi^m$，生成 $\vec{b} = \boldsymbol{B} \cdot \vec{t} + \vec{e}$。设公钥矩阵 pk $= \boldsymbol{A} = \vec{b} \| \boldsymbol{B}$ 为 $m \times n$ 的矩阵 $\boldsymbol{B}$ 与一个长度为 m 的列向量 $\vec{b}$ 左右拼接而成，其中 $\boldsymbol{A} \cdot \vec{s} = \vec{e}$。

4. 加密算法：Enc(params, pk, μ)

为了加密一个消息 $\mu \in \mathbb{Z}_q$，首先均匀取样矩阵 $\boldsymbol{R} \in \{0,1\}^{N \times m}$，然后输出密文矩阵 $\boldsymbol{C} = \text{Flatten}(\mu \cdot \boldsymbol{I}_N + \text{bitDecomp}(\boldsymbol{R} \cdot \boldsymbol{A})) \in \mathbb{Z}_q^{N \times N}$。

5. 解密算法(小值)：Dec(params, sk, $\boldsymbol{C}$)

容易看出私钥向量 $\vec{v}$ 的前 ℓ 个系数为 $1, 2, \cdots, 2^{\ell-1}$。设 $v_i = 2^i$ 位于区间 $(q/4, q/2]$ 之中以及 $\boldsymbol{C}_i$ 为 $\boldsymbol{C}$ 的第 i 行，那么可以计算得出 $\mu \cdot \vec{g} + \text{small}$ 到 $x_i \leftarrow < \boldsymbol{C}_i, \vec{v} >$，最后输出解密结果 $\mu = \lfloor x_i / v_i \rfloor$。

6. 解密算法(通用)：MPDec(params, sk, $\boldsymbol{C}$)

假设 $q = 2^{\ell-1}$。已知私钥向量 $\vec{v}$ 前 $\ell-1$ 个系数为 $1, 2, \cdots, 2^{\ell-1}$。

因此，如果等式 $\boldsymbol{C}_i \cdot \vec{v} = \mu \cdot \vec{v} + \text{small}$，那么 $\boldsymbol{C}_i \cdot \vec{v}$ 的前 $\ell-1$ 个系数为 $\mu \cdot \vec{g} + \text{small}$，其中 $\vec{g} = (1, 2, \cdots, 2^{\ell-2})$。

GSW 加密方案提供的同态操作包括密文相加 Add、密文相乘 Mult、密文与非 NAND 等。

(1) Add$(\boldsymbol{C}_1, \boldsymbol{C}_2)$，输入两个密文矩阵 $\boldsymbol{C}_1, \boldsymbol{C}_2 \in \mathbb{Z}_q^{N \times N}$，计算 Flatten$(\boldsymbol{C}_1 + \boldsymbol{C}_2)$ 并输出结果。

(2) Mult$(\boldsymbol{C}_1, \boldsymbol{C}_2)$，输入两个密文矩阵 $\boldsymbol{C}_1, \boldsymbol{C}_2 \in \mathbb{Z}_q^{N \times N}$，输出 Flatten$(\boldsymbol{C}_1 \cdot \boldsymbol{C}_2)$。正确性验证如下。观察下式

$$\begin{aligned}
\text{Mult}(\boldsymbol{C}_1, \boldsymbol{C}_2) \cdot \vec{v} &= \boldsymbol{C}_1 \cdot \boldsymbol{C}_2 \cdot \vec{v} = \boldsymbol{C}_1 \cdot (\mu_2 \cdot \vec{v} + \vec{e_2}) \\
&= \mu_2 \cdot \boldsymbol{C}_1 \cdot \vec{v} + \boldsymbol{C}_1 \cdot \vec{e_2} = \mu_2 \cdot (\mu_1 \cdot \vec{v} + \vec{e_1}) + \boldsymbol{C}_1 \cdot \vec{e_2} \\
&= \mu_1 \cdot \mu_2 \cdot \vec{v} + \mu_2 \cdot \vec{e_1} + \boldsymbol{C}_1 \cdot \vec{e_2}
\end{aligned}$$

(3) NAND(C_1, C_2)，输入两个密文 $C_1, C_2 \in \mathbb{Z}_q^{N \times N}$，其所对应的明文分别为 $\mu_1, \mu_1 \in \{0,1\}$，输出 Flatten$(I_N - C_1 \cdot C_2)$。正确性可验证如下。

$$\text{NAND}(C_1, C_2) \cdot \vec{v} = (I_N - C_1 \cdot C_2) \cdot \vec{v} = (1 - \mu_1 \cdot \mu_2) \cdot \vec{v} - \mu_2 \cdot \vec{e}_1 - C_1 \cdot \vec{e}_2$$

由于全同态加密潜在的巨大应用前景，自从第一个全同态加密算法被提出来以后，除了算法效率的不断改进以外，全同态加密库的研究也已经得到了飞速的发展。目前，市场上已经存在一些全同态加密库，如 IBM 的 HElib 库，微软的 SEAL 库，以及 FHEW 库和 TFHE 库等。近年来，这些全同态加密库的计算效率已经有了惊人的提高，如图 4.3 所示。

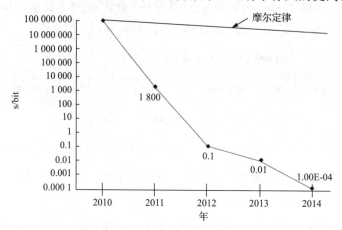

图 4.3　对密文进行单个基本操作的执行时间估计

当前的这些全同态加密库仅支持基本的逻辑操作，如二元域上加法/乘法和 NAND 运算等，因此它们还处于低级的汇编语言阶段，离高级的大数据分析应用尚有距离。一个事实是，任意函数计算问题都可以表示成二进制布尔电路形式，并且二元域上加法/乘法或者 NAND 门是逻辑完备的，即它们可以表示任意函数。所以理论上当前全同态加密库可以支持任意函数的同态计算。

全同态加密应用的通常步骤是：首先将所要求计算的函数 f 表示成布尔电路 C 的形式；然后将密文 $c_1, \cdots, c_n$ 作为电路 C 的输入执行同态计算；最终电路 C 输出 $c_{out}=\text{enc}(f(m_1, \cdots, m_n))$。

未来全同态加密的主要发展方向主要有以下几个方面。

(1) 进一步提高全同态加密算法的效率。

(2) 应用硬件加速以提高全同态库效率。

(3) 构造更加丰富的高级应用工具，以及开发自动化的、高效的电路编译器，提高电路设计的效率。

4.3.3　全同态加密技术的应用

1.　云计算中保护隐私的检索(Privacy-Preserving Search，PPS)

随着云计算技术深入拓展到各个领域，云端数据的存储和使用呈几何爆炸式增长，对加密数据的检索成为一个亟待解决的难点问题。目前已有的研究工作通常都是采用一种数据结构来存储明文对应的多个可能的模糊关键字的密文，通过精确匹配来实现模糊检索，但是它们只适用于小规模数据的检索，且代价高、效率低。基于全同态加密的数据检索技术能够在加密的数据上直接检索，避免检索数据被统计分析，不仅能做到保序检索，还能对检索的数据进行比较、异或等简单运算。Gopal 和 Singh 基于 Gentry 的 FHE 方案提出了一个 PPS 方案，加密文件中每个关键字和查询值，这样，云端在不知道密钥的情况下，就能对密文数据进行操作，返回密文结果。Cao 等人提出了一种多关键字排序搜索技术，方案的思想是使用密钥加密向量时添加虚假关键字，进行分割或相乘操作(密钥由一个向量和两个矩阵组成)，用户端也将应用相同的操作(做少许更改)对查询向量使用相同的密钥加密，然后发送到云端，云端接收后对加密的向量(查询和索引)进行处理再生成相似向量。Li 等人提出了一种用于对加密数据进行模糊关键字检索的技术，数据所有者通过构造一个模糊关键字集合来构建一个索引，然后通过数据所有者和授权用户之间共享的密钥计算门陷集，数据所有者再将此索引发送到云端，检索数据集时，授权用户使用与数据所有者间共享的密钥计算查询关键字的门陷集，然后将其发送到云端，云端接收查询后，与索引表进行比较，根据模糊关键字返回所有可能的加密文件标识。大数据安全共享与交换示意图如图 4.4 所示。

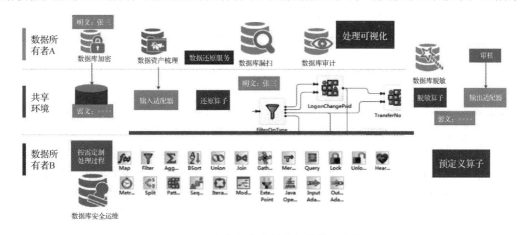

图 4.4　大数据安全共享与交换示意图

2. 密文数据库

CryptDB 是麻省理工计算机科学和人工智能实验室以 PHE 方案为基础实现商用化的应用实例。它能够实现用户对存储在 SQL 数据库的数据进行多种查询操作，通过 SQL 能够识别的 4 种操作(order comparison、equality checks、join、aggregate)来分解所有原始查询语句以对数据按列进行加密，从内到外层层采用不同加密方案来加密不同查询功能，其安全性由内层的低强度到最外层满足语义安全。另外，CryptDB 系统对用户身份密码和加密算法密钥进行捆绑，这样用户如果不使用正确的身份密码将无法登录对数据项进行解密，连数据库管理员也无法对密文数据解密，即使服务器被攻破，只要用户没有登录，攻击者也无法解密用户的密文数据，并且 CryptDB 主要采用对称型 HE 方案，因此所有操作对系统效率影响较小。Tu 等人提出 Monomi 算法，对 CryptDB 进行改进使其能处理更复杂的查询。近期，国外研究者在 CryptDB 基础上提出了 MrCrypt、Crypsis。MrCrypt 应用于云计算系统的开源系统 Hadoop 中的并行计算模型 MapReduce。Crypsis 用于支持如 Pig Latin 这样的高级数据流语言。MrCrypt 和 Crypsis 都使用 Paillier、EGM 方案分别来实现密文数据的加法和乘法同态运算。为了支持多种类型的查询服务，CryptDB 中的每一条数据和变量都需要使用不同的同态加密方案进行加密(如 Paillier 加密方案支持统计查询，EGM 方案支持关键字搜索)，这导致额外存储消耗，当外包数据频繁进行传输时也会增加与第三方云服务商的通信开销。

4.4　安全多方计算

4.4.1　基本定义

安全多方计算问题是指两个或多个参与方共同需要计算一个函数，每个参与方都拥有一个输入，并且需要将自己的输入保密，只能归自己所有。各参与方使用秘密输入共同计算这个函数，计算完成后，每个参与方都能接收正确的函数输出，而且不会泄露自己输入的任何信息。

安全多方计算(Secure Multi-party Computation，SMC)定义为，假设参与者有 n 位，集合为 $p = \{p_1, p_2, \cdots, p_n\}$，每个参与者拥有保密信息 x_i，通过安全多方计算，所有参与者获得共同的输出 $f(x_1, x_2, \cdots, x_n) = \{f_1(x_1, x_2, \cdots, x_n), f_2(x_1, x_2, \cdots, x_n), \ldots, f_n(x_1, x_2, \cdots, x_n)\}$，其中 $f_i(x_1, x_2, \cdots, x_n)$ 为参与者 p_i 获得的输出信息。

4.4.2　安全多方计算原理

安全多方计算协议允许多方联合执行分布式函数 $f(x_1, x_2, \cdots, x_n)$，而不泄露各自数据 $x_1, x_2, \cdots, x_n$。因此，SMC 可以使参与方不愿意或无法共享其数据时一起联合计算函数。

1982 年，Yao 首次通过经典的百万富翁问题提出了安全两方计算的概念。假设两个百万富翁 Alice 和 Bob 想比较一下谁更有钱，但又不想泄露给对方自己的财富数额。安全两方计算的应用范围非常广泛，许多安全协议都可归结为安全多方计算问题。可以说，Yao 的工作开启了安全多方计算这一领域的研究先河，影响极为深远。

如果在一个理想的世界里，存在一个绝对可信任方，那么 SMC 问题可以被轻易地解决：每一方都给可信任方发送他们的输入，而可信任方将执行计算并将结果分发给参与方。然而，在现实世界里，并不存在这样一个绝对可信任方。SMC 协议的安全性本质上保证它能够模拟理想的世界。

假设发送方 P1 拥有两个输入串 $x_0, x_1 \in \{0,1\}^n$，接受方 P2 拥有一个输入位 $b \in \{0,1\}$。不经意传输协议 π 的目的是，使接受方 P2 得到 x_b，而发送方 P1 不知道 P2 得到了哪个值，如图 4.5 所示。

图 4.5　不经意传输协议

设 C 是一个布尔电路(见图 4.6)，它的输入为 $x,y \in \{0,1\}^n$，输出为 $C(x,y) \in \{0,1\}^n$。假设单个门 $g:\{0,1\} \times \{0,1\} \to \{0,1\}$，它的两个输入为 x、y，输出为 z，如图 4.7 所示。

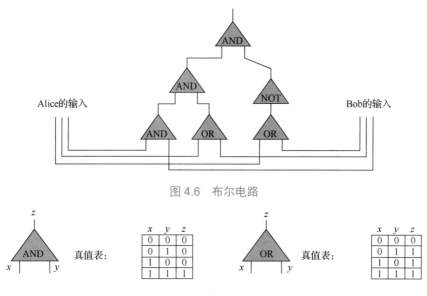

图 4.6　布尔电路

	x	y	z
AND 真值表:	0	0	0
	0	1	0
	1	0	0
	1	1	1

	x	y	z
OR 真值表:	0	0	0
	0	1	1
	1	0	1
	1	1	1

图 4.7　电路真值表

选取随机密钥 $k_{0x}, k_{1x}, k_{0y}, k_{1y}, k_{0z}, k_{1z}$，将它们分配给 g 的输入/输出线并构造 g 的加密真值表，如图 4.8 所示。其中，E 为对称加密算法。将 g 的加密真值表随机排序后的结果，定义为 g 的篡改电路表。

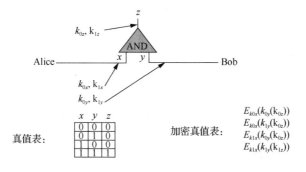

	x	y	z
真值表:	0	0	0
	0	1	0
	1	0	0
	1	1	1

加密真值表:
$E_{k0x}(k_{0y}(k_{0z}))$
$E_{k0x}(k_{1y}(k_{0z}))$
$E_{k1x}(k_{0y}(k_{0z}))$
$E_{k1x}(k_{1y}(k_{1z}))$

图 4.8　g 的加密真值表

假设整个电路 C 的所有输入/输出线为 $w_1, w_2, \cdots, w_m$，为每个线分配两个随机值 $k_i^0, k_i^1 \{i=1,2,\cdots,m\}$，构造每个门的篡改电路表。假设电路 C 输出线为 w_{out}，定义输出电路表为 $(0, k_{\text{out}}^0), (1, k_{\text{out}}^1)$。将整个电路 C 所有的门 g 的篡改电路表及输出电路表放在一起，形成了整个电路 C 的篡改电路表 $G(C)$。

下面正式介绍 Yao 的安全两方计算协议。假设整个电路 $C(x,y)=f(x,y)$，其中 $f:\{0,1\}^n \times \{0,1\}^n \to \{0,1\}^n$。协议参与方 Alice 和 Bob 分别输入 $x,y \in \{0,1\}^n$，整个协议过程(见图 4.9)如下。

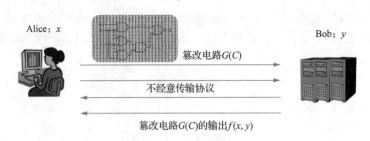

图 4.9　Yao 的安全两方计算协议

(1) Alice 构造整个篡改电路 $G(C)$，并把它发给 Bob。

(2) 设 $w_1, w_2, \cdots, w_n$ 为 Alice 的电路输入线(对应 x)，$w_{n+1}, w_{n+2}, \cdots, w_{2n}$ 为 Bob 的电路输入线(对应 y)。

① Alice 将 $k_1^{x_1}, \cdots, k_n^{x_n}$ 发给 Bob。

② 对于所有的 $i = 1, \cdots, n$，Alice 和 Bob 执行不经意传输协议，其中 Alice 的输入为 (k_{n+i}^0, k_{n+i}^1)，Bob 的输入为 y_i。

(3) Bob 获得了整个篡改电路 $G(C)$ 及对应于 $2n$ 个输入线的 $2n$ 个密钥。Bob 计算整个电路得到 $f(x, y)$。最后，Bob 把 $f(x, y)$ 发送给 Alice。这样双方拥有相同的 $f(x, y)$。

4.4.3　安全多方计算的应用

近年来，安全多方计算的理论研究已经逐渐成熟，安全多方计算库的研究也得到了飞速发展。目前，市场上已经存在一些安全多方计算库，如 Fairplay、Sharemind、Oblivm 及 Justgarble 等。与全同态加密相比，安全多方计算效率要高一个数量级，但需要参与方之间频繁通信。而全同态加密无须通信，但计算复杂度较高。

与全同态加密相类似，安全多方计算应用的通常步骤是：首先将所要求计算的函数 f 表示成布尔电路 C；然后发送者构造篡改电路；计算者执行篡改电路，最终输出 $f(x_1, \cdots, x_n)$。与全同态加密相比，安全多方计算研究发展更加成熟。近年来有学者提出电路编译器，它能把高级语言程序(如 C 语言)编译成布尔电路。这样，安全多方计算应用开发者就可以避免手工设计布尔电路，他们可以用 C 语言编写代码，由编译器自动转化成布尔电路。然后，将布尔电路与后端的安全两方计算库相结合，其过程如图 4.10 所示。

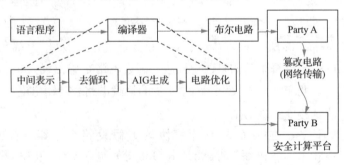

图 4.10　安全多方计算的过程

金融领域的协作数据分析往往建立在几个有一定竞争关系的银行之间,除了数据以加密形式分享之外,信用分数的计算函数也以加密的形式存在,因为对于银行而言,模型安全和数据安全都很重要,只有计算结果会返还给银行或客户。此类业务的应用场景如下。

(1) 帮助客户选择最相关或最合适的银行和金融产品。该服务为银行的新客户和现有客户提供个人统计数据,以及信用评分。

(2) 帮助银行评估现有和潜在客户及其投资方式。该服务为银行提供现有和潜在客户的资产数据和信用评分。

另外,安全多方计算可赋能金融、保险企业对客户的负债率等风险指标进行联合分析,如图 4.11 所示。目前,各家金融、保险、资产管理机构只掌握客户部分数据,从而导致风险评估误差。联合分析能不泄露各参与方数据,对客户的风险进行整体评估,在多头借贷等场景下能有效降低违约风险。在广告营销领域,安全多方计算赋能商户对潜在客户多维度信息进行分析,从而更精准地投放广告。广告投放机构可以从更多的数据维度对客户购买意向建模,且数据源不泄露个人隐私数据。隐私保护的数据协作提高了传统统计计算结果的质量,以上应用场景可提供区别于非安全计算应用的新型计算服务。

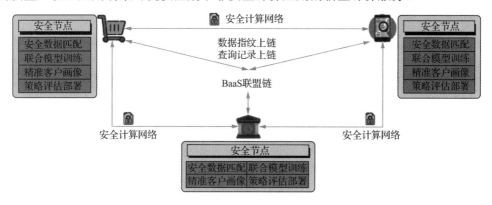

图 4.11 联盟链与安全多方计算结合的大数据分析网络

4.5 差分隐私

随着数据挖掘技术的普遍应用,一些厂商通过发布用户数据集的方式来鼓励研究人员进一步深入挖掘数据的内在价值,在数据集发布的过程中,就存在安全隐患,可能导致用户隐私的泄露。2016 年欧盟通过《一般数据法案》(General Data Protection Regulation,GDPR),规定了个人数据保护跨越国界,明确了用户对个人数据的知情权和被遗忘权。数据集中通常包含着许多个人的隐私数据,如医疗诊断记录、个人消费习惯和使用偏好等,这些信息会由于数据集的发布而泄露。尽管删除数据的身份标识符(如姓名、ID 等)能够在一定程度上保护个人隐私,但是以下案例表明,这种操作并不能保证隐私信息的安全性。

例如,购物公司发布了购物偏好的数据,共有 100 人的购物偏好数据,其中有 10 人偏爱购买汽车用品,其他 90 人偏爱购买电子产品。如果攻击者知道其中 99 人是偏爱汽车用品还是电子产品，就可以知道第 100 人的购物偏好。这样通过比较公开数据和既有的知识推测出个人隐私，就称为差分攻击。

差分隐私(differential privacy)是密码学中的一种手段，旨在提供一种当从统计数据库查询时，最大化数据查询的准确性，同时最大程度减少识别其记录的机会。在此定义下，数据库计算处理结果对于具体某个记录的变化是不敏感的，单个记录在数据集中或不在数据集中，对计算结果的影响微乎其微。所以，一个记录因其加入数据集中所产生的隐私泄露风险被控制在极小的、可接受的范围内，攻击者无法通过观察计算结果而获取准确的个体信息。

4.5.1　基本定义

对于一个有限域 Z，z 为 Z 中的元素，从 Z 中抽样所得 z 的集合组成数据集 D，其样本量为 n，属性的个数为维度 d。

对数据集 D 的各种映射函数被定义为查询(query)，用 $F = \{f_1, f_2, \cdots\}$ 来表示一组查询，算法 M 对查询 F 的结果进行处理，使之满足隐私保护的条件，此过程称为隐私保护机制。

设数据集 D 和 D′ 具有相同的属性结构，两者的对称差记为 $D\Delta D'$，$|D\Delta D'|$ 表示 $D\Delta D'$ 中记录的数量。若 $|D\Delta D'| = 1$，则称 D 和 D′ 为邻近数据集(adjacent dataset)。

差分隐私的定义。设有随机算法 M，P_M 为 M 所有可能的输出构成的集合。对于任意两个邻近数据集 D 和 D′ 及 P_M 的任何子集 S_M，若算法 M 满足 $P_r[M(D) \in S_M] \leqslant \exp(\varepsilon) \times P_r[M(D') \in S_M]$，则称算法 M 提供 ε 差分隐私保护，其中参数 ε 称为隐私保护预算。

下面用一个例子解释差分隐私的定义。图 4.12 中 D1 和 D2 是两个邻近数据集，它们只有一条记录不一致，在攻击者查询 "20～30 岁有多少人偏好购买电子产品" 的时候，对于这两个数据库得到的查询结果是 100 的概率分别是 99% 和 98%，它们的比值小于某个数。如果对于任意的查询，都能满足这样的条件，就可以说这种随机方法是满足 ε 差分隐私的。因为 D1 和 D2 是可以互换的，所以更加严格地讲，它们的比值要大于 $e^{-\varepsilon}$。

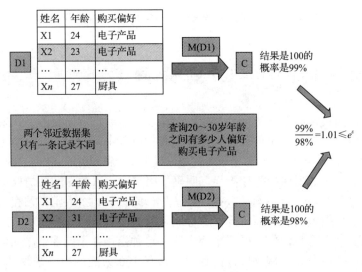

图 4.12　差分隐私示例

在差分隐私保护方法中定义了两种敏感度，即全局敏感度(global sensitivity)和局部敏感度(local sensitivity)。

1. 全局敏感度

设有函数 $f: D \to \mathbf{R}^d$，输入为一数据集，输出为一 d 维实数向量。对于任意的邻近数据集 D 和 D'，有 $\mathrm{GS}_f = \max\limits_{D, D'} \| f(D) - f(D') \|_1$，称为函数 f 的全局敏感度。其中，$\| f(D) - f(D') \|_1$ 是 $f(D)$ 和 $f(D')$ 之间的一阶范数距离。

函数的全局敏感度由函数本身决定，不同的函数会有不同的全局敏感度。一些函数具有较小的全局敏感度(如计数函数，其全局敏感度为 1)，因此只需加入少量噪声即可掩盖因一个记录被删除对查询结果所产生的影响，实现差分隐私保护。但对于某些函数而言，如求平均值、求中位数等函数，则往往具有较大的全局敏感度。以求中位数函数为例，设函数为 $f(D) = \mathrm{median}(x_1, x_2, \cdots, x_n)$，其中 $x_i (i = 1, \cdots, n)$ 是区间 $[a, b]$ 中的一个实数。不妨设 n 为奇数，且数据已被排序，那么函数的返回值即为第 $m = (n+1)/2$ 个数。在某种极端的情况下，设 $x_1 = x_2 = \cdots = x_m = a$ 且 $x_{m+1} = x_{m+2} = \cdots = x_n = b$，那么从中删除一个数就可能使函数的返回值由 a 变为 b，因此函数的全局敏感度为 $b-a$，这可能是一个很大的值。

当全局敏感度较大时，必须在函数输出中添加足够大的噪声才能保证隐私安全，导致数据可用性较差。针对此问题，Nissim 等人定义了局部敏感度及与其计算相关的其他概念。

2. 局部敏感度

设有函数 $f: D \to \mathbf{R}^d$，输入数据集 D，输出为一 d 维实数向量。对于给定数据集 D 和它的任意的邻近数据集 D'，有 $\mathrm{LS}_f(D) = \max\limits_{D'} \| f(D) - f(D') \|_1$，称为函数 f 在 D 上的局部敏感度。

局部敏感度由函数 f 及给定数据集 D 中的具体数据共同决定。由于利用了数据集的数据分布特征，局部敏感度通常要比全局敏感度小得多。以前文的求中位数函数为例，其局部敏感度为 $\max(x_m - x_{m-1}, x_{m+1} - x_m)$。另外，局部敏感度与全局敏感度之间的关系可以表示为 $\mathrm{GS}_f = \max\limits_{D}(\mathrm{LS}_f(D))$。

但是，由于局部敏感度在一定程度上体现了数据集的数据分布特征，如果直接应用局部敏感度来计算噪声量，则会泄露数据集中的敏感信息。因此，局部敏感度的平滑上界(smooth upper bound，见图 4.13)被用来与局部敏感度一起确定噪声量的大小。

在查询函数的返回结果中添加噪声是差分隐私最基本的机制，常见的加噪机制有拉普拉斯机制和指数机制。

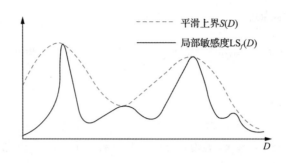

图 4.13　局部敏感度的平滑上界

3. 拉普拉斯机制

对于任意数据集 D，函数为 $f = D \rightarrow \mathbf{R}^k$，函数的全局敏感度为 Δf。算法 $A(D) = f(D) + \text{NOISE}$ 为数据集提供 ε 差分隐私保护，$\text{NOISE} = \text{Lap}(\Delta f / \varepsilon)$ 为尺度参数 b 等于 $\Delta f / \varepsilon$ 的服从拉普拉斯分布的随机噪声。

从数学的角度看，在拉普拉斯机制中，随机变量 x 的概率密度函数可以表示为

$$f(x \mid \mu, b) = \frac{1}{2b} \mathrm{e}^{\frac{x-\mu}{b}}$$

其中，μ 是位置参数；b 是尺度参数。大多数情况下，不做特别说明，μ 取值为 0，那么可以推导得到累积分布函数为

$$F(x) = \int_{-\infty}^{x} f(\mu) \mathrm{d}\mu = \begin{cases} \dfrac{1}{2} \mathrm{e}^{\frac{x-\mu}{b}}, & x < \mu \\[2mm] 1 - \dfrac{1}{2} \mathrm{e}^{\frac{x-\mu}{b}}, & x \geqslant \mu \end{cases}$$

4. 指数机制

设随机算法 M 输入为数据集 D，输出为一实体对象 $r \in \text{Range}$，有可用性函数 $q(D \times r) \rightarrow \text{Range}$，$q(D, r)$ 的输出结果满足

$$M(D, q) = \{r : \Pr[r \in 0]\} \propto \exp(\varepsilon q(D, r) / 2\Delta q)$$

则称 q 满足算法 M 提供 ε 差分隐私保护。式中，$\Pr\{\}$ 为 r 被选中的概率；Δq 为可用性函数 q 的全局敏感度；算法 M 以正比于 $(\mathrm{e}^{\varepsilon q / 2\Delta q})$ 的概率从值域 Range 中选择并输出 r。

假设某基地正在举办一场体育比赛，可以选择的项目有 {足球,排球,篮球,网球} 四项，参与者对这些项目进行投票，要确定一个项目是否在整个决策过程中满足 ε 差分隐私保护，以每个选项的得票数量作为可用性函数，在给定隐私预算情况下，可计算选择各项目的输出概率，如表 4.1 所示。

表 4.1　指数机制应用示例

项目	可用性 $\Delta q = 1$	概率		
		$\varepsilon=0$	$\varepsilon=0.1$	$\varepsilon=1$
足球	30	0.25	0.424	0.924
排球	25	0.25	0.330	0.075
篮球	8	0.25	0.141	1.5E-05
网球	2	0.25	0.105	1.7E-07

上述案例中，当 $\varepsilon=0$ 时，提供完全的隐私保护但数据可用性为 0，ε 越大，选择出期望结果的可能性也越大。

拉普拉斯机制仅适用于数值型的数据查询结果，而对于非数值型的数据处理，如选择一种最好的方案，指数机制是一个很好的选择。

4.5.3　差分隐私的应用

从应用领域来看，差分隐私保护方法被普遍应用于许多场合，如推荐系统、基因组保护、搜索日志发布等。

Google 利用本地化差分隐私保护技术从 Chrome 浏览器每天采集超过 1 400 万个用户的行为统计数据。在 2016 年全球开发者大会(Worldwide Developers Conference，WWDC)主题演讲中，苹果副总裁 Craig Federighi 宣布苹果使用本地化差分隐私保护技术来保护 iOS/MacOS 用户的隐私。根据其官网披露的消息，苹果将该技术应用于 Emoji、QuickType 的输入建议、查找提示等领域。例如，CMS(Count Mean Sketch)算法帮助苹果获得最受欢迎的 Emoji 表情，用来进一步提升 Emoji 的用户体验。如图 4.14 所示为利用该技术获得的英语语言用户的表情使用倾向。如图 4.15 所示为该技术在 Emoji 中的应用流程。

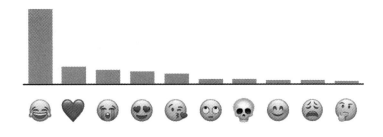

图 4.14　英语语言用户的表情使用倾向

1. 差分隐私在推荐系统中的应用

推荐系统帮助用户从大量数据中寻找可能需要的信息。在许多电子商务网站中，推荐系统用于发现商品项目之间的关系，并向顾客推荐可能消费的项目。由于推荐系统需要利用大量用户数据进行协同过滤，所以数据的隐私保护问题很早就受到人们的关注。Mcsherry

等人最先将差分隐私保护方法引入到推荐系统。他们假定推荐系统是不可信的，攻击者可以通过分析推荐系统的历史数据来推测用户的隐私信息，因此必须对推荐系统的输入进行干扰。在分析项目之间的关系时，他们先建立项目相似度协方差矩阵，并向矩阵中加入拉普拉斯噪声实施干扰，然后再提交给推荐系统实施常规推荐算法，如K最近邻算法或者因子分解方法。

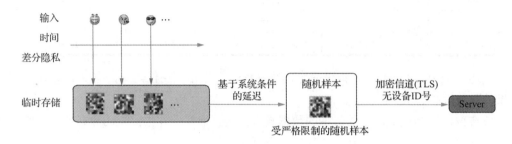

图 4.15　差分隐私在 Emoji 中的应用流程

2.　差分隐私在基因组隐私保护中的应用

医疗数据集中通常包含着许多患者的隐私信息，如医疗诊断结果、处方信息、检查报告等。一方面，如果数据持有者不采取适当隐私保护技术而直接将这些数据进行发布，会造成患者的隐私泄漏；另一方面，去除标示符的操作无法保证医疗隐私信息的安全。

如何从医疗数据集中提取有价值信息而又不泄露患者隐私，是医学隐私保护的关键问题。针对这一问题，研究者们提出了各类算法保护患者的隐私信息，这些算法和其隐私标准被称为隐私保护模型，如图 4.16 所示。

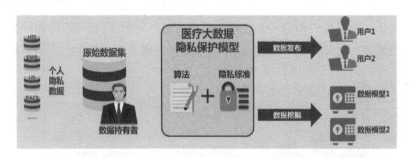

图 4.16　医疗大数据隐私保护模型

随着 DNA 测序技术的普及和发展，人们迫切需要对大量 DNA 序列进行联合比对分析的方法。全基因组关联分析(Genome-Wide Association Studies，GWAS)是当前研究遗传信息和疾病之间的关联性时大量使用的一种分析手段，然而由于基因组序列包含敏感信息，基因组序列的发布可能会威胁到个人隐私。Fienberg 等人研究了如何在不影响个人隐私的情况下对 GWAS 进行控制并获得平均的次等位基因频率。Raisaro 等人针对基因数据的群组探测，提出将全同态加密算法和差分隐私相结合的方法，使研究人员可以使用基因组数据进行研究，同时保护患者的个人隐私。

4.6　区　块　链

2008 年，随着比特币的发行及其创立者中本聪的论文《比特币：一种 P2P 的电子现金系统》的发表，比特币系统的底层核心技术——区块链，作为一种去中心化(开放式、扁平化、平等性，不具备强制性的中心控制的系统结构)数据库技术，开始进入人们的视野。

美国学者梅兰妮·斯万在其著作《区块链：新经济蓝图及导读》中给出了区块链的定义，指出区块链技术是一种公开透明的、去中心化的数据库。公开透明体现在该数据库是由所有的网络节点所共享的，并且由数据库的运营者进行更新，同时也受到全民的监管；去中心化则体现在该数据库可以看成一张巨大的可交互电子表格，所有参与者都可以进行访问和更新，并确认其中的数据是真实可靠的。

比特币和以太坊是两种具代表性的区块链技术应用。前一个是区块链技术的起源，后一个是区块链 2.0 的代表应用，市面上其他使用区块链技术的数字货币大都与之雷同，所以比特币和以太坊的基础架构是研究学习区块链技术的重要实例。比特币和以太坊的基础架构如图 4.17 所示。图中虚线表示的是以太坊与比特币的不同之处。总体来说，数字货币的区块链系统包含底层的交易数据、狭义的分布式账本、重要的共识机制、完整可靠的分布式网络、网络之上的分布式应用这几个要素。底层的数据被组织成区块这一数据结构，各个区块按照时间顺序链接成区块链，全分布式网络的各个节点分别保存一份名为区块链的分布式账本，网络中使用 P2P(Peer-to-Peer，点对点)协议进行通信，通过共识机制达成一致，基于这些基础产生相对高级的各种应用。在该架构中，不可篡改的区块链数据结构、分布式网络的共识机制、工作量证明机制和愈发灵活的智能合约是具代表性的创新点。

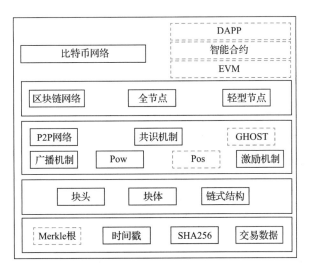

图 4.17　比特币和以太坊的基础架构

4.6.1 基本定义

区块链是一种按照时间顺序将数据区块用类似链表的方式组成的数据结构，并以密码学方式保证不可篡改和不可伪造的分布式去中心化账本，能够安全存储简单的、有先后关系的、能在系统内进行验证的数据。

1. 区块结构

在区块链技术中，区块是指一种数据结构。区块包含两部分：区块元数据和区块体。其中，区块元数据记录的是区块的元数据信息；区块体记录的是从上一区块产生到此区块创建之间所发生的所有交易。区块结构如表 4.2 所示。区块元数据包含区块大小、区块头、交易计数器三部分，如表 4.3 所示。

表 4.2 区块结构

字段名	大小	描述
区块元数据	变长的	该区块相关元数据信息
交易	变长的	该区块记录的交易

表 4.3 区块元数据

字段名	大小/Byte	描述
区块大小	4	该字段之后的区块大小
区块头	80	组成区块头的几个字段
交易计数器	1~9(可变整数)	交易的数量

2. 区块头结构

区块头由两组元数据组成，一组与挖矿有关，包括时间戳、难度目标及 Nonce 值；另一组则与区块本身有关，包括链接父区块的字段、版本号及 Merkle 根。表 4.4 列出了区块头结构。

表 4.4 区块头结构

字段名	大小/Byte	描述
版本	4	用于监测软件/协议更新的版本号
父区块哈希值	32	区块链中父区块哈希值的引用
Merkle 根	32	区块中所有交易构成的 Merkle 根的哈希值
时间戳	4	该区块创建的近似时间(Unix 纪元秒)
难度目标	4	该区块工作量证明算法的难度目标
Nonce	4	计数器，用于工作量证明算法

将区块中所有交易记录都进行两次哈希运算之后，将结果作为 Merkle 树的叶子节点，

然后递归两个相邻节点的哈希值，直到得到最后一个哈希结果，此哈希值就是 Merkle 根。难度目标 Bits 是一种特殊的浮点编码类型，占 4 字节，首字节是指数，仅用其中的最低 5 位，后 3 个字节是尾数，它能够表示 256 位的数。一个区块头的 SHA256 哈希值必须小于或等于 Bits 难度目标才能被整个网络认可，难度目标 Bits 值越小，产生一个新区块的难度就越大，即目标值越小，得到正确结果的区间就越小，难度就越大。

Nonce 字段是指随机数，各个区块头的值往往不同，但它却是从 0 开始严格按照线性方式增长的随机数，每次计算都会增长。挖矿就是要寻找一个满足条件的 Nonce 值。

<table><tr><td>4.6.2</td><td>区块链技术原理</td></tr></table>

1. 区块链的构成

区块链是由区块有序链接起来形成的一种数据结构，其中区块是指数据的集合，相关信息和记录都包括在里面，是形成区块链的基本单元。为了保证区块链的可追溯性，每个区块都会带有时间戳，作为独特的标记。具体地，区块由两部分组成：一是区块头，链接到前面的区块，并为区块链提供完整性；二是区块主体，记录了网络中更新的数据信息。图 4.18 所示为区块链的组织方式示意图。每个区块都会通过区块头信息链接到之前的区块，从而形成链式结构。

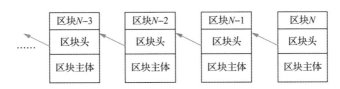

图 4.18　区块链的组织方式示意图

2. 区块链网络

区块链网络是一个 P2P 网络。整个网络没有中心化的硬件和管理机构，既没有中心服务器，也没有中心路由器。网络中的每个节点地位对等，可同时作为客户端和服务器端。

在区块链系统中，每个节点保存了整个区块链中的全部数据信息，因此，整个网络中，数据有多个备份。网络中参与的节点越多，数据的备份个数也越多。在这种数据构架中，各节点数据是所有参与者共同拥有、管理和监督的。一方面使每个节点可以随意加入或离开网络，而保证网络的稳定性；另一方面使数据被篡改的可能性更小。

3. 区块链的加密系统原理

区块链采用非对称加密算法解决网络之间用户的信任问题。非对称加密算法需要两个密钥：公开密钥和私有密钥。公开密钥与私有密钥是一对，如果用公开密钥对数据进行加密，那么只有用对应的私有密钥才能解密；如果用私有密钥对数据进行加密，那么只有用对应的公开密钥才能解密。

区块链中每个参与的用户都拥有专属的公钥和私钥，其中专属公钥公布给全网用户，全网用户采用相同的加密或解密算法，而私钥只有用户本人掌握。用户用私钥加密信息，其他用户用公钥解密信息。用户可用私钥在数据尾部进行数字签名，其他用户通过公钥解密可验证数据来源的真实性。基于区块链的数据分享过程在节点之间直接进行，不需要第三方的介入，如图 4.19 所示。

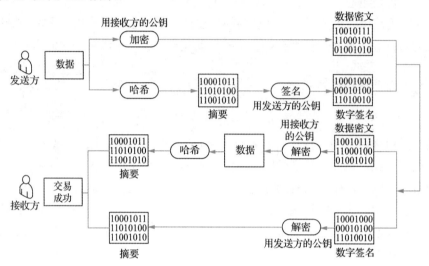

图 4.19　区块链的数据分享流程

4.6.3　区块链技术的应用

1. 网络信息安全和隐私保护

管理大数据信息系统是通过区块链技术所建立起来的，其核心结构是去中心化，通过区块链技术的安全性来合理改变传统管理结构带来的数据信息被泄露的风险。区块链技术具有不可篡改以及可追溯等特点，所以它被很多领域广泛使用，具有很强的准确性和真实性。为保障区域中心化系统的正常运行，区块链技术需要和外部的数据库相结合，将这些数据从整个系统中剥离出来。只有在相关用户同意的情况下才可以获取用户数据信息，为了解应用程序对信息是否有访问权限，就需要利用系统对区块链技术进行检查。检查以后，区块链会反馈信息给执行者，以此实现可追溯性。另外，网络信息数据的完整性也非常重要，区块链技术有一种无密钥签名体系，被称为无密钥签名体系(Keyless Signature Infrastructure，KSI)，它运用了单向性的散列函数和区块链的不可篡改性，使签名的可靠性、真实性得到了验证，也保障了在黑客入侵某些信息时，会被有效地拦截，从而提升网络安全的完整性。

2. 物联网权限安全与通信安全

物联网设备也运用了区块链技术，以此避免传统中心化结构带来的问题，设备之间的通信安全也得到了保障。区块链技术提高了物联网设备管理体系的安全性，因为设备管理员必须有一定的权限才可以对物联网的设备下达任务指令，这些被下达的任务指令以及设备之间的通信情况等都会被记录在区块链中，即对设备的所有操作都会被记录。物联网设备之间的通信需要用户授权，用户如果授权成功，那么系统之间就会有个通信的密钥，利用通信密钥保障设备之间的通信安全。

3.　信息物理系统安全

目前，人们主要利用数据挖掘技术对可能包含坏数据或攻击信息的数据进行识别和修正。针对某一特定攻击问题需要构建具有针对性的模型，不具有普适性。区块链去中心化的本质有助于解决物理信息系统中面临的部分安全问题，如图 4.20 所示。具体而言，可将区块链作为互联网中信息系统的底层。在感知执行层安全上，每个传感器都有自己固定的私钥，并在每次向全网广播数据时，在数据包末尾添加用私钥加密的数字签名，这使攻击者试图伪造传感器数据欺骗网络中其他节点变得非常困难。网络中，只有得到授权的节点才能获取其他节点和传感器的公钥，因此攻击者如果没有公钥将无法解密网络中传输的数据。在数据传输层上，系统中节点链接成网状结构，使得数据通路存在冗余。即使攻击者阻断了网络拓扑中的部分数据通路，信息仍然可通过其他数据通路进行传输。在应用控制层上，区块链系统中所有用户的个人信息具有绝对隐私，因此也不存在隐私泄露问题。

图 4.20　区块链技术在信息物理系统安全中的应用

信息物理系统具有如下特点。

1)　抗攻击性

如果攻击者试图篡改区块链数据库中的数据，由于区块链系统的去中心化特点，攻击者无法攻击集中式数据库。因为全网中的所有节点都有数据库的完整备份，存在大量的数据冗余，所以攻击者必须控制系统中至少 51% 的数据节点才能实现数据篡改，这使得数据篡改的成本大大增加，数据被篡改的可能性大大降低。

2)　数据保密性

区块链采用非对称密钥加密技术，破解条件苛刻，大大增加了攻击者攫取用户个人隐私的难度。即使系统各节点拥有全部的数据，也只能访问其权限内的数据，而无法访问保密数据。

3) 自我修复韧性

系统中每个节点都写入了区块链数据的完整备份，即使系统中部分节点和通路受到攻击而瘫痪，也可以保证系统中的特定节点通过其他通路重构所需信息。

4) "区块链＋跨境支付"模式

传统的跨境支付涉及长期成本、高成本、高资本利用和安全等问题。针对这些问题，区块链在跨境支付方面的优势十分明显：区块链可以实时到达，显著提高效率，解决了资金和流量的问题；在跨境支付的区块链模型中，银行不需要预留额外的法定货币，可以使用双方批准的数字货币来减少其他货币的使用；对于高成本的问题，经纪人可以减少传统边界之外的支付成本，而中间人不参与连锁支付和清算程序；对于安全问题，区块链不依赖于在每个节点处自动存储、分析所有事务信息和相关信息的算法，可以从根本上解决安全问题。

本 章 小 结

本章介绍了大数据安全的概念，以及保护大数据安全的关键技术，包括全同态加密技术和安全多方计算。希望本章内容能为大数据安全学习者提供更多的前沿知识；希望学习者能够相互分享交流，以促进这一领域的发展，希望这些安全工具在未来能够更加成熟和普及，能让更多的人获益。

实例天融信态势感知系统

习 题

一、选择题

1. 下列关于网络用户行为的说法中，错误的是(　　)。

    A. 网络公司能够捕捉到用户在其网站上的所有行为

    B. 用户离散的交互痕迹能够为企业提升服务质量提供参考

    C. 数字轨迹用完即自动删除

    D. 用户的隐私安全很难得以规范保护

2. 从信息安全涉及的内容来看，一般物理安全不包括(　　)方面。

    A. 备份与恢复   B. 环境安全

    C. 设备安全   D. 媒体安全

3. 大数据环境下的隐私担忧，主要表现为(　　)。

    A. 个人信息的被识别与暴露

    B. 用户画像的生成

    C. 恶意广告的推送

    D. 病毒入侵

4. 大数据安全与隐私保护技术有(　　)。

    A. 访问控制   B. 数据溯源

C．匿名保护 　　　　　　　D．角色挖掘

5．从社会稳定角度看，信息安全主要包括造成重大社会影响，产生重大经济损失的信息安会事件，具体包括(　　)方面。

A．网络谣言 　　　　　　　B．隐私泄露

C．身份假冒 　　　　　　　D．网络欺诈

二、简答题

1．简述对称加密和非对称加密。

2．什么是数字签名技术？该技术一般应用于什么场景？

3．简述 Hash 函数的特点和性质。

4．什么是全同态加密？简述它与其他传统的加密技术的主要不同之处。

5．简述全同态加密的具体加密流程。

6．什么是安全多方计算？

7．举例说明安全多方计算的应用场景。

8．举例说明 Yao 的安全两方计算协议。

9．举例说明 MAC 技术的应用场景。

10．什么是不经意传输协议？

第二部分
数据挖掘认知篇

第5章
线性回归分析

学习目标

[1] 掌握线性回归的定义及主要特性。
[2] 掌握线性回归预测的方法。
[3] 学会用线性回归模型解决实际的问题。

重要知识点图谱

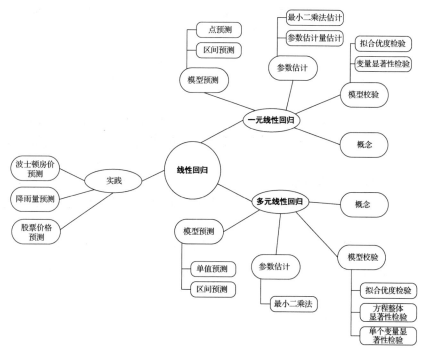

重点与难点

[1] 使用线性回归建模。

[2] 最小二乘法。

[3] 模型校验时能够选用合适的校验方法。

学习指南

线性回归在实际应用中十分广泛。这是因为线性依赖于其未知参数的模型比非线性更容易拟合，而且产生的估计量的统计特性也更容易确定。其广泛应用于各行各业，如预测消费支出、存货投资、天气变化、流行病的发病率等。

本章将学习线性回归模型的数学定义，学会运用线性回归进行预测的方法以解决实际问题。

5.1 一元线性回归

回归分析是对客观事物数量依存关系的分析，是统计中的一种常用的方法，被广泛应用于自然现象和社会经济现象中变量之间的数量关系研究。一元线性回归是回归分析中最简单的一种形式，也是学习回归分析的基础。只有掌握好一元线性回归，才能更好地理解多元线性回归和非线性回归。

5.1.1 一元线性回归概述

例 5.1 假设有一个由 100 户家庭组成的社区，研究该社区每月家庭消费支出与每月家庭可支配收入的关系(见表 5.1)，随着家庭月收入的增加，分析其平均月消费支出是如何变化的。

从表 5.1 中可以看出以下情况。

(1) 可支配收入相同的家庭，其消费支出不一定相同，即收入和消费支出的关系不是完全确定的。

(2) 由于总体是假设的，给定收入水平 X 的消费支出 Y 的分布是确定的，即在 X 给定时，Y 的条件分布(conditional distribution)是已知的，如 $P(Y = 638 | X = 800) = \dfrac{1}{4}$。

表 5.1　某社区家庭月可支配收入和消费支出　　　　　　　单位：元

| | 每月家庭可支配收入(X) | | | | | | | | | |
	800	1 100	1 400	1 700	2 000	2 300	2 600	2 900	3 200	3 500
每月家庭消费支出(Y)	561	638	869	1 023	1 254	1 408	1 650	1 969	2 090	2 299
	594	748	913	1 100	1 309	1 452	1 738	1 991	2 134	2 321
	627	814	924	1 144	1 364	1 551	1 749	2 046	2 178	2 530
	638	847	979	1 155	1 397	1 595	1 804	2 068	2 266	2 629
		935	1 012	1 210	1 408	1 650	1 848	2 101	2 354	2 860
		968	1 045	1 234	1 474	1 672	1 881	2 189	2 486	2 871
			1 078	1 254	1 496	1 683	1 925	2 233	2 552	
			1 122	1 298	1 496	1 716	2 013	2 244	2 585	
			1 155	1 331	1 562	1 749	1 969	2 299	2 640	
			1 188	1 364	1 573	1 771	2 035	2 310		
			1 210	1 408	1 606	1 804	2 101			
				1 430	1 650	1 870	2 112			
				1 485	1 716	1 947	2 200			
						2 002				
总计	2 420	4 950	11 495	16 436	19 305	23 870	25 025	21 450	21 285	15 510

表 5.1 的数据对应的散点图如图 5.1 所示。从图中可发现，家庭消费支出的平均值随着收入的增加而增加，且 Y 的条件均值和收入 X 近似落在一条直线上。我们称这条直线为总体回归线，相应的函数为 $E(Y|x_i) = f(x_i)$，称为总体回归函数(Population Regression Function，PRF)，刻画了因变量 Y 的平均值随自变量 X 变化的规律。其中，$f(x_i)$ 既可以是线性的，也可以是非线性的。例 5.1 中将居民消费支出看成其可支配收入的线性函数时，总体回归函数为

$$E(Y|x_i) = \beta_0 + \beta_1 x_i \tag{5.1}$$

其中，β_0、β_1 是未知参数，也称回归系数(regression coefficients)。

总体回归函数描述了在给定收入水平 X 的情况下家庭的平均消费支出水平。但对某一个家庭来说，其消费支出可能与该平均水平有偏差，即 $\mu_i = y_i - E(Y|x_i)$，这是一个不可观测的随机变量，称为随机误差项(random error term)或随机干扰项(stochastic disturbance)。

在例 5.1 中，个别家庭的消费支出为

$$y_i = E(Y|x_i) + \mu_i = \beta_0 + \beta_1 x_i + \mu_i \tag{5.2}$$

即给定收入水平 x_i，个别家庭的消费支出可表示为两部分之和：该收入水平下所有家庭的平均消费支出 $E(Y|x_i)$，称为系统性(systematic)或确定性(deterministic)部分；其他随机或

非确定性(nonsystematic)部分 μ_i。

为了研究家庭月消费支出与家庭月可支配收入之间的关系,从表 5.1 的数据中随机抽取 10 户家庭的相关数据,如表 5.2 所示。通过调查所得的样本数据能否发现家庭消费支出与家庭可支配收入之间的数量关系,以及如果知道家庭的月可支配收入,能否预测家庭的月消费支出水平呢?

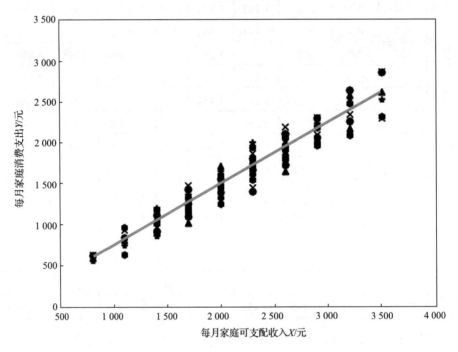

图 5.1　某社区家庭月消费支出散点图

表 5.2　每月家庭可支配收入与每月家庭消费支出

单位:元

收入	800	1 100	1 400	1 700	2 000	2 300	2 600	2 900	3 200	3 500
支出	594	638	1 122	1 155	1 408	1 595	1 969	2 078	2 585	2 530

首先对数据进行探索性分析,发现支出与收入具有极强的正相关关系,Pearson 相关系数为 0.988。通过图 5.2 所示的散点图可以看出,二者有着明显的线性关系,但是仍无法确定收入具体是如何影响消费支出的。自然的想法是能否画一条直线尽可能好地拟合这些散点,这条直线称为样本回归线(sample regression line),相应的函数为 $\hat{y}_i = f(x_i) = \hat{\beta}_0 + \hat{\beta}_1 x_i$,称为样本回归函数(Sample Regression Function,SRF)。样本回归函数也有随机形式 $y_i = \hat{y}_i + e_i = \hat{\beta}_0 + \hat{\beta}_1 x_i + e_i$。其中,$e_i$ 称为残差(residual),代表了其他影响 y_i 的随机因素的集合,可以看成 μ_i 的估计量 $\hat{\mu}_i$。

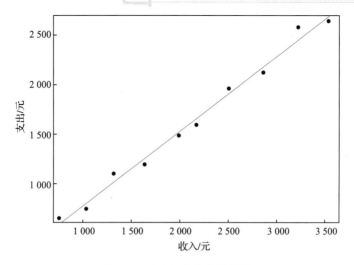

图 5.2 支出与收入的散点图

5.1.2 一元线性回归的参数估计

回归分析的主要目的是通过样本回归函数(模型)尽可能准确地估计总体回归函数(模型)，即根据 $y_i = \hat{y}_i + e_i = \hat{\beta}_0 + \hat{\beta}_1 x_i + e_i$ 去估计 $y_i = E(Y|x_i) + \mu_i = \beta_0 + \beta_1 x_i + \mu_i$，即利用 $\hat{\beta}_j (j=0,1)$ 去估计 $\beta_j (j=0,1)$。参数估计方法有多种，其中使用最广泛的是普通最小二乘法(Ordinary Least Squares，OLS)和最大似然法(Maximum Likelihood Estimation，MLE)。

为保证参数估计量具有良好的性质，通常要求模型满足以下基本假设。

假设 1　自变量 X 是确定的，不是随机变量。

假设 2　随机误差项 μ 具有零均值、同方差和无序列相关性，即

$$E(\mu_i) = 0 \qquad\qquad i = 1, 2, \cdots, n$$
$$\mathrm{Var}(\mu_i) = \sigma_\mu^2 \qquad\qquad i = 1, 2, \cdots, n$$
$$\mathrm{Cov}(\mu_i, \mu_j) = 0 \quad i \neq j \quad i, j = 1, 2, \cdots, n$$

假设 3　随机误差项 μ 与自变量 X 之间不相关，即

$$\mathrm{Cov}(X_i, u_i) = 0 \qquad i = 1, \cdots, n$$

假设 4　μ 服从正态分布，即

$$\mu_i \sim N(0, \sigma^2) \qquad i = 1, 2, \cdots, n$$

以上假设也称线性回归模型的经典假设或高斯(Gauss)假设，满足该假设的线性回归模型称为经典线性回归模型(Classical Linear Regression Model，CLRM)。

1. 普通最小二乘法估计

普通最小二乘法简称最小二乘法，是求解参数 $\hat{\beta}_j (j=1,2)$，使得样本观测值和拟合值之差的平方和最小，即

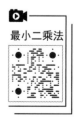

最小二乘法

$$\min : Q = \sum_{i=1}^{n}(y_i - \hat{y})^2 = \sum_{i=1}^{n}[y_i - (\hat{\beta}_0 + \hat{\beta}_1 x_i)]^2 \tag{5.3}$$

式(5.3)对$\hat{\beta}_0$和$\hat{\beta}_1$分别求一阶导数后可得出正规方程组(normal equations)，即

$$\begin{cases} \sum(\hat{\beta}_0 + \hat{\beta}_1 x_i - y_i) = 0 \\ \sum(\hat{\beta}_0 + \hat{\beta}_1 x_i - y_i)x_i = 0 \end{cases} \tag{5.4}$$

解正规方程组(5.4)可得

$$\begin{cases} \hat{\beta}_0 = \dfrac{\sum x_i^2 \sum y_i - \sum x_i \sum x_i y_i}{n\sum x_i^2 - (\sum x_i)^2} \\ \hat{\beta}_1 = \dfrac{n\sum x_i y_i - \sum x_i \sum y_i}{n\sum x_i^2 - (\sum x_i)^2} \end{cases} \tag{5.5}$$

为了方便，常常记为

$$\sum(x_i - \bar{X})^2 = \sum x_i^2 - \frac{1}{n}(\sum x_i)^2$$

$$\sum(x_i - \bar{X})(y_i - \bar{Y}) = \sum x_i y_i - \frac{1}{n}\sum x_i \sum y_i$$

因此，上述参数估计量也可写为

$$\begin{cases} \hat{\beta}_1 = \dfrac{\sum(x_i - \bar{X})(y_i - \bar{Y})}{\sum(x_i - \bar{X})} \\ \hat{\beta}_0 = \bar{Y} - \hat{\beta}_1 \bar{X} \end{cases} \tag{5.6}$$

当估计出模型参数后，需考察参数估计量的统计性质，可从以下几个方面考察其优劣性。

(1) 线性，即它是否是另一随机变量的线性函数。

(2) 无偏性，即它的期望值是否等于总体的真实值$E(\hat{\beta}_j) = \beta_j (j = 0,1)$。

(3) 有效性，即它是否在所有线性无偏估计量中具有最小方差。

这三个准则也称为估计量的小样本性质。拥有以上性质的估计量称为最佳线性无偏估计量(Best Linear Unbiased Estimator，BLUE)。

可以证明最小二乘法估计量符合高斯-马尔可夫定理(Gauss-Markov Theorem)，即在给定经典线性回归的假定下，最小二乘法估计量是具有最小方差的线性无偏估计量。

2. 参数估计量的概率分布及随机干扰项方差的估计

1) 参数估计量$\hat{\beta}_0$与$\hat{\beta}_1$的概率分布

最小二乘法估计量$\hat{\beta}_0$、$\hat{\beta}_1$分别是y_i的线性组合，所以$\hat{\beta}_0$与$\hat{\beta}_1$的分布取决于Y的分布。在μ是正态分布的假设下，Y也服从正态分布，则$\hat{\beta}_0$与$\hat{\beta}_1$服从正态分布，分别为

$$\hat{\beta}_1 \sim N\left(\beta_1, \frac{\sigma^2}{\sum(x_i - \bar{X})^2}\right) \text{和} \hat{\beta}_0 \sim N\left(\beta_0, \frac{\sum x_i^2}{n\sum(x_i - \bar{X})^2}\sigma^2\right).$$

2) 随机误差项 μ 的方差 σ^2 的估计

$\hat{\beta}_0$ 与 $\hat{\beta}_1$ 的方差中，都含有随机扰动项 μ 的方差 σ^2。由于 σ^2 实际上是未知的，因此 $\hat{\beta}_0$ 与 $\hat{\beta}_1$ 的方差实际上无法计算，这就需要对其进行估计。由于随机项 μ_i 不可观测，只能从 μ_i 的估计(残差 e_i)出发，对 σ^2 进行估计。

σ^2 的最小二乘法估计量为 $\hat{\sigma}^2 = \dfrac{\sum e_i^2}{n-2}$，可以证明它是 σ^2 的无偏估计量。因此，参数 $\hat{\beta}_0$ 的方差和标准差的估计量分别是 $S_{\hat{\beta}_0}^2 = \dfrac{\hat{\sigma}^2 \sum x_i^2}{n \sum (x_i - \bar{X})^2}$ 和 $S_{\hat{\beta}_0} = \hat{\sigma} \sqrt{\dfrac{\sum x_i^2}{n \sum (x_i - \bar{X})^2}}$；而 $\hat{\beta}_1$ 的方差和标准差的估计量分别是 $S_{\hat{\beta}_1}^2 = \dfrac{\hat{\sigma}^2}{\sum (x_i - \bar{X})^2}$ 和 $S_{\hat{\beta}_1} = \dfrac{\hat{\sigma}}{\sqrt{\sum (x_i - \bar{X})^2}}$。

5.1.3　一元线性回归模型的检验

回归分析的目的是通过样本所估计的参数($\hat{\beta}_0, \hat{\beta}_1$)来代替总体的真实参数($\beta_0, \beta_1$)，或者说是用样本回归线代替总体回归线。尽管从统计性质上可以保证如果有足够多的重复抽样，参数的估计值的期望(均值)就等于其总体的参数真值，即具有无偏性。但在一次抽样中，估计值不一定就等于该真值。那么，在一次抽样中，参数的估计值与真值的差异有多大、是否显著，这就需要进行统计检验。统计检验主要有拟合优度检验、变量显著性检验。

1. 拟合优度检验

拟合优度检验是对回归拟合值与观测值之间拟合程度的一种检验。度量拟合优度的指标主要是判定系数(亦称确定系数、可决系数) R^2。要理解 R^2 需首先理解总离差平方和的分解。

样本回归函数 $y_i = \hat{y}_i + e_i$ 可用离差形式表示为

$$y_i - \bar{Y} = \hat{y}_i - \bar{Y} + e_i \tag{5.7}$$

对于全部观测值求平方和，有

$$\sum (y_i - \bar{Y})^2 = \sum (\hat{y}_i - \bar{Y} + e_i)^2 = \sum (\hat{y}_i - \bar{Y})^2 + \sum e_i^2 + 2 \sum e_i (\hat{y}_i - \bar{Y})$$

由于

$$\sum e_i (\hat{y}_i - \bar{Y}) = \sum e_i (\hat{\beta}_0 + \hat{\beta}_1 x_i - \bar{Y}) = \sum e_i (\hat{\beta}_0 - \bar{Y}) + \hat{\beta}_1 \sum e_i x_i \tag{5.8}$$

由正规方程

$$\sum e_i = 0, \quad \sum e_i x_i = 0$$

得到

$$\sum e_i (\hat{y}_i - \bar{Y}) = 0$$

所以有

$$\sum (y_i - \bar{Y})^2 = \sum (\hat{y}_i - \bar{Y})^2 + \sum e_i^2 \tag{5.9}$$

式(5.9)中，$\sum (y_i - \bar{Y})^2$ 是被解释变量的观测值与其均值的离差平方和，称为总离差平

方和，用 TSS(Total Sum of Squares)表示

$$TSS = \sum \left(y_i - \bar{Y} \right)^2$$

$\sum \left(\hat{y}_i - \bar{Y} \right)^2$ 是因变量 y 的估计值与其均值的离差平方和，也就是由解释变量解释了的离差，称为回归平方和、回归离差或解释离差，即 y 的变化中可以用回归模型来解释的部分，用 ESS(Explained Sum of Squares)表示。

$$ESS = \sum \left(\hat{y}_i - \bar{Y} \right)^2$$

$\sum e_i^2 = \sum \left(y_i - \hat{y} \right)^2$ 是因变量 y 的观测值与估计值之差的平方和，是不能由解释变量 x 所解释的那部分离差，称为残差平方和、剩余离差或未解释离差，用 RSS(Residual Sum of Squares) 表示，即

$$RSS = \sum e_i^2$$

这样式(5.9)可写为

$$TSS = ESS + RSS$$

TSS 的分解式表明，y_i 的变化由两部分组成，一部分是模型中解释变量引起的变化，另一部分是模型之外其他因素引起的变化。在给定样本下，TSS 不变，如果实际观测点离样本回归线越近，则 ESS 在 TSS 中占的比重越大。

记 $R^2 = \dfrac{ESS}{TSS} = 1 - \dfrac{RSS}{TSS}$，$R^2$ 称为可决系数(coefficient of determination)。R^2 的取值范围为[0,1]，R^2 越接近 1，说明实际观测点离样本线越近，拟合优度越高。

2. 变量显著性检验

回归分析的目的之一是判断 X 是否是 Y 的一个显著影响因素，这就需要进行变量的显著性检验。已知回归系数估计量 $\hat{\beta}_1$ 服从正态分布，则 $\hat{\beta}_1 \sim N\left(\beta_1, \dfrac{\sigma^2}{\sum \left(x_i - \bar{X} \right)^2} \right)$，又由于真实的 σ^2 未知，利用它的无偏估计量 $\sigma^2 = \dfrac{\sum e_i^2}{n-2}$ 替代时，可构造检验统计量为

$$t = \frac{\hat{\beta}_1 - \beta_1}{\sqrt{\dfrac{\hat{\sigma}^2}{\sum \left(x_i - \bar{X} \right)^2}}} = \frac{\hat{\beta}_1 - \beta_1}{S_{\hat{\beta}_1}} \sim t(n-2) \tag{5.10}$$

具体的检验步骤如下。

(1) 对总体参数提出假设。

$$H_0 : \beta_1 = 0, \ H_1 : \beta_1 \neq 0 \ 。$$

(2) 在原假设 H_0 成立下，构造 t 统计量。

$$t = \frac{\hat{\beta}_1}{S_{\hat{\beta}_1}}$$

(3) 给定显著性水平 α，查 t 分布表得到临界值 $t_{\alpha/2}(n-2)$。

(4) 比较/判断。

若 $|t| > t_{\alpha/2}(n-2)$，则拒绝 H_0，接受 H_1；若 $|t| \leqslant t_{\alpha/2}(n-2)$，则接受 H_0。

对于一元线性回归方程中的截距项 $\hat{\beta}_0$。同理可构造如下 t 统计量。

$$t = \frac{\hat{\beta}_0 - \beta_0}{\sqrt{\dfrac{\hat{\sigma}^2 \sum x_i^2}{n \sum (x_i - \bar{X})^2}}} = \frac{\hat{\beta}_0}{S_{\hat{\beta}_0}} \sim t(n-2) \tag{5.11}$$

5.1.4　一元线性回归的预测

对于拟合得到的一元线性回归模型 $\hat{y}_i = \hat{\beta}_0 + \hat{\beta}_1 x_i$，给定样本以外的自变量观测值 x_0，可以得到因变量的预测值 $\hat{y}_0$，并以此作为其条件均值 $E(Y \mid X = x_0)$ 或个别值 y_0 的一个近似估计，称为点预测。在给定显著性水平情况下，可以求出 y_0 的预测区间，称为区间预测。

1. 点预测

对总体回归函数 $E(Y \mid X) = \beta_0 + \beta_1 X$，当 $X = x_0$ 时，$E(Y \mid X = x_0) = \beta_0 + \beta_1 x_0$。通过样本回归函数 $\hat{Y} = \hat{\beta} + \hat{\beta}_1 X$，求得拟合值为 $\hat{y}_0 = \hat{\beta}_0 + \hat{\beta}_1 x_0$，于是两边取期望可得

$$E(\hat{y}_0) = E(\hat{\beta}_0 + \hat{\beta}_1 x_0) = E(\hat{\beta}_0) + x_0 E(\hat{\beta}_1) = \beta_0 + \beta_1 x_0 = E(Y \mid X = x_0) \tag{5.12}$$

由此可见，$\hat{y}_0$ 是 $E(Y \mid X = x_0)$ 的无偏估计。

对总体回归模型 $Y = \beta_0 + \beta_1 X + \mu$，当 $X = x_0$ 时，$Y = \beta_0 + \beta_1 x_0 + \mu$，两边取期望可得

$$\sum (y_0) = E(\beta_0 + \beta_1 x_0 + \mu) = \beta_0 + \beta_1 x_0 + E(\mu) = \beta_0 + \beta_1 x_0 \tag{5.13}$$

而通过样本回归函数 $\hat{Y} = \hat{\beta}_0 + \hat{\beta}_1 X$，求得拟合值为 $\hat{y}_0 = \hat{\beta}_0 + \hat{\beta}_1 x_0$ 的期望为

$$E(\hat{y}_0) = E(\hat{\beta}_0 + \hat{\beta}_1 x_0) = E(\hat{\beta}_0) + x_0 E(\hat{\beta}_1) = \beta_0 + \beta_1 x_0 \neq y_0 \tag{5.14}$$

由此可见，$\hat{y}_0$ 不是个值 y_0 的无偏估计。

2. 区间预测

由于 $\hat{y}_0 = \hat{\beta}_0 + \hat{\beta}_1 x_0$，$\hat{\beta}_1 \sim N\left(\beta_1, \dfrac{\sigma^2}{\sum (x_i - \bar{X})^2}\right)$，$\hat{\beta}_0 \sim N\left(\beta_0, \dfrac{\sum x_i^2}{n \sum (x_i - \bar{X})^2} \sigma^2\right)$，可以证

明 $\hat{y}_0 \sim N\left(\beta_0 + \beta_1 x_0, \sigma^2 \left[\dfrac{1}{n} + \dfrac{(x_0 - \bar{X})^2}{\sum (x_i - \bar{X})^2}\right]\right)$，由于 σ^2 未知，所以用 $\hat{\sigma}^2$ 代替 σ^2，可构造 t 统计量为

$$t = \frac{\hat{y}_0 - (\beta_0 + \beta_1 x_0)}{S_{\hat{y}_0}} = \frac{\hat{y}_0 - (\beta_0 + \beta_1 x_0)}{\sqrt{\hat{\sigma}^2 \left[\dfrac{1}{n} + \dfrac{(x_0 - \bar{X})^2}{\sum (x_i - \bar{X})^2}\right]}} \sim t(n-2) \tag{5.15}$$

于是，在给定显著性水平 α 的情况下，总体均值 $E(y_0 \mid x_0)$ 的置信区间为

$$\hat{y}_0 - t_{\frac{\alpha}{2}} S_{\hat{y}_0} < E(y_0|x_0) < y_0 + t_{\frac{\alpha}{2}} S_{\hat{y}_0} \tag{5.16}$$

也称 $E(y_0|x_0)$ 的区间预测。

由 $y_0 = \beta_0 + \beta_1 x_0 + \mu$，可得 $y_0 \sim N(\beta_0 + \beta_1 x_0, \sigma^2)$，于是可以得到 $\hat{y}_0 - y_0$ 的分布为

$$\hat{y}_0 - y_0 \sim N\left[0, \sigma^2 \left(1 + \frac{1}{n} + \frac{(x_0 - \overline{X})^2}{\sum (x_i - \overline{X})^2}\right)\right] \tag{5.17}$$

用 $\hat{\sigma}^2$ 代替 σ^2，可构造 t 统计量为

$$t = \frac{\hat{y}_0 - y_0}{S_{\hat{y}_0 - y_0}} = \frac{\hat{y}_0 - y_0}{\sqrt{\hat{\sigma}^2 \left[1 + \frac{1}{n} + \frac{(x_0 - \overline{X})^2}{\sum (x_i - \overline{X})^2}\right]}} \sim t(n-2) \tag{5.18}$$

于是，在给定显著性水平 α 的情况下，y_0 的置信区间为

$$\hat{y}_0 - t_{\frac{\alpha}{2}} S_{\hat{y}_0 - y_0} < y_0 < \hat{y}_0 + t_{\frac{\alpha}{2}} S_{\hat{y}_0 - y_0} \tag{5.19}$$

也称 y_0 的区间预测。

5.2 多元线性回归分析

例 5.2 为了研究影响中国税收收入增长的主要原因，预测中国税收未来的增长趋势，需建立回归模型。影响中国税收收入增长的因素有很多，但主要是以下几个因素。

(1) 从宏观经济看，经济整体增长是税收增长的基本源泉。

(2) 公共财政的需求。税收收入是财政收入的主体，社会经济的发展和社会保障的完善等都对公共财政提出要求，因此对预算支出所表现的公共财政的需求对当年的税收收入会有一定的影响。

(3) 物价水平。选择包括中央和地方税收的国家财政收入中的各项税收(Tax)(简称税收收入)作为因变量，以反映国家税收的增长；选择国内生产总值(GDP)作为经济整体增长水平的代表；选择中央和地方财政支出(Expand)作为公共财政需求的代表；选择商品零售物价指数(CPI)作为物价水平的代表(见表 5.3)。

表 5.3　中国税收收入相关数据

年份	Tax /亿元	GDP /亿元	Expand /亿元	CPI	年份	Tax /亿元	GDP /亿元	Expand /亿元	CPI
1978	519.28	3 645.22	1 122.09	100.7	1996	6 909.82	70 142.49	7 937.55	106.1
1979	539.82	4 062.58	1 281.79	102	1997	8 234.04	78 060.85	9 233.56	100.8
1980	571.7	4 545.62	1 228.83	106	1998	9 262.8	83 024.33	10 798.18	97.4
...	...	...	...	...	...	...	...	...	...
1994	5 126.88	48 108.46	5 792.62	121.7	2012	100 614.3	516 282.1	125 953	102
1995	6 038.04	5 910.53	6 823.72	114.8					

自变量个数不止一个，该如何建模分析？这就需要利用多元回归分析方法。可建立以下模型。

$$y_i = \beta_1 + \beta_2 x_{2i} + \beta_3 x_{3i} + \beta_4 X_{4i} + \varepsilon_i \tag{5.20}$$

5.2.1　多元线性回归模型及假定

线性模型的一般形式为

$$y_i = \beta_1 + \beta_2 x_{2i} + \beta_3 x_{3i} + \cdots + \beta_k x_{ki} + \varepsilon_i, \quad i = 1, 2, \cdots, n \tag{5.21}$$

其中，y_i 为因变量；$x_{2i}, x_{3i}, \cdots, x_{ki}$ 为自变量；ε_i 为随机误差项；β_1 为模型的截距项；$\beta_j\,(j = 2, \cdots, k)$ 为模型回归系数。

多元线性
回归模型

还可将上述模型用矩阵形式记为

$$Y = X\beta + \varepsilon \tag{5.22}$$

总体回归方程为 $E(Y \mid X) = X\beta$。其中，X 是由 1 组成的列向量和 $x_2, x_3, \cdots, x_k$ 构成的设计矩阵；截距项可视为取值为 1 的自变量。那么，样本回归模型为

$$Y = X\hat{\beta} + e \tag{5.23}$$

样本回归方程为

$$\hat{Y} = X\hat{\beta} \tag{5.24}$$

其中，$\hat{Y}$ 表示 Y 的样本估计值向量；$\hat{\beta}$ 表示回归系数 β 的估计值向量；e 表示残差向量。

经典线性回归模型必须满足的假定条件如下。

假设 1　零均值。假定随机干扰项 ε 的期望向量或均值向量为零，即

$$E(\varepsilon) = E\begin{pmatrix} \varepsilon_1 \\ \varepsilon_2 \\ \vdots \\ \varepsilon_n \end{pmatrix} = \begin{pmatrix} E\varepsilon_1 \\ E\varepsilon_2 \\ \vdots \\ E\varepsilon_n \end{pmatrix} = \begin{pmatrix} 0 \\ 0 \\ \vdots \\ 0 \end{pmatrix} = 0$$

假设 2　同方差和无序列相关。假定随机干扰项 ε 不存在序列相关且方差相同，即

$$\mathrm{Var}(\varepsilon) = E\{[\varepsilon - E(\varepsilon)][\varepsilon - E(\varepsilon)]'\} = E(\varepsilon\varepsilon') = \sigma^2 I_n$$

假设 3　随机干扰项 ε 与自变量相互独立，即 $E(X'\varepsilon) = 0$。

假设 4　无多重共线性。假定数据矩阵 X 列满秩，即 $\mathrm{Rank}(X) = k$。

假设 5　正态性。假定 $\varepsilon \sim N(0, \sigma^2 I_n)$。

5.2.2　参数估计

对于总体回归模型 $Y = X\beta + \varepsilon$，求参数 β 的方法是最小二乘法，即求 $\hat{\beta}$ 使得残差平方和 $\sum e_i^2 = e'e$ 达到最小。令

$$
\begin{aligned}
Q(\beta) &= e'e \\
&= (Y - X\hat{\beta})'\left(Y - X\hat{\beta}\right) \\
&= Y'Y - \hat{\beta}'X'Y - Y'X\hat{\beta} + \hat{\beta}'X'X\hat{\beta} \\
&= Y'Y - 2\hat{\beta}'X'Y + \hat{\beta}'X'X\hat{\beta}
\end{aligned} \tag{5.25}
$$

对式(5.25)关于 $\hat{\boldsymbol{\beta}}$ 求偏导，并令其为零，可以得到方程为

$$\frac{\partial Q(\hat{\boldsymbol{\beta}})}{\partial \hat{\boldsymbol{\beta}}} = -2\boldsymbol{X'Y} + 2\boldsymbol{X'X}\hat{\boldsymbol{\beta}} = 0 \tag{5.26}$$

整理后可得 $(\boldsymbol{X'X})\hat{\boldsymbol{\beta}} = \boldsymbol{X'Y}$，称为正则方程。

因为 $\boldsymbol{X'X}$ 是一个非退化矩阵，所以有

$$\hat{\boldsymbol{\beta}} = (\boldsymbol{X'X})^{-1}\boldsymbol{X'Y} \tag{5.27}$$

这就是线性回归模型参数的最小二乘法估计量。

在线性模型经典假设的前提下，线性回归模型参数的最小二乘法估计具有优良的性质，满足高斯–马尔可夫(Gauss-Markov)定理，即在线性模型的经典假设下，参数的最小二乘法估计量是线性无偏估计中方差最小的估计量(BLUE 估计量)。参数 σ^2 的估计量可以用 $S^2 = \dfrac{\boldsymbol{e'e}}{n-k}$ 表示，可以证明 S^2 为 σ^2 的无偏估计，即 $E(S^2) = E(\dfrac{\boldsymbol{e'e}}{n-k}) = \sigma^2$。

5.2.3　模型检验

多元线性回归的模型检验类似一元线性回归的模型检验。在此主要讲解拟合优度检验、方程整体显著性检验，以及单个变量显著性检验。

1.　拟合优度检验

与一元线性回归类似，拟合优度检验是对回归拟合值与观测值之间拟合程度的检验，一个自然的想法是能否利用判定系数(可决系数)R^2 来实现。要求 R^2 需首先理解总离差平方的分解，平方和分解公式为

$$\text{TSS} = \text{RSS} + \text{ESS} \tag{5.28}$$

其中，$\text{TSS} = \hat{\boldsymbol{Y}}'\hat{\boldsymbol{Y}} - n\bar{Y}^2, \text{ESS} = \boldsymbol{Y'Y} - n\bar{Y}^2, \text{RSS} = \boldsymbol{e'e}$。

应该注意到可决系数 R^2 有一个问题，如果观测值 y_i 不变，可决系数 R^2 将随着自变量数目的增加而增大。如果用 R^2 选择模型，会选取自变量数目最多的模型，这与实际不符。

为了解决这一问题，定义修正可决系数为

$$\bar{R}^2 = 1 - \frac{\dfrac{\text{ESS}}{n-k}}{\dfrac{\text{TSS}}{n-1}} \tag{5.29}$$

修正可决系数 $\bar{R}^2$ 描述了当增加一个对因变量有较大影响的自变量时，残差平方和 $\boldsymbol{e'e}$ 减小比 $n-k$ 减小更显著，修正可决系数 $\bar{R}^2$ 就增大；如果增加一个对因变量没有多大影响的自变量，残差平方和 $\boldsymbol{e'e}$ 减小没有 $n-k$ 减小显著，$\bar{R}^2$ 会减小，说明不应引入这个不重要的自变量。另外，由式(5.30)

$$\begin{aligned}
\bar{R}^2 &= 1 - (\frac{n-1}{n-k})\frac{\text{ESS}}{\text{TSS}} \\
&= 1 - (\frac{n-1}{n-k})(1-R^2) \\
&= R^2 - (\frac{k-1}{n-k})(1-R^2)
\end{aligned} \tag{5.30}$$

容易证明 $\bar{R}^2 \leqslant R^2$。

由此可见，对于多元线性回归，不可以直接使用可决系数 R^2，而应使用修正后的可决系数 $\bar{R}^2$。

2. 方程整体显著性检验

方程的整体显著性检验旨在对模型中因变量与自变量之间的线性关系在总体上是否显著成立进行判断。

检验模型 $y_i = \beta_1 + \beta_2 x_{2i} + \beta_3 x_{3i} + \cdots + \beta_k x_{ki} + \varepsilon_i$，$i=1,2,\cdots,n$ 中所有参数 β_j 都等于 0。可提出如下假设：$H_0 : \beta_1 = \beta_2 = \cdots = \beta_k = 0$，$H_1 : \beta_j$ 不全为 0。根据数理统计学中的知识，在原假设 H_0 成立的条件下，统计量为

$$F = \frac{\dfrac{\mathrm{ESS}}{k}}{\dfrac{\mathrm{RSS}}{(n-k-1)}} \sim F(k, n-k-1) \tag{5.31}$$

给定显著性水平 α，可得到临界值 $F_\alpha(k, n-k-1)$。如果 $F < F_\alpha(k, n-k-1)$，则接受原假设，即该模型的所有回归系数都等于 0，该模型是没有意义的；如果 $F > F_\alpha(k, n-k-1)$ 则拒绝原假设，即认为模型是有意义的，但无法确认所有的回归系数是否都显著，这需要做进一步的检验，即需要对单个变量进行显著性检验。

3. 单个变量显著性检验

下面需要对每个自变量进行逐个检验，单个变量的显著性检验一般利用 t 检验。可提出如下假设：$H_0 : \beta_j = 0\ (j=1,2,\cdots,k\ )$，$H_1 : B_j \neq 0$。根据数理统计学中的知识，在原假设 H_0 成立的条件下，统计量为

$$t = \frac{\hat{\beta}_j - \beta_j}{S_{\hat{\beta}_j}} \sim t(n-k-1) \tag{5.32}$$

给定显著性水平 α，可得到临界值 $t_{\frac{\alpha}{2}}(n-k-1)$。若 $|t| < t_{\frac{\alpha}{2}}(n-k-1)$，则接受原假设，即该模型的 $\beta_j = 0$，说明自变量 x_j 对因变量是没有影响的；若 $|t| > t_{\frac{\alpha}{2}}(n-k-1)$，则拒绝原假设，即认为自变量 x_j 对因变量是有影响的。

5.2.4　预测

1. 单值预测

针对线性回归模型 $Y = X\beta + \varepsilon$，对给定的自变量矩阵 $\boldsymbol{x}_0 = (1, x_{20}, x_{30}, \cdots, x_{k0})_{1 \times k}$，假设在预测期或预测范围内，有关系式 $\boldsymbol{y}_0 = \boldsymbol{x}_0 \beta + \boldsymbol{\varepsilon}_0$。如果代入到样本回归模型 $\hat{Y} = X\hat{\beta}$ 中可得 $\hat{y}_0 = \boldsymbol{x}_0 \hat{\boldsymbol{\beta}}$。与一元线性回归模型类似，$\hat{\boldsymbol{y}}_0$ 是 $E(\boldsymbol{y}_0)$ 的点估计值，也是 $\boldsymbol{y}_0$ 的点估计值。

此外，$\hat{\boldsymbol{y}}_0$ 是 $E(\boldsymbol{y}_0)$ 的无偏估计，因为

$$E(\hat{\boldsymbol{y}}_0) = E(\boldsymbol{x}_0\hat{\boldsymbol{\beta}}) = \boldsymbol{x}_0 E(\hat{\boldsymbol{\beta}}) = \boldsymbol{x}_0\beta = E(\boldsymbol{y}_0) \tag{5.33}$$

但是 $\hat{\boldsymbol{y}}_0$ 不是 $\boldsymbol{y}_0$ 的无偏估计，因为

$$E(\hat{\boldsymbol{y}}_0) = E(\boldsymbol{x}_0\hat{\boldsymbol{\beta}}) = \boldsymbol{x}_0 E(\hat{\boldsymbol{\beta}}) = \boldsymbol{x}_0\beta = \boldsymbol{y}_0 - \boldsymbol{\varepsilon}_0 \tag{5.34}$$

2. $E(y_0)$ 和 y_0 区间预测

为了得到 $E(\boldsymbol{y}_0)$ 的置信区间，首先要得到 $\hat{\boldsymbol{y}}_0$ 的方差。

$$\begin{aligned}
\mathrm{Var}(\hat{\boldsymbol{y}}_0) &= E[(\hat{\boldsymbol{y}}_0 - E(\hat{\boldsymbol{y}}_0))^2]\\
&= E[(\boldsymbol{x}_0\hat{\boldsymbol{\beta}} - E(\boldsymbol{x}_0\hat{\boldsymbol{\beta}}))^2]\\
&= E[(\boldsymbol{x}_0\hat{\boldsymbol{\beta}} - \boldsymbol{x}_0\boldsymbol{\beta})^2]\\
&= \boldsymbol{x}_0 E[(\hat{\boldsymbol{\beta}} - \boldsymbol{\beta})(\hat{\boldsymbol{\beta}} - \boldsymbol{\beta})']\boldsymbol{x}_0'\\
&= \boldsymbol{x}_0 \mathrm{Cov}(\hat{\boldsymbol{\beta}})\boldsymbol{x}_0'\\
&= \sigma_\varepsilon^2 \boldsymbol{x}_0 (\boldsymbol{X}'\boldsymbol{X})^{-1}\boldsymbol{x}_0'
\end{aligned} \tag{5.35}$$

实际中 σ_ε^2 是未知的，所以用样本估计量 s^2 代替 σ_ε^2。于是得到 $\widehat{\mathrm{Var}}(\hat{\boldsymbol{y}}_0) = s^2 \boldsymbol{x}_0 (\boldsymbol{X}'\boldsymbol{X})^{-1}\boldsymbol{x}_0'$。由于 $\hat{\boldsymbol{y}}_0 \sim N[\boldsymbol{x}_0\boldsymbol{\beta}, \sigma_\varepsilon^2 \boldsymbol{x}_0(\boldsymbol{X}'\boldsymbol{X})^{-1}\boldsymbol{x}_0]$，所以 $\dfrac{\hat{\boldsymbol{y}}_0 - E(\boldsymbol{y}_0)}{s\sqrt{\boldsymbol{x}_0(\boldsymbol{X}'\boldsymbol{X})^{-1}\boldsymbol{x}_0'}} \sim t(n-k)$。在给定显著性水平 α 下，$E(\boldsymbol{y}_0)$ 的 $(1-\alpha)$ 置信区间为

$$\hat{\boldsymbol{y}}_0 \pm t_{\frac{\alpha}{2}}(n-k)s\sqrt{\boldsymbol{x}_0(\boldsymbol{X}'\boldsymbol{X})^{-1}\boldsymbol{x}_0'} \tag{5.36}$$

为了得到 $\boldsymbol{y}_0$ 的预测区间，首先要得到 $(\boldsymbol{y}_0 - \hat{\boldsymbol{y}}_0)$ 的方差。

$$\mathrm{Var}(\boldsymbol{y}_0 - \hat{\boldsymbol{y}}_0) = E[((\boldsymbol{y}_0 - \hat{\boldsymbol{y}}_0) - E(\boldsymbol{y}_0 - \hat{\boldsymbol{y}}_0))^2] \tag{5.37}$$

由于 $\hat{\boldsymbol{y}}_0 = \boldsymbol{x}_0\hat{\boldsymbol{\beta}}$，$\boldsymbol{y}_0 - \hat{\boldsymbol{y}}_0 = \boldsymbol{x}_0(\boldsymbol{\beta} - \hat{\boldsymbol{\beta}}) + \boldsymbol{\varepsilon}_0$，$E(\boldsymbol{y}_0 - \hat{\boldsymbol{y}}_0) = E[\boldsymbol{x}_0(\boldsymbol{\beta} - \hat{\boldsymbol{\beta}})] + E(\boldsymbol{\varepsilon}_0)$，所以

$$\begin{aligned}
\mathrm{Var}(\boldsymbol{y}_0 - \hat{\boldsymbol{y}}_0) &= E[(\boldsymbol{x}_0(\boldsymbol{\beta} - \hat{\boldsymbol{\beta}}) + \boldsymbol{\varepsilon}_0)^2]\\
&= E[(\boldsymbol{x}_0(\boldsymbol{\beta} - \hat{\boldsymbol{\beta}}) + \boldsymbol{\varepsilon}_0)(\boldsymbol{x}_0(\boldsymbol{\beta} - \hat{\boldsymbol{\beta}}) + \boldsymbol{\varepsilon}_0)]\\
&= \sigma_\varepsilon^2[1 + \boldsymbol{x}_0(\boldsymbol{X}'\boldsymbol{X})^{-1}\boldsymbol{x}_0']
\end{aligned} \tag{5.38}$$

用 s^2 代替 σ_ε^2，$\widehat{\mathrm{Var}}(\boldsymbol{y}_0 - \hat{\boldsymbol{y}}_0) = s^2[1 + \boldsymbol{x}_0(\boldsymbol{X}'\boldsymbol{X})^{-1}\boldsymbol{x}_0']$。

由于 $(\boldsymbol{y}_0 - \hat{\boldsymbol{y}}_0) \sim N\left[\boldsymbol{x}_0\boldsymbol{\beta}, \sigma_\varepsilon^2(1 + \boldsymbol{x}_0(\boldsymbol{X}'\boldsymbol{X})^{-1}\boldsymbol{x}_0')\right]$，所以

$$\frac{\boldsymbol{y}_0 - \hat{\boldsymbol{y}}_0}{s\sqrt{1 + \boldsymbol{x}_0(\boldsymbol{X}'\boldsymbol{X})^{-1}\boldsymbol{x}_0'}} \sim t(n-k) \tag{5.39}$$

在给定显著性水平 α 的情况下，$\boldsymbol{y}_0$ 的 $(1-\alpha)$ 置信区间为

$$\hat{\boldsymbol{y}}_0 \pm t_{\frac{\alpha}{2}}(n-k)s\sqrt{1 + \boldsymbol{x}_0(\boldsymbol{X}'\boldsymbol{X})^{-1}\boldsymbol{x}_0'} \tag{5.40}$$

5.3 应 用 实 践

5.3.1 基于 Lasso 回归的波士顿房价预测

本例将利用马萨诸塞州波士顿郊区的房屋信息数据训练和测试一个基于 Lasso 回归的房价预测模型。波士顿房价数据于 1978 年开始统计，共 506 个数据点，涵盖了波士顿不同郊区房屋的 14 种特征属性。具体特征属性说明如表 5.4 所示。

表 5.4 波士顿房屋特征属性

序号	属性名	含义
1	crim	城镇人均犯罪率
2	zn	占地面积超过 2.5 万平方英尺(1 平方英尺≈0.093 平方米)的住宅用地比例
3	indus	城镇非零售业务地区的比例
4	chas	查尔斯河虚拟变量(如果土地在河边则=1，否则=0)
5	nox	一氧化氮浓度(每 1 000 万份)
6	rm	平均居民房数
7	age	在 1940 年之前建成的所有者占用单位的比例
8	dis	与五个波士顿就业中心的加权距离
9	rad	辐射状公路的可达性指数
10	tax	每 10 000 美元的全额物业税率
11	ptratio	城镇师生比例
12	black	1 000(Bk − 0.63)^2，其中 Bk 是城镇的黑人比例
13	lstat	人口中地位较低人群的百分数
14	medv	以 1 000 美元计算的自有住房价格的中位数

下面利用波士顿房价数据集训练 Lasso 回归模型，分析得出波士顿房价函数的线性解析式，用于波士顿房价预测。相关的预测代码如下。

```
import pandas as pd
import numpy as np
from lasso import Lasso                      # 导入 Lasso 回归分析函数
df = pd.read_csv("Boston.csv", index_col=0)  # 载入波士顿房价数据集
y = df.iloc[:, 13].values      # 读取数据集中第 14 列值(从第 0 列开始)作为 y 值
df = (df - df.mean())/df.std()               # 归一化
X = df.iloc[:, :13].values     # 读取数据集中前 13 列值作为 x 值
model = Lasso(alpha=1.0, max_iter=1000)      # 选择 Lasso 回归模型
model.fit(X, y)                # 用 X, y 数据进行训练，获得线性模型
```

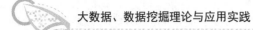

```
print(model.intercept_)            # 输出线性模型的截距
print(model.coef_)                 # 输出线性模型的回归系数
```

其中，Lasso 回归模型的实现代码如下。

```
import numpy as np
class Lasso:                                              # 定义 Lasso 回归模型类
    # 参数初始化
    def __init__(self, alpha: float = 1.0, max_iter: int = 1000,
                 fit_intercept: bool = True) -> None:
        self.alpha: float = alpha                        # 正则项系数
        self.max_iter: int = max_iter                    # 迭代次数
        self.fit_intercept: bool = fit_intercept         # 是否使用截距
        self.coef_ = None                                # 回归系数存储变量
        self.intercept_ = None                           # 截距存储变量
    # 软阈值函数
    def _soft_thresholding_operator(self, x: float, lambda_: float) -> float:
        if x > 0.0 and lambda_ < abs(x):
            return x - lambda_
        elif x < 0.0 and lambda_ < abs(x):
            return x + lambda_
        else:
            return 0.0
    # 定义 Lasso 回归模型训练过程
    def fit(self, X: np.ndarray, y: np.ndarray):
        if self.fit_intercept:
            X = np.column_stack((np.ones(len(X)),X))
        beta = np.zeros(X.shape[1])
        if self.fit_intercept:
            beta[0] = np.sum(y - np.dot(X[:, 1:], beta[1:]))/(X.shape[0])
        for iteration in range(self.max_iter):
            start = 1 if self.fit_intercept else 0
            for j in range(start, len(beta)):
                tmp_beta = beta.copy()
                tmp_beta[j] = 0.0
                r_j = y - np.dot(X, tmp_beta)
                arg1 = np.dot(X[:, j], r_j)
                arg2 = self.alpha*X.shape[0]
                beta[j] = self._soft_thresholding_operator(arg1, arg2)/(X[:,
                j]**2).sum()
                if self.fit_intercept:
                    beta[0] = np.sum(y - np.dot(X[:, 1:], beta[1:]))/(X.shape[0])
```

```
        if self.fit_intercept:
            self.intercept_ = beta[0]
            self.coef_ = beta[1:]
        else:
            self.coef_ = beta
        return self
    def predict(self, X: np.ndarray):                    # 预测函数值
        y = np.dot(X, self.coef_)
        if self.fit_intercept:
            y += self.intercept_*np.ones(len(y))
        return y
```

Lasso 回归分析的结果如图 5.3 所示，其中，22.532 806 324 110 688 是 Lasso 回归所得到的房价函数的截距，[0.　　0.　　0.　　0.　　0.　　2.715 179 92　　0.　　0.　　0.　　0.　　−1.34423287　　0.18020715]是房价函数的回归系数。

```
22.532806324110688
[ 0.           0.           0.           0.           0.           2.71517992
  0.           0.           0.           0.          -1.34423287  0.18020715
 -3.54700664]
```

图 5.3　Lasso 回归分析结果

至此，可以利用 Lasso 回归得到的线性模型，根据所给房屋的特征数据对房价进行预测。具体代码如下。

```
# 生成三个客户数据
client_data = [[0.2, 13, 8, 0, 0.6, 6.5, 90, 6.0, 4, 310, 16, 390, 18],
              [0.7, 0, 8, 0, 0.5, 5.8, 70, 3.8, 4, 300, 21, 390, 11],
              [1.0, 0, 8.2, 0, 0.6, 6.0, 105, 4.2, 4, 305, 22, 375, 13]]
# 预测房价
predicted_price = Lasso.predict(model, client_data)
for i, price in enumerate(predicted_price):
    print("Predicted selling price for Client {}'s home: ${:,.2f}".format
        (i+1, price*1000))
```

房价的预测结果如图 5.4 所示。

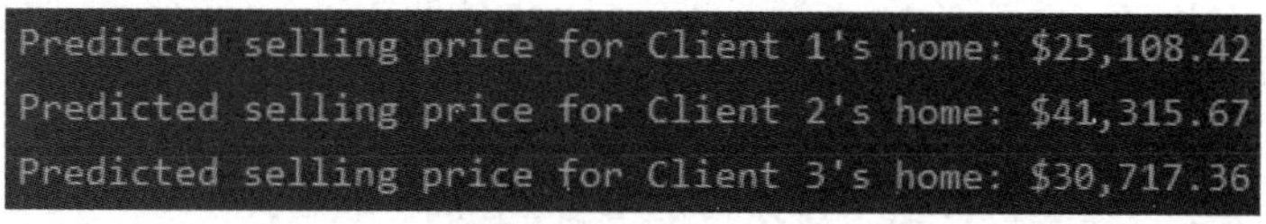

```
Predicted selling price for Client 1's home: $25,108.42
Predicted selling price for Client 2's home: $41,315.67
Predicted selling price for Client 3's home: $30,717.36
```

图 5.4　房价预测结果

5.3.2 基于线性回归的降雨量预测

降雨量预测是通过预测模型计算一定区域范围内的降雨量。准确的降雨量预测对于水资源利用、农作物产量、水利设施规划等有重要意义。

本例将利用线性回归模型预测美国得克萨斯州奥斯汀市的降雨量。首先，要对训练数据进行数据清洗。多数情况下，数据集中的数据格式繁杂，存在缺失或冗余等无效数据项，不能直接用于模型训练。因此，有必要采用分析、转换和去除等数据清洗方法，统一数据格式。

在本例中，很多日期存在记录缺失的情况，并且当降雨量过少时，通常用字母T代替具体的降雨量。但使用模型进行降雨量预测时，输入必须是数字而不能是字母缩写。

用 Python 实现数据清洗的代码如下。

```python
import pandas as pd
import numpy as np
data = pd.read_csv("austin_weather.csv")# 用 pandas dataframe 格式加载数据集
data = data.drop(['Events', 'Date', 'SeaLevelPressureHighInches',
    'SeaLevelPressureLowInches'], axis=1) # 舍弃或删除数据集中不必要的列
# 在降雨量过少时，存在用'T'代替具体降雨量的情况
# 需要把所有的字母 T 替换成 0，以便模型能够正常的使用数据
data = data.replace('T', 0.0)
# 数据集中用 '-' 表示否或者数据无法获得的情况
# 同样需要将 '-' 替换成 0
data = data.replace('-', 0.0)
data.to_csv('austin_final.csv')          # 将清洗后的数据保存成 csv 文件
```

当数据清洗完毕，即可输入线性回归模型，用于建立独立自变量和因变量之间的线性关系。线性回归主要通过在散点图中计算最佳拟合直线的方法实现，预测则是通过将独立自变量代入线性方程后计算得出。

本例将清洗后的降雨量数据用来训练 sklearn 库函数中的线性回归模型。模型训练完成后，通过输入温度、气压等数据实现降雨量预测。具体代码如下。

```python
import pandas as pd
import numpy as np
import sklearn as sk
from sklearn.linear_model import LinearRegression
import matplotlib.pyplot as plt
#解决中文显示问题
plt.rcParams['font.sans-serif']=['SimHei']
plt.rcParams['axes.unicode_minus'] = False

# 读入清洗后的数据集
```

```python
data = pd.read_csv("austin_final.csv")

# 特征值以列向量 'x' 的形式作为输入用于模型训练
# 最后一列是降雨量，用作训练的标签
X = data.drop(['PrecipitationSumInches'], axis = 1)


# 最后一列是降雨量，可作为模型的输出或用作训练模型的标签
Y = data['PrecipitationSumInches']
# 将 Y 变换成二维列向量，-1 代表由系统计算出有多少行数据
Y = Y.values.reshape(-1, 1)
# 考虑数据库中随机的一天，我们画出图并观察这一天
day_index = 798
days = [i for i in range(Y.size)]
# 初始化线性回归模型
clf = LinearRegression()
# 用输入数据训练线性回归模型
clf.fit(X, Y)
# 选择一个样本输入测试线性回归模型
input = np.array([[74], [60], [45], [67], [49], [43], [93], [75], [57],
                  [29.68], [10], [7], [2], [20], [4], [31]])
inp = inp.reshape(1, -1)
# 显示降雨量输出值
print('降雨量(英寸)为:', clf.predict(inp))
# 画出预测的降雨量水平在所有日期降雨量中的位置
print("降雨量趋势图: ")
plt.scatter(days, Y.tolist(), color = 'g')
plt.scatter(days[day_index], Y[day_index], color ='r')
x_major_locator=MultipleLocator(200)
y_major_locator=MultipleLocator(1)
ax=plt.gca()
ax.xaxis.set_major_locator(x_major_locator)
ax.yaxis.set_major_locator(y_major_locator)
plt.title("降雨量水平")
plt.xlabel("日期")
plt.ylabel("降雨量(英寸)")
plt.show()
x_vis = X.filter(['TempAvgF', 'DewPointAvgF', 'HumidityAvgPercent',
                  'SeaLevelPressureAvgInches', 'VisibilityAvgMiles',
                  'WindAvgMPH'], axis = 1)
# 画出一些重要的特征值(x 值)与降雨量的关系
print("降雨量 vs 影响因素图: ")
```

```
    x_vis = X.filter(['TempAvgF', 'DewPointAvgF', 'HumidityAvgPercent',
'SeaLevelPressureAvgInches', 'VisibilityAvgMiles', 'WindAvgMPH'], axis=1)
    y_interval = [20, 20, 20, 0.2, 2, 2]
    for i in range(x_vis.columns.size):
        plt.subplot(3,2,i+1)
        plt.scatter(days, x_vis[x_vis.columns.values[i]])
        plt.scatter(days[day_index], x_vis[x_vis.columns.values[i]][day_index],
                    color='r')
        plt.title(x_vis.columns.values[i])
    x_major_locator=MultipleLocator(200)
    y_major_locator=MultipleLocator(y_interval[i])
    ax=plt.gca()
    ax.xaxis.set_major_locator(x_major_locator)
    ax.yaxis.set_major_locator(y_major_locator)
    if i==3:
    plt.ylim(29.4,30.8)
    plt.show()
```

运行代码结果如图 5.5 所示。

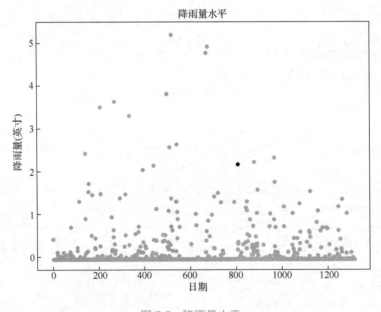

图 5.5   降雨量水平

而图 5.6 表示在多个属性图中(如温度、压力等)观察降雨量约为 2 英寸(1 英寸≈2.54 厘米)的一天。x 轴表示日期,y 轴表示特征的大小。从该图可以看出,当温度和湿度都较高时,可以预期降雨量也较高。

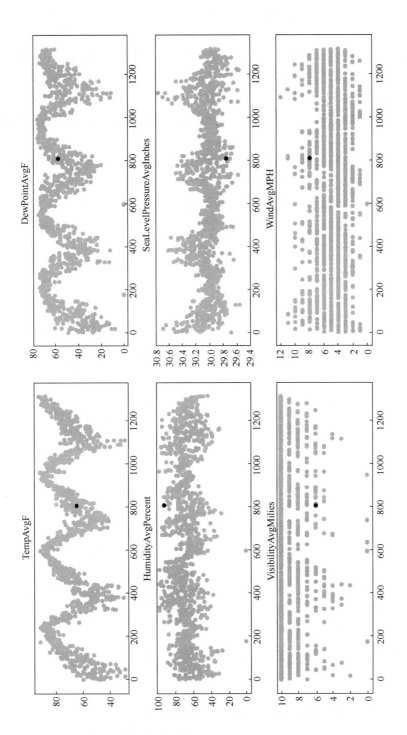

图 5.6　降雨量在多属性间的分布

本 章 小 结

  线性回归是利用数理统计中的回归分析，来确定两种或两种以上变量间相互依赖的定量关系的一种统计分析方法。如果在回归分析中，只包括一个自变量和一个因变量，且二者的关系可用一条直线近似表示，这种回归分析称为一元线性回归分析。如果在回归分析中，包括两个或两个以上的自变量，且因变量和自变量之间是线性关系，则称为多元线性回归分析。

  线性回归在实际生活中的应用十分广泛。这是因为线性依赖于其未知参数的模型比非线性更容易拟合，而且产生估计量的统计特性也更容易确定。其广泛应用于各行各业，如，预测消费支出、存货投资、天气变化、流行病的发病率等。

习　　题

一、选择题

1. 在以下四个散点图中，适合于进行线性回归的散点图为(　　　)。

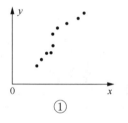　　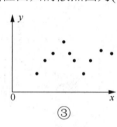　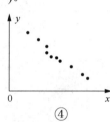

   ①　　　　　　　②　　　　　　　③　　　　　　　④

 A. ①④　　　　　　　　　　B. ①③

 C. ②③　　　　　　　　　　D. ③④

2. 关于回归分析，下列说法错误的是(　　　)。

 A. 在回归分析中，变量间的关系若是非确定关系，那么因变量不能由自变量唯一确定

 B. 线性相关系数可以是正的，也可以是负的

 C. 回归分析中，如果 $r^2=1$，说明 x 与 y 之间完全相关

 D. 样本相关系数 $r \in (-1,1)$

3. 按照涉及自变量的多少，可以将回归分析分为(　　　)。

 A. 线性回归分析　　　　　　B. 非线性回归分析

 C. 一元回归分析　　　　　　D. 多元回归分析

 E. 综合回归分析

4. 下列关于线性回归分析中的残差(residuals)说法正确的是(　　　)。

 A. 残差均值总是为 0　　　　B. 残差均值总是小于 0

 C. 残差均值总是大于 0　　　D. 以上选项都不对

二、简答题

1. 假设一元线性回归模型为 $Y=2+3X+e$，其中，X 服从 $N(2,2)$ 分布，扰动项 e 服从 $N(0,1)$ 分布。

(1) 请模拟样本容量为 100 的随机数，画出 Y 和 X 的散点图，并使用最小二乘法估计出系数，在散点图上添加估计出来的回归线，并添加真实的回归线，比较二者差异。

(2) 重复模拟 1 000 次，请用箱线图分析 1 000 次模拟的系数估计结果，并计算它们的均值和中位数，查看与真实参数是否存在差异。

2. 假设多元线性回归模型为 $Y=2+3X_1+1.5X_2+e$，其中 X_1 和 X_2 是服从均值为 $(1,1)$，边际方差为 $(2, 2)$，协方差为 1 的二元正态分布，扰动项 e 服从 $N(0,2)$ 分布。

(1) 请模拟样本容量为 100 的随机数，分别画出 Y 和 X_1 和 X_2 的散点图，并用最小二乘法估计出系数。

(2) 重复模拟 1 000 次，请用箱线图分析 1 000 次模拟的系数估计结果，并计算它们的均值和中位数，查看与真实参数是否存在差异。

3. 请简述逻辑回归与线性回归的区别与联系。

4. 线性回归的基本假设有哪些？

5. 叙述最小二乘法的基本原理。

6. 在一段时间内，分 5 次测得某种商品的价格 x(万元)和需求量 y 之间关系的一组数据，如表 5.5 所示。

表 5.5　某商品价格与需求量

组别	1	2	3	4	5
价格(x)/万元	1.4	1.6	1.8	2	2.2
需求量(y)	12	10	7	5	3

已知 $5x_iy_i=62$，$5x_i^2=16.6$。

(1) 画出散点图。

(2) 求出 y 对 x 的线性回归方程。

(3) 如果价格定为 1.9 万元，预测需求量大约是多少？(精确到 0.01)

7. 某运动员训练次数与运动成绩的数据如表 5.6 所示。

表 5.6　某运动员训练次数与运动成绩的数据

训练次数(x)	30	33	35	37	39	44	46	50
运动成绩(y)	30	34	37	39	42	46	48	51

(1) 画出散点图。

(2) 求出回归方程。

(3) 计算相关系数并进行相关性检验。

第6章
聚 类 分 析

学 习 目 标

[1] 领会聚类的定义及主要特性。

[2] 精通层次聚类、密度聚类、分割聚类方法。

[3] 掌握各种聚类算法的精髓,并根据实际场景进行分类与预测。

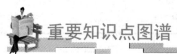

重要知识点图谱

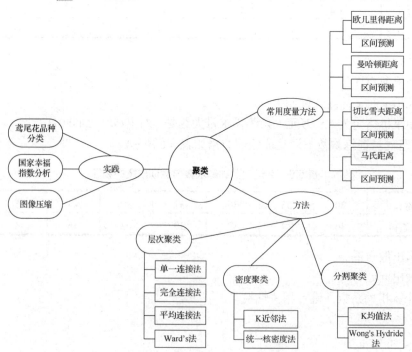

重点与难点

[1] 用密度聚类实现相关分类或预测。

[2] K 均值方法种子和最佳聚类数目 k 的选择。

学习指南

无监督学习是机器学习技术中的一类，用于发现数据中的模式。Facebook 首席人工智能(Artificial Intelligence，AI)科学家 Yan Lecun 解释说，无监督学习即教机器自己学习，不需要明确地告诉它们所做的每件事情是对还是错，这是"真正的"AI 的关键。

本章将介绍无监督学习的几种聚类算法，包括层次聚类、密度聚类、分割聚类等。

6.1　聚　类　概　述

《易经·系辞上》曰："方以类聚，物以群分"。由这句话演变出"物以类聚，人以群分"的说法，指脾气相投的人自然相处融洽，志同道合的人自然会聚在一起。有人说："想要了解一个人(即分类)，就去看看他的朋友(对应朋友圈，即数据集)。"一个人的观念如何，一般来说，一半来自他汲取的知识与接触的社会，另一半则来自家庭与朋友。然而更多时候，后者更具有直接引导作用。这深刻说明了"聚类"的内涵。

把具有相似特征的数据记录聚集在一起，并以这种特征进行识别，或者对客户与数据记录进行分组的过程称为聚类，它是数据挖掘中最普遍使用的方法之一。换言之，聚类是根据所选择的属性对记录进行分组的过程。即在事先并不知道任何样本的类别标记的情况下，希望通过某种算法来把一组未知类别的样本划分为若干类别。

聚类的目标就是针对特定的商业目标把具有相似特征的个体集合进行分组的过程。

聚类的主要步骤如下。

(1) 定义距离的度量方法或任意两个个体之间的相似性。

(2) 选择一个实用的算法并使用距离度量形成聚类。

(3) 对分析主题给出有意义的解释和描述。

6.2　几种常用的度量方法

聚类分析中如何度量两个对象之间的相似性呢？一般有两种方法，一种是对所有对象进行特征投影，另一种则是距离计算。前者主要从直观的图像上反映对象之间的相似度关系，而后者则是通过衡量对象之间的差异度来反映对象之间的相似度关系。

如图 6.1 所示，假设 x 坐标轴表示时间，y 坐标轴表示繁殖率，则可以看出三种不同的物种在不同时间段的繁殖情况，由于繁殖率分别集中在 10%、40%、80% 三个数值附近，因此，根据繁殖率这一特征便可以分辨出三种物种。特征投影比较直观，但是对象之间的相似性直接地依赖于测量的特征，换一种特征可能会有相反的效果。

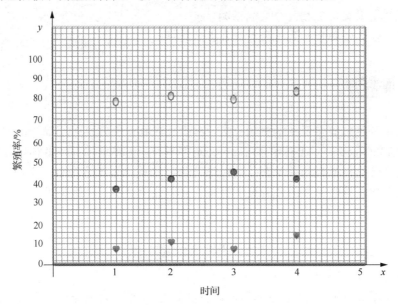

图 6.1 三种不同的物种在不同时间段的繁殖情况

相似度就是比较两个事物的相似性。一般通过计算事物特征之间的距离来衡量，如果距离小，那么相似度大；如果距离大，那么相似度小。例如，比较两种水果，将从颜色、大小、维生素含量等特征进行相似性比较。

常见的距离计算方法有以下几种。

6.2.1 欧几里得距离(Euclidean distance)

欧几里得距离简称欧氏距离，是最常用的距离计算公式，衡量的是多维空间中各点之间的绝对距离。当数据很稠密且连续时，这是一种很好的计算方式。

$$d(x_i, x_j) = \sqrt{\sum_{k=1}^{n} (x_{ik} - x_{jk})^2} \tag{6.1}$$

因为计算的是基于各维度特征的绝对数值，所以欧氏度量需要保证各维度指标在相同的刻度级别，如对身高(cm)和体重(kg)两个不同单位的指标使用欧氏距离可能导致结果失效，所以其优势在于新增对象不会影响到任意两个对象之间的距离。

6.2.2 曼哈顿距离(Manhattan distance)

如果将欧氏距离看作多维空间对象点与点之间的直线距离，那么曼哈顿距离又称城市街区距离(city block chirtonce)，如图 6.2 所示，就是计算从一个对象到另一个对象所经过的折线距离。

$$d(x_i, x_j) = \sum_{k=1}^{n} |(x_{ik} - x_{jk})| \tag{6.2}$$

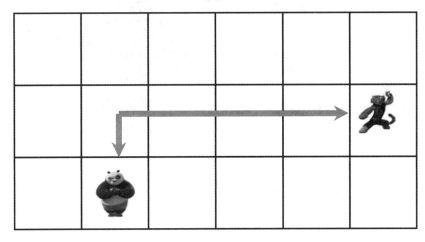

图 6.2　曼哈顿距离示意图

需要注意的是，曼哈顿距离取消了欧氏距离的平方，因此使得离群点的影响减弱。

6.2.3　切比雪夫距离(Chebyshev distance)

切比雪夫距离主要表现为在多维空间中，对象从某个位置转移到另外一个对象所处位置所消耗的最少距离/步数，因此可以简单地将其描述为用一维属性决定某对象属于哪个簇。

$$d(x_i, x_j) = \mathop{\text{Max}}_{k=1}^{n} |x_{ik} - x_{jk}| \tag{6.3}$$

这就像有一种罕见的现象，如果两个对象都存在这一罕见现象，那么这两个对象应该属于同一个簇。

6.2.4　幂距离(Power distance)

幂距离可以简单地描述为针对不同的属性给予不同的权重值，决定其属于哪个簇。

$$d(x_i, x_j) = \sqrt[r]{\sum_{k=1}^{n} (x_{ik} - x_{jk})^p} \tag{6.4}$$

其中，p 是控制各维的渐进权重；r 是控制对象间较大差值的渐进权重。

(1) 当 $p = r$ 时，为明可夫斯基距离(Minkowski distance，见图 6.3)。

(2) 当 $p = r = 1$ 时，为曼哈顿距离。

(3) 当 $p = r = 2$ 时，为欧氏距离。

(4) 当 $p = r$ 且趋于无穷时，为切比雪夫距离(可以用极限理论证明)。

从横向(各维)看，它等同地看待了不同的分量，这种缺陷从切比雪夫距离中可以明显看出，忽略了不同维的差异；从纵向(单维)看，它忽略了不同维的各对象的分布差异，这种差异在统计学中可以用期望、方差、标准差等度量。

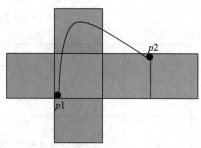

图 6.3　明可夫斯基距离示意图

6.2.5　马氏距离(Mahalanobis distance)

马氏距离由马哈拉诺比斯(P. C. Mahalanobis)提出，表示数据间协方差距离。它是一种有效地计算两个未知样本集的相似度的方法。与欧氏距离不同的是，它考虑到各种特性之间的联系(例如，一条关于身高的信息会带来一条关于体重的信息，因为两者是有关联的)，并且是尺度无关的(scale-invariant)，即独立于测量尺度。

当存在多维数据时，我们通常需要知道每个维度的变量之间是否存在关联。而协方差能衡量多维数据集中变量之间相关性的统计量。例如，一个人的身高与他的体重的关系，就可以用协方差来衡量。如果两个变量之间的协方差为正值，则这两个变量之间存在正相关，如果为负值，则为负相关。当超过两个变量，就用协方差矩阵来衡量多个变量之间的相关性。假设 X 是以 n 个随机变量组成的列向量 $X = (X_1, X_2, \cdots, X_n)^{\mathrm{T}}$。其中每个随机变量是一个行向量。

协方差矩阵的第 (i, j) 项被定义为 $\sum_{ij} = \mathrm{cov}[X_i, X_j] = E[(X_i - \mu_i)(X_j - \mu_j)]$，则协方差矩阵为

$$\sum = \begin{bmatrix} E[(X_1 - \mu_1)(X_1 - \mu_1)] & E[(X_1 - \mu_1)(X_2 - \mu_2)] & \cdots & E[(X_1 - \mu_1)(X_n - \mu_n)] \\ E[(X_2 - \mu_2)(X_1 - \mu_1)] & E[(X_2 - \mu_2)(X_2 - \mu_2)] & \cdots & E[(X_2 - \mu_2)(X_n - \mu_n)] \\ \vdots & \vdots & \vdots & \vdots \\ E[(X_n - \mu_n)(X_1 - \mu_1)] & E[(X_n - \mu_n)(X_2 - \mu_2)] & \cdots & E[(X_n - \mu_n)(X_n - \mu_n)] \end{bmatrix}$$

$$= \begin{bmatrix} \mathrm{cov}[X_1, X_1] & \mathrm{cov}[X_1, X_2] & \cdots & \mathrm{cov}[X_1, X_n] \\ \mathrm{cov}[X_2, X_1] & \mathrm{cov}[X_2, X_2] & \cdots & \mathrm{cov}[X_2, X_n] \\ \vdots & \vdots & \vdots & \vdots \\ \mathrm{cov}[X_n, X_1] & \mathrm{cov}[X_2, X_2] & \cdots & \mathrm{cov}[X_n, X_n] \end{bmatrix}$$

其中，第 (i, j) 项也是一个协方差，表示两个随机变量之间的线性相关性，若两个向量的协方差为 0，则两个向量不具备线性相关性，但它们仍然可能不独立，因为可能存在非线性

的相关性；矩阵中的第 (i, j) 个元素是 X_i 与 X_j 的协方差。

对于一个均值为 $\boldsymbol{\mu} = (\mu_1, \mu_2, \mu_3, \cdots, \mu_p)^{\mathrm{T}}$，协方差矩阵为 $\sum$ 的多变量 $\boldsymbol{x} = (x_1, x_2, x_3, \cdots, x_p)^{\mathrm{T}}$，其马氏距离为

$$D_M(x) = \sqrt{(\boldsymbol{x} - \boldsymbol{\mu})^{\mathrm{T}} \sum{}^{-1} (\boldsymbol{x} - \boldsymbol{\mu})}$$

其中，若 $\sum{}^{-1}$ 为单位矩阵，则马氏距离退化成欧氏距离。

马氏距离的优点如下。

(1) 不受量纲的影响，两点之间的马氏距离与原始数据的测量单位无关。

(2) 由标准化数据和中心化数据计算出的两点间马氏距离相同。

(3) 可以排除变量之间的相关性的干扰。

例 6.1　假设将每个人表示为一个两维向量(160, 60000)，即代表其身高为 160cm，体重为 60 000g，可根据身高、体重的信息来判断体型的相似程度。已知有小明(160, 60000)、小王(160, 59000)、小李(170, 60000)三人。根据常识可知，小明和小王体型相似。但是如果根据欧几里得距离来判断，小明和小王的距离要远远大于小明和小李之间的距离，即小明和小李体型相似。这是因为不同特征的度量标准之间存在差异而导致判断出错。以克(g)为单位测量人的体重，数据分布比较分散，即方差大，而以厘米为单位来测量人的身高，数据分布就相对集中，方差小。马氏距离的目的就是把方差归一化，使得特征之间的关系更加符合实际情况。

在图 6.4 左下方的图中比较中间绿点到另一绿点的距离 $d_{绿,绿}$，以及中间绿点到蓝点的距离 $d_{绿,蓝}$，从图中可知，如果不考虑数据的分布，直接计算欧式距离，那就是蓝点距离更近。但实际上需要考虑各分量的分布时，因呈椭圆形分布，蓝点位于椭圆外，绿点位于椭圆内，因此绿点实际上更近。计算马氏距离时除以了协方差矩阵，实际上就是把图 6.4 右上角的图变成了右下角。

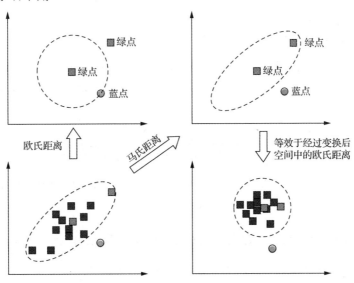

图 6.4　欧氏距离与马氏距离比较示意图

6.2.6　余弦相似度(Cosine similarity)

用向量空间中两个对象(如熊猫 S_i 和老虎 S_j)的属性所构成的向量 $\vec{S}_i, \vec{S}_j$ 之间夹角的余弦值作为衡量两个个体间差异的大小，如图 6.5 和图 6.6 所示。

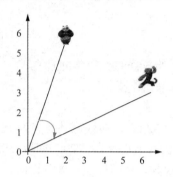

图 6.5　向量空间中两个对象间的差异　　　图 6.6　3D 坐标系下欧氏距离和余弦距离的区别

余弦相似度衡量的是维度间取值方向的一致性，注重维度之间的差异，不注重数值上的差异，而欧氏度量的正是数值上的差异性。相比距离度量，余弦相似度更加注重两个向量在方向上的差异，而非距离或长度上的差异。

$$\text{sim}(S_i, S_j) = \cos(\vec{S}_i, \vec{S}_j) = \cos(\theta)$$

$$= \frac{S_i S_j}{\|S_i\| \|S_j\|} = \frac{\sum_{k=1}^{n} S_{ik} S_{jk}}{\sum_{k=1}^{n} S_{ik}^2 \sum_{k=1}^{n} S_{jk}^2} \tag{6.5}$$

当两个向量方向完全相同时，相似度为 1，即完全相似；当两个向量方向相反时，则为-1，即完全不相似。

6.2.7　Pearson 相关系数(Pearson correlation coefficient)

Pearson 相关系数可以描述为不同对象偏离拟合的中心线程度，可以进一步地理解为，许多对象的属性拟合成一条直线或曲线，计算每个对象相对于这条线的各属性偏离程度。其公式如下。

$$r(X, Y) = \frac{n\sum xy - \sum x \sum y}{\sqrt{n\sum x^2 - (\sum x)^2 \cdot n\sum y^2 - (\sum y)^2}} \tag{6.6}$$

通过 Pearson 相关系数来度量两个对象的相似性时，首先找到两个对象共同评分过的项目集，然后计算这两个向量的相关系数。

6.2.8　Jaccard 相似系数(Jaccard similarity coefficient)

Jaccard 相似系数主要用于计算符号度量或布尔值度量的个体间的相似度。因为个体的特征属性都是由符号度量或布尔值标识的，因此无法衡量差异具体值的大小，只能获得"是否相同"这个结果,所以 Jaccard 相似系数只关心个体间共同具有的特征是否一致这个问题。

对于两个对象 X 和 Y,我们用 Jaccard 相似系数计算它的相似性,公式如下。

$$\text{Jaccard}(X,Y) = \frac{X \cap Y}{X \cup Y} \tag{6.7}$$

在数据挖掘中,经常将属性值二值化,通过计算 Jaccard 相似系数,可以简单快速地得到两个对象的相似程度。当然,对于不同的属性,这种二值化程度是不一样的。例如,在中国熟悉汉语的两个人相似度与熟悉英语的两个人相似度是不同的,因为发生的概率不同。所以通常会对 Jaccard 相似系数进行变换,变换的目的主要是拉开或聚合某些属性的距离。

通过以上方法计算,便可以得到两个对象之间的相似度(距离),在实际计算中,应该根据不同对象的属性特点进行有效选择,对象的距离计算对于聚类算法的过程十分重要,直接影响着算法的有效性,所以实际操作时应当仔细选择。

常用度量的一些方法的 python 代码如下。

```python
import numpy as np
from math import *


# Eucledian Distance
def eculidSim1(x, y):
return sqrt(sum(pow(a - b, 2) for a, b in zip(x, y)))
# Manhattan Distance
def manhattan_dis(x, y):
    return sum(abs(a - b) for a, b in zip(x, y))
print(manhattan_dis([1, 3, 2, 4], [2, 5, 3, 11]))


# Minkowski Distance
def minkowski_dis(x, y, p):
    sumvalue = sum(pow(abs(a - b), p) for a, b in zip(x, y))
    mi = 1 / float(p)
return round(sumvalue ** mi, 3)


# Cosine Similarity
def cosine_dis(x, y):
    num = sum(map(float, x * y))
    denom = np.linalg.norm(x) * np.linalg.norm(y)
return round(num / float(denom), 3)


# Jaccard Similarity
def jaccard_similarity(x, y):
    intersection_cardinality = len(set.intersection(*[set(x), set(y)]))
    union_cardinality = len(set.union(*[set(x), set(y)]))
return intersection_cardinality / float(union_cardinality)
```

6.3 聚类的方法

聚类可以分成三个类型：**层次聚类、密度聚类、分割聚类**。

6.3.1 层次聚类

一般层次聚类的过程如下。

(1) 开始时每个个体组成一个聚类。

(2) 在每一阶段，最相似的聚类成对合并形成新的聚类。因此聚类的数目每次降低 1/2。

(3) 在任一阶段，每个聚类是由前一阶段的聚类形成的，并且具有层次的属性。一旦两个个体合并在一起，它们在后面的阶段将以一个整体出现。它们将不会再被分开并分到不同的聚类。

(4) 在最后阶段，所有的个体将成为一个聚类。

该方法可以用二维的方式表示为一个系统族谱图，它以继承的形式表示出每层的合并或划分操作。聚类数目的选择是主观的。

各种层次聚类方法之间的主要不同在于，所使用的相似性度量方法和包含一个以上个体的聚类之间的距离或相似性的定义。有多种方法可用于定义包含一个以上个体的聚类之间的距离或相似性，包括单一连接法、完全连接法、平均连接法、Ward's 方法、重心法等。

1. 单一连接法(最短距离法)

单一连接法

单一连接法也称最近邻过程。单一连接法的输入可以是成对事物或目标之间的距离或相似性。从每个个体的实体角度通过合并最近邻面形成分组。通过计算两个聚类中所有个体之间距离的最小值得到聚类间的距离。例如，假设有两个聚类，其中一个聚类有两个个体(x_1, x_2)，另一个聚类有三个个体(x_3, x_4, x_5)。两个聚类之间的距离通过如下的计算方法得到：$D = \min\{d(x_1, x_3), d(x_1, x_4), d(x_1, x_5), d(x_2, x_3), d(x_2, x_4), d(x_2, x_5)\}$。在每一阶段，合并两个最为相似的聚类，会产生链式效应。

完全连接法、平均连接法和 Ward's 方法

2. 完全连接法(最大距离法)

除了计算两个聚类之间距离的方法外，完全连接法中两个聚类之间的关联的整个逻辑与单一连接法是相同的。但是一个重要区别是，在每个阶段，聚类之间的距离由两个聚类中相距最远的两个元素之间的距离确定。这样，完全连接法就能保证：对一个聚类中的所有项目，彼此间的距离均不超过某个最大距离(或最小相似性)。

3. 平均连接法

平均连接法在逻辑上与单一连接法和完全连接法是一样的。不同之处在于，如何计算两个聚类之间的距离，并且要求在两个聚类之中至少有超过一个的个体。该方法用于计算成对项之间的平均距离，每对中的成员分别属于各自的聚类。

4. Ward's 方法

(1) 开始时每个个体在一个独立的、大小为 1 的聚类中。

(2) 在每一步计算聚类内部离开均值向量或质心的欧氏距离的平方和。例如，聚类 $\mathrm{SS}_i = \sum_{i=1}^{n_j} (x_{ij} - \bar{x}_i)'(x_{ij} - \bar{x}_i)$，然后计算聚类内部整个距离的和 $\mathrm{SST} = \sum_{i=1}^{I} \mathrm{SS}_i$。当 SST 的增量变化为最小时，就合并两个聚类。聚类 A 和聚类 B 之间的距离的平方是合并聚类 A 以后的 SST 和合并聚类之前的 B-SST，并且 $B = \dfrac{n_A n_B}{n_A + n_B}(\bar{x}_A + \bar{x}_B)'(\bar{x}_A + \bar{x}_B)$。

5. 重心法

聚类 A 和聚类 B 之间的距离通过式(6.8)计算得到

$$d(\bar{x}_A, \bar{x}_B) = (\bar{x}_A + \bar{x}_B)'(\bar{x}_A + \bar{x}_B) \tag{6.8}$$

通过计算个体之间的欧氏距离，重心法、Ward's 方法和完全连接法趋向于产生球形簇。

(1) Ward's 方法倾向于产生相同成员数量的聚类，并且对孤立点较为敏感。

(2) 重心法对孤立点不太敏感。

(3) 完全连接法产生直径相同的聚类。

层次聚类的缺陷如下。

(1) 所有的层次聚类过程都没有考虑引起误差和变化的原因。因此层次聚类的方法对孤立点和噪声比较敏感。

(2) 在层次聚类过程中要遵循事先的规定。换言之，在早期阶段，如果没有对象的重新定位，可能会产生不正确的分组。因此，对最终聚类的结构应该仔细检查，观察该方法是否明智。

有两种方法可用来检验聚类群的稳健性。一种方法是采用不同的聚类方法，在给定的聚类方法内使用不同的距离和相似性的赋值。如果用不同的方法产生的结果相互一致，那么可以认为结果是稳健的。增加小的错误或干扰也可以检验层次聚类结果的稳健性。如果分组具有相当好的稳健性，那么在干扰的前后聚类应该是一致的。

6.3.2　密度聚类

基于样本之间的距离的聚类方法只能发现球状簇，基于密度的方法可用来过滤"噪声"，即孤立点数据，以发现任意形状的簇。其主要思想是只要邻近区域的密度(样本的数目)超过某个阈值，则继续聚类，即对于给定簇中的每个样本，在一个给定范围的区城中必须至少包含某一数目的样本。

1. K 近邻方法

(1) 距离计算方法为 $d(x_i, x_j) = \sqrt{(x_i - x_j)'(x_i - x_j)}$。

(2) 假设 $r_k(x_j)$ 是从 x_j 到第 k 个最近邻的距离。

(3) 在此处的密度估计值为

$$f(x) = \frac{\text{半径为} r_k(x_j) \text{的球体的观测数}}{\text{半径为} r_k(x_j) \text{的球体的体积}} \qquad (6.9)$$

(4) 新的距离和相异性度量为

$$d^*(x_i, x_j) = \begin{cases} \dfrac{1}{2}\left[\dfrac{1}{f(x_i)} - \dfrac{1}{f(x_j)}\right], & d^*(x_i, x_j) < \max\{r_k(x_i), r_k(x_j)\} \\ \infty, & \text{other} \end{cases} \qquad (6.10)$$

(5) 对 $d^*(x_i, x_j)$ 使用单一连接法。

2. 统一核密度方法

(1) 距离计算方法为 $d(x_i, x_j) = \sqrt{(x_i - x_j)'(x_i - x_j)}$。

(2) 计算以 x_j 为中心、以 r 为半径的球内点的数量。

(3) 在 x_j 处的密度估计值为

$$f(x) = \frac{\text{半径为} r_k(x_j) \text{的球体的观测数}}{\text{半径为} r_k(x_j) \text{的球体的体积}} \qquad (6.11)$$

(4) 新的距离和相异性度量为

$$d^*(x_i, x_j) = \begin{cases} \dfrac{1}{2}\left[\dfrac{1}{f(x_i)} - \dfrac{1}{f(x_j)}\right], & d^*(x_i, x_j) < r \\ \infty, & \text{other} \end{cases} \qquad (6.12)$$

(5) 对 $d^*(x_i, x_j)$ 使用单一连接法。

使用密度聚类方法应注意以下几点：

(1) 对于 k 或 r 的选择不存在固定的标准。最好的方法是多尝试几个不同的值，如尝试 $k = 2\ln(n)$。

(2) 尽量不倾向于产生任何形状特殊的聚类。

(3) 在小样本数据集中得到球形聚类比起完全连接法和 Ward's 方法的效率更低。

(4) $k=1$ 的 k 近邻方法蜕变为使用欧氏距离的单一连接法。

(5) 最终的聚类数可能超过 1。

6.3.3 分割聚类

k-means 与
图像分割

分割聚类技术可以把项而不是变量划分为 k 个聚类的集合。聚类的数量 k 既可以事先指定，也可以作为聚类过程的一部分得到。由于距离矩阵不必指定并且在计算过程中无须对数据排序，所以非层次聚类技术比层次聚类技术更适合于较大的数据集。

1. **K 均值方法(用欧氏距离)**

(1) 选择 k 个中心点作为种子。

(2) 指定要生成的聚类的数目 k。

(3) 指定 k 个中心点或把数据初步划分到 k 个聚类，并计算每个聚类的中心点。

(4) 解散前一阶段形成的聚类，通过把第 j 个个体放进聚类中而形成新的聚类，同时要求 $(x_j - c_i)'M^{-1}(x_j - c_i)$ 最小，其中 $c_i = \bar{x}_i$ 是均值向量。

(5) 重复步骤(4)，直到新的聚类与以前的聚类集合相同为止。

聚类的结果在很大程度上会受到聚类的数目、初始中心点的选取、每一步使用的距离等因素的影响，因此有以下几点建议：

(1) 多尝试几种不同的聚类数目。

(2) 如果给定了聚类的数目，如 k 个聚类，则随机地把样本中的个体划分到各个聚类中，得到初始的中心点。多尝试几个随机划分。

(3) 多尝试几种距离度量。

(4) 把随机干扰加入向量的度量中，检验聚类的稳健性。

K 均值聚类存在一些明显的缺点和不足，特别是在以下三个方面 K 均值聚类存在局限性。

① 处理分类数据的能力有限。有两种普遍使用的数据格式：连续数据和分类数据。分类数据在许多由机构收集的数据中极为普遍，如性别、住宅所有权、就业状态、婚姻状况和其他的人口统计特征变量等。

② 使用欧氏距离作为相似性的度量或许并不合适。

③ 用户必须选择聚类的数目。对于大多数情况而言，在开始一个正规的分析之前，并不知道多少聚类是合适的。

2. **Wong's Hybrid 聚类方法**

(1) 使用 K 均值方法形成 k 个聚类。对于第 i 个聚类来说，计算每个聚类的成员数目，并计算欧氏距离平方和：$w_i = \sum_{j=1}^{k} \sum_{i=1}^{n_j} (x_{ij} - \bar{x}_i)'(x_{ij} - \bar{x}_i)$。

(2) 计算

$$d^*(\bar{x}_i, \bar{x}_j) = \begin{cases} \dfrac{\left[w_i + w_j + \dfrac{(N_i + N_j)d^{*2}(\bar{x}_i, \bar{x}_j)}{4} \right]^{p/2}}{(N_i + N_j)^{1+p/2}} \\ \infty, \qquad\qquad \text{other} \end{cases} \tag{6.13}$$

(3) 对 $d^*(x_i, x_j)$ 使用单一连接法。

● 该方法适用于较大的数据集：$n > 100$。

● 初始时选择 $k = n^{1/3}$。

选择聚类数的方法如下。

(1) 计算 R^2 的值：

$$R^2 = 1 - \frac{\sum_{j=1}^{k}\sum_{i=1}^{n_j}(x_{ij}-\overline{x}_i)'(x_{ij}-\overline{x}_i)}{\sum_{j=1}^{k}\sum_{i=1}^{n_j}(x_{ij}-\overline{x}_i)(x_{ij}-\overline{x}_i)} \tag{6.14}$$

(2) 计算 Calinski 和 Harabasz 指标值：

$$C_k = \frac{R^2/(k-1)}{(1-R^2)/(N-k)} \tag{6.15}$$

(3) 当 k 增加时，如果 C_k 单调递增，则不存在聚类结构。

(4) 当 k 增加时，如果 C_k 单调递减，则存在层次的聚类结构。

(5) 如果 C_k 在 k^* 处上升为最大后即变为下降，则存在 k^* 个聚类。

6.4 应用实践

6.4.1　基于 DBSCAN 密度聚类的鸢尾花品种分类

密度聚类 DBSCAN 算法

　　鸢尾花数据集是常用的分类实验数据集，由英国著名统计学家 R. A. Fisher 于 1963 年收集整理。鸢尾花数据集包含三类鸢尾花：山鸢尾花 (Iris-setosa)、变色鸢尾花(Iris-versicolor)和维吉尼亚鸢尾花(Iris-virginica)，每类包含 50 个样本数据，每个样本数据包含 4 种特征属性，即花萼的长度和宽度，花瓣的长度和宽度。本例将对 sklearn 工具库中的鸢尾花数据集进行基于 DBSCAN 密度聚类的品种分类。

　　首先，载入鸢尾花数据集，通过绘制数据散点图观察鸢尾花特征分布，具体代码如下。

```python
from sklearn import datasets
import matplotlib.pyplot as plt
import numpy as np
# 解决中文显示问题
plt.rcParams['font.sans-serif']=['SimHei']
plt.rcParams['axes.unicode_minus'] = False
# 载入数据集
iris = datasets.load_iris()
iris_data=iris['data']
iris_label=iris['target']
iris_target_name=iris['target_names']
X=np.array(iris_data)
Y=np.array(iris_label)
```

```
# 绘制花萼长度和花萼宽度
plt.scatter(X[:,0], X[:,1], c=Y, cmap='gist_rainbow')
plt.xlabel('花萼长度', fontsize=14)
plt.ylabel('花萼宽度', fontsize=14)
plt.grid(True)
plt.show()
# 绘制花瓣长度和花瓣宽度
plt.scatter(X[:,2], X[:,3], c=Y, cmap='gist_rainbow')
plt.xlabel('花瓣长度', fontsize=14)
plt.ylabel('花瓣宽度', fontsize=14)
plt.grid(True)
plt.show()
```

运行结果如图 6.7 所示。

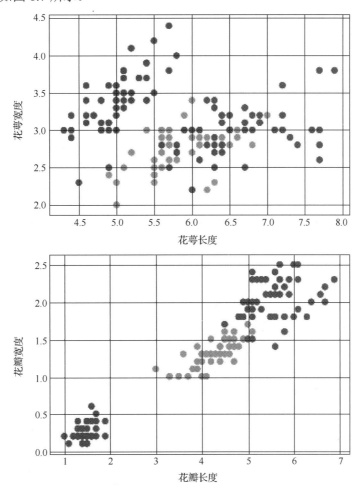

图 6.7　鸢尾花特征属性散点图

下面利用 DBSCAN 密度聚类算法对鸢尾花品种进行分类。具体代码如下。

```
from sklearn import datasets
import matplotlib.pyplot as plt
import numpy as np
from sklearn.cluster import DBSCAN

# 解决中文显示问题
plt.rcParams['font.sans-serif']=['SimHei']
plt.rcParams['axes.unicode_minus'] = False
# 载入数据集
iris = datasets.load_iris()
iris_data=iris['data']
iris_label=iris['target']
iris_target_name=iris['target_names']
X=np.array(iris_data)
Y=np.array(iris_label)
# 调用 DBSCAN 聚类方法
dbscan = DBSCAN(eps=0.4, min_samples=9)
dbscan.fit(X)
label_pred = dbscan.labels_
# 绘制聚类结果
x0 = X[label_pred == 0]
x1 = X[label_pred == 1]
x2 = X[label_pred == 2]
plt.scatter(x0[:, 0], x0[:, 1], c="red", marker='o', label='山鸢尾')
plt.scatter(x1[:, 0], x1[:, 1], c="green", marker='*', label='变色鸢尾')
plt.scatter(x2[:, 0], x2[:, 1], c="blue", marker='+', label='维吉尼亚鸢尾')
plt.xlabel('花萼长度')
plt.ylabel('花萼宽度')
plt.legend(loc=2)
plt.show()
```

运行结果如图 6.8 所示。

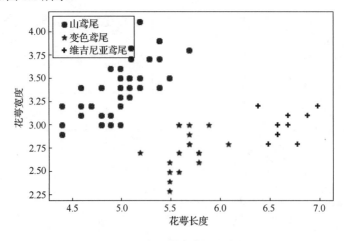

图 6.8　鸢尾花品种分类结果

基于聚类和可视化的世界国家幸福指数分析

本例将利用聚类算法和地图可视化技术实现世界国家幸福指数分析。世界国家幸福指数数据是由 2017 年世界上 156 个主要国家和地区的人均 GDP、平均寿命、政府清廉指数等指标的统计数据组成。显示主要指标的数据类型和相关矩阵的代码如下。

```
import numpy as np
import pandas as pd
import matplotlib.pyplot as plt
import folium
from plotly.offline import download_plotlyjs, init_notebook_mode, plot, iplot
init_notebook_mode(connected=True)
from sklearn.cluster import KMeans, AgglomerativeClustering# 导入聚类算法包
country_geo = 'world-countries.json'
wh = pd.read_csv("2017.csv")                    # 载入世界国家幸福指数数据
print("Dimension of dataset: wh.shape\n", wh.dtypes)
# 输出幸福指数各参数的数据类型
wh1=wh[['Happiness.Score','Economy..GDP.per.Capita.','Family', 'Health..
Life.Expectancy.', 'Freedom',
        'Generosity','Trust..Government.Corruption.', 'Dystopia.Residual']]
# 选择主要参数构造幸福指数数据子集
cor = wh1.corr()    # 计算数据子集中各参数间的相关系数
sns.heatmap(cor, square=True)                    # 用热力图绘制相关系数矩阵
m = folium.Map(location=[20, 0], zoom_start=1.5)#初始化地图中心位置和缩放尺度

# 设置地图内容显示样式
folium.Choropleth(
    geo_data=country_geo,
    name='choropleth',
    data=wh,
    columns=['Country', 'Happiness.Score'],
    key_on='feature.properties.name',
    fill_color='YlGn',
    fill_opacity=0.5,
    line_opacity=0.2,
    legend_name='Happiness Score'
).add_to(m)
# 显示地图
print(m)
```

运行结果如图 6.9 和图 6.10 所示。

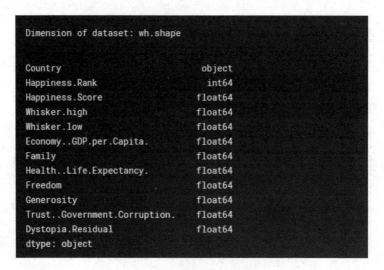

```
Dimension of dataset: wh.shape

Country                          object
Happiness.Rank                    int64
Happiness.Score                 float64
Whisker.high                    float64
Whisker.low                     float64
Economy..GDP.per.Capita.        float64
Family                          float64
Health..Life.Expectancy.        float64
Freedom                         float64
Generosity                      float64
Trust..Government.Corruption.   float64
Dystopia.Residual               float64
dtype: object
```

图 6.9　世界国家幸福指数数据类型

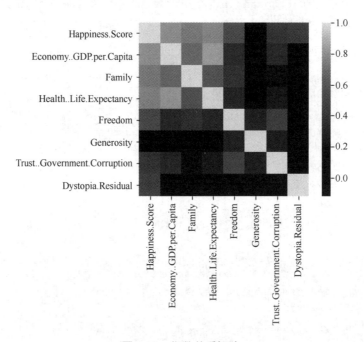

图 6.10　指数关系矩阵

　　本例将使用两种聚类算法对世界国家幸福指数进行分析，分别是 K 均值聚类算法和层次聚合聚类算法。

　　首先，采用 K 均值聚类对世界国家幸福指数进行分类。具体代码如下。

```
#定义 K 均值聚类算法
def doKmeans(X, nclust=2):
    model = KMeans(nclust)
```

```
        model.fit(X)
        clust_labels = model.predict(X)
        cent = model.cluster_centers_
        return (clust_labels, cent)


clust_labels, cent = doKmeans(wh1, 2)
# 获取 K 均值聚类标签和聚类中心
kmeans = pd.DataFrame(clust_labels)
wh.insert((wh.shape[1]),'Cluster_Group',kmeans)  # 将聚类标签插入幸福指数数据集


#绘制聚类结果散点图
fig = plt.figure()
ax = fig.add_subplot(111)
#选择人均 GDP 和政府清廉指数作为参数绘制散点图
scatter = ax.scatter(wh1['Economy..GDP.per.Capita.'],
wh1['Trust..Government. Corruption.'], c=kmeans[0],s=50)
ax.set_title('K-Means Clustering')
ax.set_xlabel('GDP per Capita')
ax.set_ylabel('Corruption')
plt.colorbar(scatter)


#初始化地图中心位置和缩放尺度
m = folium.Map(location=[20, 0], zoom_start=1.5)
# 设置地图内容显示样式
folium.Choropleth(
    geo_data=country_geo,
    name='choropleth',
    data=wh,
    columns=['Country', 'Cluster_Group'],
    key_on='feature.properties.name',
    fill_color='YlOrRd',
    fill_opacity=0.7,
    line_opacity=0.2,
    legend_name='Cluster Group'
).add_to(m)
# 显示地图
print(m)
```

运行结果如图 6.11 所示。

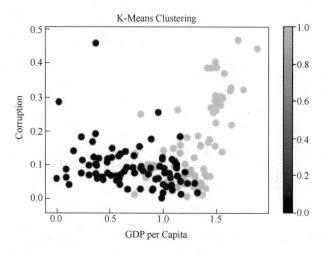

图 6.11　K 均值聚类结果散点图

其次，采用层次聚合聚类方法对世界国家幸福指数进行分类。具体代码如下。

```python
#定义层次聚合聚类算法
def doAgglomerative(X, nclust=2):
    model = AgglomerativeClustering(n_clusters=nclust, affinity = 'euclidean',
    linkage = 'ward')
    clust_labels1 = model.fit_predict(X)
    return (clust_labels1)
clust_labels1 = doAgglomerative(wh1, 2)              # 获取层次聚合聚类标签
agglomerative = pd.DataFrame(clust_labels1)
wh.insert((wh.shape[1]),'agglomerative',agglomerative)
#将聚类标签插入到幸福指数数据集中
#绘制聚类结果散点图
fig = plt.figure()
ax = fig.add_subplot(111)
#选择人均GDP和政府清廉指数作为参数绘制散点图
scatter = ax.scatter(wh1['Economy..GDP.per.Capita.'],
wh1['Trust..Government. Corruption.'], c=agglomerative[0],s=50)
ax.set_title('Agglomerative Clustering')
ax.set_xlabel('GDP per Capita')
ax.set_ylabel('Corruption')
plt.colorbar(scatter)
m = folium.Map(location=[20, 0], zoom_start=1.5)  #初始化地图中心位置和缩放尺度
#设置地图内容显示样式
folium.Choropleth(
    geo_data=country_geo,
```

```
        name='choropleth',
        data=wh,
        columns=['Country', 'agglomerative'],
        key_on='feature.properties.name',
        fill_color='YlOrRd',
        fill_opacity=0.7,
        line_opacity=0.2,
        legend_name='Cluster Group'
).add_to(m)

# 显示地图
Print(m)
```

　　层次聚合聚类算法采用自底向上的聚类策略。在初始状态下，将每个样本分成一类，然后根据聚类内部距离最小、聚类间距离最大的原则，将样本点递归地进行聚合。常用的距离运算方法有欧氏距离、曼哈顿距离和马氏距离，本例使用欧氏距离，得到与 K 均值聚类算法相似的结果，如图 6.12 所示。

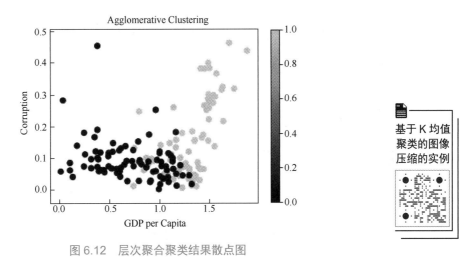

图 6.12　层次聚合聚类结果散点图

基于 K 均值聚类的图像压缩的实例

注：受篇幅所限，基于 K 均值聚类的图像压缩的实例见二维码。

本 章 小 结

　　本章分析了常用的几种距离度量方法，提出了层次聚类、密度聚类、分割聚类等方法。在实践环节，我们学习了基于 DBSCAN 密度聚类的鸢尾花品种分类、基于 K 均值聚类和层次聚合聚类的世界国家幸福指数分析、基于 K 均值聚类的图像压缩方法。

习　题

一、选择题

1. 运行过两次的 K 均值聚类,是否可以得到相同的聚类结果? (　　)

　　A. 是　　　　　　　　　　　　B. 否

2. 使用离差平方和法聚类时,计算样品间的距离必须采用(　　)。

　　A. 欧氏距离　　　　　　　　　　B. 绝对距离

　　C. 明氏距离　　　　　　　　　　D. 切比雪夫距离

3. 影响聚类算法效果的主要原因有(　　)。

　　A. 特征选择　　　　　　　　　　B. 模式相似度测度

　　C. 分类准则　　　　　　　　　　D. 已知类别样本质量

4. 下列关于聚类挖掘技术的说法中,错误的是(　　)。

　　A. 不预先设定数据归类类目,完全根据数据本身性质将数据聚合成不同类别

　　B. 要求同类数据的内容相似度尽可能小

　　C. 要求不同类数据的内容相似度尽可能小

　　D. 与分类挖掘技术相似的是,都是要对数据进行分类处理

5. 下列不是最近邻分类器的特点的是(　　)。

　　A. 它使用具体的训练实例进行预测,不必维护源自数据的模型

　　B. 分类一个测试样例开销很大

　　C. 最近邻分类器基于全局信息进行预测

　　D. 可以生产任意形状的决策边界

6. 下列对 K 均值聚类算法解释,正确的是(　　)。

　　A. 能自动识别类的个数,随机挑选初始点为中心点计算

　　B. 能自动识别类的个数,不是随机挑选初始点为中心点计算

　　C. 不能自动识别类的个数,随机挑选初始点为中心点计算

　　D. 不能自动识别类的个数,不是随机挑选初始点为中心点计算

7. 下列算法中对离群值最敏感的是(　　)。

　　A. K 均值聚类算法　　　　　　　B. K 中位数聚类算法

　　C. K 模型聚类算法　　　　　　　D. K 中心点聚类算法

8. 可以用哪一种方法来获得和全局最小值有关的 K 均值算法的良好结果? (　　)

　　(1) 试着运行不同的质心初始化算法

　　(2) 调整迭代的次数

　　(3) 找出最佳的簇数

　　A. (2)(3)　　　　　　　　　　　B. (1)(3)

　　C. (1)(2)　　　　　　　　　　　D. (1)(2)(3)都是

9. 常用的明氏距离公式为 $d_{ij}(q)=\left[\sum\limits_{k=1}^{p}\left|x_{ik}-x_{jk}\right|^{q}\right]^{1/q}$，当 q=1 时，它表示(   )；当 q=2 时，它表示(   )；当 q 趋于无穷时，它表示(   )。

    A．欧氏距离   B．切比雪夫距离

    C．绝对距离   D．曼哈顿距离

二、简答题

1．评价聚类算法的好坏可以从哪些方面入手？

2．常见的聚类有哪些方法？这些方法分别适用于什么场合？

3．简述以下聚类方法：分割聚类、层次聚类。每种给出两个例子。

4．K 均值聚类的终止条件有哪些？

5．聚类已经被认为是一种具有广泛应用的、重要的数据挖掘任务。对以下每种情况给出一个应用实例。

(1) 把聚类作为主要的数据挖掘功能的应用。

(2) 把聚类作为预处理工具，为其他数据挖掘任务做数据准备的应用。

6．请描述 K 均值聚类的原理，说明选择聚类中心的方法。

7．某学校对入学的新生进行性格问卷调查，没有心理学家的参与，根据学生对问题的回答，把学生的性格分成了 8 个类别。请说明该数据挖掘任务是属于分类任务还是聚类任务？为什么？

8．假设数据挖掘的任务是将以下的 8 个点(用(x,y)代表位置)聚类为 3 个簇：A1(2, 10)，A2(2,5)，A3(8,4)，B1(5,8)，B2(7,5)，B3(6,4)，C1(1,2)，C2(4,9)，距离函数是欧氏距离。假设初始选择 A1、B1 和 C1 分别为每个簇的中心，用 K 均值算法给出。

第 **7** 章
关联规则分析

学习目标

[1] 领会关联规则分析的定义及主要特性。

[2] 掌握关联规则分析的基础概念。

[3] 掌握 Apriori 算法、FP-Growth 算法等典型的关联规则分析方法。

重要知识点图谱

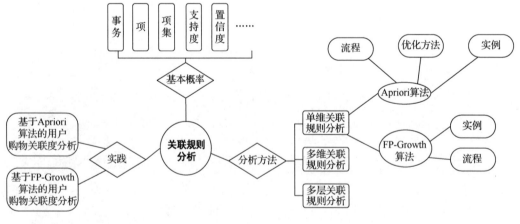

重点与难点

[1] Apriori 算法、FP-Growth 算法的原理。

[2] 实现关联规则分析方法。

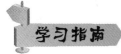

关联规则
学习

关联规则(association rules)是反映一个事物与其他事物之间的相互依存性和关联性，是数据挖掘的一个重要技术，用于从大量数据中挖掘出有价值的数据项之间的相关关系。本章首先介绍关联规则的一些基础概念。基于这些基础概念，介绍关联规则的分析方法。依据数据的维度，可以把关联规则依次分为单维关联规则、多维关联规则和多层关联规则。最后通过一个典型的例子帮助读者熟悉如何运用关联规则解决实际的问题。

7.1 关联规则分析概述

在描述有关关联规则分析的一些细节之前，先来看一则有趣的故事——尿布与啤酒。在一家超市里，有一个有趣的现象：尿布和啤酒赫然摆在一起出售。但是这个奇怪的举措却使尿布和啤酒的销量双双提高了。这不是一个笑话，而是发生在美国沃尔玛连锁店超市的真实案例，并一直为商家所津津乐道。

沃尔玛拥有世界上最大的数据仓库系统，为了能够准确了解顾客在其门店的购买习惯，沃尔玛对其顾客的购物行为进行购物篮分析，想知道顾客经常一起购买的商品有哪些。沃尔玛数据仓库里集中了其各门店的详细原始交易数据。在这些原始交易数据的基础上，沃尔玛利用数据挖掘方法对这些数据进行分析和挖掘。一个意外的发现是：一些年轻的父亲下班后经常要到超市去购买婴儿尿布，而他们中有 30%～40%的人同时也会为自己买一些啤酒，如图 7.1 所示。

图 7.1 年轻父亲下班后购物

关联规则分析是指发现隐藏于大量数据集中的关联性或相关性，从而描述一个事物中某些属性同时出现的规律和模式。其表示方式一般为关联规则或频繁项集，如{尿布}→{啤酒}。

关联规则分析可从大量数据中发现事物、特征或数据之间频繁出现的相互依赖关系和关联关系。这些关联并不总是事先知道的，而是通过数据集中数据的关联分析获得的。

关联规则分析对商业决策具有重要的价值，常用于实体商店或电商的跨品类推荐、购物车联合营销、货架布局陈列、联合促销、市场营销等，来达到关联项互相提升销量，改善用户体验，减少上货员与用户投入时间，寻找高潜用户的目的。

通过对数据集进行关联规则分析可得出形如"由于某些事件的发生而引起另外一些事件的发生"之类的规则。

例如，"67%的顾客在购买啤酒的同时也会购买尿布"，因此通过合理的啤酒和尿布的货架摆放或捆绑销售可提高超市的服务质量和效益。"'C#语言'课程优秀的同学，在学习'数据结构'时为优秀的可能性达88%"，那么就可以通过强化 C#语言的学习来提高教学效果。

关联规则分析的一个典型例子是购物篮分析。通过发现顾客放入其购物篮中的不同商品之间的联系，可分析顾客的购买习惯。通过了解哪些商品频繁地被顾客同时购买，可以帮助零售商制定营销策略。其他应用还包括价目表设计、商品促销、商品的摆放和基于购买模式的顾客划分等。例如，洗发水与护发素的套装、牛奶与面包相邻摆放、购买该产品的用户又买了哪些其他商品等。

除了上面提到的一些商品间存在的关联现象外，在医学方面，研究人员希望能够从已有的成千上万份病历中找到患某种疾病的病人的共同特征，从而寻找出更好的预防措施。另外，通过对用户银行信用卡账单的分析也可以得到用户的消费方式，这有助于对相应的商品进行市场推广。关联规则分析的数据挖掘方法已经涉及人们生活的很多方面，为企业的生产和营销及人们的生活提供了极大的帮助。

7.2　关联规则分析常用的基本概念

通过频繁项集挖掘技术可以发现大型事务或关系数据集中事物与事物之间有趣的关联，进而帮助商家进行决策，以及设计和分析顾客的购买习惯。例如，表 7.1 是一家超市的几名顾客的交易信息，其中，TID 代表交易号，Items 代表一次交易的商品。

表 7.1　关联分析样本数据集

TID	Items
001	可乐，鸡蛋，汉堡
002	可乐，尿布，啤酒
003	可乐，尿布，啤酒，汉堡
004	尿布，啤酒

通过对这个交易数据集进行关联分析，可以找出关联规则，即{尿布}→{啤酒}。它代表的意义是，购买了尿布的顾客会购买啤酒。这个关系不是必然的，但是可能性很大，这就已经足够用来辅助商家调整尿布和啤酒的摆放位置了。例如，通过摆放在相近的位置，

或进行捆绑促销来提高销售量。

关联规则分析常用的一些基本概念如下。

(1) 事务。每条交易数据称为一个事务,如表 7.1 包含了 4 个事务。

(2) 项。交易的每个物品称为一个项,如尿布、啤酒等。

(3) 项集。包含零个或多个项的集合称为项集,如{啤酒, 尿布}、{啤酒, 可乐, 汉堡}。

(4) k-项集。包含 k 个项的项集称为 k-项集,如{可乐, 啤酒, 汉堡}称为 3-项集。

(5) 支持度计数。一个项集出现在几个事务当中,它的支持度计数就是几。

比如,{尿布, 啤酒}出现在事务 002、003 和 004 中,所以它的支持度计数是 3。

(6) 支持度。支持度计数除以总的事务数:

$$\text{支持度}(A \rightarrow B) = \frac{\text{交易量}(A \cup B)}{\text{交易总量}} = \frac{\text{支持度计数}(A \cup B)}{\text{交易总量}} \tag{7.1}$$

比如,表 7.1 中总的事务数为 4,{尿布, 啤酒}的支持度计数为 3,所以对{尿布, 啤酒}的支持度为 75%,这说明有 75%的人同时购买了尿布和啤酒。

(7) 频繁项集。支持度大于或等于某个阈值的项集就称为频繁项集。

比如,阈值设为 50% 时,因为{尿布, 啤酒}的支持度是 75%,所以它是频繁项集。

(8) 前件和后件。对于规则{A} → {B},{A}称为前件,{B}称为后件。

(9) 置信度。对于规则{A}→{B},它的置信度为{A, B}的支持度计数除以{A}的支持度计数:

$$\text{置信度}(A \rightarrow B) = \frac{\text{交易量}(A \cup B)}{\text{交易总量}(A)} = \frac{\text{支持度计数}(A \cup B)}{\text{支持度计数}(A)} \tag{7.2}$$

例如,规则{尿布} → {啤酒}的置信度为 3/3,即 100%,这说明买了尿布的人 100%也买了啤酒。

(10) 规则的提升。这是表示实际置信度超过期望置信度的因子。该计算过程可表示为

$$\text{提升}(X \rightarrow Y) = \frac{\text{置信度}(X \rightarrow Y)}{\text{期望置信度}(X \rightarrow Y)}$$
$$= \frac{\text{置信度}(X \rightarrow Y)}{\text{支持度}(Y)} \tag{7.3}$$

(11) 强关联规则。大于或等于最小支持度阈值和最小置信度阈值的规则称为强关联规则。通常意义上说的关联规则都是指强关联规则。关联规则分析的最终目标就是要找出强关联规则。

通常,如果一个关联规则满足最小支持度阈值(minimum support threshold)和最小置信度阈值(minimum confidence threshold),那么就认为该关联规则是有意义的,而用户或专家可以设置最小支持度阈值和最小置信度阈值。

关联规则分析的步骤如下。

① 发现所有的频繁项集。根据定义,这些项集的频度至少应等于(预先设置的)最小支持度。关联规则的整个性能主要取决于这一步。

② 根据所获得的频繁项集,产生相应的强关联规则(这些规则必须满足最小置信度阈值)。

关联规则
挖掘

此外，还可利用有趣性度量标准来辅助挖掘有价值的关联规则。有趣性度量主要分主观兴趣度度量和客观兴趣度度量。其中，有趣性的客观度量是指关联规则的有趣性由规则的具体结构和在数据挖掘过程依赖的数据决定，它主要是在这些规则上应用统计方法，从而避免了人为的意见，从这个意义上说它是可靠的。由于步骤(2)中的相应操作极为简单，因此，挖掘关联规则的整个性能就是由步骤(1)中的操作处理所决定的。

从不同的角度可以把关联规则划分为不同的类型，具体内容如下。

(1) 基于规则中处理变量的类别，关联规则可以分为逻辑型关联规则和数值型关联规则。其中，逻辑型关联规则处理的值都是离散的、种类化的，它显示了这些变量之间的关系；数值型关联规则可以和多维关联规则或多层关联规则结合起来，对数值型字段进行处理，将其进行动态的分割，或者直接对原始数据进行处理。当然数值型关联规则中也可以包含种类变量。

(2) 基于规则中数据的抽象层次，可以分为单层关联规则和多层关联规则。

在单层关联规则中，所有变量都没有考虑到现实数据是具有多个不同层次的。在多层关联规则中，对数据的多层性已经进行了充分的考虑。

(3) 基于规则中涉及的数据的维数，关联规则可以分为单维的和多维的。

在单维关联规则中，只涉及数据的一个维，如银行客户购买的产品和服务。在多维关联规则中，要处理的数据将会涉及多个维。

7.3　基于 Apriori 算法的关联规则分析

Apriori 算法

Apriori 算法是挖掘产生关联规则所需要的频繁项集的基本算法，它也是一个很有影响的关联规则挖掘算法。Apriori 算法就是根据有关频繁项集特性的先验知识(prior knowledge)而命名的。该算法利用一个逐层顺序搜索的循环方法来完成频繁项集的挖掘工作。这一循环方法就是利用 $(k-1)$-项集来产生 k-项集的。具体做法是：首先找出频繁 1-项集，记为 L_1；然后利用 L_1 来挖掘产生 L_2，即频繁 2-项集；以此类推，直至无法发现更多的频繁 k-项集为止。在每一层挖掘产生 L 时，都需要对整个数据库扫描一遍。

为了提升按层次搜索并产生相应频繁项集的处理工作的效率，Apriori 算法利用了一个重要性质，又称 Apriori 性质，即一个频繁项集的任意一个子集也是频繁项集。它可以用来帮助有效地缩小频繁项集的搜索空间。

Apriori 算法将使用这一性质在数据库中通过若干次迭代计算发现频繁项集，而利用 L_{k-1} 来生成 L_k。该过程主要包括两个步骤，即连接和剪枝。

7.3.1　连接(linking)步骤

为了产生 L_k (价有的部解 k 项集[1]的集合)，可以将 L_{k-1} (所有的频繁 $k-1$ 项集的集合)中

---

[1] k 项集，如果事件 A 中包含 k 个元素，那么给这个事件 A 为 k 项集，并且事件 A 满足最小支持度阈值的事件称为频繁 k 项集。

的两个项集相连接以获得 L_k 的候选集合 C_k。设 l_1 和 l_2 为 L_{k-1} 中的两个成员，符号 L_{ij} 表示 l_i 中的第 j 项，如 $L_{i,k-2}$ 就表示 l_i 中的倒数第二项。为方便起见，假设交易数据库中各交易记录中的各项均已按字典序排序。例如，L_{k-1} 的连接操作记为 $L_{k-1} \oplus L_{k-1}$（将 L_{k-1} 与自身连接），它表示若 l_1 和 l_2 中的前 $(k-2)$ 项是相同的，即若有

$$\left(l_{11} = l_{21}\right) \& \& \left(l_{12} = l_{22}\right) \wedge \cdots \wedge \left(l_{1,k-2} = l_{2,k-2}\right) \& \& \left(L_1, k-1\right) < L_2, (k-1)$$

则 L_{k-1} 中的 l_1 和 l_2 的内容可连。

7.3.2 剪枝(pruning)步骤

C_k 是 L_k 的一个超集，其中由项集组成的各元素不一定都是频繁项集，但是所有的频繁 k-项集一定都在其中，即有 $L_k \subseteq C_k$。扫描一遍数据库就可以确定 C_k 中各候选项集的支持频度，并由此获得 L_k 中的各个元素，即频繁 k-项集。所有频度不小于最小支持频度的候选项集就是属于 L_k 的频繁项集。然而由于 C_k 中的候选项集有很多，如此操作所涉及的计算量和计算时间是非常大的，为了缩小 C_k 的规模，就需要利用 Apriori 性质"一个非频繁 $(k-1)$-项集不可能成为频繁 k-项集的一个子集"。因此，若一个候选 k-项集中的任意一个由 $(k-1)$-项集组成的子集不属于 L_{k-1}，那么该候选项集就不可能成为一个频繁 k-项集，因而也就可以将其从 C_k 中删去。可以利用一个哈希表来保存所有频繁项集，以便能够快速完成这一子集测试操作。

7.3.3 Apriori 算法处理流程

Apriori 算法利用层次循环发现频繁项集。其中，输入项为交易数据库 D 和最小支持度阈值 min_sup，输出量为 D 中的频繁项集 L。则该算法的伪代码如下。

```
//根据给定的最小支持度阈值 min_sup，在数据库 D 中发现频繁 1-项集 L₁
for(k=2;L_{k-1}≠∅;k++){
        C_k=apriori_gen(L_{k-1},min_sup);//频繁(k-1)-项集生成候选 k-项集
    for(每一个交易 t∈D){//扫描数据库，确定每个候选项集的支持度
            C_t=subset(C_k,t);//获得 t 所包含的候选项集
            For ∀c∈C_t c.Count++;}//对候选项集进行支持度计数
            L_k={c∈C_k|c.count>min_sup};}//求得频繁 k-项集
return L=∪_kL_k;


Procedure apriori_gen(L_{k-1},min_sup)
for ∀l₁∈L_{k-1}
 for ∀l₂∈L_{k-1}
    if (l₁₁= l₂₁)∧(l₁₂= l₂₂)∧…∧(l_{1,k-2}= l_{2,k-2}) {
      c=l₁⊕l₂;//将两个项集进行连接
       if Is_Infrequent_Itemset(c,L_{k-1})
          delete c;//删除那些不可能生成频繁项集的候选项集
        else C_k=C_k∪{c}; }
return C_k;
```

```
Procedure Is_Infrequence _Itemset(c,L_{k-1})
for 对于 c 的每一个(k-1) -项集 s
   if s∉L_{k-1} return TRUE;
   else return FALSE;
```

Apriori 算法的第(1)步就是发现 1-项集 L_1；在第(2)~(7)步，利用 L_{k-1} 产生 C_k 以便获得 L_k。apriori_gen 过程将产生相应的候选项集，然后，利用 Apriori 性质删除那些子集为非频繁项集的候选项集，即第(3)步。一旦产生所有候选项集，就要扫描数据库，即第(4)步。对于数据库中的每个交易利用 subset 函数来帮助发现该交易记录的所有候选项集的子集，即第(5)步。由此累计每个候选项集的支持频度，即第(6)步。最终由满足最小支持频度的候选项集组成频繁项集 L。然后由所获得的频繁项集生成所有的关联规则。其中，Is_Infrequent_ Itemset 过程用于完成对非频繁项集的检测和识别。

总之，Apriori 过程完成两种操作，那就是连接和剪枝操作。正如上面所介绍的，在连接过程中将 L_{k-1} 与 L_{k-1} 相连接以产生潜在的候选项集；在剪枝过程中利用 Apriori 性质删除候选项集中那些子集为非频繁项集的项集。

7.3.4　Apriori 算法实例

假设有一个交易数据库，如表 7.2 所示，用 TID 表示一项交易的唯一标识，用 Items 来表示该项交易中所涉及的项集及其元素。需要注意的是，在实际应用中，关于大型交易数据库更多地采用如表 7.3 所示的形式，但是为了讨论问题的简化，仍以表 7.2 为例。

表 7.2　交易数据库

TID	Items
001	A C D
002	B C E
003	A B C E
004	B E
...	...

表 7.3　实际应用中的交易数据库形式

TID	Items
001	A
001	C
001	D
002	B
...	...

利用 Apriori 算法，将在表 7.2 所示的各交易数据中寻找其频繁项集的过程描述为如图 7.2 所示的形式(假设 min_sup=50%,min_conf=80%)。

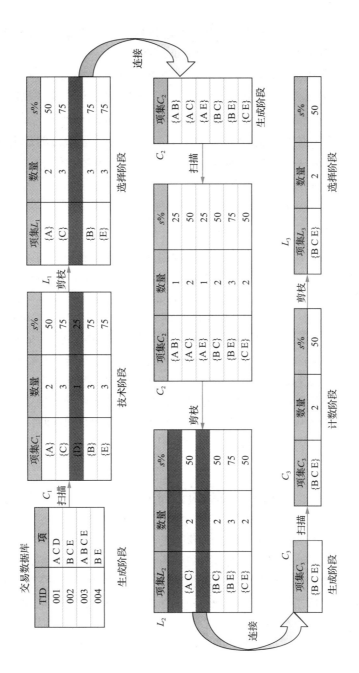

图 7.2 Apriori 算法寻找频繁项集的过程描述

7.3.5 由频繁项集生成关联规则

在第一阶段使用 Apriori 算法或是其他算法找到所有的频繁 i-项集，接下来根据这些频繁 i-项集生成关联规则，这种方法相对简单和直接。

对于一个蕴涵规则 $\{x_1, x_2, x_3\} \rightarrow x_4$，必须满足项集 $\{x_1, x_2, x_3, x_4\}$ 和 $\{x_1, x_2, x_3\}$ 都是频繁的，即 $\text{support}(\{x_1, x_2, x_3, x_4\})$ 和 $\text{support}(\{x_1, x_2, x_3\})$ 均要大于最小支持度阈值 min_sup，而规则的置信度是由项集的比值经计算得到的，即 confidence= $\text{support}(\{x_1, x_2, x_3, x_4\})$/support $(\{x_1, x_2, x_3\})$。强关联规则指的是计算得到的置信度值 c 要大于给定的最小置信度阈值。

例如，在上面的例子中关联规则 $\{B,C\} \rightarrow E$ 的度量计算过程如下。

support($\{B,C,E\}$)=2/4=50%

support($\{B,C\}$)=2/4=50%

confidence = ($\{B,C\} \rightarrow E$) = support($\{B,C,E\}$)/support($\{B,C\}$)=100%

需要注意的是，并非发现的所有强关联规则都是有意义和实用的。下面用一个实际的例子来说明这种情况。例如，某银行市场部门对其抽样的 5 000 名客户所购买的产品或服务进行关联分析。数据显示有 60%(即 3 000 名)的客户购买了产品 A，75%(即 3 750 名)的客户购买了产品 B。同时，40%(即 2 000 名)的客户同时购买了产品 A 和 B。假设规则的最小支持度阈值为 0.4，最小置信度阈值为 0.6，则对于规则 A → B。有 confidence(A → B) = 2 000/3 000 = 0.66>min_conf = 0.6。但是，该规则的兴趣度或称为提升的度量值为 lift(A → B)= 2 000/300×3 750 = 1.78×10E-4<<1。因此，该规则将从规则集中删除。

由上可知，如果仅仅考虑支持度和置信度，很容易生成误导的规则。事实上也许构成规则的两个频繁项集之间是负关联的。显然，在决定规则的有用性时需要考虑项集之间在统计上的相互依赖性。因此，需要计算并考察规则的兴趣度。

7.4 改进的 Apriori 算法

在大型数据集上挖掘频繁项集时，计算的复杂性对系统的时间和空间的消耗是一个很大的挑战，因此，有必要设计和开发一套更加有效的算法来挖掘关联规则。而 Apriori 算法扫描数据库的次数又完全依赖于最大频繁项集中的项的数量。为了减少扫描数据库的次数，或者减少在每次扫描时计算候选项集中的项的数量规模，可以对 Apriori 算法进行以下几种改进，一些文献中对 Apriori 算法改进的新算法基本上也可以归类到下面的一种或几种方法的组合中。它们是基于划分的方法、基于抽样的方法、增量更新的方法、概念层次的方法、基于散列和压缩技术的方法等。

7.4.1 基于划分的方法

基于划分的 Apriori 算法只需对数据库进行两遍扫描，同时把交易数据库分割为若干个互不相连的部分，并且使每个分割部分的大小足以一次读入可以获得的内存空间。

基于划分的方法所遵循的基本思想是：对于整个交易数据库而言，如果一个项集是频繁项集，那么它必然有这样的结果，即至少在一个分割的部分内它是频繁的。

当使用基于划分的方法来挖掘频繁项集时，可以用如图 7.3 所示的图形来表示这一流程。

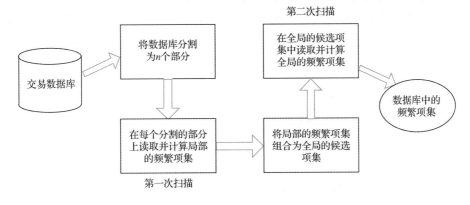

图 7.3 基于划分的 Apriori 算法

7.4.2 基于抽样的方法

在讨论基于抽样的方法改进 Apriori 算法之前，需要了解一个称为负边界(negative border)的概念。负边界是指所有那些非频繁但 Apriori 算法也计算其支持度的候选项集组成的集合。

负边界的重要性质是，一个位于负边界的项集，如果它是非频繁的，那么它的所有子集将是频繁的。例如，在前面所列举的 Apriori 算法的实例中，其负边界是{D}、{A,B} 和 {A,E}。负边界对于 Apriori 算法的改进具有特别重要的意义，它可以提高生成频繁项集的效率或者是产生负关联规则。

基于抽样的方法也需要扫描两遍数据库。首先，从数据库中抽取一个样本并生成该样本的候选项集，当然，希望这些项集在全局数据库中是频繁的。然后，在接下来的一次扫描中，算法将统计这些项集确切的支持度及负边界的支持度。如果在负边界中没有一个项集是频繁的，那么，算法将找到所有的频繁项集；否则，负边界中的项集的超集有可能是频繁项集。

7.4.3 增量更新的方法

增量更新的方法所遵循的基本思想是：使用该技术来对所发现的频繁项集和相应的关联规则进行维护，以便在数据库发生变化时避免对所有的频繁项集和相应的关联规则重新进行挖掘分析，即只对发生变化的那部分数据进行关联分析。

需要注意的是，对数据库的更新可能使得那些原来非频繁的项集变成频繁项集，同时也会把频繁项集变成非频繁项集。实际上该方法就是对旧的频繁项集的信息的重复使用(reuse，也称复用，源自软件复用的思想)，同时集成了新产生的频繁项集的支持度方面的信息，这样可以充分地缩减需要重复检查的候选项集所占用的空间。

7.4.4　概念层次的方法

在许多实际应用中，数据项之间有意义的关联经常是发生在相对高的概念层次(concept hierarchy)上的。如图7.4所示是关于食品构成的可能的概念层次树。图7.4中，数据项在最基本的数据层次上具有较低的支持度，所以交易数据库中的购买模式可能并不存在实际有意义的规则。但是，在较高的概念层次上可能会有一些有意义的关联规则。

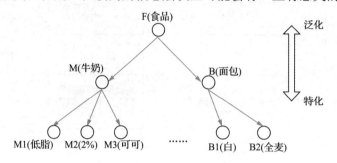

图7.4　一种食品构成的可能的概念层次树

因此，在一个泛化的概念层次或是多个概念层次上挖掘频繁项集是非常重要的，但是这需要泛化的Apriori数据结构来支持这种关联分析。其中，is-a语义层次可以定义为这些项集是其他项集的特化(specialization)或者是泛化(generalization)。

7.4.5　基于散列和压缩技术的方法

基于散列的算法是由Park等人在1995年提出的。通过实验发现寻找频繁项集的主要计算量是花在生成频繁2-项集L_2上，因此Park等人就利用这个性质引入散列技术来改进产生频繁2-项集的方法。

其基本思想是：当扫描数据库中的每个事务，由C_1中的候选1-项集产生频繁1-项集L_1时，对每个事务产生所有的2-项集，将它们散列到散列表结构的不同桶(bucket)中，并增加对应桶的计数。在散列表中，统计数低于最小支持度阈值的2-项集不可能是频繁2-项集，可从候选2-项集C_2中删除，这样就可以大大压缩要考虑的2-项集。

例如，散列函数为$h(x,y)=\left[(\text{order of }x)\times10+(\text{order of }y)\right]\bmod 7$的候选2-项集的散列表如表7.4所示。

表7.4　候选2-项集的散列表

Bucket Address	0	1	2	3	4	5	6
Bucket Count	2	2	4	2	2	4	4
Bucket Content	$\{I_1,I_4\}$ $\{I_3,I_5\}$	$\{I_1,I_5\}$ $\{I_1,I_5\}$	$\{I_2,I_3\}$ $\{I_2,I_3\}$ $\{I_2,I_3\}$ $\{I_2,I_3\}$	$\{I_2,I_4\}$ $\{I_2,I_4\}$	$\{I_2,I_5\}$ $\{I_2,I_5\}$	$\{I_1,I_2\}$ $\{I_1,I_2\}$ $\{I_1,I_2\}$ $\{I_1,I_2\}$	$\{I_1,I_3\}$ $\{I_1,I_3\}$ $\{I_1,I_3\}$ $\{I_1,I_3\}$

Agrawal 等人提出压缩进一步迭代扫描的事务数的方法。因为不包含任何 k -项集的事务将不可能包含任何 $(k+1)$ -项集，可给这些事务加上删除标志，扫描数据库时不再考虑。事实上，基于散列的技术也是一种压缩方法。

7.5 基于 FP-Growth 算法的关联规则分析

假设要生成长度为 100 的频繁模式，即 $\{a_1, a_2, \cdots, a_{100}\}$，那么候选项集的数量至少是 $\sum_{i=1}^{100} C_{100}^i = 2^{100} - 1 \approx 1.268 \times 10^{30}$，因此，需要对数据库进行上千次扫描，计算的复杂性显然呈指数级增长。

频繁模式增长的方法(Frequent Pattern Growth Method，FP-Growth)是一种在大型数据库中挖掘频繁项集的方法。该算法在挖掘频繁项集时不需要像 Apriori 算法那样费时地生成候选项集。频繁模式增长的方法首先对数据库生成关于频繁项集的投影，然后通过构造一种称为频繁模式树(Frequent Pattern Tree，FP-Tree)的紧凑的数据结构来对主存中的数据进行挖掘分析。它采用的是一种分而治之(divide and conquer)的策略。

例如，使用如图 7.5 左侧的交易数据库来解释 FP-Growth 算法的基本原理，并假设最小支持度阈值为 3。首先，扫描数据库并找出频繁项集，同时各频繁项集要按照支持度大小从大到小进行排序，组成列表 $L = \{(f,4),(c,4),(a,3),(b,3),(m,3),(p,3)\}$。然后，对每一条交易数据，使用其频繁项集来构造 FP-Tree，详细过程如图 7.5 所示。

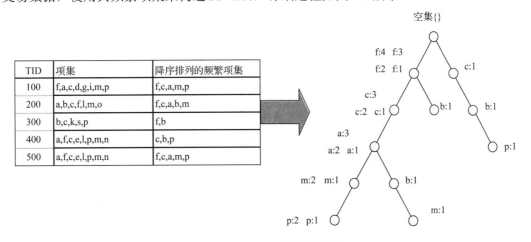

图 7.5 FP-Tree 的构造过程

交易记录读取顺序如下：

(1) f,c,a,m,p

(2) f,c,a,b,m

(3) f,b

(4) c,b,p

(5) f,c,a,m,p

为了便于对 FP-Tree 进行遍历，需要建立一张项头表(item header table) L。L 中的每一项通过节点链连接到 FP-Tree 中带有支持度数值的相应节点上，如图 7.6 所示。

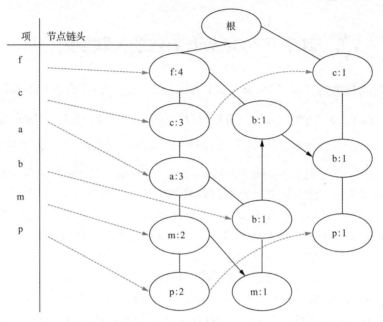

图 7.6　带有项头表的 FP-Tree

根据由频繁项集组成的列表 L，完整的频繁项集的集合可以参照上述带有头节点链的 FP-Tree 将其划分为互不重叠的六个子集，即逆序读取项的头节点链表，即可得到以下六个频繁项集。

(1) 含有项 p 的频繁项集。

(2) 含有项 m 但不含项 p 的频繁项集。

(3) 含有项 b 但不含项 m 和 p 的频繁项集。

(4) 含有项 a 但不含项 b、m 和 p 的频繁项集。

(5) 含有项 c 但不含项 a、b、m 和 p 的频繁项集。

(6) 只含有项 f 的频繁项集。

从图 7.6 可知，由 p 参与的所有交易中，在 FP-Tree 中有两条路径可以选择，即{(f,4),(c,3),(a,3),(m,2),(p,2)}和{(c,1),(b,1),(p,1)}，那么含有 p 的样本数据是{(f,2),(c,2),(a,2),(m,2),(p,2)}和{(c,1),(b,1),(p,1)}。根据给定的最小支持度阈值 3，只有频繁项集{(c,3),(p,3)}满足该要求，简记为{c,p}。

频繁项集的下一个子集是由那些含有项 m 但不含项 p 的频繁项集所构成的子集。同样，从 FP-Tree 可知，有路径{(f,4),(c,3),(a,3),(m,2)}和{(f,4),(c,3),(a,3),(b,1),(m,1)}，或者累计为样本集{(f,2),(c,2),(a,2),(m,2)}和{(f,1),(c,1),(a,1),(b,1),(m,1)}。由该样本集中满足最小支持度阈值的项集组成的频繁项集为{(f,3),(c,3),(a,3),(m,3)}，简记为{f,c,a,m}。其他频繁项集的子集的查找过程与上述情况类似，在此不再赘述，感兴趣的读者可以尝试全部写出来。

实验表明，FP-Growth 算法比 Apriori 算法至少要快一个数量级以上，这也许正是它和 Apriori 算法一样受到许多数据挖掘人士欢迎的原因之一。

7.6 多维和多层关联规则

7.6.1 多维关联规则挖掘

对于多维数据库而言，除了维内的关联规则外，还有一类多维的关联规则，它是相对于前面所描述的单维关联规则而言的。

例如，年龄(X，"20"，"30") ∧ 职业(X，"教师") → 信用等级(X,C)。

在此涉及三个维度的数据：年龄、职业、信用等级。根据是否允许同一个维重复出现，又可以细分为维间的关联规则和混合维关联规则。前者不允许维重复出现，而后者则允许维在规则的左右同时出现。

例如，年龄(X，"20"，"30") ∧ 信用等级(X，A) → 职业(X，"工程师")，这个规则就是混合维关联规则。

在挖掘维间关联规则和混合维关联规则的时候，还要考虑不同的字段类型：类别型和数值型。对于类别型的字段，原先的算法都可以处理。而对于数值型的字段，需要进行一定的处理之后才可以使用。也有人称这种关联规则为量化关联规则。处理数值型字段的方法基本上有以下几种。

(1) 数值型字段被分解为一些预定义的层次结构。这些区间都是由用户预先定义的，这样得到的规则也称为静态数量关联规则。

(2) 根据数值型字段数据的分布而分成一些逻辑型字段。每个逻辑型字段都表示一个数值型字段的区间，如果落在相应的区间中，则值为 1，反之为 0。这种划分方法是动态的，这样得到的关联规则称为布尔数量关联规则。

(3) 数值型字段被分成一些能体现某种含义的区间。它充分考虑了数据之间的距离因素，这样得到的规则称为基于距离的关联规则。

(4) 直接用数值型字段中的原始数据进行分析。使用一些统计方法对数值型字段的值进行分析，并且结合多层关联规则的概念，在多个层次之间进行比较，从而得出一些有用的规则，这样得到的规则称为多层数量关联规则。

下面，通过一个具体的例子来说明多维关联规则的挖掘方法。假设有如表 7.5 所示的多维交易数据库，其变量构成为 $\{TID, A_1, A_2, \cdots, A_n\}$。

表 7.5 多维交易数据库

TID	A_1	A_2	A_3	Items
001	a	1	m	x,y,z
002	b	2	n	z,w
003	a	3	m	x,z,w
004	c	4	p	x,w

一般来说，可以把多维关联规则挖掘划分为两个步骤。首先，挖掘有关维度信息的频繁模式；然后，在由维度频繁模式投影的数据库子集中查找频繁项集。在此假设下，最小支持度阈值为 2，具体描述如下。

(1) 先找到频繁的多维值的组合，接着在数据库中查找相应的频繁项集。

(2) 那些属性值组合的发生次数在 2 次或 2 次以上就是频繁的，将其称为多维模式 (MD-Pattern)。至于多维模式的挖掘，有修正的算法 BUG，它可用于在大型数据仓库上挖掘关联规则，感兴趣的读者可以查找相关文献来阅读。

(3) 当找到所有的多维模式后，就要在由各个多维模式投影的数据库子集上进行频繁项集的挖掘分析。上述例子的流程如图 7.7 所示。

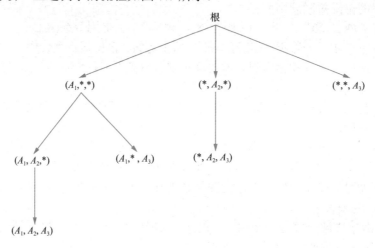

图 7.7　多维关联规则挖掘流程

7.6.2　多层关联规则挖掘

对于很多应用来说，由于数据的分布具有分散性，所以很难在数据最细节的层次上发现一些强关联规则。当引入念层次后，就可以在较高的层次上进行挖掘。虽然在较高层次上得出的规则可能是更普通的信息，但是对于某一个用户来说是普通信息，对于另一个用户来说也许未必如此，所以数据挖掘应该提供在多个层次上进行挖掘的功能。多层关联规则：根据规则涉及的层次，可分为同层关联规则和层间关联规则。

多层关联规则的挖掘基本上可以沿用"支持度—可信度"的框架。不过，在支持度设置的问题上有一些要考虑的因素。同层关联规则可以采用两种支持度策略。

(1) 统一的最小支持度。对于不同的层次，都使用同一个最小支持度。这样对于用户和算法的实现来说都比较容易，但是弊端也是明显的。

(2) 递减的最小支持度。每个层次都有不同的最小支持度，较低层次的最小支持度相对较小。同时，还可以利用上层挖掘得到的信息进行一些过滤工作。当层间关联规则考虑最小支持度时，应该根据较低层次的最小支持度来确定。

需要注意的是，这部分内容也可以参考前面所讨论的 Apriori 算法改进方法中关于概念层次的描述。只不过前者只是用于改进 Apriori 算法，后者则把它作为单独的一类关联规则挖掘方法来讨论。

7.7 应 用 实 践

7.7.1 基于 Apriori 算法的用户购物关联度分析

关联分析用于发现用户购买不同的商品之间所存在的关联和相关联系，如商品 A 和商品 B 存在很强的相关性，常用于实体商店或在线电商的推荐系统。例如，某一客户购买商品 A，那么他很有可能会购买商品 B，通过大量销售数据找到经常在一起购买的商品组合，可以了解用户的购买行为，根据销售的商品推荐关联商品从而给出购买建议，寻找新的销售增长点。下面用阿里云天池用户购物行为数据集实现基于 Apriori 算法的用户购物关联度分析。数据集中选取包含了 2014 年 11 月 18 日至 2014 年 12 月 18 日之间，10 000 名随机用户共 12 256 906 条行为数据。数据集的每一行表示一条用户行为，其包含六个列字段，如表 7.6 所示。

表 7.6　用户行为的列字段

列字段	描述
user_id	用户身份
item_id	商品 ID
behavior_type	用户行为类型(包含点击、收藏、加购物车、购买四种行为，分别用数字 1、2、3、4 表示)
user_geohash	地理位置(有空值)
item_category	品类 ID(商品所属的品类)
time	用户行为发生的时间

本例只选取数据集中 user_id 和 item_id 这两个字段进行购物推荐。

Apriori 算法的实现代码如下。

首先，创建初始候选集。具体代码如下。

```
# -*- coding: utf-8 -*-
import numpy as np
import pandas as pd
# 创建初始候选集，候选项 1 项集
def apriori(data_set):
    print('创建初始候选项 1 项集')
    c1 = set()
    for items in data_set:
        for item in items:
```

```
    # frozenset()返回一个冻结的集合,冻结后集合不能再添加或删除任何元素
        item_set = frozenset([item])
        c1.add(item_set)
```

然后,从候选项集中选出满足最小支持度的频繁项集并计算支持度,根据频繁项集,生成新的候选项 1 项集。具体代码如下。

```
    # 从候选项集中选出频繁项集并计算支持度
    def generate_freq_supports(data_set, item_set, min_support):
        print('筛选频繁项集并计算支持度')
        freq_set = set()  # 保存频繁项集元素
        item_count = {}  # 保存元素频次,用于计算支持度
        supports = {}  # 保存支持度
        # 如果项集中元素在数据集中则计数
        for record in data_set:
            for item in item_set:
                # issubset()方法用于判断集合的所有元素是否都包含在指定集合中
                if item.issubset(record):
                    if item not in item_count:
                        item_count[item] = 1
                    else:
                        item_count[item] += 1
        data_len = float(len(data_set))
        # 计算项集支持度
        for item in item_count:
            if (item_count[item] / data_len) >= min_support:
                freq_set.add(item)
                supports[item] = item_count[item] / data_len
    return freq_set, supports
    # 根据频繁项集,生成新的候选项 1 项集
    def generate_new_combinations(freq_set, k):
        print('生成新组合')
        new_combinations = set()  # 保存新组合
        sets_len = len(freq_set)  # 集合含有元素个数,用于遍历求得组合
        freq_set_list = list(freq_set)  # 集合转为列表用于索引
        for i in range(sets_len):
            for j in range(i + 1, sets_len):
                l1 = list(freq_set_list[i])
                l2 = list(freq_set_list[j])
                l1.sort()
                l2.sort()
                # 若两个集合的前 k-2 个项相同时,则将两个集合合并
                if l1[0:k-2] == l2[0:k-2]:
                    freq_item = freq_set_list[i] | freq_set_list[j]
```

```
            new_combinations.add(freq_item)
    return new_combinations
```

最后，循环生成候选集并计算其支持度，从频繁项集中挖掘关联规则，筛选满足最小可信度的关联规则。这里先用测试数据测试算法是否可行，设置最小支持度为 0.5，最小置信度为0.7。具体代码如下。

```python
# 循环生成候选集并计算其支持度
def apriori(data_set, min_support, max_len=None):
    print('循环生成候选集')
    max_items = 2   # 初始项集元素个数
    freq_sets = []  # 保存所有频繁项集
    supports = {}   # 保存所有支持度
    # 候选项 1 项集
    c1 = set()
    for items in data_set:
        for item in items:
            item_set = frozenset([item])
            c1.add(item_set)
    # 频繁项 1 项集及其支持度
    l1, support1 = generate_freq_supports(data_set, c1, min_support)
    freq_sets.append(l1)
    supports.update(support1)
    if max_len is None:
        max_len = float('inf')
    while max_items and max_items <= max_len:
        # 生成候选集
        ci = generate_new_combinations(freq_sets[-1], max_items)
        # 生成频繁项集和支持度
        li, support = generate_freq_supports(data_set, ci, min_support)
        # 如果有频繁项集则进入下一个循环
        if li:
            freq_sets.append(li)
            supports.update(support)
            max_items += 1
        else:
            max_items = 0
    return freq_sets, supports


# 生成关联规则
def association_rules(freq_sets, supports, min_conf):
    print('生成关联规则')
    rules = []
    max_len = len(freq_sets)
```

```
    # 筛选符合规则的频繁集计算置信度，满足最小置信度的关联规则添加到列表
    for k in range(max_len - 1):
        for freq_set in freq_sets[k]:
            for sub_set in freq_sets[k + 1]:
                if freq_set.issubset(sub_set):
                    frq = supports[sub_set]
                    conf = supports[sub_set] / supports[freq_set]
                    rule = (freq_set, sub_set - freq_set, frq, conf)
                    if conf >= min_conf:
                        print(freq_set,"-->",sub_set - freq_set,'frq:',frq,
'conf:',conf)

                        rules.append(rule)
    return rules
# 创建测试数据
if __name__ == '__main__':
    dic = {'user_id':[111,111,
                    112,112,112,112,
                    113,113,113,113,
                    114,114,114,114,
                    115,115,115,115],
            'item_id':['豆奶','莴苣',
                    '莴苣','尿布','葡萄酒','甜菜',
                    '豆奶','尿布','葡萄酒','橙汁',
                    '莴苣','豆奶','尿布','葡萄酒',
                    '莴苣','豆奶','尿布','橙汁']}
    data = pd.DataFrame(dic)
    # 关联规则中不考虑多次购买同一件物品，删除重复数据
    data = data.drop_duplicates()
    # 初始化列表
    data_set = []
    # 分组聚合，同一用户购买多种商品的合并为一条数据，只有1件商品的没有意义，需要进行过滤
    groups = data.groupby(by='user_id')
    for group in groups:
        if len(group[1]) >= 2:
            data_set.append(group[1]['item_id'].tolist())

    # L为频繁项集，support_data为支持度
    L, support_data = apriori(data_set, min_support=0.5)
    association_rules = association_rules(L, support_data, min_conf=0.7)
```

　　运行上述代码，得到的结果如表 7.7 所示。由于 Apriori 算法使用多重嵌套 for 循环进行计算，每次更新频繁项集都需要扫描整个数据集，当数据量过大时效率不高。

表 7.7 基于 Apriori 算法的关联规则

frozenset({'葡萄酒'})-->frozenset({'尿布'}) frq: 0.6 conf: 1.0
frozenset({'尿布'})-->frozenset({'葡萄酒'}) frq: 0.6 conf: 0.7
frozenset({'尿布'})-->frozenset({'莴苣'}) frq: 0.6 conf: 0.749
frozenset({'尿布'})-->frozenset({'豆奶'}) frq: 0.6 conf: 0.749
frozenset({'豆奶'})-->frozenset({'莴苣'}) frq: 0.6 conf: 0.749
frozenset({'豆奶'})-->frozenset({'尿布'}) frq: 0.6 conf: 0.749
frozenset({'莴苣'})-->frozenset({'豆奶'}) frq: 0.6 conf: 0.749
frozenset({'莴苣'})-->frozenset({'尿布'}) frq: 0.6 conf: 0.749

7.7.2 基于 FP-Growth 算法的用户购物关联度分析

FP-Growth 算法基于 Apriori 算法构建，但采用了高级的数据结构来减少扫描次数，只需要对数据库进行两次扫描，大大加快了算法速度。

下面使用阿里云天池用户购物行为数据集实现用户购物关联度。这里同样只选取数据集中 user_id 和 item_id 这两个字段。其中，使用 FP-Growth 算法挖掘频繁项集。具体代码如下。

```
# encoding: utf-8
from collections import defaultdict, namedtuple


# 挖掘频繁项集，生成频繁项集和对应支持度 (频数)
def find_frequent_itemsets(transactions, minimum_support, include_support=False):
    items = defaultdict(lambda: 0)  # 支持项映射
    # 载入交易并计算单个项目具有的支持
    for transaction in transactions:
        for item in transaction:
            items[item] += 1
    # 将非频繁项从项支持度的字典中移除
    items = dict((item, support) for item, support in items.items()
        if support >= minimum_support)
# 建立 FP-Tree 树，在任何交易被添加到 FP-Tree 树之前
# 必须先删除不常发生的交易，并且将其剩余的交易
# 按频率从高到低的顺序进行排序
    def clean_transaction(transaction):
        transaction = filter(lambda v: v in items, transaction)
        # 为了防止变量在其他部分调用，这里引入临时变量 transaction_list
        transaction_list = list(transaction)
        transaction_list.sort(key=lambda v: items[v], reverse=True)
        return transaction_list
    master = FPTree()
    for transaction in map(clean_transaction, transactions):
        master.add(transaction)
```

```python
def find_with_suffix(tree, suffix):
    for item, nodes in tree.items():
        support = sum(n.count for n in nodes)
        if support >= minimum_support and item not in suffix:
            found_set = [item] + suffix
            yield (found_set, support) if include_support else found_set
            # 构建条件树，然后递归搜索其中的频繁项集
            cond_tree = conditional_tree_from_paths(tree.prefix_paths(item))
            for s in find_with_suffix(cond_tree, found_set):
                yield s # pass along the good news to our caller
    # 搜索频繁项集
    for itemset in find_with_suffix(master, []):
        yield itemset
# 构建 FP-Tree 树，所有的项必须作为字典的键或集合成员
class FPTree(object):
    Route = namedtuple('Route', 'head tail')
    def __init__(self):
        # 根节点
        self._root = FPNode(self, None, None)
        self._routes = {}
    @property
    def root(self):
        # 根节点
        return self._root
    def add(self, transaction):
        # 向树中添加交易
        point = self._root
        for item in transaction:
            next_point = point.search(item)
            if next_point:
                # 当前交易项已经是树中节点
                next_point.increment()
            else:
                # 创建新节点，将其添加到当前寻找的子节点上
                next_point = FPNode(self, item)
                point.add(next_point)
                # 更新节点路径，使其包含新添加节点
                self._update_route(next_point)
            point = next_point
    def _update_route(self, point):
        # 在所有通过的路径上添加当前节点
        assert self is point.tree
        try:
            route = self._routes[point.item]
```

```
            route[1].neighbor = point  # route[1] is the tail
            self._routes[point.item] = self.Route(route[0], point)
        except KeyError:
            # 如果此项是第一个节点，则创建一条新路径
            self._routes[point.item] = self.Route(point, point)
# 为树中表示的每个项目生成一个二元组
# 元组的第一个元素是项目本身
# 第二个元素是生成器，将生成树中属于该项目的节点
    def items(self):
        for item in self._routes.keys():
            yield (item, self.nodes(item))
    def nodes(self, item):
        # 生成包含所给项目的节点序列
        try:
            node = self._routes[item][0]
        except KeyError:
            return
        while node:
            yield node
            node = node.neighbor
    def prefix_paths(self, item):
        # 生成前缀路径并以所给项目作为结束
        def collect_path(node):
            path = []
            while node and not node.root:
                path.append(node)
                node = node.parent
            path.reverse()
            return path
        return (collect_path(node) for node in self.nodes(item))
    def inspect(self):
        print('Tree:')
        self.root.inspect(1)
        print('Routes:')
        for item, nodes in self.items():
            print('  %r' % item)
            for node in nodes:
                print('    %r' % node)
def conditional_tree_from_paths(paths):
    # 从给定的前缀路径构建一个条件 FP 树
    tree = FPTree()
    condition_item = None
    items = set()
# 将路径中的节点导入到新树中
```

```
    # 仅记录叶节点的个数
    # 其余节点的个数将利用叶节点的个数重建
    for path in paths:
        if condition_item is None:
            condition_item = path[-1].item
        point = tree.root
        for node in path:
            next_point = point.search(node.item)
            if not next_point:
                # 增加新节点
                items.add(node.item)
                count = node.count if node.item == condition_item else 0
                next_point = FPNode(tree, node.item, count)
                point.add(next_point)
                tree._update_route(next_point)
            point = next_point
    assert condition_item is not None
    # 计算非叶节点数
    for path in tree.prefix_paths(condition_item):
        count = path[-1].count
        for node in reversed(path[:-1]):
            node._count += count
    return tree
class FPNode(object):
    # FP-Tree 树节点
    def __init__(self, tree, item, count=1):
        self._tree = tree
        self._item = item
        self._count = count
        self._parent = None
        self._children = {}
        self._neighbor = None
    def add(self, child):
        # 添加所给子 FPNode 作为当前节点的子节点
        if not isinstance(child, FPNode):
            raise TypeError("Can only add other FPNodes as children")
        if not child.item in self._children:
            self._children[child.item] = child
            child.parent = self
    def search(self, item):
        # 检查此节点是否包含给定项目的子节点
        # 如果是，则返回该节点，否则，返回 None
        try:
            return self._children[item]
```

```python
        except KeyError:
            return None
    def __contains__(self, item):
        return item in self._children
    @property
    def tree(self):
        # 该节点所在的树
        return self._tree
    @property
    def item(self):
        # 项目包含于此节点
        return self._item
    @property
    def count(self):
        # 节点项目计数
        return self._count
    def increment(self):
        # 增加节点项目计数
        if self._count is None:
            raise ValueError("Root nodes have no associated count.")
        self._count += 1
    @property
    def root(self):
        # 判断是否为根节点
        return self._item is None and self._count is None
    @property
    def leaf(self):
        # 判断是否为叶节点
        return len(self._children) == 0
    @property
    def parent(self):
        # 定义父节点
        return self._parent
    @parent.setter
    def parent(self, value):
        if value is not None and not isinstance(value, FPNode):
            raise TypeError("A node must have an FPNode as a parent.")
        if value and value.tree is not self.tree:
            raise ValueError("Cannot have a parent from another tree.")
        self._parent = value
    @property
    def neighbor(self):
        # 定义节点的邻居
        return self._neighbor
```

```
    @neighbor.setter
    def neighbor(self, value):
        if value is not None and not isinstance(value, FPNode):
            raise TypeError("A node must have an FPNode as a neighbor.")
        if value and value.tree is not self.tree:
            raise ValueError("Cannot have a neighbor from another tree.")
        self._neighbor = value
    @property
    def children(self):
        # 定义子节点
        return tuple(self._children.itervalues())
    def inspect(self, depth=0):
        print(('  ' * depth) + repr(self))
        for child in self.children:
            child.inspect(depth + 1)
    def __repr__(self):
        if self.root:
            return "<%s (root)>" % type(self).__name__
        return "<%s %r (%r)>" % (type(self).__name__, self.item, self.count)
if __name__ == '__main__':
    from optparse import OptionParser
    import csv
    p = OptionParser(usage='%prog data_file')
    p.add_option('-s', '--minimum-support', dest='minsup', type='int',
        help='Minimum itemset support (default: 2)')
    p.add_option('-n', '--numeric', dest='numeric', action='store_true',
        help='Convert the values in datasets to numerals (default: false)')
    p.set_defaults(minsup=2)
    p.set_defaults(numeric=False)
    options, args = p.parse_args()
    if len(args) < 1:
        p.error('must provide the path to a CSV file to read')
    transactions = []
    with open(args[0]) as database:
        for row in csv.reader(database):
            if options.numeric:
                transaction = []
                for item in row:
                    transaction.append(long(item))
                transactions.append(transaction)
            else:
                transactions.append(row)
    result = []
```

```
for itemset, support in find_frequent_itemsets(transactions, options.
                                                minsup, True):
    result.append((itemset, support))
result = sorted(result, key=lambda i: i[0])
for itemset, support in result:
    print(str(itemset) + ' ' + str(support))
```

运行上述代码，得到的频繁项集如表 7.8 所示。其中编号为 112921337 的商品最受欢迎，远远高于其他商品。

表 7.8　频繁项集

Item_id	frequency	support
[112921337]	518	0.051847
[128186279]	341	0.034131
[135104537]	339	0.033931
[97655171]	332	0.03323
[2217535]	317	0.031729
[5685392]	302	0.030227
[374235261]	300	0.030027
[387911330]	298	0.029827
[275450912]	288	0.028826
[209323160]	282	0.028225
[277922302]	275	0.027525
[361681874]	249	0.024922
[322554659]	217	0.02172
[21087251]	217	0.02172
[217213194]	212	0.021219

计算出频繁项集后，可以从频繁项集中挖掘关联规则，筛选满足最小置信度的关联规则，计算支持度和置信度。这里将最小支持度(频数)设置为 50，最小置信度设置为 0.3。具体代码如下。

```
# -*- coding: utf-8 -*-
import numpy as np
import pandas as pd
from sqlalchemy import create_engine
import itertools            # itertools 用于高效循环的迭代函数集合
import sys,time
import fp_growth as fpg     # 导入 fp-growth 算法
start =time.time()
# 数据转换为同一单号包含多个商品的列表
def convertData(data):
    # 关联规则中不考虑多次购买同一件物品，删除重复数据
```

```
        data = data.drop_duplicates()
        # 初始化列表
        itemSets = []
        it_list = []
        # 分组聚合，同一用户购买多种商品的合并为一条数据，只购买1件商品的无意义，需要过滤
        groups = data.groupby(by=['user_id'])
        for group in groups:
            if len(group[1]) >= 2:
                itemSets.append(group[1]['item_id'].tolist())
        return itemSets
# 生成关联规则，计算支持度、置信度和提升度
def generate_association_rules(patterns, total, min_confidence):
    antecedent_list = []
    consequent_list = []
    support_list = []
    confidence_list = []
    lift_list = []
    count_antecedent = []
    p_antecedent = []
    count_consequent = []
    p_consequent = []
    count_ant_con = []
    for itemset in patterns.keys():
        upper_support = patterns[itemset]   # A & B
        for i in range(1, len(itemset)):
            for antecedent in itertools.combinations(itemset, i):
                """
                itertools.combinations()用于创建一个迭代器，
                返回 iterable 中所有长度为 r 的子序列，
                返回的子序列中的项按输入 iterable 中的顺序排序
                """
                antecedent = tuple(sorted(antecedent))
                consequent = tuple(sorted(set(itemset) - set(antecedent)))
                if antecedent in patterns:
                    lower_support = patterns[antecedent]               # A
                    consequent_support = patterns[consequent]          # B
                    p_lower_support = lower_support / total            # P(A)
                    p_consequent_support = consequent_support / total # P(B)
                    # 支持度 Support = P(A & B)
support = round(float(upper_support) / total, 6)
                    # 置信度 Confidence = P(A & B) / P(A)
confidence = float(upper_support) / lower_support
                    # 提升度Lift = ( P(A & B)/ P(A) ) / P(B) = P(A & B) / P(A) / P(B)
lift = confidence / p_consequent_support
```

```
            if confidence >= min_confidence:
                antecedent_list.append(list(antecedent))
                consequent_list.append(list(consequent))
                support_list.append(support)
                confidence_list.append(confidence)
                lift_list.append(lift)
                count_antecedent.append(lower_support) # count(A)
                p_antecedent.append(p_lower_support) # P(A)
                # count(B)
                count_consequent.append(consequent_support)
                p_consequent.append(p_consequent_support) # P(B)
                count_ant_con.append(upper_support) # count(AB)
    rules_col = {'antecedent':antecedent_list,
            'consequent':consequent_list,
            'count_antecedent':count_antecedent,
            'antecedent_support':p_antecedent,
            'count_consequent':count_consequent,
            'consequent_support':p_consequent,
            'count_ant_con':count_ant_con,
            'support':support_list,
            'confidence':confidence_list,
            'lift':lift_list}
    rules = pd.DataFrame(rules_col)
    col = ['antecedent','consequent','support','confidence','lift']
    rules = rules[col]
    rules.sort_values(by=['support','confidence'],ascending=False,
                inplace=True)
    return rules
if __name__ == '__main__':
    # 导入数据
    data = pd.read_csv(r'tianchi_mobile_recommend_train_user.zip',encoding=
                'ansi')
    data = data[['user_id','item_id']]
    # 转换数据
    dataset = convertData(data)
    total = len(dataset)
    print('总订单数: ',total)
    '''
```

find_frequent_itemsets()调用函数生成频繁项集和频数；minimum_support 表示设置最小支持度(频数)，即频数大于等于 minimum_support，保存此频繁项，否则删除；include_support 表示返回结果是否包含支持度(频数)，若 include_support=True，返回结果中包含 itemset 和 support，否则只返回 itemset。

```
'''
frequent_itemsets = fpg.find_frequent_itemsets(dataset, minimum_support=50,
                                               include_support=True)
result = []
for itemset, support in frequent_itemsets: # 将 generator 结果存入 list
    result.append((itemset, support))
result = sorted(result, key=lambda i: i[0])# 排序后输出
item_list = []
itemset_list = []
support_list = []
for itemset, support in result:
    item_list.append(itemset)            # 保存为列表，用于输出频繁项集结果
    itemset = tuple(sorted(itemset))   # 先转换为元组，用于后续生成关联规则
    itemset_list.append(itemset)
    support_list.append(support)
# 构建字典
patterns = dict(zip(itemset_list,support_list))
print('频繁项集总数：',len(patterns))
# 生成关联规则，计算支持度、置信度和提升度
# min_confidence 代表最小置信度
rules = generate_association_rules(patterns,total,min_confidence=0.3)
print('关联规则：\n',rules.head())
print('结果总数：',len(rules))
# 输出频繁集，将结果输出到同一份 Excel 文件不同的工作表中
sup = {'item_id':item_list,'frequency':support_list}
sup = pd.DataFrame(sup)
sup['support'] = round(sup['frequency'] / float(total), 6)
sup.sort_values(by=['support'],ascending=False,inplace=True)
sup_col = ['item_id','frequency','support']
sup = sup[sup_col]
writer = pd.ExcelWriter(r'fp-growth-result.xlsx')
sup.to_excel(excel_writer=writer,sheet_name='support',index=False)
# 输出关联规则
rules.to_excel(excel_writer=writer,sheet_name='rules',index=False)
end = time.time()
print('Running time: %s Seconds'%(end-start))
```

运行上述代码，得到的用户购物行为关联规则如表 7.9 所示。商品组合中[387911330]→[97655171] 和 [97655171] → [387911330] 的支持度最高，但是商品组合 [387911330] →[97655171]的置信度最高，表示购买编号为 387911330 商品的用户中有约 44%会购买编号为 97655171 的商品，可以对这两种商品进行捆绑销售。

表 7.9 用户购物行为关联规则

ANTECEDENT	CONSEQUENCE	SUPPORT	CONFIDENCE	LIFT
[387911330]	[97655171]	0.013112	0.439597315	13.2289662
[97655171]	[387911330]	0.013112	0.394578313	13.2289662
[2217535]	[112921337]	0.012812	0.403785489	7.788071081
[135104537]	[112921337]	0.01101	0.324483776	6.258527807
[217213194]	[112921337]	0.007807	0.367924528	7.096397611
[182983546]	[135104537]	0.007307	0.528985507	15.59024839
[13435395]	[147989252]	0.007206	0.541353383	31.81565679
[147989252]	[13435395]	0.007206	0.423529412	31.81565679
[355491322]	[112921337]	0.006906	0.38121547	7.352748565
[393301758]	[14087919]	0.006806	0.5	24.25
[14087919]	[393301758]	0.006806	0.330097087	24.25
[360820184]	[374235261]	0.006706	0.333333333	11.10111111
[350186246]	[97655171]	0.006206	0.413333333	12.43859438
[195267194]	[374235261]	0.006206	0.333333333	11.10111111
[182983546]	[112921337]	0.005905	0.427536232	8.246166974
[301736723]	[374235261]	0.005905	0.341040462	11.3577842

本 章 小 结

关联规则挖掘发现大量数据中项集之间有趣的关联或相关联系。随着大量数据被不停地收集和存储，从大量记录中发现有趣的关联关系，可以帮助许多决策的制定。

通过本章的讨论可以看出，关联规则具有能够生成清晰而有用的结果、支持间接的数据挖掘、可处理变长的数据类型、计算的消耗量可以预先估计等一些优点。同时，关联规则也存在大型数据库上计算复杂性将呈指数级增长、难以确定正确的数据、倾向于忽略稀疏的数据等一些缺点。

关联规则分析与总结

习 题

一、选择题

1. 任何数据之间逻辑上都有可能存在联系，这体现了大数据思维中的( )。

    A. 相关思维   B. 因果思维

    C. 定量思维   D. 实验思维

2. 下列属于关联分析的是(　　)。

    A．CPU 性能预测　　　　　　　　B．购物篮分析

    C．自动判断鸢尾花类别　　　　　　D．股票趋势建模

3. 置信度(confidence)是衡量兴趣度度量(　　)的指标。

    A．简洁性　　　　　　　　　　　　B．确定性

    C．实用性　　　　　　　　　　　　D．新颖性

4. Apriori 算法的加速过程依赖(　　)策略。

    A．抽样　　　　　　　　　　　　　B．剪枝

    C．缓冲　　　　　　　　　　　　　D．并行

5. (　　)会降低 Apriori 算法的挖掘效率。

    A．支持度阈值增大　　　　　　　　B．项数减少

    C．事务数减少　　　　　　　　　　D．减小硬盘读写速率

6. Apriori 算法使用到下列哪些内容? (　　)。

    A．格结构、有向无环图　　　　　　B．二叉树、哈希树

    C．格结构、哈希树　　　　　　　　D．多叉树、有向无环图

7. 非频繁模式(　　)。

    A．其置信度小于阈值　　　　　　　B．令人不感兴趣

    C．包含负模式和负相关模式　　　　D．对异常数据项敏感

8. 哈希表在 Apriori 算法中所起的作用是(　　)。

    A．存储数据　　　　　　　　　　　B．查找

    C．加速查找　　　　　　　　　　　D．剪枝

9. 发现关联规则的算法通常要经过以下三步：连接数据，做数据准备；给定最小支持度和(　　)，利用数据挖掘工具提供算法发现关联规则；可视化显示、理解、评估关联规则。

    A．最小兴趣度　　　　　　　　　　B．最小置信度

    C．最大支持度　　　　　　　　　　D．最小可信度

10. 下列关于关联规则的描述错误的是(　　)。

    A．关联规则经典的算法主要有 Apriori 算法和 FP-Growth 算法

    B．FP-Growth 算法主要采取分而治之的策略

    C．FP-Growth 对不同长度的规则都有很好的适应性

    D．Apriori 算法不需要重复的扫描数据库

二、简答题

1. 简述关联规则产生的两个基本步骤。

2. Apriori 算法是从事务数据库中挖掘布尔关联规则的常用算法，该算法利用频繁项集性质的先验知识，从候选项集中找到频繁项集。请简述 Apriori 算法的基本原理。

3. 简述 Apriori 算法的优点和缺点。

4. 针对 Apriori 算法的缺点，可以做哪些方面的改进?

5. 强关联规则一定是有趣的吗? 为什么?

第 **8** 章
分类与预测

学习目标

[1] 领会分类与预测的定义及主要特性。

[2] 精通决策树、LDA、AdaBoost、Naive Bayes。

[3] 掌握分类的精髓,思考其与人脑机理的关系。

重要知识点图谱

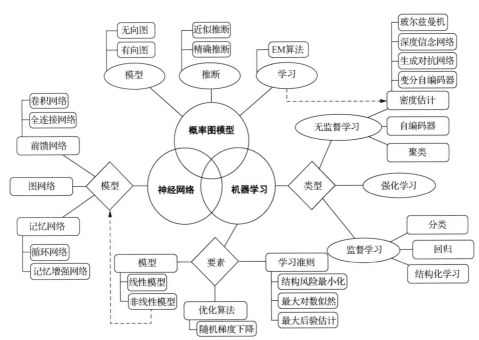

重点与难点

[1] 用 Python 实现线性分类、决策树和贝叶斯分类。

[2] 用 Python 实现基于 AdaBoost 的人脸识别。

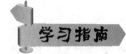

分类和数值预测是预测问题的两种主要类型。分类是预测分类(离散、无序的)标号，而数值预测则是建立连续值函数模型。机器学习需要面对海量的大数据，而这些数据都是离散的，本章将围绕于此讲解分类预测的主要方法。

分类过程分两步：第一步是模型建立阶段，或者称为训练阶段；第二步是评估阶段。本章首先介绍分类问题的评估标准，即如何评价一个分类方法的结果。然后介绍主流的分类方法，包括线性分类、决策树分类、随机森林等。最后通过实例，运用分类的方法来解决生活中的问题。

线性回归模型假设因变量 Y 是定量(quantitative)的，但在很多实际问题中，因变量却是定性的(qualitative)。定性变量是指这些量的取值并非有数量上的变化，而只有性质上的差异。例如，血型是定性变量，取值为 A 型、B 型、O 型和 AB 型。定性变量也称分类(categorical)变量，因此，预测一个观测的定性响应值的过程也称分类(classification)。大部分分类问题都是首先从预测定性变量取不同类别的概率开始，进而将分类问题作为概率估计的一个结果，所以从这个角度看，分类问题与回归问题有许多类似之处。

8.1 分类问题评价准则

混淆矩阵

在分类问题中需要基于一定的准则对分类器进行评价，以二分类问题为例，设 $Y \in \{+,-\}$。例如，在信用卡用户的违约问题中，可以将"+"理解为"违约"，将"−"理解为"未违约"。如果与经典的假设检验进行结合，那么就可以将"−"看成零假设，而将"+"看成备择(非零)假设。

对于二分类问题，预测结果可能出现四种情况：如果一个点属于阴性(−)并被预测到阴性(−)中，即为真阴性值(True Negative，TN)；如果一个点属于阳性(+)但被预测到阴性(−)中，称为假阴性值(False Negative，FN)；如果一个点属于阳性(+)并且被预测到阳性中，即为真阳性值(True Positive，TP)；如果一个点属于阴性但被预测到阳性(+)中，称为假阳性值(False Positive，FP)。可用如表 8.1 所示的混淆矩阵来表示这四类结果。

表 8.1　混淆矩阵

真实分类	预测分类		
	－ 或零	＋或非零	总计
－ 或零	真阴性值(TN)	假阳性值(FP)	N
＋ 或非零	假阴性值(FN)	真阳性值(TP)	P
总计	N^*	P^*	

于是，模型整体的正确率可表示为 $\text{accuracy}=\dfrac{(TN+TP)}{(N+P)}$，相应地，整体错误率为 $1-\text{accuracy}$。

不过，很多时候我们更关心的其实是模型在每个类别上的预测能力，尤其是在不平衡分类(unbalance classification)问题下，模型对不同类别点的预测能力可能差异很大，如果只关注整体预测的准确性，模型很有可能将所有数据都预测为最多类别的那一类，而这样的模型是没有意义的。所以，需要用如表 8.2 所示的评价指标来综合判断模型的准确性。

机器学习中常见的评价指标

表 8.2　分类和诊断测试中重要的评价指标

名称	计算公式	相同含义指标
假阳性率	FP/N	第 I 类错误，1-特异度(1-specificity)
真阳性率	TP/P	第 II 类错误，灵敏度(sensitivity)，召回率(recall)
预测阳性率	TP/P*	精确度，假阳性率
预测阴性率	TN/N*	回溯精确度

另外，对于二分类模型，很多时候并不是直接给出每个样本的类别预测，而是给出其中一类的预测概率，因此需要选取一个阈值(如 0.5)。当预测概率大于阈值时，将观测预测为这一类，否则预测为另一类。不同的阈值对应不同的分类预测结果。对于不平衡数据，可以通过受试者操作特征(Receiver Operating Characteristic，ROC)曲线来比较模型优劣。ROC 曲线是一类可以同时展示出所有可能阈值对应的两类错误的图像，它通过将阈值从 0 到 1 移动，获得多对 FPR(1-specifcity)和 TPR (sensitivity)，以 FPR 为横轴，TPR 为纵轴，将各点连接起来而得到的一条曲线。下面详细介绍 ROC 曲线的原理。

首先，在图 8.1 中，第一个点(0,1)，即 FPR=0, TPR=1，这意味着 FP=FN=0，这种情况表示得到了一个完美的分类器，因为它将所有的样本都正确分类。第二个点(1,0)，即 FPR=1，TPR=0，通过类似的分析可以发现这是一个最差的分类器，因为它对所有样本的分类都是错误的。第三个点(0,0)，即 FPR=TPR=0，这时 FP=TP=0，可以发现此时的分类器将所有的样本都预测为负样本(negative)。类似地，第四个点(1,1)，表示此时的分类器将所有的样本都预测为正样本(positive)。所以，经过上述分析我们可以明确，ROC 曲线越接近左上角，说明该分类器的性能越好。另外，图 8.1 中用虚线表示的对角线上的点其实表示的是一个采用随机猜测策略的分类器的结果。例如，(0.5.0.5)表示该分类器随机地将一半的样本猜测为正样

ROC 曲线

本，另外一半样本猜测为负样本。

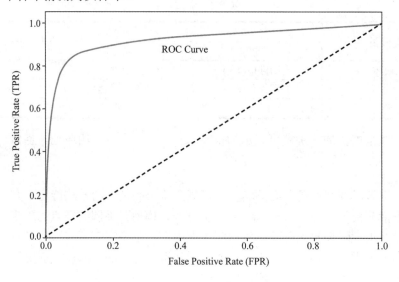

图 8.1　ROC 曲线

接下来讨论如何绘制出 ROC 曲线。对于一个特定的分类器和数据集，显然只能得到一个分类结果，即一对 FPR 和 TPR 的结果，而要得到 ROC 曲线，实际上是需要多对 FPR 和 TPR 的值的。很多分类器的输出其实是一个概率值，即表示该分类器认为某个样本具有多大的概率属于正样本。当得到所有样本的概率输出(即属于正样本的概率)后，将它们从小到大进行排列，并从最小的概率值开始，依次将概率值作为阈值，当样本的输出概率大于等于这个值时，将其判定为正样本，反之判定为负样本。于是，每次都可以得到一对 FPR 和 TPR，即 ROC 曲线上的一点，最终就可以得到与样本个数相同的 FPR 和 TPR 的对数。

ROC 曲线
动画

注意，当将阈值设置为 1 和 0 时，就可以分别得到 ROC 曲线上的(0,0)和(1,1)这两个点，将这两个点与之前得到的这些(FPR,TPR)对连接起来，就得到了 ROC 曲线。注意，选取的阈值个数越多，ROC 曲线就越平滑。

不过，很多时候由 ROC 曲线并不能清晰地看出哪个分类器的效果更好，所以可以采用 ROC 曲线下面的面积(Area under ROC Curve，AUC)来代表分类器的性能，显然这个数值不会大于 1。前面提到，一个理想的 ROC 曲线会紧贴左上角，所以 AUC 值越大，分类器的效果就越好。

8.2　线　性　分　类

根据定性因变量取值的特点，可将其分为二元变量(binary variable)和多分类变量(multinomial variable)。二元变量的取值一般为 1 和 0，取值为 1 表示某件事情的发生，取值为 0 则表示不发生，如信用卡客户发生违约的记为 1，不违约的记为 0。对于二元变量，可考虑采用 Logistic 模型或判别分析法来处理，而对于多分类变量，判别分析法的应用会更为广泛。本节分别对这两种方法进行介绍。

8.2.1 Logistic 模型

1. 线性概率模型

考虑二元选择模型

$$Y_i = X_i'\beta + \varepsilon_i \quad i = 1, 2, \cdots, N \tag{8.1}$$

其中，X_i' 是包含常数项的 k 元设计矩阵；Y_i 是二元取值的因变量($Y_i \in \{1, 0\}$)。

若假定 $E(\varepsilon_i | X_i) = 0$，则总体回归方程为

$$E(Y_i | X_i) = X_i'\beta \tag{8.2}$$

进一步地假设在给定 X_i 时，某一事件发生的概率为 p，不发生的概率为 $1-p$。$\text{Prob}(Y_i = 1 | X_i) = p$，$\text{Prob}(Y_i = 0 | X_i) = 1 - p$，因为 Y_i 只取 1 和 0 两个值，所以其条件期望为

$$
\begin{aligned}
E(Y_i | X_i) &= 1 \times \text{Prob}(Y_i = 1 | X_i) + 0 \times \text{Prob}(Y_i = 0 | X_i) \\
&= 1 \times p + 0 \times (1 - p) \\
&= p
\end{aligned} \tag{8.3}
$$

综合式(8.2)和式(8.3)可以得到

$$E(Y_i | X_i) = X_i'\beta = \text{Prob}(Y_i = 1 | X_i) = p \tag{8.4}$$

因此，式(8.1)拟合的是当给定自变量 X_i 的值时，某事件发生(Y_i 取值为 1)的平均概率。在式(8.4)中，这一概率体现为线性的形式 $X_i'\beta$，因此，式(8.1)称为线性概率模型(Linear Probability Model，LPM)。这实际上就是用普通的线性回归方法对二元取值的因变量直接建模。

对于线性概率模型，也可以采用普通的最小二乘法进行估计，但会存在以下一些问题。

(1) 对式(8.1)进行的拟合，实际上是对某一事件发生的平均概率的预测，即 $\widehat{Y_i} = \widehat{\text{Prob}}(Y_i | X_i) = X_i'\widehat{\beta}$。但是，这里的 $X_i'\widehat{\beta}$ 的值并不能保证在 0~1 之间，完全有可能出现大于 1 或小于 0 的情形。

(2) 由于 Y 是二元变量，因此扰动项为

$$\varepsilon_i = \begin{cases} 1 - X_i'\beta & (Y_i = 1) \\ -X_i'\beta & (Y_i = 0) \end{cases} \tag{8.5}$$

ε_i 也应该是二元变量，它应该服从二项分布，而不是通常假定的正态分布。但是，当样本足够多时，二项分布收敛于正态分布。

(3) 在 LPM 中，扰动项的方差为

$$
\begin{aligned}
\text{Var} &= (1 - X_i'\beta)^2 p + (-X_i'\beta)^2 (1 - p) \\
&= (1 - X_i'\beta) X_i'\beta \neq 常数
\end{aligned} \tag{8.6}
$$

因此，扰动项是异方差的。

由于存在着上述诸多问题，因此对于二元定性因变量，一般不推荐使用 LPM，而使用其他更为科学的方法。

2. Probit 模型

在 LPM 中，通过适当的假设可以使得 $Y_i = 1$ 的概率 $\text{Prob}\left(Y_i = 1 \mid \boldsymbol{X}_i\right)$ 与 $\boldsymbol{X}_i$ 是线性关系，即

$$\text{Prob}\left(Y_i = 1 \mid \boldsymbol{X}_i\right) = F\left(\boldsymbol{X}_i'\beta\right) = \boldsymbol{X}_i'\beta \tag{8.7}$$

式(8.7)存在的问题是 $\boldsymbol{X}_i'\hat{\beta}$ 并不能保证概率的取值在 $0\sim1$ 之间。所以，为了保证估计的概率的取值范围能够在 $[0,1]$ 区间上，一个直接的想法就是在外面套上分布函数。如果这里的 $F\left(\boldsymbol{X}_i'\beta\right)$ 用标准正态分布函数 $\Phi(\cdot)$，即

$$Y_i^* = \boldsymbol{X}_i'\beta + \varepsilon_i \quad i = 1,2,\cdots,T \quad \text{Prob}\left(Y_i = 1 \mid \boldsymbol{X}_i\right) = \Phi\left(\boldsymbol{X}_i'\beta\right) = \int_{-\infty}^{\boldsymbol{X}_i'\beta} \frac{1}{\sqrt{2\pi}} \exp\left(-\frac{z^2}{2}\right)\mathrm{d}z \tag{8.8}$$

其中，$\Phi\left(\boldsymbol{X}_i'\beta\right)$ 是正态分布函数，取值范围是 $[0,1]$。这时的概率模型就称为 Probit 模型。

二元选择模型也可以从潜变量回归模型去解释，首先考察以下模型。

$$Y_i^* = \boldsymbol{X}_i'\beta + \varepsilon_i \quad i = 1,2,\cdots,T$$
$$Y_i = \begin{cases} 1, & Y_i^* > 0 \\ 0, & Y_i^* \leqslant 0 \end{cases} \tag{8.9}$$

其中，Y_i^* 是潜变量或隐变量(latent variable)，它无法获得实际观测值，但是却可以观测到 $Y_i^* > 0$ 还是 $Y_i^* \leqslant 0$。因此，我们实际上观测的变量是 Y_i 而不是 Y_i^*。式(8.9)称为潜变量响应函数(latent response function)或指示函数(index function)。

假设 A1: $E\left(\varepsilon_i \mid \boldsymbol{X}_i\right) = 0$，A2: ε_i 是 i.i.d. 的正态分布，A3: $\text{rank}\left(\boldsymbol{X}_i\right) = k$。在 A1~A3 的假定之下，考察式(8.9)中 Y_i 的概率特征。

$$\begin{aligned} \text{Prob}\left(Y_i = 1 \mid \boldsymbol{X}_i\right) &= \text{Prob}\left(Y_i^* > 0 \mid \boldsymbol{X}_i\right) \\ &= \text{Prob}\left(\boldsymbol{X}_i'\beta + \varepsilon_i > 0 \mid \boldsymbol{X}_i\right) \\ &= \text{Prob}\left(\varepsilon_i > -\boldsymbol{X}_i'\beta \mid \boldsymbol{X}_i\right) \\ &= \int_{-\boldsymbol{X}_i'\beta}^{\infty} f\left(\varepsilon_i\right)\mathrm{d}\varepsilon_i \end{aligned} \tag{8.10}$$

则当 $f\left(\varepsilon_i\right)$ 为标准正态分布的概率函数 $\Phi\left(\varepsilon_i\right) = \frac{1}{\sqrt{2\pi}} \exp\left(-\frac{\varepsilon_i}{2}\right)$ 时，式(8.10)可以写成

$$\begin{aligned} \text{Prob}\left(Y_i = 1 \mid \boldsymbol{X}_i\right) &= 1 - \int_{-\infty}^{-\boldsymbol{X}_i'\beta} \Phi\left(\varepsilon_i\right)\mathrm{d}\varepsilon_i \\ &= 1 - \Phi\left(-\boldsymbol{X}_i'\beta\right) \\ &= \Phi\left(\boldsymbol{X}_i'\beta\right) \end{aligned} \tag{8.11}$$

这样，式(8.11)正是 Probit 模型。

3. Logit 模型原理

若式(8.7)中的 $F\left(\boldsymbol{X}_i'\beta\right)$ 取 Logistic 分布函数 $\Lambda(\cdot)$，则产生的概率模型为 Logit 模型。

$$\text{Prob}\left(Y_i = 1 \mid \boldsymbol{X}_i\right) = \Lambda\left(\boldsymbol{X}_i'\beta\right)$$

这里，$\Lambda(\cdot)$ 的取值范围也在 $0\sim1$。

假设 A1: $E(\varepsilon_i|X_i)=0$，A2: ε_i 是 i.i.d. 的正态分布，A3: $\mathrm{rank}(X_i)=k$。在 A1~A3 的假定之下，假设 A1: $E(\varepsilon_i|X_i)=0$，A2: ε_i 是 i.i.d. 的 Logistic 分布，A3: $\mathrm{rank}(X_i)=k$。则式(8.9) 中 Y_i 的概率特征可表示为

$$
\begin{aligned}
\mathrm{Prob}(Y_i=1|X_i) &= \mathrm{Prob}(Y_i^*>0|X_i) \\
&= \mathrm{Prob}(X_i'\beta+\varepsilon_i>0|X_i) \\
&= \mathrm{Prob}(\varepsilon_i>-X_i'\beta|X_i) \\
&= 1-\int_{-\infty}^{-X_i'\beta} f(\varepsilon_i)\mathrm{d}\varepsilon_i \\
&= 1-\frac{\exp(-X_i'\beta)}{1+\exp(-X_i'\beta)} \\
&= \frac{\exp(X_i'\beta)}{1+\exp(X_i'\beta)}=\Lambda(X_i'\beta)
\end{aligned}
\tag{8.12}
$$

这里，式(8.12)正是 Logit 模型。

4. 边际效应分析

对于 Probit 模型来说，其边际效应为

$$
\frac{\partial \mathrm{Prob}(Y_i=1|X_i)}{\partial X_i}=\Phi'(X_i'\beta)\beta=\Phi(X_i'\beta)\beta
\tag{8.13}
$$

对于 Logit 模型，其边际效应为

$$
\frac{\partial \mathrm{Prob}(Y_i=1|X_i)}{\partial X_i}=\Lambda'(X_i'\beta)\beta=\Lambda(X_i'\beta)\left[1-\Lambda(X_i'\beta)\right]\beta
\tag{8.14}
$$

其中，$\Lambda'(\cdot)=\Lambda(\cdot)\left[1-\Lambda(\cdot)\right]$。

从式(8.13)和式(8.14)可以看出，在 Probit 和 Logit 模型中，自变量对 Y_i 取值为 1 的概率的边际影响并不是常数，它会随着自变量取值的变化而变化。所以，对于 Probit 模型和 Logit 模型来说，其回归系数的解释就没有线性回归那么直接了，相应地，它们的边际影响也不能像线性回归模型那样，直接等于其系数。那么，对于这两个模型，应该如何进行边际效应分析呢？一种常用的方法是计算其平均边际效应，即对于非虚拟的自变量，一般是将其样本均值代入式(8.13)和式(8.14)中，估计出平均的边际影响。但是，对于虚拟自变量而言，则需要首先计算其取值分别为 1 和 0 时 $\mathrm{Prob}(Y_i=1|X_i)$ 的值，二者的差即虚拟自变量的边际影响。

5. 最大似然估计

Probit 和 Logit 模型的参数估计常用最大似然法。对于 Probit 或 Logit 模型来讲，$\mathrm{Prob}(Y_i=1|X_i)=F(X_i'\beta)$ 和 $\mathrm{Prob}(Y_i=0|X_i)=1-F(X_i'\beta)$。似然函数为

$$L = \prod_{i=1}^{N} F\left(\boldsymbol{X}_i'\boldsymbol{\beta}\right)^{Y_i} \left[1 - F\left(\boldsymbol{X}_i'\boldsymbol{\beta}\right)\right]^{1-Y_i} \tag{8.15}$$

对数似然函数为

$$\ln L = \sum_{i=1}^{N} \left\{ Y_i \ln F\left(\boldsymbol{X}_i'\boldsymbol{\beta}\right) + \left(1 - Y_i\right)\ln\left[1 - F\left(\boldsymbol{X}_i'\boldsymbol{\beta}\right)\right] \right\} \tag{8.16}$$

最大化 $\ln L$ 的一阶条件为

$$\begin{aligned}\frac{\partial \ln L}{\partial \boldsymbol{\beta}} &= \sum_{i=1}^{N} \left[Y_i \boldsymbol{X}_i \frac{f_i}{F_i} + \left(1 - Y_i\right)\boldsymbol{X}_i \frac{-f_i}{1 - F_i} \right] \\ &= \sum_{i=1}^{N} \left[\boldsymbol{X}_i f_i \frac{Y_i - F_i}{F_i \left(1 - F_i\right)} \right] = 0 \end{aligned} \tag{8.17}$$

由于式(8.17)不存在封闭解，所以要使用非线性方程的选代法进行求解。常用的方法有 Newton-Raphson 法和二次插值法。

6. 似然比检验

似然比检验(Likelihood Ratio，LR)类似检验模型整体显著性的 F 检验，原假设为全部自变量的系数都为 0，检验的统计量 LR 为

$$\text{LR} = 2\left(\ln L - \ln L_0\right) \tag{8.18}$$

其中，$\ln L$ 为对概率模型进行最大似然估计的对数似然函数值，$\ln L_0$ 为只有截距项的模型的对数似然函数值，往往也称为空模型，即模型中不包含任何自变量。当原假设成立时，LR 的渐近分布是自由度为 $k-1$(即除截距项外的自变量的个数)的 X^2 分布。

<table><tr><td>8.2.2</td><td>判别分析</td></tr></table>

对于二元因变量，Logistic 模型采取的方法是直接对 $\text{Prob}\left(Y = k \mid X = x\right)$ 进行建模。用统计术语讲就是，在给定自变量 X 情况下，建立因变量 Y 的条件分布模型。在此我们介绍另一种间接估计这些概率的方法——判别分析。判别分析采取的方法是先对每一个给定的 Y 建立自变量 X 的分布，然后使用贝叶斯定理反过来再去估计 $\text{Prob}\left(Y = k \mid X = x\right)$。

那么，什么情况下会考虑使用判别分析呢？一方面，当类别的区分度较高时，或者当样本量 n 较小且自变量 X 近似服从正态分布时，Logistic 模型的参数估计会相对不够稳定，而判别分析就不存在这样的问题；另一方面，在现实生活中有很多因变量取值超过两类的情形，虽然可以把二元 Logistic 模型推广到多元，但这在实际应用中并不常用。实际上，对于因变量取多类别的问题，更常使用的是判别分析法。

下面介绍判别分析的几种常用方法，包括朴素贝叶斯判别分析、线性判别分析(Linear Discriminant Analysis, LDA)和二次判别分析(Quadratic Discriminant Analysis, QDA)。

1. 朴素贝叶斯判别分析

(1) 贝叶斯分类器

对于分类模型，我们的目的是构建从输入空间(自变量空间) X 到输出空间(因变量空

间)Y 的映射(函数)：$f(X) \rightarrow Y$。它将输入空间划分成几个区域，每个区域都对应一个类别。区域的边界可以是各种函数形式，其中，最重要且最常用的一类就是线性的。对于第 k 类，记 $\hat{g}_k(x) = \hat{\beta}_{k0} + \hat{\beta}_k^{\mathrm{T}} x$ $(k = 1, \cdots, K)$，则第 k 类和第 m 类的判别边界为 $\hat{g}_k(x) = \hat{g}_m(x)$，也就是所有使得 $\left\{ x : \left(\hat{\beta}_{k0} - \hat{\beta}_{m0}\right) + \left(\hat{\beta}_k - \hat{\beta}_m\right)^{\mathrm{T}} x = 0 \right\}$ 成立的点。需要说明的是，实际上只需要 $K-1$ 个边界函数。

为了确定边界函数，在构造分类器时，我们最关注的便是一组测试观测值上的测试错误率，在一组测试观测值 (x_0, y_0) 上的误差计算具有以下形式

$$\mathrm{Ave}\left[I\left(y_0 \neq \hat{y}_0\right) \right] \tag{8.19}$$

其中，$\hat{y}_0$ 是用模型预测的分类变量。$y_0 \neq \hat{y}_0$ 是示性变量，当 $y_0 \neq \hat{y}_0$ 时，值等于 1，说明测试值被错误分类；当 $y_0 = \hat{y}_0$，值等于 0，说明测试值被正确分类。一个好的分类器应使式(8.19)表示的测试误差最小。

一个非常简单的分类器是将每个观测值分入到它最大可能所在的类别中，即在给定 $X = x_0$ 的情况下，将它分入到条件概率最大的 j 类中是比较合理的。

$$\max_j = \mathrm{Prob}\left(Y = j \mid X = x_0\right) \tag{8.20}$$

这类方法称为贝叶斯分类器，这种分类器将产生最低的测试错误率，称为贝叶斯错误率，在 $X = x_0$ 这点的错误率为 $1 - \max_j = \mathrm{Prob}\left(Y = j \mid X = x_0\right)$。整个分类器的贝叶斯错误率为

$$1 - E\left[\max_j \mathrm{Prob}\left(Y = j \mid X\right) \right] \tag{8.21}$$

(2) 贝叶斯定理

假设观测分成 K 类，即因变量 Y 的取值为 $\{1, 2, \cdots, K; \ K \geqslant 2\}$，取值顺序对结果并无影响。假设 m 为一个随机选择的观测属于因变量 Y 的第 k 类的概率，即先验概率，$f_k(X) = \mathrm{Prob}\left(X = x \mid Y = k\right)$ 表示第 k 类观测的 X 的密度函数。根据贝叶斯定理，可观测 $X = x$ 属于第 k 类的后验概率为

$$\mathrm{Prob}\left(X = x \mid Y = k\right) = \frac{\pi_k f_k(x)}{\sum_{i=1}^{K} \pi_i f_i(x)} \tag{8.22}$$

记 $p_k(X) = \mathrm{Prob}\left(Y = k \mid X\right)$，因此只要估计出 π_k 和 $f_k(x)$ 就可以计算出 $p_k(x)$。通常，π_k 的估计比较容易，仅需分别计算属于第 k 类的样本占总样本的比例，即 $\hat{\pi}_k = \dfrac{n_k}{n}$。$f_k(x)$ 的估计则要复杂一些，除非假设它们的密度函数形式很简单。

贝叶斯公式

我们知道，贝叶斯分类器是将一个观测分到 $p_k(X)$ 最大的类中，它在所有分类器中测试错误率是最小的[注意，只有当式(8.22)中的各项假设正确时，该结论才是对的]。如果找到合适的方法估计 $f_k(X)$，便可构造一个与贝叶斯分类器类似的分类方法。

2. 线性判别分析

(1) 一元线性判别分析

在进行分类时，首先要获取 $f_k(x)$ 的估计，然后代入式(8.22)从而估计 $p_k(x)$，并根据 $p_k(x)$ 的值，将观测分入到值最大的一类中。为获取 $f_k(x)$ 的估计，首先需要对其做一些假设。

通常，假设 $f_k(x)$ 的分布是正态的，当 $p=1$ 时，密度函数为一维正态密度函数。

$$f_k(x) = \frac{1}{\sqrt{2\pi}\sigma_k}\exp\left[-\frac{1}{2\sigma_k^2}(x-\mu_k)^2\right] \tag{8.23}$$

其中，μ_k 和 σ_k^2 分别为第 k 类的均值和方差。再假设 $\sigma_1^2 = \cdots = \sigma_K^2 = \sigma^2$，即所有 K 个类别方差相同，均为 σ^2。将式(8.23)代入式(8.22)，可得

$$p_k(x) = \frac{\pi_k \dfrac{1}{\sqrt{2\pi}\sigma}\exp\left[-\dfrac{1}{2\sigma^2}(x-\mu_k)^2\right]}{\displaystyle\sum_{i=1}^{K}\pi_i \dfrac{1}{\sqrt{2\pi}\sigma}\exp\left[-\dfrac{1}{2\sigma^2}(x-\mu_i)^2\right]} \tag{8.24}$$

贝叶斯分类器是将观测值 $X=x$ 分到式(8.24)中 $p_k(x)$ 最大的一类。对式(8.24)取对数，并将对 $p_k(x)$ 大小无影响的项删除，可得

$$\delta_k = x\frac{\mu_k}{\sigma^2} - \frac{\mu_k^2}{2\sigma^2} + \ln\pi_k \tag{8.25}$$

整理式子，不难看出贝叶斯分类器也将观测分入到最大的一类。例如，$K=2$，且 $\pi_1 = \pi_2$，当 $2x(\mu_1-\mu_2) > \mu_1^2-\mu_2^2$ 时，贝叶斯分类器把观测分入到第一类，反之到第二类。此时贝叶斯决策边界对应的点为

$$x = \frac{\mu_1^2-\mu_2^2}{2(\mu_1-\mu_2)} = \frac{\mu_1+\mu_2}{2} \tag{8.26}$$

在实际中，即使确定 X 服从正态分布，也仍然不知道总体参数 $\mu_1,\cdots,\mu_k,\pi_1,\cdots,\pi_k,\sigma^2$，需要进行估计。线性判别分析方法与贝叶斯分类器类似，计算式(8.25)的值，常用的参数估计如下。

$$\hat{\mu}_k = \frac{1}{n_k}\sum_{i:y_i=k}x_i$$

$$\hat{\sigma}^2 = \frac{1}{n-K}\sum_{k=1}^{K}\sum_{i:y_i=k}(x_i-\mu_k)^2 \tag{8.27}$$

$$= \sum_{k=1}^{K}\frac{n_k-1}{n-K}\hat{\sigma}_k^2$$

其中，n 为随机抽取的样本数，n_k 为属于第 k 类的样本数；μ_k 为第 k 类观测的均值；$\hat{\sigma}_k^2 = \dfrac{1}{n_k-1}\sum_{i:y_i=k}(x_i-\mu_k)^2$ 为第 k 类观测的样本方差；σ^2 的估计值可以看成 K 类样本方差的加权平均。

现实中，有时我们可以掌握每一类的先验概率 $\pi_1, \cdots, \pi_K$，但当信息不全时需要用样本进行估计。LDA 是用属于第 k 类的观测的比例作为 π_k 的估计，即

$$\hat{\pi}_k = \frac{n_k}{n} \tag{8.28}$$

将式(8.27)和式(8.28)的估计值代入式(8.25)，即得到线性判别分析的判别函数。

$$\hat{\delta}_k = x \frac{\hat{\mu}_k}{\hat{\sigma}^2} - \frac{\hat{\mu}_k^2}{2\hat{\sigma}^2} + \ln \hat{\pi}_k \tag{8.29}$$

LDA 分类器将观测 $X = x$ 分入 $\hat{\delta}_k$ 值最大的一类中。由于判别函数式(8.29)中 $\hat{\delta}_k$ 是关于 x 的线性函数，所以该方法称为线性判别分析。

与贝叶斯分类器比较，LDA 分类器是建立在观测都来自均值不同、方差相同的正态分布假设上的，将均值、方差和先验概率的参数估计代入贝叶斯分类器便可得到 LDA 分类器。

(2) 多元线性判别分析

若自变量维度 $p > 1$，假设 $\boldsymbol{X} = (X_1, \cdots, X_p)$ 服从一个均值不同、协方差矩阵相同的多元正态分布，即假设第 k 类观测服从一个多元正态分布 $N(\boldsymbol{\mu}_k, \boldsymbol{\Sigma})$，其中，$\boldsymbol{\mu}_k$ 是一个均值向量，$\boldsymbol{\Sigma}$ 为所有 K 类共同的协方差矩阵，其密度函数形式为

$$f_k(\boldsymbol{x}) = \frac{1}{(2\pi)^{\frac{p}{2}} |\boldsymbol{\Sigma}|^{\frac{1}{2}}} \exp\left[-\frac{1}{2} (\boldsymbol{x} - \boldsymbol{\mu}_k)^{\mathrm{T}} \boldsymbol{\Sigma}^{-1} (\boldsymbol{x} - \boldsymbol{\mu}_k) \right] \tag{8.30}$$

通过类似一维自变量的方法，可以知道贝叶斯分类器将 $\boldsymbol{X} = \boldsymbol{x}$ 分入

$$\delta_k(\boldsymbol{x}) = \boldsymbol{x}^{\mathrm{T}} \boldsymbol{\Sigma}^{-1} \boldsymbol{\mu}_k - \frac{1}{2} \boldsymbol{\mu}_k^{\mathrm{T}} \boldsymbol{\Sigma}^{-1} \boldsymbol{\mu}_k + \ln \boldsymbol{\pi}_k \tag{8.31}$$

最大的一类。这也是式(8.25)的向量形式。

同样，需要估计未知参数 $\boldsymbol{\mu}_1, \cdots, \boldsymbol{\mu}_K, \boldsymbol{\pi}_1, \cdots, \boldsymbol{\pi}_K$ 和 $\boldsymbol{\Sigma}$，估计方法与一维情况类似。同样，LDA 分类器将各个参数估计值带入判别函数式(8.31)中，并将观测值 $\boldsymbol{X} = \boldsymbol{x}$ 分入 $\hat{\delta}_k(\boldsymbol{x})$ 最大的一类。我们发现多元情况下判别函数关于 $\boldsymbol{x}$ 也是线性的，即可以写成 $\hat{\delta}_k(\boldsymbol{x}) = c_{k0} + c_{k1}x_1 + \cdots + c_{kp}x_p$ 的形式。

可以看到，对于类别 k 和 l，决策边界 $\{\boldsymbol{x} : \delta_k(\boldsymbol{x}) = \delta_l(\boldsymbol{x})\}$ 是关于 $\boldsymbol{x}$ 的线性函数，如果将 R^p 空间分成 K 格区域，这些分割将是超平面。

3.　二次判别分析

正如前面所讨论的，LDA 假设每一类观测服从协方差矩阵相同的多元正态分布，但现实中可能很难满足这样的假设。二次判别分析放松了这一假设，虽然 QDA 分类器也假设每类观测都服从一个正态分布，并把参数估计代入贝叶斯定理进行预测，但 QDA 假设每类观测都有自己的协方差矩阵，即假设第 k 类观测服从的分布为 $X \sim N(\boldsymbol{\mu}_k, \boldsymbol{\Sigma}_k)$，其中，$\boldsymbol{\Sigma}_k$ 是第 k 类观测的协方差矩阵。此时，二次判别函数为

$$\delta_k(x) = -\frac{1}{2}(x-\mu_k)^{\mathrm{T}} \Sigma_k^{-1}(x-\mu_k) + \ln \pi_k$$

$$= -\frac{1}{2}x^{\mathrm{T}} \Sigma_k^{-1} x + x^{\mathrm{T}} \Sigma_k^{-1} \mu_k - \frac{1}{2}\mu_k^{\mathrm{T}} \Sigma_k^{-1} \mu_k + \ln \pi_k \tag{8.32}$$

QDA 分类器把 μ_k、Σ_k、π_k 估计值代入式(8.32)，然后将观测分入使 $\hat{\delta}_k(x)$ 值最大的一类。可以发现，判别函数式(8.32)是关于 x 的一元二次函数，类别 k 和 l 的决策边界也是一条曲线边界。这也是二次判别分析名字的由来。

那么，面对一个分类问题时，该如何在 LDA 和 QDA 中做出选择呢？这其实是一个偏差—方差权衡的问题。这里不妨假设有 p 个自变量，并且因变量包含 K 个不同类别，于是对上述问题可以做如下分析。

首先，假设 p 个自变量的协方差矩阵不同，由于预测一个协方差矩阵就需要 $\dfrac{p(p+1)}{2}$ 个参数，而 QDA 需要对每一类分别估计协方差矩阵，因而共需要 $\dfrac{K_p(p+1)}{2}$ 个参数；其次，若假设 K 类的协方差矩阵相同，那么 LDA 模型对 x 来说是线性的，这时候就只需估计 K 个线性系数。从这个角度看，LDA 没有 QDA 分类器光滑，因此拥有更低的方差，所以，LDA 模型有改善预测效果的潜力。

但是，从另一个角度看，如果假设 K 类的协方差矩阵相同，且与实际情况差别很大，那么 LDA 就会产生很大的偏差。所以，需要在方差与偏差之间进行一个权衡。一般而言，如果训练数据相对较少，那么降低模型的方差就显得很有必要，这个时候 LDA 是一个比 QDA 更好的选择。反之，如果训练集非常大，则会更倾向于使用 QDA。因为这时候 K 类的协方差矩阵相同的假设是站不住脚的。

8.3 决 策 树

8.3.1　决策树的概念及基本算法

1. 概念

从数据中产生分类器的一种有效的方法是决策树，决策树代表了一类应用最为广泛的逻辑方法。它属于有监督学习(supervised learning)的机器学习方法。

所谓决策树就是一个类似流程图的树状结构，其中的每个内部节点代表对一个属性(取值)的测试或选择，其分支就代表测试或选择的结果；而树的每个叶节点就代表一个类别；树的最高层节点就是根节点，它是整个决策树的开始。如图 8.2 所示的决策树描述了一个给客户提供贷款与否的分类模型，利用它可以对一个贷款申请者是否获得贷款进行分类和预测。决策树的每个节点的子节点(或分支)的数目与决策树所使用的算法有关。例如，CART 算法得到的决策树的每个节点有两个分支，允许节点含有多于两个子节点或分支的决策树称为多叉树。每个分支要么是一个新的决策节点，要么是树的结尾，称为叶子。在沿着决策树从上到下遍历的过程中，在每个节点都会遇到一个问题，对每个节点上的问题的不同回答将形成不同的分支，最后会到达一个叶子节点。这个过程就是利用决策树进行分类和预测的过程，利用若干变量(每个变量对应一个问题)来判断所属的类别(最后每个叶子节点会对应一个类别)。

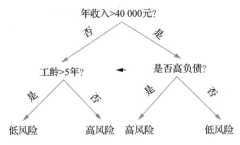

图 8.2　决策树示例

图 8.2 中的根节点是"年收入>40 000 元？"，对此问题的不同回答形成了"是"和"否"两个分支。假设负责信贷的银行工作人员将利用这棵决策树来决定支持哪些贷款和拒绝哪些贷款，那么他就可以用贷款申请表来运行这棵决策树，并用决策树来判断贷款风险的高低。"年收入>40 000 元"和"高负债"的申请者被认为是"高风险"的，而"年收入≤40 000元"但是"工龄>5 年"的申请者则被认为是"低风险"的，从而建议向其拨发贷款是可行的。

决策树是数据挖掘中常用的一种技术，可用于对分析数据进行分类，同样也可以用来进行预测。常用的算法有 ID3、C4.5、C5.0、CHAID、CART、Quest、SLIQ 和 SPRINT 等。

2. ID3 算法

基本决策树算法是一个"贪心"算法，即它采用自上而下、分而治之的策略进行递归来构造一棵决策树。下面的算法就是著名的决策树算法 ID3 的一个基本版本。对该算法的几种改进方法将在第 8.3.5 节进行介绍。

ID3 算法的基本流程如下。

(1) 根据给定的数据集生成一棵决策树 DT。

输入：训练样本，可供归纳的候选属性集 A，并且各属性均取离散值。

输出：决策树。

(2) 建立决策树流程 Generating_DT。

① 创建一个节点 N。

② 若节点 N 中的所有样本均属于同一类别 C，则返回 N 作为一个叶子节点，并标记为类别 C。需要注意的是，开始时根节点对应所有的训练样本。

③ 若属性集 A 为空，则返回节点 N 作为一个叶子节点并标记为该节点所含样本中类别数目最多的类别。

④ 否则，从属性集 A 中选择一个信息增益(information gain)最大的属性，并将节点 N 标记为测试属性 TA。

⑤ 对于测试属性 TA 的每个已知的取值 a_i，根据该取值划分节点所包含的所有样本集。

⑥ 根据测试属性的条件，从节点 N 产生一个相应的分支，以表示该测试条件，并假设 s_i 为满足 TA = a_i 条件所产生的一个分支的样本集合。

⑦ 若 s_i 为空，则将相应的叶子节点标记为所含样本中类别数目最多的类别。

⑧ 否则，将相应的叶子节点标记为 Generating_DT (s_i, A-TA) 返回值。

ID3 算法的基本学习策略可以描述为以下几个方面。

(1) 开始建立决策树时，根节点包含所有的训练样本。

(2) 若一个节点的样本均属于同一类别，则该节点就成为叶子节点并标记为该类别；否则，该算法将采用信息熵方法(通常称为信息增益)作为启发知识来帮助选择合适的分支属性，以便将样本集划分为若干子集，这个属性就成为相应节点的测试属性。在 ID3 算法中，所有属性的取值均为离散值。因此，若有取值为连续值的属性，就需要先将其离散化。

(3) 一个测试属性的每个取值均对应一个将要被创建的分支，同时也对应一个被划分的子集。

(4) ID3 算法将递归使用上述各个处理过程，因此，针对所获得的每个划分均又获得一棵决策子树。一个属性一旦在某个节点出现，那么它就不能再出现在该节点之后所产生的子树节点中，即 ID3 算法生成的决策树不包含重复子树。

什么是信息熵

(5) ID3 算法递归操作的停机条件是：一个节点的所有样本均属于同一类别；或者若无属性可用于划分当前样本集，则按照少数服从多数的原则将当前节点强制为叶节点，并标记为当前节点所含样本集中类别数目最多的类别；或者若没有样本满足 TA = a_i，则创建一个叶节点并将其标记为当前节点所含样本集中类别数目最多的类别。此外，在建立决策树的过程中需要考虑的关键因素还有如何选取合适大小的训练集，这已经在数据挖掘的数据选择和抽样方法部分进行了简单的讨论。

8.3.2　基于信息熵的决策树归纳算法

1. 属性选择方法

在决策树归纳算法中，通常使用信息增益方法来帮助确定生成每个节点时所应选择的合适属性，这样就可以选择最高信息增益，即把熵减少程度最大的属性作为当前节点的测试属性，以便使其对以后划分获得的训练样本子集进行分类时所需要的信息量最小。也就是说，利用该属性对当前节点所含样本集进行划分，将会使得所产生的各个样本子集中的不同类别的混合程度降至最低，因此采用这样一种信息论的方法将有助于有效地减少对对象分类所需要的次数，从而确保所产生的决策树尽可能地简单、实用。

设 S 为一个包含 s 个数据样本的集合，类别属性(或称目标类别)可以取 m 个不同的值，相应地有 m 个不同的类别 C_i，其中 $i = 1, 2, \cdots, m$。另外，假设 s_i 为类别 C_i 中的样本数，则对一个给定的样本数据进行分类所需要的信息量定义为

$$I\left(s_1, s_2, \cdots, s_m\right) = -\sum_{i=1}^{m} p_i \log\left(p_i\right) \tag{8.33}$$

其中，p_i 表示任意一个数据对象 s_i 属于类别 C_i 的概率，可由 $p_i = s_i / s$ 计算得到；log 是以 2 为底的对数函数。

设一个属性 A 有 n 个不同的取值 $\{a_1, a_2, \cdots, a_n\}$，使用属性 A 可将样本集合 S 划分为 n 个不同集合 $\{S_1, S_2, \cdots, S_n\}$，其中 S_j 包含了集合 S 中属性 A 取值为 a_j 时的数据样本。若属性 A 被标记为测试属性，即用于对当前的样本集进行划分，设 s_{ij} 为样本集 S_j 中属于类别 C_i 的样本数，那么根据属性 A 划分当前样本集所需要的信息熵的计算公式为

$$E\left(A\right) = \sum_{j=1}^{n} \frac{s_{1j} + s_{2j} + \cdots + s_{mj}}{s} I\left(s_{1j}, s_{2j}, \cdots, s_{mj}\right) \tag{8.34}$$

其中，$\dfrac{s_{1j} + s_{2j} + \cdots + s_{mj}}{s}$ 可以作为第 j 个子集 S_j 的权值，它是由该子集中所有属性 A 取值为 a_j 的样本数之和除以集合 S 中的样本总数而得到的。$E\left(A\right)$ 的计算结果值越小，表明子集划分的纯度越高。此时，对于子集 S_j 的信息量的计算方式为

$$I\left(s_{1j}, s_{2j}, \cdots, s_{mj}\right) = -\sum_{i=1}^{m} p_{ij} \log\left(p_{ij}\right) \tag{8.35}$$

其中，p_{ij} 表示样本子集 S_j 中任意一个数据样本属于类别 C_i 的概率。因此，利用属性 A 对当前分支节点进行相应的样本集划分所获得的信息增益为

$$\text{InfoGain}\left(A\right) = I\left(s_1, s_2, \cdots, s_m\right) - E\left(A\right) \tag{8.36}$$

换言之，InfoGain(A)就是根据属性 A 的取值进行样本集划分所获得的信息熵的减少量。决策树归纳算法用于计算每个属性的信息增益，从中挑选出信息增益最大的属性作为给定集合 S 的测试属性，并由此产生相应的分支节点。所产生的节点被标记为相应的属性，并根据属性的不同取值分别生成相应的(决策树)分支，每个分支都代表一个被划分的样本子集。

2. 决策树归纳算法实例

本例的数据表是由银行的客户基本资料和信贷资料的部分数据组成的训练样本集。样本集的类别属性为贷款与否。该属性变量有两个不同的取值{Yes,No}，对应两个不同的类别 $m=2$。另外，在四个属性中，客户年龄、收入和婚姻状况是基本信息，客户的信用等级是根据客户过去的金融行为而设定的属性信息。客户基本信贷资料的具体数据分布如表8.3所示。

表 8.3 客户基本信贷资料数据

序号	年龄 (age)	收入 (income)	婚姻状况 (marriage)	信用等级 (credit_rate)	贷款与否 (loan)
1	<30	High	No	Fair	No
2	<30	High	No	Excellent	No
3	30～40	High	No	Fair	Yes
4	≥40	Medium	No	Fair	Yes

序号	年龄 (age)	收入 (income)	婚姻状况 (marriage)	信用等级 (credit_rate)	贷款与否 (loan)
5	≥40	Low	Yes	Fair	Yes
6	≥40	Low	Yes	Excellent	No
7	30～40	Low	Yes	Excellent	Yes
8	<30	Medium	No	Fair	No
9	<30	Low	Yes	Fair	Yes
10	≥40	Medium	Yes	Fair	Yes
11	<30	Medium	Yes	Excellent	Yes
12	30～40	Medium	No	Excellent	Yes
13	30～40	High	Yes	Fair	Yes
14	≥40	Medium	No	Excellent	No

设 C_1 对应 Yes 类，即同意给予贷款，而 C_2 对应 No 类，即拒绝发放贷款。其中，类别 C_1 包含 9 个样本，类别 C_2 包含 5 个样本。为了计算每个属性的信息增益，首先利用式(8.33)计算对给定样本进行分类所需要的信息，具体计算过程如下。

$$I\left(s_1,s_2\right)=I(9,5)=-\frac{9}{14}\log_2\frac{9}{14}-\frac{5}{14}\log_2\frac{5}{14}\approx0.940$$

然后，计算每个属性的信息熵，假设先从年龄(age)开始，根据属性年龄的每个取值在类别 Yes 和 No 中的分布，由式(8.35)计算每个分布的信息。

对于 age = "< 30", $s_{11}=2,s_{21}=3,I\left(s_{11},s_{21}\right)=-\frac{2}{5}\log_2\frac{2}{5}-\frac{3}{5}\log_2\frac{3}{5}\approx0.971$

对于 age = "30～40", $s_{12}=4,s_{22}=0,I\left(s_{12},s_{22}\right)=0$

对于 age = "≥40", $s_{13}=3,s_{23}=2,I\left(s_{13},s_{23}\right)=-\frac{3}{5}\log_2\frac{3}{5}-\frac{2}{5}\log_2\frac{2}{5}\approx0.971$

再利用式(8.34)计算出根据年龄(age)属性对样本数据集进行划分所获得的对一个数据对象分类所需要的信息熵为

$$E\left(\text{age}\right)=\frac{5}{14}I\left(s_{11},s_{21}\right)+\frac{4}{14}I\left(s_{12},s_{22}\right)+\frac{5}{14}I\left(s_{13},s_{23}\right)\approx0.694$$

最后根据式(8.36)计算得到若根据年龄(age)属性对样本集进行划分所获得的信息增益为 $\text{InfoGain}\left(\text{age}\right)=I\left(s_1,s_2\right)-E\left(\text{age}\right)=0.246$。根据同样的道理可以计算得到其他属性的信息增益为

$$\text{InfoGain}\left(\text{income}\right)=0.039$$

$$\text{InfoGain}\left(\text{marriage}\right)=0.151$$

$$\text{InfoGain}\left(\text{credit\_rate}\right)=0.048$$

通过观察，显然属性 age 所获得的信息增益最大，因此被选为测试属性用于生成分支节点。根据 age 的不同取值，可以得到三个分支，同时当前的样本集也被划分为三个子集，如图 8.3 所示。

由图 8.3 可以看出，age = "30~40" 的子集样本的类别相同，均为 Yes，故该节点将成为一个叶子节点，并且其类别标记为 Yes。

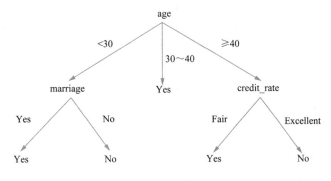

income	marriage	credit_rate	loan
High	No	Fair	No
High	No	Excellent	No
Medium	No	Fair	No
Low	Yes	Fair	Yes
Medium	Yes	Excellent	Yes

income	marriage	credit_rate	class
High	No	Fair	Yes
Low	Yes	Excellent	Yes
Medium	No	Excellent	Yes
High	Yes	Fair	Yes

income	marriage	credit_rate	class
Medium	No	Fair	Yes
Medium	Yes	Fair	Yes
Low	Yes	Excellent	No
Low	Yes	Fair	Yes
Medium	No	Excellent	No

图 8.3　由属性年龄(age)所生成的决策树分支示例

接下来，对 age 节点的不纯分支子节点进一步完成与上述步骤类似的计算。最后得到的决策树如图 8.4 所示。

图 8.4　决策树

决策树归纳算法被广泛应用于许多进行分类识别的领域。这类算法无须相关领域知识。归纳的学习与分类识别的操作处理速度都相当快。而对于具有狭长分布性质的数据集而言，决策树归纳算法的分类准确率相当高。

8.3.3　决策树修剪

一棵决策树刚建立起来的时候,它的许多分支都是根据训练样本集中含有异常数据(如噪声等)的情况构造出来的。树枝修剪正是针对这类数据过度拟合(overfitting)的问题而提出来的。通常树枝修剪方法利用统计方法删除最不可靠的分支或子树,以提高进行预测时分类识别的速度和正确分类识别新数据的能力。

通常采用两种方法进行决策树的修剪,分别做如下说明。

1.　事前修剪(pre-pruning)

该方法通过提前停止分支的生成过程(即通过在当前节点上判断是否需要继续划分该节点所含的训练样本集)来实现决策树的修剪。一旦停止分支,当前节点就成为一个叶子节点。因此,叶子节点中可能包含多个不同类别的训练样本。

在构造一棵决策树时,可以利用统计上的重要性检验或信息增益等来对分支生成情况(优劣)进行评价。如果在一个节点上划分样本集时,会导致所产生的节点中样本数少于指定的阈值,则此时就要停止继续分解样本集。但就是确定这样一个合理的阈值往往也比较困难。阈值过大会导致决策树过于简单化,而阈值过小则又会导致多余的树枝无法修剪,从而使得生成的决策树过于茂盛。

2.　事后修剪(post-pruning)

该方法是从一个经过充分生长的决策树中修剪掉多余的节点分支或子树。例如基于代价成本的修剪算法就是一个事后修剪方法。被修剪分支的节点就成为一个叶子节点,并将其标记为它所包含的样本中类别数目最多的类别。而对于树中的每个非叶子节点,计算出若该节点分支被修剪后所发生的预期分类错误率,同时根据每个分支的分类错误率及每个分支的权重(样本分布),计算该节点不被修剪时的预期分类错误率。如果修剪导致预期分类错误率变大,则放弃修剪,保留相应节点的各个分支,否则就将相应的节点分支修剪掉。在产生一系列经过修剪的决策树以备候选之后,利用一个独立的测试数据集,对这些经过修剪的决策树的分类的准确性进行评价,保留预期分类错误率最小的修剪后的决策树。

除了利用预期分类错误率进行决策树修剪之外,还可以利用决策树的编码长度来进行决策树的修剪。所谓最佳修剪树就是编码长度最短的决策树。这种修剪方法利用最短描述长度(Minimum Description Length,MDL)的原则来进行决策树的修剪。该原则的基本思想是:最简单的就是最好的。与基于代价成本的方法相比,利用 MDL 原则进行决策树修剪时无须额外的独立测试数据集。

当然,事前修剪可以与事后修剪相结合,从而构成一个混合的修剪策略,进而可以获得一棵更加可靠的决策树。

8.3.4　提取决策规则

决策树所表示的分类知识可以被提取出来,并可用 IF-THEN 分类规则的形式加以表示。从决策树的根节点到任意一个叶子节点所形成的一条路径就构成了一条分类规则。沿着决策树的一条路径所形成的属性-值偶对就构成了分类规则的条件,即 IF 部分中的一个合取项；叶子节点所标记的类别就构成了规则的结论，即 THEN 部分。IF-THEN 分类规则的表达方式易于被人们理解，且当决策树较大时，该规则表示形式的优势就更加突出。对于一个新的观测，可以根据其各属性的取值从决策树树根位置开始进行遍历，然后沿着各属性值所在的分支自上而下直到达到某个叶子节点，叶子节点所属的类别就是该观测的预测值。

例如，从第 8.3.2 节的决策树实例中可以抽取出分类规则。对于其中的决策树用表示分类知识的 IF-THEN 分类规则的形式表示出来，即通过遍历决策树中从根节点到叶子节点所形成的每一条路径，就可以得到以下的分类规则。

IF　age = "< 30"　AND　marriage = "Yes"　THEN　class = "Yes";

IF　age = "≥ 30"　AND　marriage = "No"　THEN　class = "No";

IF　age = "30～40"　　THEN　class = "Yes";

IF　age = "≥ 40"　AND　credit_rate = "Fair"　THEN　class = "Yes";

IF　age = "< 40"　AND　credit_rate = "Excellent"　THEN　class = No";

在 ID3 算法中利用训练样本对每个分类规则的预测准确性进行评估，但是由于这样做会得到较为乐观的分类预测准确性的评估，因此，在 C4.5 算法中采用了一个比较悲观的评估方法对上述评估的乐观倾向进行修正。此外，也可以利用独立的测试数据集，即使用未参加归纳训练的数据集对分类规则的预测准确性进行评估。

当然，也可以通过消去分类规则的条件部分中的某些对该规则预测准确性影响不大的那些合取项，来达到优化分类知识的目的。由于独立测试数据集中的一些测试样本可能不满足所获得的所有分类规则中的前提条件，因此还需要设立一条默认规则，该默认规则的前提条件为空，其结论则标记为训练样本中类别数目最多的类别。

8.3.5　决策树的改进

1. C4.5 算法和 C5.0 算法

C4.5 算法与基本 ID3 算法相比，在以下几个方面做了些改进。

(1) 对缺失数据的处理。在建立决策树时，只是把缺失数据简单地忽略不计，因此，信息增益的比率(information gain ratio)的计算仅考虑了每个属性均有值的那些观测。为了对一个具有缺失数据的观测进行分类，这些缺失值需要根据其他已知的值进行预测。

(2) 连续值数据。对于具有连续值属性的数据，基本思想是把训练样本中该属性的所有值划分到不同的区间内。

(3) 树剪枝。在 C4.5 算法中建议使用两种基本的剪枝策略，即子树替换和子树上升。如果替换所产生的错误率非常接近原来决策树的错误率，那么就用相应的叶子节点替换某一子树。子树替换的方法将自底向上进行剪枝。子树上升的方法是用使用最频繁的子树代替处在更高位置的节点，然后计算出由于替换所增加的错误率。

(4) 决策规则。C4.5 算法既可以通过决策树也可以通过由决策树生成的规则来进行分类。此外，它还给出了简化复杂决策规则的一些建议。如果能同等对待训练集中的所有观测，那么规则左边的部分就能用一个更加简单的条件来代替。如果没有合适的规则，就给出一个默认类型的规则进行提示。

（5）节点划分。ID3 算法倾向于对属性生成许多划分，并容易导致过度拟合。更加极端的情况是，在训练集中所有观测均为单一值的一个属性将被认为是最好的，因为每一个划分将只有一个观测，并属于一个类别。因此，使用信息增益率而不是信息增益进行度量。信息增益率定义为下面的计算方法。

设一个属性 A 有 n 个不同的取值 $\{a_1, a_2, \cdots, a_n\}$，使用属性 A 可将样本集 S 划分为 n 个不同的集合 $\{S_1, S_2, \cdots, S_n\}$，其中 S_j 包含集合 S 中属性 A 取 a_j 值的数据样本。若属性 A 被标记为测试属性，即用于对当前的样本集进行划分，设 s_{ij} 为样本子集 S_j 中属于类别 C_i 的样本数，那么根据属性 A 划分当前样本集所需要的信息增益率计算公式为

$$\text{InfoGainRatio}(A) = \frac{\text{InfoGain}(A)}{I\left(\dfrac{|S_1|}{|S|}, \dfrac{|S_2|}{|S|}, \cdots, \dfrac{|S_n|}{|S|}\right)} \tag{8.37}$$

对于节点划分来说，C4.5 算法使用最大的信息增益率，以便比平均的信息增益率大。当一个子集的大小与开始时的集合大小非常接近时，就可以很好地弥补信息增益率将向划分点倾斜的不足。读者可以使用上面讨论的信息增益率的方法来进行计算并选择最佳的划分属性。

C5.0 算法在 Windows 平台上运行的软件称为 See5，它是 C4.5 算法的一个商业化的版本，在许多数据挖掘的软件包中都有广泛的应用。C5.0 算法在分类和预测准确性方面的改进主要体现在它使用了 Boosting 的方法，即通过组合不同的分类器来提升分类和预测的准确性，不过它会增加计算时间上的开销。

2. CART 算法

分类与回归树(Classification And Regression Tree，CART)是生成二叉决策树的一种数据挖掘技术。与 ID3 算法类似，它使用信息熵作为度量标准并以此来选择最佳的划分属性。与 ID3 算法不同的是，当为每一个子类生成一个子节点的时候，CART 算法只产生两个分支，同时根据最佳的划分节点完成子树的划分。在每一步都要查找并决定最好的划分，最好的标准通过以下的计算表达式来度量，可简称为划分属性的优度值。

$$\phi(s/t) = 2P_{\text{L}}P_{\text{R}} \sum_{i=1}^{m} \left| P(C_i/t_{\text{L}}) - P(C_i/t_{\text{R}}) \right| \tag{8.38}$$

该公式是针对当前的节点 t 和对节点划分的属性和标准 s 进行计算的。此时，L 和 R 用来表示决策树中当前节点的左子树和右子树。P_{L} 和 P_{R} 分别表示一条观测数据将位于左子树或右子树的概率的大小，即定义为

$$P_k = \frac{\text{子树中的观测数}}{\text{训练集中的观测数}}, \quad k = \text{L或R} \tag{8.39}$$

$P(C_i/t_{\text{L}})$ 和 $P(C_i/t_{\text{R}})$ 分别表示在左子树或右子树中属于类别 C_i 的概率值，即定义为

$P(C_i/t_k) = \dfrac{\text{在子树中属于类别} C_i \text{的观测数}}{\text{目标节点的观测数}} (k = \text{L或R})$。CART 要求每一个属性的各个取值

在计算节点的划分度量时有先后次序之分。此外，CART 算法在计算划分属性的优度值时，忽略具有缺失数据的那些观测。当没有划分能够改进决策树的性能时，决策树就停止生长。同样，读者可以使用上面讨论的属性划分的优度值方法来进行计算并选择最佳的划分属性。

3. SPRINT 算法

下面将针对大型数据集来讨论几种具有可扩展性的决策树的生成技术。其中一个是可扩展的、可并行的归纳决策树(Scalable PaRallelizable INduction of decision Tree，SPRINT)算法，它是在不考虑内存空间大小的条件下使用 CART 技术来实现算法的可扩展性的。此外，它很容易实现并行计算。就 SPRINT 算法而言，它是使用一个称为 gini 的指标来度量并找到最佳的划分属性的。对于一个属性构成的集合 S 来说，gini 指标定义为

$$\text{gini}(S) = 1 - \sum_{i=1}^{m} p_i^2 \tag{8.40}$$

其中，p_i 表示在集合 S 中类别 C_i 的频率大小。因此，将由属性构成的集合划分为子集 $S_1, S_2, \cdots, S_n$ 的优度值的计算公式为

$$\text{gini}(S) = \sum_{j=1}^{n} \frac{n_j}{n} \cdot \text{gini}(S_j) \tag{8.41}$$

根据上面计算得到的 gini 值来选择最佳的属性划分。在每一个节点计算属性划分的优度值时，并不需要对属性数据进行排序。对于属性值连续的数据来说，它将选取训练集中每对连续值的中点作为划分点。同样，读者可以使用上面讨论的属性划分的优度值的方法来进行计算，并选择最佳的划分属性。

在构建决策树时，通常需要将数据集读取到内存中，但是当数据集较大以至于无法全部读取到内存中时，将极大影响决策树的构建速度，Rainforest 算法可以解决有限内存问题，实现具有可伸缩性的决策树算法框架。对于决策树中的每一个节点，使用一张称为属性、值、类别集合(Attribute,Value,Class，AVC)的表。这张表汇总了每个属性的每个类别的计数或者是属性值分组的计数。表的大小并不与数据库或训练集的大小呈正比，而是与类别、唯一的属性值和潜在的划分属性的数量之乘积呈比例。对于超大型的数据集，使用这种约简技术后能够给具有可扩展性的决策树归纳算法带来方便。在构建决策树的过程中，通过扫描训练集建立 AVC 表，再根据 AVC 表来选择最佳的划分属性。对于以后的节点，该算法同样通过不断地划分训练集和建立 AVC 表来最终生成相应的决策树。

8.4　AdaBoost 算法

AdaBoost 是 Adaptive Boosting(自适应增强)的简称，属于集成算法(ensemble method)中 Boosting 类别中的一种。AdaBoost 是非常成功的机器学习算法，由 Yoav Freund 和 Robert Schapire 于 1995 年提出，他们因此获得了 2003 年的哥德尔奖(Gödel Prize)。

AdaBoost 算法的具体描述如下。

(1) 给定弱学习算法和训练集合 $\{(x_1,y_1),(x_2,y_2),\cdots,(x_n,y_n)\}$，其中，$x_i$ 是输入的训练样本向量，y_i 是分类器的类别标志，$y_i \in \{-1,1\}$，-1 和 1 分别表示非目标和目标。

(2) 指定循环次数 T。T 将决定最后强分类器中的弱分类器的数目。

(3) 初始化权重：$\omega^1 = \{\omega_{1,1},\cdots,\omega_{1,n}\}$，$\omega_{1/t} = D(i)$，其中 $D(i)$ 是样本的概率分布情况。

(4) 进入 "For   t = 1 to T 循环"。

① 归一化权值。

$$p^t = \frac{\omega^t}{\sum\limits_{i=1}^{n}\omega_{t,i}} \tag{8.42}$$

其中，$\omega^t = \{\omega_{t,1},\cdots,\omega_{t,n}\}$，$p^t = \{p_{t,1},\cdots,p_{t,n}\}$。

② 对每个归一化权值后的样本用弱学习算法进行训练，可得到一个弱分类器：$h_t : x \rightarrow [0,1]$。

③ 对每个弱分类器，计算当前权值下的错误率。

$$\varepsilon_t = \sum_{t=1}^{n} p_{t,i}|h_t(x_t) - y_t| \tag{8.43}$$

④ 选择具有最小的错误率 ε_t 的弱分类器 h_t 加入到强分类器中。

⑤ 更新每个样本所对应的权值。

$$\omega_{t+1,i} = \omega_{t,i}\beta_t^{1-|h_t(x_i)-y_i|} \tag{8.44}$$

式(8.44)中，若第 i 个样本分类正确，则 $\varepsilon_t = |h_t(x_i) - y_i| = 0$，否则 $\varepsilon_t = |h_t(x_i) - y_i| = 1$，且 $\beta_t = \dfrac{\varepsilon_t}{1-\varepsilon_t}$。

⑥ T 轮训练完毕，最后得到的强分类器为

$$H(x) = \begin{cases} 1, & \sum\limits_{t=1}^{T}\partial_t h_t(x) \geqslant 0.5\sum\limits_{t=1}^{T}\partial_t \\ 0, & \text{other} \end{cases} \tag{8.45}$$

其中，$\partial_t = \log\dfrac{1}{\beta_t}$。在这里，假设每一个分类器都是实际有用的，即 $\varepsilon_t < 0.5$。也就是说，在每一次分类的结果中，正确分类的样本个数始终大于错误分类的样本个数。因为 $\varepsilon_t < 0.5$，而 $\beta_t = \dfrac{\varepsilon_t}{1-\varepsilon_t}$，所以可以得知 $\beta_t < 1$。当前一次训练生成的弱分类器 h_j 对于样本 x_i 分类错误时，则下一次训练的样本所对应的权值 $\omega_{t+1,i} = \omega_{t,i}\beta_t^{1-|h_t(x_i)-y_i|}$ 不变。如果前一次训练生成的弱分类器 h_j 对于样本 x_i 分类正确，则会使 $\omega_{t+1,i}$ 减小，从而使得在下一次训练时，弱分类器更多地重视上一次训练分类错误的样本，来满足分类器性能提升的思想。

AdaBoost 算法可用于研究人脸识别。首先，依据上述方法训练出一系列基于人脸特征的分类器，然后通过级联的方式使它们最终形成一个人脸分类器，利用这个人脸分类器，经过层层筛选最终能把人脸区域精确定位出来。

8.5　随机森林算法

随机森林是通过集成学习(ensemble learning)的思想将多棵树集成的一种算法，它的基本单元是决策树。其实从直观角度来解释，每棵决策树都是一个分类器(假设现在针对的是分类问题)，那么对于一个输入样本，N 棵树会有 N 个分类结果。而随机森林集成了所有的分类投票结果，将投票次数最多的类别指定为最终的输出，这就是一种最简单的 Bagging 算法思想。

8.5.1　设计随机森林分类器

随机森林是 Leo Breiman 提出的一种基于树分类器的算法，该方法可以解决多类分类问题。该方法具有以下特征。

(1) 不需要预处理。

(2) 能够稳健有效地处理大数据集。

(3) 不会出现过拟合现象。

(4) 在构建过程中可以生成一个泛化误差的内部无偏估计。

(5) 可以平衡在不平衡数据集中出现的类别误差现象。

一般情况下，对于普通数据，在实验过程中通常只需要对终节点规模、每个分离点选择的变量数目和决策树分类器个数这三个参数进行设置就可以得到相对较为理想的检测结果。在实际操作中，通常遇到的数据是不均衡的，即数据中类和类之间所含样本的数目相差比较大。随机森林在处理这类数据时具有比较好的效果，因为该方法属于集成算法，在构造决策树分类器时，其是通过拔靴法来选择数据构建树分类器。

随机森林的基本思想是把多个弱分类器组合成一个强大分类器。如图 8.5 所示，一个随机森林由 K 个决策树组成，每一个决策树都是一个分类器，在决策树中，每一个节点都是一个分类器，所有决策树的分类结果的平均就构成了随机森林的决策结果。在具体的训练过程中，随机森林中的每个决策树的训练样本集都来自总体样本中的一个子集，决策树会选择当前分类效果最好的弱分类器。将所有分类器组合在一起就构成了一个强大的随机森林分类器。假设在一个 M 类分类的问题中，一个样本 p 通过每一个决策树分类器有 M 个输出结果(输出 M 个置信度，$c \in \{1, 2, \cdots, M\}$，每一个置信度 $P_{(n,p)}\big[f(p) = c\big]$ 表示该样本 P 属于第 c 类的概率)，最后随机森林的结果取决于所有决策树的结果的平均，即

$$F(P) = \arg\max P_c(p) = \arg\max \frac{1}{N} \sum_{n=1}^{N} P_{(n,p)}\big[f(p) = c\big] \tag{8.46}$$

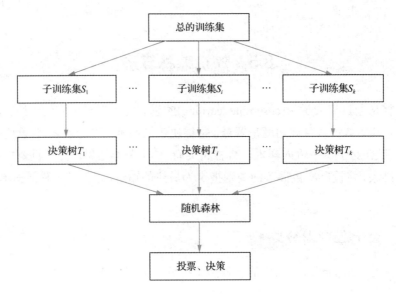

图 8.5　随机森林示意图

对于训练集的选择方法，通常在统计量重采样的技术中采用自助法。即该方法是从原始的样本容量为 N 的训练样本集合中任意抽出 N 个样本生成新的训练样本集，抽样方法为有放回的抽样，独立进行抽样 K 次，生成 K 个独立的自助样本集。

随机森林的生成是通过自助法重采样技术生成若干个弱分类器。从原始的数据集中生成了 K 个自助样本集，各个自助样本集集合构成每棵分类树的训练数据。在抽样过程中，将那些不在自助样本中的剩余样本称为袋外数据。袋外数据每次大约余下少部分的样本，其可以用于估计组合分类器的正确率。随机森林在每个节点处任意选择特征进行分支，使得各棵分类树之间的相关性较小，提高了分类的精确性。由于在试验中，单棵树的生成比较迅速，所以随机森林的分类速度也较快，很容易实现并行化。

8.5.2　构建随机森林

随机森林由决策树组成，决策树实际上是将空间用超平面进行划分的一种方法，每次分割的时候，都将当前的空间一分为二，由决策树构建随机森林的步骤如下。

(1) 假如有 N 个样本，则有放回的随机选择 N 个样本(每次随机选择一个样本，然后返回继续选择)。这选择好了的 N 个样本用来训练一个决策树，作为决策树根节点处的样本。

(2) 当每个样本有 M 个属性时，在决策树的每个节点需要分裂时，随机从这 M 个属性中选取出 m 个属性，满足条件 $m \ll M$。然后从这 m 个属性中采用某种策略(比如说信息增益)来选择 1 个属性作为该节点的分裂属性。

(3) 决策树形成过程中每个节点都要按照步骤 2 来分裂(很容易理解，如果下一次该节点选出来的那一个属性是刚刚其父节点分裂时用过的属性，则该节点已经达到了叶子节点，无须继续分裂了)。一直到不能够再分裂为止。注意整个决策树形成过程中没有进行剪枝。

(4) 按照步骤(1)～(3)建立大量的决策树，这样就构成了随机森林。

随机森林可以解决多分类和二分类问题，如图 8.6 所示为一个二叉树结构图。

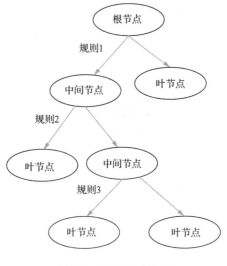

二叉树

图 8.6　二叉树结构图

下面基于二叉树的结构，介绍构建决策树的流程。

1. 训练样本集的收集

收集 1 500 多张包含行人的图片，对每张图片手动进行操作，截取一些图片作为正样本(含有行人的部分)以及负样本(不含行人的部分)。收集的部分训练的正、负样本分别如图 8.7 和图 8.8 所示。

图 8.7　部分训练的正样本

图 8.8　部分训练的负样本

2. 特征选择及决策树设计

特征选择通常用在基于统计学的算法中。在此选择点对比较特征进行描述。点对比较特征(见图 8.9)就是在一个图像块中任意选取两个像素点 p_1 和 p_2，对这两点的灰度值 $I(p_1)$ 和 $I(p_2)$ 进行比较。

图 8.9　点对比较特征

在此选取点对比较特征作为一个弱分类器，选择的判断函数为

$$T_{p,q,r,s}(I) = \begin{cases} 0, & \text{如果 } I(p,q) < I(r,s) \\ 1, & \text{other} \end{cases} \tag{8.47}$$

其中，p 与 q 为点 p_1 的坐标，r 和 s 为点 p_2 的坐标。二叉树中节点的判断如图 8.10 所示。

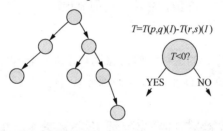

图 8.10　二叉树中节点的判断

根据判断函数可知，利用点对比较特征只需要做比较运算，不必进行加法和乘法等运算，这样在具体运行中可以使得速度加快。对于一个 $32×32$ 的图像来说，存在的点对组合大约为 C_{1024}^2，约为 52 万个点对，即存在 52 万个弱分类器。

决策树训练与特征选择是一起完成的，本节主要讨论的是两类分类问题，因此在训练的每棵树都是一棵二叉树。决策树训练的目的是为每一个节点选择弱分类器。在实际操作中，第一个节点随机选择 1 000 个点对比较特征作为弱分类器，然后从中进一步选择并记录对当前的样本分类效果最好的一个作为此节点的弱分类器。然后根据分类结果，把样本分别送入下一层的两个节点，反复进行此过程，直到决策树的层数达到预先设定的最大值，或者到达此节点的正负样本的比例大于预先设定值，此时则称该节点是叶子节点。停止训练叶子节点并在叶子节点保存正负样本数目。在测试图片时，输入一个样本，最终可以进入到达一个叶子节点 i，则该测试样本属于正样本的概率为 $a(i)/b(i)$，属于负样本的概率就为 $1-a(i)/b(i)$。其中，$a(i)$ 为叶子节点 i 保存的到达该节点的正样本数目，$b(i)$ 为叶子节点 i 保存的全部样本数目。

在用于分类的决策树中，划分的优劣用不纯性度量定量分析。一个划分是纯的，如果对于所有分支，划分后选择相同分支的所有实例都属于相同的类。对于某节点 m，令 N_m 为

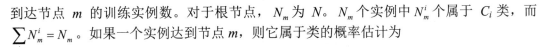

到达节点 m 的训练实例数。对于根节点，N_m 为 N。N_m 个实例中 N_m^i 个属于 C_i 类，而 $\sum_i N_m^i = N_m$。如果一个实例达到节点 m，则它属于类的概率估计为

$$p(C_i \mid x,m) = P_m^i = \frac{N_m^i}{N_m} \tag{8.48}$$

节点 m 是纯的，如果对于所有的 i，P_m^i 为 0 或 1。当到达节点 m 的所有实例都不属于 C_i 类时，P_m^i 为 0，而当到达节点 m 的所有实例都属于 C_i 类时，P_m^i 为 1。如果划分是纯的，则不需要进一步划分，并可以添加一个叶子节点，用 P_m^i 为 1 的类标记。一种度量不纯性的可能函数是熵函数(entropy)，如图 8.11 所示。

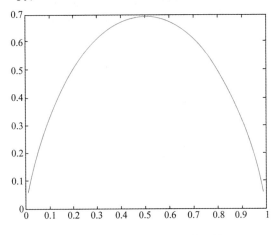

图 8.11　两类分类问题的熵函数

在信息论中，熵是对一个实例的类代码进行编码所需的最少位数。对于两类分类问题，如果 $p^1 = 1$ 而 $p^2 = 0$，则所有的实例都属于 C^1 类，并且也不需要发送，熵为 0；如果 $p^1 = p^2 = 0.5$，则需要发送一位通告两种情况之一，并且熵为 1。在这两个极端之间可以设计编码，更可能的类用较短的编码，更不可能的类用较长的编码，每个信息使用不足一位。

但是，熵并非是唯一可能的度量。对于两类分类问题，其中 $p^1 = p$，$p^2 = 1 - p$，函数 $\Phi(p, 1-p)$ 是非负函数，度量划分的不纯性，如果它满足如下性质：

(1) 对于任意的 $p \in [0,1], \Phi(0.5, 0.5) \geqslant \Phi(p, 1-p)$；

(2) $\Phi(0,1) = \Phi(1,0) = 0$；

(3) 当 $p \in [0, 0.5]$ 时，$\Phi(p, 1-p)$ 是递增的，而当 $p \in [0.5, 1]$ 时，$\Phi(p, 1-p)$ 是递减的。

则有

$$\text{entropy} = -p\log_2(p) - (1-p)\log_2(1-p) \tag{8.49}$$

熵为

$$\Phi(p, 1-p) = -p\log_2(p) - (1-p)\log_2(1-p) \tag{8.50}$$

Gini 指数为

$$\Phi(p, 1-p) = 2p(1-p) \tag{8.51}$$

误分类误差为

$$\Phi(p, 1-p) = 1 - \max(p, 1-p) \tag{8.52}$$

这三个度量都可以使用，研究表明，这三个度量之间并不存在十分明显的差别。在此选用 Gini 指数度量节点的不纯性。

如果节点 m 是不纯的，则应当划分实例，降低不纯度，并且有多个属性可以划分。对于数值属性，可能存在多个划分情况。在这些可能的划分中，寻找最小划分后的不纯度的划分，因为我们希望产生最小的树。划分后的子集越纯，则其后需要的划分就越少。当然，这是局部最优，并不能保证找到最小的决策树。

设在节点 m 处，N_m 个实例中的 N_{mj} 被划分到第 j 分支，决策函数 $f_m(x^t)$ 返回输出第 j 分支的 x^t。对于具有 n 个值的离散属性，有 n 个输出；而对于数值属性，有两个输出($n=2$)。在两种情况下，都满足 $\sum\limits_{j=1}^{n} N_{mj} = N_m$。$N_{mj}$ 个实例中的 N_{mj}^i 个属于 C^i 类。类似的，$\sum\limits_{j=1}^{n} N_{mj} = N_m^i$。

于是，给定节点 m、测试返回输出 j，类 C^i 的概率估计为

$$p = (C_i \mid x, m, j) = p_{mj}^i = \frac{N_{mj}^i}{N_{mj}} \tag{8.53}$$

而划分后的总的不纯度为

$$I_m = -\sum_{j=1}^{n} \frac{N_{mj}}{N_m} \sum_{i=1}^{k} p_{mj}^i \log p_{mj}^i \tag{8.54}$$

对于数值属性，为了能够计算 p_{mj}^i，还需要知道该节点的 w_{m0}。在 N_m 个数据点之间，存在 $N_m - 1$ 个可能的 w_{m0}。我们不需要测试所有可能的点，只需要考虑两点之间的中值就足够了。还要注意的是，最佳划分总是在属于不同类的两个相邻点之间。这样，我们检查每一个，并取最高度作为该属性的纯度。对于离散属性，不需要这种迭代。对于数值属性的所有可能划分的位置，计算不纯度，并且取最小值。也可以说，在构造决策树的每一步，选择导致不纯度降低最多的划分。构造分类树的算法流程如图 8.12 所示。

另外，当存在噪声时，增长树直到最纯可能产生一棵非常大的、过拟合的树。假设这样一种情况：一个错误标记的实例混杂在一组正确标记的实例之中。为了减轻这种过分拟合，当节点变得足够纯时，构造树终止；即如果 $I < \theta_1$，则数据子集就不再划分。这意味着不需要使 p_{mj}^i 都恰好为 0 或 1，而只需要按照某个阈值 θ_p，使 p_{mj}^i 足够接近 0 或 1。在这种情况下，创建一个叶子节点，并将它标记为最大值的类。θ_p 是复杂度参数，与非参数估计中的 h 或 k 一样。当它们较小时，方差大并且树增长较大，以正确反映训练集；当它们较大时，方差小并且树较小，粗略地表示训练集并且可能具有较大偏差。理想的值需要依赖于误分类的代价以及存储和计算开销。一般情况下，在叶子节点存放属于每个类的后验概率，而不是用具有最大后验概率类来标记叶子节点。

```
Generate Tree(T)
    If NodeEntroy(T)<m // m节点中含有的最少图像块
        创建树叶，并用T中的多数类进行标记
        Return
    Else
        i=SplitAttribute(T);
        for T_i的每个分支
            找出落入该分支的T_i
            Generate Tree(T_i)
SplitAttribute(T);
    MinEnt=MAX；
    For所有的属性i=1,…,d
        If T_i是具有n个值的离散属性
        按照T_i将T进行划分到T_1,…,T_n
        e= SplitAttribute(T_1,…,T_n);
        If e<MinEnt  MinEnt=e; bestf=i
    Else
        For所有可能的划分
            在T_i上将T划分为T_1, T_2
        e= SplitAttribute(T_1, T_2);
    If e<MinEnt  MinEnt=e；bestf=i
    Return bestf
```

图 8.12　构造分类树的算法流程

8.6　应用实践

8.6.1　基于随机森林算法预测是否被录取

本例将利用随机森林算法预测一名候选的考生是否能被名牌大学录取，并实现图形用户界面。本例所用数据集如表 8.4 所示。

表 8.4　考生成绩数据集

gamt	gpa	work_experience	age	admitted
780	4	3	25	2
750	3.9	4	28	2
69	3.3	3	24	1
710	3.7	5	27	2
780	3.9	4	26	2

gamt	gpa	work_experience	age	admitted
730	3.7	6	31	2
690	2.3	1	24	0
720	3.3	4	25	2
740	3.3	5	28	2
690	1.7	1	23	0
610	2.7	3	25	0
690	3.7	5	27	2
710	3.7	6	30	2
680	3.3	4	28	1
770	3.3	3	26	2
610	3	1	23	0
580	2.7	4	29	0
650	3.7	6	31	1
540	2.7	2	26	0
590	2.3	3	26	0
520	3.3	2	25	1
600	2	1	24	0
550	2.3	4	28	0
550	2.7	1	23	0
570	3	2	25	0
670	3.3	6	29	1
660	3.7	4	28	1
580	2.3	2	26	0
650	3.7	6	30	1
760	3.3	5	30	2
640	3	1	23	0
620	2.7	2	24	0
660	4	4	27	1
660	3.3	6	29	1
680	3.3	5	28	1
650	2.3	1	22	0
670	2.7	2	23	0
580	3.3	1	24	0
590	1.7	4	28	0
790	3.7	5	31	2

本例使用的考生成绩数据集包含 40 个样本，每个样本包含 gmat、gpa、work_experience 和 age 四个特征属性 gamt 代表入学考试成绩，gpa 代表平均绩点，work_experience 代表工作经验，age 代表年龄；admitted 列代表是否被录取，取值为 2 表示录取，取值为 1 表示等候，取值为 0 表示不予录取。

首先导入以下的工具包，并创建 DataFrame 数据格式用于获取训练数据集。当然也可用导入外部文件的形式获取数据。具体代码如下。

```python
import pandas as pd
from sklearn.model_selection import train_test_split
from sklearn.ensemble import RandomForestClassifier
from sklearn import metrics
import seaborn as sn
import tkinter as tk
import pandas as pd
candidates = {'gmat': [780,750,690,710,780,730,690,720,740,690,610,690,
710,680,770,610,580,650,540,590,620,600,550,550,570,670,660,580,650,
760,640,620,660,660,680,650,670,580,590,790],
            'gpa': [4,3.9,3.3,3.7,3.9,3.7,2.3,3.3,3.3,1.7,2.7,3.7,3.7,3.3,
3.3,3,2.7,3.7,2.7,2.3,3.3,2,2.3,2.7,3,3.3,3.7,2.3,3.7,3.3,3.3,2.7,4,3.3,
3.3,2.3,2.7,3.3,1.7,3.7],
            'work_experience': [3,4,3,5,4,6,1,4,5,1,3,5,6,4,3,1,4,6,2,
3,2,1,4,1,2,6,4,2,6,5,1,2,4,6,5,1,2,1,4,5],
        'age': [25,28,24,27,26,31,24,25,28,23,25,27,30,28,26,23,29,31,
26,26,25,24,28,23,25,29,28,26,30,30,23,24,27,29,28,22,23,24,28,31],
            'admitted': [2,2,1,2,2,2,0,2,2,0,0,2,2,1,2,0,0,1,0,0,1,0,0,
0,0,1,1,0,1,2,0,0,1,1,1,0,0,0,0,2]
            }
df=pd.DataFrame(candidates,columns['gmat','gpa','work_experience',
            'age','admitted'])
print (df)
```

实现随机森林模型的具体代码如下。

```python
X = df[['gmat', 'gpa','work_experience','age']] # 属性值
y = df['admitted'] # 标签
#划分训练集和测试集
X_train,X_test,y_train,y_test = train_test_split(X,y,test_size=0.25,
random_state=0)
#设置随机森林模型
clf = RandomForestClassifier(n_estimators=100)
clf.fit(X_train,y_train)
y_pred=clf.predict(X_test)
#混淆矩阵
confusion_matrix = pd.crosstab(y_test, y_pred, rownames=['Actual'],
colnames=['Predicted'])
sn.heatmap(confusion_matrix, annot=True)
print('Accuracy: ',metrics.accuracy_score(y_test, y_pred))      #输出准确率
```

运行上述代码，得到如图 8.13 所示的随机森林算法预测的准确率和混淆矩阵。

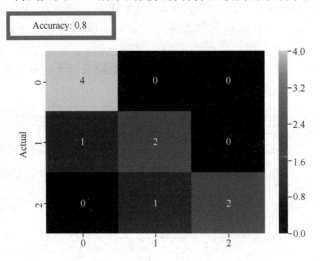

图 8.13　准确率和混淆矩阵

利用 tkinter 工具包实现图形用户界面的代码如下。

```
root= tk.Tk()                                         #设置 tkinter GUI
canvas1 = tk.Canvas(root, width = 500, height = 350)
canvas1.pack()
label1 = tk.Label(root, text='            GMAT:')      # 输入 GMAT
canvas1.create_window(100, 100, window=label1)
entry1 = tk.Entry (root)
canvas1.create_window(270, 100, window=entry1)
label2 = tk.Label(root, text='GPA:      ')            #输入 GPA
canvas1.create_window(120, 120, window=label2)
entry2 = tk.Entry (root)
canvas1.create_window(270, 120, window=entry2)
label3 = tk.Label(root, text='   Work Experience: ') # 输入 work_experience
    canvas1.create_window(140, 140, window=label3)
    entry3 = tk.Entry (root)
    canvas1.create_window(270, 140, window=entry3)
    label4 = tk.Label(root, text='Age:                    ')    # 输入 Age
    canvas1.create_window(160, 160, window=label4)
    entry4 = tk.Entry (root)
    canvas1.create_window(270, 160, window=entry4)
    def values():
        global gmat
        gmat = float(entry1.get())
        global gpa
        gpa = float(entry2.get())
        global work_experience
        work_experience = float(entry3.get())
        global age
```

```
    age = float(entry4.get())
    #显示预测结果
    Prediction_result = (' Predicted Result: ', clf.predict([[gmat,gpa,
    work_experience,age]]))
    label_Prediction = tk.Label(root, text= Prediction_result, bg='skyblue')
    canvas1.create_window(270, 280, window=label_Prediction)
 button1 = tk.Button (root, text='      Predict      ',command=values, bg='green',
                    fg='white', font=11)
canvas1.create_window(270, 220, window=button1)
root.mainloop()
```

运行上述代码，当分别输入 730、3.7、4、27 时，输出为 2，结果如图 8.14 所示。

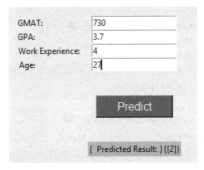

图 8.14 图形用户界面

8.6.2 基于决策树算法预测是否被录取

本例将利用决策树算法预测一名候选的考生是否能被名牌大学录取。数据集仍沿用表 8.4。

建立决策树的代码如下。

```
import numpy as np
import pandas as pd
from sklearn.model_selection import train_test_split
from sklearn.feature_extraction import DictVectorizer
from sklearn.tree import DecisionTreeClassifier
from sklearn.tree import export_graphviz            # 决策树可视化的工具包
dataset = pd.read_csv("tree.csv")
dataset.head()
x = dataset.iloc[:,:-1]
y = dataset.iloc[:,-1]
# 划分训练集和测试集
x_train,x_test,y_train,y_test = train_test_split(x,y,test_size = 0.2,
random_state = 22)
# 设置决策树模型
clf = DecisionTreeClassifier(max_depth= 5)
clf.fit(x_train,y_train)
```

输出准确率的代码如下。

```
accuracy = clf.score(x_test,y_test)
print(f"Accuracy:{accuracy}")
```

预测的代码如下。

```
pre1 = clf.predict([[790,3.7,5,31]])
pre2 = clf.predict([[580,2.7,4,29]])
print(f"考生 1：{pre1}，考生 2：{pre2} ")
```

程序输出的结果如下。

考生 1：[2]，考生 2：[0]

输出结果表示考生 1 会被录取，考生 2 不会被录取。

显示决策树。

下载 graphviz 工具包并安装，在系统环境变量中添加 "C:\Program Files (x86)\Graphviz2.38\ bin"，然后执行以下代码。

```
export_graphviz(clf, out_file="tree.dot",
        feature_names=['gamt', 'gpa', 'work_experience', 'age'],
        class_names=["refuse","wait","admitted"])
```

最后，在控制台环境下输入以下命令便可得到本例的决策树(dot -Tjpg **tree.dot** -o tree.jpg)，结果如图 8.15 所示。

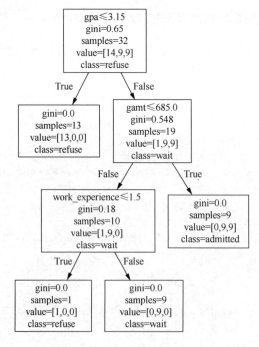

图 8.15 显示决策树

本 章 小 结

本章首先介绍了分类问题的评估标准，即如何评价一个分类方法的结果。然后分析了主流的分类方法，包括线性分类、决策树分类、随机森林等。最后通过实例，运用分类的方法来解决生活中的问题。

神经网络和深度学习

神经网络和深度学习的相关理论与实践放见二维码，可以帮助读者有针对性地学习。

习　题

一、选择题

1. 下列分类器是线性分类器的是(　　)。
   A．朴素贝叶斯　　　　　　　　B．SVM
   C．逻辑回归　　　　　　　　　D．XGBoost

2. 下列有关分类算法的准确率、召回率、F1 值的描述，错误的是(　　)。
   A．准确率是检索出相关文档数与检索出的文档总数的比率，衡量的是检索系统的查准率
   B．召回率是指检索出相关文档数和文档库中所有的相关文档数的比率，衡量的是检索系统的查全率
   C．准确率、召回率和 F1 值取值都在 0 和 1 之间，数值越接近 0，查准率或查全率就越高
   D．为了解决准确率和召回率冲突问题，引入了 F1 值

3. 假设使用逻辑回归进行多类别分类，使用 One-vs-rest 分类法。下列说法正确的是(　　)。
   A．对于 n 类别，需要训练 n 个模型
   B．对于 n 类别，需要训练 $n-1$ 个模型
   C．对于 n 类别，只需要训练 1 个模型
   D．对于 n 类别，需要训练 $n+1$ 个模型

4. 下列不属于分类算法的是(　　)。
   A．k 近邻算法　　　　　　　　B．Apriori
   C．决策树　　　　　　　　　　D．SVM

5. 随机森林相对于决策树的优点是(　　)。
   A．可以有更低的训练 error　　B．更好地估计后验概率
   C．降低模型偏差　　　　　　　D．更加具有可解释性

二、简答题

1. 随机森林为什么不容易过拟合？

2．当数据集中有缺失值时，随机森林算法一般比 AdaBoost 算法表现要好，这种说法是对还是错？简述 AdaBoost 算法和随机森林算法的异同点。

3．给定一个具有 50 个属性(每个属性包含 100 个不同值)的 5GB 的数据集，假设你的台式机只有 512MB 的内存。简述对这种大型数据集构造决策树的一种有效算法。通过粗略地对计算机主存的使用情况进行描述，并说明你的答案是正确的。

4．在决策树归纳中，有(a)、(b)两个选项。(a)将决策树转化为规则，然后对结果规则剪枝；(b)对决策树剪枝，然后将剪枝后的树转化为规则。相对于选项(b)，选项(a)的优点是什么？

5．在决策树归纳中，为什么对树剪枝是有用的？使用分离的元组集评估剪枝有什么缺点？

6．画出包含 4 个布尔属性 A、B、C、D 的奇偶函数(其数据集见表 8.5)的决策树。该树有可能被简化吗？

表 8.5 数据集

A	B	C	D	Class
T	T	T	T	T
T	T	T	F	F
T	T	F	T	F
T	T	F	F	T
T	F	T	T	F
T	F	T	F	T
T	F	F	T	T
T	F	F	F	F
F	T	T	T	F
F	T	T	F	T
F	T	F	T	T
F	T	F	F	F
F	F	T	T	T
F	F	T	F	F
F	F	F	T	F
F	F	F	F	T

7．X 是一个具有期望 Np、方差 $Np(1-p)$ 的二项随机变量。证明 X/N 同样具有二项分布且期望为 p，方差为 $p(1-p)/N$。

8．当一个数据对象同时属于多个类时，很难评估分类的准确率。评述在这种情况下，你将使用何种标准比较对相同数据建立的不同分类器。

9．支持向量机是一种具有高准确率的分类方法。然而，在使用大型数据元组集进行训练时，该方法的处理速度很慢。讨论如何克服这一困难，并为大型数据集有效的 SVM 分类开发一种可扩展的 SVM 算法。

10．什么是提升(boosting)？陈述它为何能够提高决策树归纳的准确性？

第9章
时间序列分析

 学习目标

[1] 领会时间序列分析的定义及主要特性。

[2] 会计算数据样本的自相关函数和偏自相关函数。

[3] 掌握 ARIMA 模型、HMM 模型、动态贝叶斯网络。

 重要知识点图谱

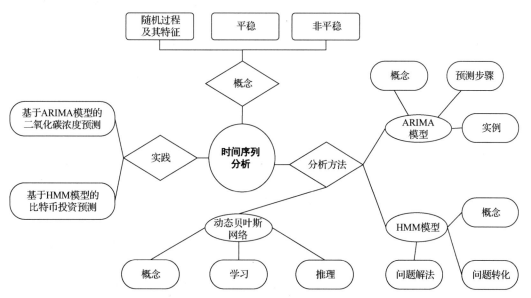

 重点与难点

[1] 判断时间序列的类型。

[2] 用典型的时序分析方法解决问题。

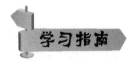 学习指南

通过时间序列分析的基础概念，分辨时间序列是否稳定。本章将围绕于此讲解 ARIMA 模型、HMM 模型、动态贝叶斯网络模型。最后，通过实例带大家进一步理解这些模型如何运用到实际问题中。

9.1　时间序列分析概述

在生产和科学研究中，对某一个或一组变量进行观察测量，将一系列时刻所得到的离散数字组成的序列集合，称为时间序列。时间序列分析是根据系统观察得到的时间序列数据，通过曲线拟合和参数估计来建立数学模型的理论和方法。时间序列分析常用于国民宏观经济控制、市场潜力预测、气象预测、农作物害虫灾害预报等各个方面。

将预测对象随时间推移而形成的数据序列视为一个随机序列，用一定的数学模型来近似描述这个序列。这个模型一旦被识别后就可以从时间序列的过去值及现在值来预测未来值。时间序列模型适用于做短期预测，即统计序列过去的变化模式还未发生根本性变化。按时间顺序排列的一组随机变量 $\{X_1, X_2, \cdots, X_t\}$ 表示一个随机事件的时间序列。时间序列就是按时间顺序排列的，随时间变化的数据序列。时间序列数据分析的目的是给定一个已被观测了的时间序列，预测该序列的未来值。生活中各领域各行业有太多时间序列的数据，如销售额、顾客数、访问量、股价、油价、GDP、气温等。

平稳性的检验

随机过程的特征有均值、方差、协方差等。如果随机过程的特征随着时间变化，则此过程是非平稳的；相反，如果随机过程的特征不随时间而变化，就此过程是平稳的。如图 9.1(a)所示为非平稳随机过程，图 9.1(b)为平稳随机过程。

随机过程是否稳定有非常严格的标准，可以通过两种方式判断。

平稳时间序列的定义

(1) 如果时间序列随着时间产生恒定的统计特征，根据实际目的可以假设该序列是稳定的。例如，恒定的平均数、恒定的方差、不随时间变化的自协方差。

(2) 针对平稳的检验，称为 ADF 单位根平稳性检验，这是一种检查数据稳定性的统计测试。其无效假设为时间序列是非平稳的。测试结果由测试统计量和一些置信区间的临界值组成。如果测试统计量少于临界值，可以拒绝无效假设，并认为序列是平稳的。

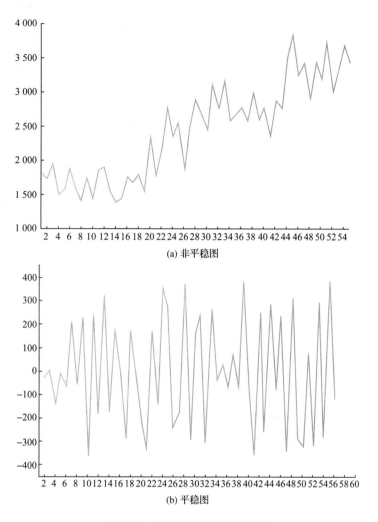

图 9.1 非平稳和平稳随机过程

非平稳时序分析时，若导致非平稳的原因是确定的，可用的方法主要有趋势拟合模型、季节调整模型、移动平均、指数平滑等；若导致非平稳的原因是随机的，可用的方法主要有 ARIMA 模型、HMM 模型等。

9.2 ARIMA 模型

9.2.1 ARIMA 模型的基本概念

ARIMA 模型是由博克思(Box)和詹金斯(Jenkins)于 20 世纪 70 年代初提出的，全称为自回归差分移动平均(Auto-Regressive Integrated Moving Average)模型。ARIMA 模型是指在

ARIMA
模型

将非平稳时间序列转化为平稳时间序列的过程中，将因变量仅对它的滞后值以及随机误差项的现值和滞后值进行回归所建立的模型。

该模型可以表示成 ARIMA(p, d, q)，根据原序列是否平稳以及回归中所含部分的不同，包括移动平均过程 MA(q)、自回归过程 AR(p)、自回归移动平均过程 ARMA(p, q)和自回归差分移动平均过程 ARIMA(p, d, q)。

其中，AR 为自回归，MA 为移动平均，ARIMA 模型的三个参数 p、d、q 分别表示数据的周期性、趋势、噪声。

(1) p 为模型的自回归项，用于将过去的观测值纳入模型中。例如，如果过去三天气温上升，那么明天气温也可能上升。

(2) d 为时间序列变为平稳时间序列时所做的差分次数(即从当前值减去的过去时间点的数值)。例如，如果过去三天的温度差异非常小，那么明天可能会是相同的温度。

(3) q 为模型的移动平均项数，将模型的误差设置为过去时间点观察到的误差值的线性组合。

当处理序列数据的周期性时，可将周期性 ARIMA 模型定义为 ARIMA(p,d,q)(P,D,Q)s。其中，(p,d,q)是上述定义的非周期性参数，而(P,D,Q)是周期性分量，s 代表周期间隔如季度周期为 4，年度周期为 12。ARIMA(p,d,q)(P,D,Q)s 称为乘积季节模型，可以描述任何齐次非平稳时间序列，它是最一般的表示形式，包括 MA(q)、AR(p)、ARMA(p, q)、ARIMA(p, d, q)、ARIMA(P, D, Q)，以及各种组合模型。

9.2.2　ARIMA 模型预测步骤

ARIMA 模型预测

ARIMA 模型预测主要包括以下四个步骤。

(1) 获取被观测系统时间序列数据。

(2) 对数据绘图，观测是否为平稳时间序列。对于非平稳时间序列要先进行 d 阶差分运算，转化为平稳时间序列；若为平稳时间序列，则直接用 ARMA(p, q)模型。

(3) 经过步骤(2)的处理，已经得到平稳时间序列。要对平稳时间序列分别求得其自相关系数和偏自相关系数，通过对自相关图和偏自相关图的分析，得到最佳的阶层 p 和阶数 q。

(4) 根据以上步骤得到的 d、q、p，得到 ARIMA 模型。然后开始对得到的模型进行模型检验。以证实所得模型确实与所观察到的数据特征相符。若不相符，重新回到步骤(3)。

9.2.3　预测实例

本节采用 Python 在测试数据上实现预测过程。

1. 获取数据

获取具有周期性的测试数据，即每连续的七个数据属于一个周期内。具体数据如下所示。

10930,10318,10595,10972,7706,6756,9092,10551,9722,10913,11151,8186,6422,6337,11649,
11652,10310,12043,7937,6476,9662,9570,9981,9331,9449,6773,6304,9355,10477,10148,10395,
11261,8713,7299,10424,10795,11069,11602,11427,9095,7707,10767,12136,12812,12006,12528,

10329,7818,11719,11683,12603,11495,13670,11337,10232,13261,13230,15535,16837,19598,
14823,11622,19391,18177,19994,14723,15694,13248,9543,12872,13101,15053,12619,13749,
10228,9725,14729,12518,14564,15085,14722,11999,9390,13481,14795,15845,15271,14686,
11054,10395

绘制测试数据的时间序列图，如图 9.2 所示。

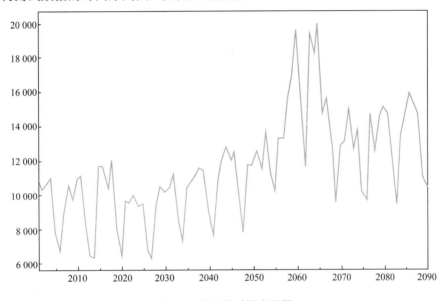

图 9.2　数据的时间序列图

具体代码如下。

```
import numpy as np
import panda as pd
import matplotlib.pylot as plt
import statmodel.api as sm
dta=np.array(dta,dtype=np.float)
dta=pd.Series(dta)
dta.index = pd.Index(sm.tsa.datetools.dates_from_range('2001','2090'))
dta.plot(figsize=(12,8))
plt.show()
```

2. 转换为平稳时间序列

ARIMA 模型对时间序列的要求是具有平稳性。因此，当得到一个非平稳的时间序列
时，首先要做的就是进行时间序列的差分，直到得到一个平稳时间序列。

平稳的含义就是围绕着一个常数上下波动且波动范围有限，即有常数均值和常数方
差。如果有明显的趋势或周期性，那它通常不是平稳序列。判断是否为平稳时间序列一般
有以下三种方法。

(1) 直接画出时间序列的趋势图，看趋势判断。

(2) 画自相关和偏自相关图。平稳时间序列的自相关图和偏自相关图要么是拖尾，要
么是截尾。

(3) 单位根检验。检验序列中是否存在单位根，如果存在单位根就是非平稳时间序列。

不平稳时间序列可以通过差分转换为平稳时间序列。d 阶差分就是相距 d 期的两个序列值之间相减。如果一个时间序列经过 d 次差分运算后具有平稳性，则该序列为差分平稳序列，就可以使用 ARIMA(p, d, q)模型进行分析。

对应的差分代码如下。

```
fig = plt.figure(figsize=(12,8))
ax1= fig.add_subplot(111)
diff1 = dta.diff(1)                            #一阶差分序列转化
diff1.plot(ax=ax1)
fig = plt.figure(figsize=(12,8))
ax2= fig.add_subplot(111)
diff2 = dta.diff(2)                            #二阶差分序列转化
diff2.plot(ax=ax2)
```

一阶差分时间序列的均值和方差已经基本平稳；二阶差分后时间序列与一阶差分相差不大，并且二者随时间推移，时间序列的均值和方差保持不变，如图 9.3 所示。因此可将差分次数 d 设置为1。

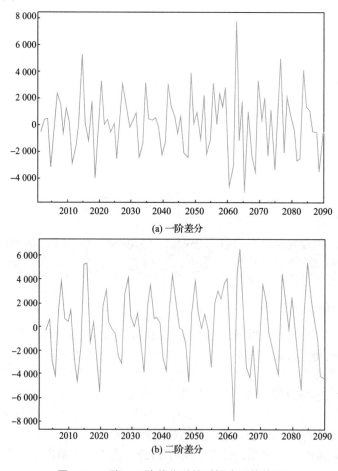

图 9.3　一阶、二阶差分后的时间序列趋势图

3. 确定合适的 p 和 q 值

经过上一步得到了一个稳定的时间序列，现在需要获得 p 和 q，从而确定选择使用哪种模型更合适。

(1) 绘制平稳时间序列的自相关图和偏自相关图，如图 9.4 所示。

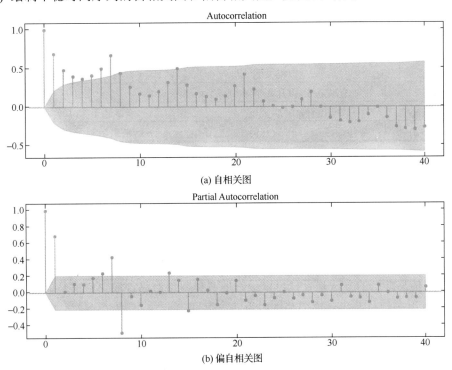

(a) 自相关图

(b) 偏自相关图

图 9.4　自相关图和偏自相关图

相应代码如下。

```
diff1= dta.diff(1)
fig = plt.figure(figsize=(12,8))
ax1=fig.add_subplot(211)
fig = sm.graphics.tsa.plot_acf(dta, lags=40,ax=ax1)
ax2 = fig.add_subplot(212)
fig = sm.graphics.tsa.plot_pacf(dta, lags=40,ax=ax2)
```

代码中，lags 参数表示滞后的阶数。通过以上代码分别得到自相关图和偏自相关图。

通过观察两图可以看出：①自相关图显示滞后有三个阶超出了置信边界(第一条线代表起始点，不在滞后范围内)；②偏自相关图显示在滞后 1 至 7 阶(lags 1,2,…,7)时的偏自相关系数超出了置信边界，从 7 阶之后偏自相关系数缩小至 0。则有以下模型可供选择。

① ARMA(0,1)模型，即自相关系数在滞后 1 阶之后缩小为 0，且偏自相关系数缩小至 0，则是一个阶数 $q=1$ 的移动平均模型。

② ARMA(7,0)模型，即偏自相关系数在滞后 7 阶之后缩小为 0，且自相关系数缩小至 0，则是一个阶层 $p=7$ 的自回归模型。

③ ARMA(7,1)模型，即使得自相关和偏自相关系数都缩小至 0，则是一个混合模型。

④ 其他模型。

补充说明如下。

①分析得到的自相关图和偏自相关图，确定是用 AR(p)模型、MA(q)模型还是 ARMA(p,q)模型。确定依据如表 9.1 所示。

表 9.1　ARMA 模型定阶的基本原则

模型	自相关图	偏自相关图
AR(p)	衰减趋于零(几何型或振荡型)	p 阶后截尾
MA(q)	q 阶后截尾	衰减趋于零(几何型或振荡型)
ARMA(p,q)	q 阶后衰减趋于零(几何型或振荡型)	p 阶后衰减趋于零(几何型或振荡型)

②若都拖尾，得到 ARMA(p,q)模型，自相关图有几个在两倍标准差之外就能确定 p，偏自相关图突出两倍标准差的确定 q。

(2) 模型选择/参数选择。

对于上述可供选择的模型，通常采用 AIC 或者 SBC 来判断得到的 p 和 q 参数值的好坏。我们知道，增加自由参数的数目提高了拟合的优良性，AIC 鼓励数据拟合的优良性，但是尽量避免出现过度拟合(overfitting)的情况。所以优先考虑的模型应是 AIC 值最小的那一个。赤池信息准则的方法是寻找可以最好地解释数据但包含最少自由参数的模型。不仅仅包括 AIC 准则，目前选择模型常用以下四个准则。

① $\text{AIC} = -2\ln(L) + 2k$

② $\text{BIC} = -2\ln(L) + k\ln(n)$

③ $\text{HQIC} = -2\ln(L) + k\ln(\ln(n))$

④ $\text{QAIC} = 2k - 2*\ln(L)/c$

其中，L 是在该模型下的最大似然函数值；n 是数据数量；k 是模型的变量个数；c 是方差膨胀因子。赤池信息量(Akaike Information Criterion，AIC)、贝叶斯信息量(Bayesian Information Criterion，BIC)、HQ 信息量(Hannan-Quinn Information Criterion，HQIC)指标越小则表示模型参数越好。QAIC 是对 AIC 的修正。

构造这些统计量所遵循的统计思想是一致的，就是在考虑拟合残差的同时，依自变量个数施加"惩罚"。但要注意的是，这些准则不能说明某一个模型的精确度。也就是说，对于三个模型 A、B、C，我们能够判断出 C 模型是最好的，但不能保证 C 模型能够很好地刻画数据，因为有可能三个模型都是糟糕的。这些准则理论上比较漂亮，但在模型选择中应用起来还是有些困难，如 5 个变量就有 32 个变量组合，10 个变量就有 2^{10} 个变量组合，通常不可能对所有这些模型进行验证，工作量太大。

在本例中，ARMA(8,0)的 AIC、BIC、HQIC 均最小，因此是最佳模型。相应代码如下。

```
arma_mod80 = sm.tsa.ARMA(dta,(8,0)).fit()
print(arma_mod80.aic,arma_mod80.bic,arma_mod80.hqic)
```

4. 模型检验

在指数平滑模型下，观察 ARIMA 模型的残差是否服从零均值、方差不变的正态分布，同时也要观察连续残差是否(自)相关。

(1) 绘制自相关图和偏自相关图

对 ARMA(8,0)模型所产生的残差画自相关图和偏自相关图，如图 9.5 所示。可以看到序列残差基本为白噪声。

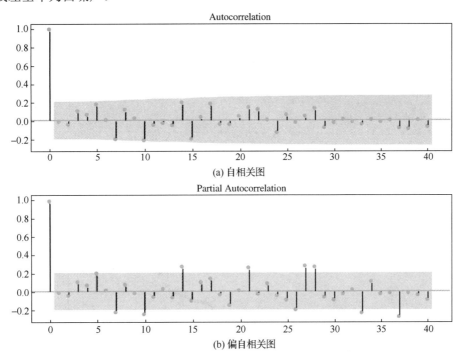

图 9.5　残差自相关、偏自相关图

相应的代码如下。

```
resid = arma_mod80.resid
ax1 = fig.add_subplot(211)
fig = sm.graphics.tsa.plot_acf(resid.values.squeeze(), lags=40, ax=ax1)
ax2 = fig.add_subplot(212)
fig = sm.graphics.tsa.plot_pacf(resid, lags=40, ax=ax2)
```

(2) D-W 检验

德宾-沃森(Durbin-Watson)检验，简称 D-W 检验，是目前检验自相关性最常用的方法，但它只使用于检验一阶自相关性。因为自相关系数 ρ 的值介于-1 和 1 之间。

① 若 $0 \leqslant DW \leqslant 4$ 且 $DW=0$，则 $\rho=1$，即存在正自相关性。

② 若 $0 \leqslant DW \leqslant 4$ 且 $DW=4$，则 $\rho=-1$，即存在负自相关性。

③ 若 $0 \leqslant DW \leqslant 4$ 且 $DW=2$，则 $\rho=0$，即不存在(一阶)自相关性。

因此，当 DW 值显著地接近于 0 或 4 时，则存在自相关性，而接近于 2 时，则不存在 (一阶)自相关性。这样只要知道 DW 统计量的概率分布，在给定的显著水平下，根据临界值的位置就可以对原假设进行检验。

相应的代码如下。

```
print(sm.stats.durbin_watson(arma_mod80.resid.values))
```

检验结果是 2.023 280 173 193 063，说明残差序列不存在自相关性。

(3) 观察是否符合正态分布

这里使用散点图，它用于直观验证一组数据是否来自某个分布，或者验证某两组数据是否来自同一分布。相应的代码如下。

```
print(stats.normaltest(resid))
fig = plt.figure(figsize=(12,8))
ax = fig.add_subplot(111)
fig = qqplot(resid, line='q', ax=ax, fit=True)
plt.show()
```

通过图 9.6 可见，相应的数据基本符合正态分布。

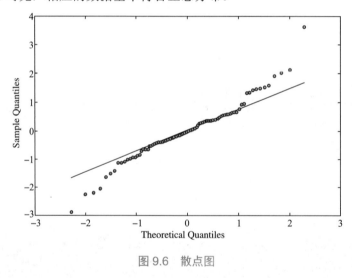

图 9.6　散点图

5. 模型预测

利用确定好的模型，预测未来十年的情况。相应的代码如下。

```
predict_sunspots = arma_mod80.predict('2090', '2100', dynamic=True)
print(predict_sunspots)
fig, ax = plt.subplots(figsize=(12, 8))
ax = dta.ix['2001':].plot(ax=ax)
predict_sunspots.plot(ax=ax)
```

其中，前 90 个数据为测试数据，最后 10 个为预测数据。通过图 9.7 可见，预测结果较合理。

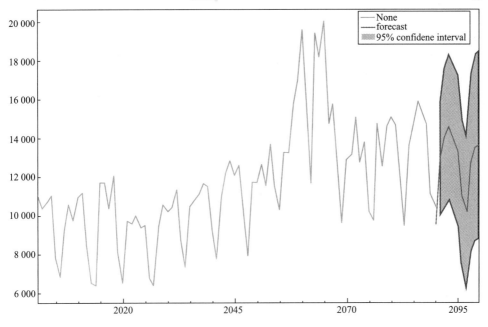

图 9.7　历史数据与预测结果

9.3　HMM

隐马尔可夫模型(Hidden Markov Models，HMM)是一个动态的随时间变化的统计模型，它描述了各个相互联系的状态之间发生转移的概率情况。近年来，HMM 被广泛应用于各种随机过程领域，如在语音识别领域取得了重大成功。同时 HMM 在生物信息科学、故障诊断等领域也开始得到应用。

9.3.1　HMM 的基本概念

事物的变化过程可分为两大类。一类是结果可确定的，可用关于时间 t 的某个确定性函数进行描述；另一类是随机的，会以某种可能性出现多个(有限或无限多)结果之一，这结果可用于与时间 t 的某个随机变量描述。前一类变化过程称为确定性过程，后一类称为随机过程(stochastic process)。前者可视为后者的特例。

1870 年，俄国化学家 Vladimir V. Markovnikov 提出了马尔可夫(Markov)过程。Markov过程是建立 HMM 的基础。Markov 过程是一类随机过程，也称为具有 Markov 特性的过程。所谓 Markov 特性是指当过程在某一时刻 t_k 所处的状态已知时，过程在 $t(t > t_k)$ 时刻所处的状态只与过程在 t_k 时刻的状态有关，而与过程在 t_k 时刻之前的状态无关。Markov 过程广泛用于描述随时间进化的无后效系统。由于很多自然随机过程都在一定程度上具有无后效性的特点，Markov 链理论广泛地应用于物理、化学、工程、生物、医学及经济等领域。Markov链(Markov Chain，MC)是 Markov 随机过程的特殊情况，即状态和时间参数都是离散的

Markov 随机过程。在信号处理和模式识别领域，Markov 链理论也得到了非常广泛的应用，基于 Markov 链的模型(Markov chain based model)是将特征向量序列或矩阵看成是 Markov 链式的随机过程。其中，HMM 就是一种基于 Markov 链的模型。

HMM 是在 20 世纪 60 年代提出来的。相比于独立分布模型，HMM 的相关性假设显得更为合理一些，因此逐渐广泛应用于很多领域，如语言识别、手势识别、字符识别、纹理识别、轨迹识别等。

HMM 可同时对空间特性和时间特性及其相关关系建立模型。其包括一个可以观察到的过程和一个隐含过程，其中，隐含过程与观察过程具有一定的关系。

观察过程可以用有限的 Markov 链来表示，隐含过程则是一个与观察序列相关的随机函数集合。因为所要求解的状态隐藏在观察序列之下，故称之为"隐" Markov 模型。

一个 HMM 可以由下列参数描述。

(1) 模型中 Markov 链状态数目 N。记 N 个状态为 $\theta_1,\cdots,\theta_N$，记 t 时刻 Markov 链所处状态为 q_t，显然 q_t 属于 $\{\theta_1,\theta_2,\cdots,\theta_N\}$。

(2) 每个状态对应的可能的观察值数目 M。记 M 个观察值为 $V_1,\cdots,V_M$，记 t 时刻观察到的观察值为 O_t，其中 O_t 属于 $\{V_1,\cdots,V_M\}$。

(3) 初始状态概率矢量 π。$\pi=\{\pi_1,\cdots,\pi_N\}$，其中

$$\pi_i=P\left(q_1=\theta_i\right)\quad(1\leqslant i\leqslant N)\tag{9.1}$$

(4) 状态转移概率矩阵 $\boldsymbol{A}$。$\boldsymbol{A}=\{a_{ij}\}_{N\times N}$，其中

$$a_{ij}=P\left(q_{t+1}=\theta_j\mid q_t=\theta_i\right)\quad(1\leqslant i,j\leqslant N)\tag{9.2}$$

(5) 观察值概率矩阵 $\boldsymbol{B}$。假设观测变量的样本空间为 V，在状态 θ_j 时输出观测变量的概率分布可表示为 $\boldsymbol{B}=\{b_{jk}\}_{N\times M}$，其中

$$b_{jk}=P\left(O_t=V_K\mid q_t=\theta_j\right)\tag{9.3}$$

其中，$1\leqslant j\leqslant N$，$1\leqslant k\leqslant M$，O_t 为时刻 t 的观测随机变量，可以是一个数值或向量，观测序列记为 $O=\{O_1,O_2,\cdots,O_t\}$。值得注意的是，此处观测变量的样本空间和概率分布可以为离散型，也可为连续型。

综上可知，要描述一个完整的 HMM，需要模型参数 $(N,M,\pi,\boldsymbol{A},\boldsymbol{B})$。为了简化，常用下面的形式来表示，即

$$\lambda=\{N,M,\pi,\boldsymbol{A},\boldsymbol{B}\}\tag{9.4}$$

或简写为

$$\lambda=\{\pi,\boldsymbol{A},\boldsymbol{B}\}\tag{9.5}$$

也可以更形象地说明 HMM 的定义。HMM 可分为两部分，一个是 Markov 链，由 π、$\boldsymbol{A}$ 描述，产生的输出为状态序列；另一个是一个随机过程，由 $\boldsymbol{B}$ 描述，产生的输出为观察值序列，如图 9.8 所示。T 为观察值时间长度。

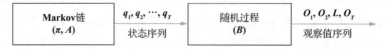

图 9.8　HMM 组成

如图 9.9 所示为一个简单的第一定律 HMM。图 9.9 中 X 是隐状态变量，Y 是观测变量，观测节点提供了相应隐节点的基本的局部信息。HMM 假设隐状态随机变量的分布形成了 Markov 链。对于第一定律 HMM 模型，当给定父节点，隐状态变量是条件独立于其他父节点。基于模型中给定的条件独立关系，所有节点的联合概率公式可表示为

$$P(\{X_i, Y_i\}_{i=1}^T) = P(X_1)P(Y_1 \mid X_1)\prod_{i=2}^{T}[P(X_i \mid X_{i-1})P(Y_i \mid X_i)] \tag{9.6}$$

其中，$P(X_i \mid X_{i-1})$ 是各时间片隐节点间的转移概率；$P(Y_i \mid X_i)$ 是观测节点的似然概率；$P(X_1)$ 是 X_1 节点的先验概率。另外，$\boldsymbol{X} = \{X_1, X_2, \cdots, X_{i-1}, X_i, \cdots, X_T\}$ 为隐含状态；$\boldsymbol{Y} = \{Y_1, Y_2, \cdots, Y_{i-1}, Y_i, \cdots, Y_T\}$ 可观察的输出；$\boldsymbol{A} = \{a_{12}, a_{23}, \cdots, a_{i-2,i-1}, a_{i-1,i}, a_{i,i+1}, \cdots, a_{T-1,T}\}$ 为转换概率(transition probabilities)；$\boldsymbol{B} = \{b_1, b_2, \cdots, b_{i-1}, b_i, \cdots, b_T\}$ 为输出概率(output probabilities)。

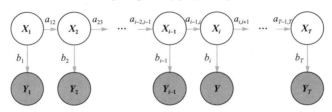

图 9.9 简单的 HMM

9.3.2 HMM 的基本问题

HMM 在实际运用中涉及评价问题、解码问题和训练问题三个基本问题。

1. 评价问题

评价问题就是分类问题。当有一些用 HMM 描述的系统以及一个观察序列时，评价问题是想要知道哪一个 HMM 最有可能产生给定的观察序列，也就是选择与观察序列最匹配的 HMM。评价问题可以描述如下。

HMM 可以表示为 $\lambda = \{\pi, \boldsymbol{A}, \boldsymbol{B}\}$。给定模型参数 $\lambda = \{\pi, \boldsymbol{A}, \boldsymbol{B}\}$ 及观察序列 $O = \{o_1, o_2, \cdots, o_T\}$，求此模型产生此观察序列的概率 $P(O \mid \lambda)$。

评价问题出现在需要使用大量 HMM 的识别算法中，每一个模型对一个特定的目标建模。通常使用前向算法去计算在某个特定的 HMM 之下产生某个观察序列的概率，由此选出最有可能的 HMM。

2. 解码问题

解码问题的目的是找出产生观察结果的隐状态。在很多的例子中，我们对于模型中的隐状态非常感兴趣，因为它们代表了一些非常有价值但却不能直接被观察到的东西。解码问题在给出了 HMM 和观察序列的情况下，确定可能性最大的隐状态序列。

给定 HMM 的参数 $\lambda = \{\pi, \boldsymbol{A}, \boldsymbol{B}\}$ 及观察序列 O，需要知道 $\lambda = \{\pi, \boldsymbol{A}, \boldsymbol{B}\}$ 取何种状态次序 $\{\theta_1 \to \theta_2 \to \theta_3 \to \cdots \to \theta_N\}$ 时，最有可能产生此观察序列 O。

3. 训练问题

训练问题也称学习问题、辨识问题，是整个 HMM 的三个问题中最难的地方。其难点在于(从已知集合中)获取观察序列，从而找到最匹配的 HMM，即在确定了 HMM 的结构后，用训练样本 $O = \{o_1, o_2, \cdots, o_T\}$ 来估计拥有这种结构的 HMM 的参数 $\lambda_{new} = \{\pi', A', B'\}$，使之达到最优。当 A、B 不能被直接测量的时候(这也是现实中常见的情况)，通常采用前向-后向算法来进行学习。

其中，第三类问题是最基本的，因为前两类问题都建立在 λ 已知的基础上。下面介绍这三类问题的基本解法。

9.3.3 HMM 基本问题的解法

1. 评价问题

HMM 的评价问题是指当给定 HMM 的参数 $\lambda = \{\pi, A, B\}$ 和一组观察序列 $O = \{o_1, o_2, \cdots, o_T\}$ 时，求生成该观察序列 O 的概率 $P(O|\lambda)$。

虽然观察序列 O 是确定的，但是产生 O 的状态序列 $Q = \{q_1, q_2, \cdots, q_T\}$ 并不唯一。如图 9.10 所示，每一组状态序列可能产生的路径为 N^T 条，对所有可能的路径的概率进行求和，就得到给定 HMM 参数 $\lambda = \{\pi, A, B\}$ 时产生特定观察序列 O 的概率 $P(O|\lambda)$。

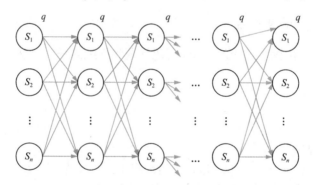

图 9.10　HMM 的状态转移路径图

假设图 9.10 中 HMM 的初始状态为 $\{s_1, s_2, \cdots, s_n\}$。

$$P(O|\lambda) = \sum_{q_1 = s_1}^{s_1} \sum_{q_2 = s_2}^{s_2} \cdots \sum_{q_N = s_N}^{s_N} \pi_{q_1} b_{q_1}(o_1) a_{q_1 q_2} b_{q_2}(o_2) a_{q_2 q_3} b_{q_3}(o_3) \cdots a_{q_{T-1} q_T} b_{q_T}(o_T) \quad (9.7)$$

其中，π_{q_1} 是指在 q_1 状态下的初始化值；$b_{q_1}(o_1)$ 是指在 q_1 状态时，产生观察序列 o_1 的概率；$a_{q_1 q_2}$ 是状态转移概率。式(9.7)相当于用遍历法求解，其缺陷在于效率低、计算量大。采用前向-后向算法可以提高求解效率。

(1) 前向递推算法

令 t 时刻为前、后向算法的分界点。t 时刻之前的过程采用向前递推的方式。在给定 HMM 参数 λ 时，定义 $\alpha_t(i)$ 是 $q_t = \theta_i$ 条件下该 HMM 产生观察序列 $o_1 \sim o_t$ 的可能性，即部分概率，记为 $\alpha_t(i) = P(o_1, o_2, \cdots, o_t; q_t = \theta_i | \lambda)$，求 $\alpha_{t+1}(j) = P(o_1, o_2, \cdots, o_t, o_{t+1}; q_{t+1} = \theta_j | \lambda)$。

具体步骤如下。

① 初始化。

$$\alpha_t(i) = \pi_i b_i(o_1) \tag{9.8}$$

完成 $t = 1$ 时的赋值。

② 递推。

$$\alpha_{t+1}(j) = \left[\sum_{i=1}^{N} a_t(i) a_{ij} \right] b_j(o_{t+1}) \tag{9.9}$$

其中，$t = 1, 2, \cdots, T-1$，$j = 1, 2, \cdots, N$。

③ 终止。在 $t = T$ 时刻停止。

$$P(O \mid \lambda) = \sum_{j=1}^{N} \alpha_T(j) \tag{9.10}$$

(2) 后向递推算法

令 t 时刻为前向-后向算法的分界点。t 时刻之后的过程采用向后递推的方式。在给定 HMM 参数 λ 时，定义 $\beta_t(i)$ 是 $q_t = \theta_i$ 条件下该 HMM 产生观察序列 $o_1 \sim o_t$ 的可能性，即部分概率，记为 $\beta_t(i) = P(o_t, o_{t+1}, \cdots, o_T; q_t = \theta_i \mid \lambda)$，求 $\beta_{t+1}(j) = P(o_{t+1}, o_{t+2}, \cdots, o_T, o_{T+1}; q_{t+1} = \theta_j \mid \lambda)$ 与 $\beta_t(i)$ 间的关系。具体步骤如下。

① 初始化。

$$\beta_T(i) = 1 \quad (i = 1, 2, \cdots, N) \tag{9.11}$$

② 递推。

$$\beta_t(i) = \sum_{i=1}^{N} a_{ij} b_j(o_{t+1}) \beta_{t+1}(i) \quad (i = 1, 2, \cdots, N; t = T-1, T-2, \cdots, 1) \tag{9.12}$$

③ 终止。在 $t \sim T$ 时刻停止。

$$P(o \mid \lambda) = \sum_{i=1}^{N} \beta_t(i) \tag{9.13}$$

前向-后向算法就是结合前向递推算法和后向递推算法。在 $1 \sim T$ 间任意选定一个 t 值，在 $0 \sim t$ 时刻，用前向递推算法求解；在 $T \sim t$ 时刻，用后向递推算法求解。从而有

$$P(o \mid \lambda) = \sum_{i=1}^{N} \alpha_t(i) \beta_t(i) \tag{9.14}$$

2. 解码问题

HMM 的解码问题是求解观察序列的状态次序。即当确定了 HMM 的参数 $\lambda = \{\pi, \boldsymbol{A}, \boldsymbol{B}\}$ 时，求观察序列 O 的状态转移路径 $\{\theta_1 \to \theta_2 \to \theta_3 \to \cdots \theta_t \cdots \to \theta_N\}$。

根据解码问题，定义状态转移路径为

$$\gamma_i(t) = \frac{\alpha_t(i) \beta_t(i)}{P(o \mid \lambda)} = \frac{\alpha_t(i) \beta_t(i)}{\sum_{i=1}^{N} \alpha_t(i) \beta_t(i)} \quad (i = 1, \cdots, N) \tag{9.15}$$

如果用穷举法，虽然可以求解出路径，但是运算量太大，为了优化搜索步骤，可采用 Viterbi 算法进行求解。

Viterbi 算法是一种逐步搜索前进算法。当已知部分观察序列 $o_1, o_2, \cdots, o_t$ 时，$q_1, q_2, \cdots, q_t$ 是其最优状态序列。Viterbi 算法的目标是，已知 $t+1$ 时刻的观察序列 $o_1, o_2, \cdots, o_t, o_{t+1}$ 时，求其最优状态序列 $q_1, q_2, \cdots, q_t, q_{t+1}$。

首先定义辅助变量为

$$\delta_t(i) = \max_{q_1, q_2, \cdots, q_{t-1}, q_t} P(q_1, q_2, \cdots, q_{t-1}, q_t = \theta_i \mid o_1, \cdots, o_t, \lambda) \tag{9.16}$$

当给定了部分观察序列 $o_1, o_2, \cdots, o_t$ 和 HMM 的参数 λ 时，$\delta_t(i)$ 表示在 θ_i 状态下使 q_t 处于最优状态序列 $q_1, q_2, \cdots, q_{t-1}$ 的概率。用 $\delta_t(i)$ 迭代可以求得 $\delta_{t+1}(i)$。

$$\delta_{t+1}(i) = \max_{q_1, q_2, \cdots, q_{t-1}, q_t} P(q_1, q_2, \cdots, q_{t-1}, q_t, q_{t+1} = \theta_j \mid o_1, \cdots, o_t, o_{t+1}, \lambda) \tag{9.17}$$

简化式(9.17)为

$$\delta_{t+1}(j) = \{\max_{i=1 \sim N}[\delta_t(i) a_{ij}]\} b_j(o_{t+1}) \tag{9.18}$$

具体步骤如下。

① 初始化。

$$\alpha_1(i) = \pi_i b_i(o_1) \quad (i = 1 \sim N) \tag{9.19}$$

$$W_t(i) = 0 \tag{9.20}$$

此时尚未开始记录。

② 递推。

$$\delta_t(j) = \{\max_{i=1 \sim N}[\delta_{t-1}(i) a_{ij}]\} b_j(o_t) \quad (t = 2 \sim N, j = 1 \sim N) \tag{9.21}$$

$$W_t(j) = \max_{i=1 \sim N}[\delta_{t-1}(i) a_{ij}] \quad (t = 2 \sim N, j = 1 \sim N) \tag{9.22}$$

③ 终止。对应的最优总概率为

$$P^* = \max_{i=1 \sim N}[\delta_T(i)] \tag{9.23}$$

最终待定状态序列为

$$q_T^* = \arg\{\max_{i=1 \sim N}[\delta_T(i)]\} \tag{9.24}$$

④ 最优状态回溯。

由 q_{T+1}^* 反查 W 记录，得知 q_t^*，$t = T-1, T-2, \cdots, 1$。由此得到最优状态序列。

3. 训练问题

HMM 的第三个问题是训练问题，也称为辨识问题。即在确定了 HMM 的结构后，用训练样本 $O = \{o_1, o_2, \cdots, o_T\}$ 来估计拥有这种结构的 HMM 的参数 $\lambda_{new} = \{\pi', \boldsymbol{A}', \boldsymbol{B}'\}$，使之达到最优。所谓最优是指 $P(o \mid \lambda)$ 最大化。在训练时采用一种基于期望调节的前向-后向算法，即 Baum-Welch 算法。

首先定义一个辅助变量 $\varepsilon_t(i, j)$。该辅助变量表示在已知观察序列 O 和 HMM 的参数 λ 的前提下，t 时刻的状态 θ_i 转移到 $t+1$ 时刻的状态 θ_j 可能发生的概率。

$$\varepsilon_t(i, j) = P(q_t = s_i, q_{t+1} = s_j \mid \lambda, O) = \frac{P(q_t = s_i, q_{t+1} = s_j, O \mid \lambda)}{P(O \mid \lambda)} \tag{9.25}$$

由前向-后向算法，可知以下关系

$$\varepsilon_t(i,j) = \frac{\alpha_t(i)a_{ij}b(o_{t+1})\beta_{t+1}(j)}{\sum\limits_{i=1}^{N}\sum\limits_{j=1}^{N}\alpha_t(i)a_{ij}b(o_{t+1})\beta_{t+1}(j)} \qquad (9.26)$$

分析式(9.26)中的因子，可知其 Viterbi 解码算法中的因子为

$$\gamma_t(i) = \sum_{j=1}^{N}\varepsilon_t(i,j) \qquad (9.27)$$

式(9.27)所表明的求和关系是指可能出现的状态 θ_i 被访问的次数，由于除了初始状态和最终状态外，访问次数也等于转移次数，因此也可以看作由该状态转移到其他状态的次数。因此，对除初始状态和最终状态外的所有状态的 $\varepsilon_t(i,j)$ 进行求和，表明了 $\theta_i \to \theta_j$ 转移出去的期望次数。其中，$\sum\limits_{t=1}^{T-1}\gamma_t(i)$ 表示从 θ_i 转移出去的期望次数，$\sum\limits_{t=1}^{T-1}\varepsilon_t(i,j)$ 表示 $\theta_i \to \theta_j$ 的期望次数。因此可得到新的估计值，重估公式如下。

$$a'_{ij} = \frac{\sum\limits_{t=1}^{T-1}\varepsilon_t(i,j)}{\sum\limits_{t=1}^{T-1}\gamma_t(i)} \qquad (9.28)$$

$$b'_j(k) = \frac{\sum\limits_{t=1,o_t=k}^{T}\varepsilon_t(j)}{\sum\limits_{t=1}^{T}\varepsilon_t(j)} \qquad (9.29)$$

HMM 的参数为 π、A 和 B，上述过程就是求取这三个参数的过程。即首先根据观察所得到的序列值 O 及最初所选择的初始模型 $\lambda = \{\pi, A, B\}$，通过以上公式计算得到新的参数值 A 和 B。其中，式(9.28)、式(9.29)称为重估公式。由此可以得到一个新的 HMM 参数 $\lambda_{new} = \{\pi', A', B'\}$。为了得到最优的模型参数，可以重复上述操作，当 $P(o|\lambda_{new})$ 收敛的时候，可判断所得到的 λ_{new} 是期望的模型。此时 $P(o|\lambda)$ 达到最大值，即 $P(o|\lambda_{new}) > P(o|\lambda)$，说明利用重估公式求得的 HMM 参数 λ_{new} 比 λ 更能体现观察序列值 O 的隐马尔可夫特性。

在 HMM 中，三个基本问题的解法 (Baum-Welch 算法、Viterbi 算法、前向-后向算法) 之间的关系如图 9.11 所示。

HMM 有三个典型问题。①已知模型参数，计算某一特定输出序列的概率，通常使用前向算法解决；②已知模型参数，寻找最可能的能产生某一特定输出序列的隐含状态的序列，通常使用 Viterbi 算法解决；③已知输出序列，寻找最可能的状态转移以及输出概率，通常使用 Baum-Welch 算法及 Reversed Viterbi 算法解决。另外，最近有使用 Junction tree 算法来解决这三个问题。

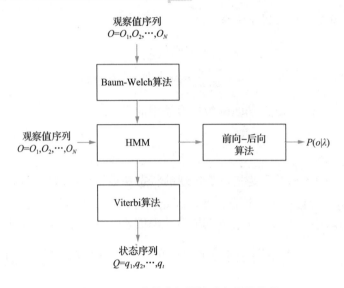

图 9.11　三个基本问题算法之间的关系

9.4　动态贝叶斯网络

贝叶斯网络反映的是事物的静态特性。而现实生活中，存在着很多的动态随机过程，动态贝叶斯网络(Dynamic Bayesian Networks，DBNs)是用来对这些过程进行建模的方法之一。

这里的"动态"表明了建模的对象是一个动态的系统，而不是系统的结构随时间发生变化。由于动态贝叶斯网络为有向图，并且对于每一个节点参数的估计可以相对独立的进行，所以其易于推导和学习，并在近些年受到了广泛的关注。

9.4.1　动态贝叶斯网络的基本概念

DBNs 是针对动态序列建模问题提出的。一个典型的 DBNs 如图 9.12 所示。从图 9.12 中可以看出，DBNs 服从 Markov 特性：t 时刻系统的所有变量的概率分布只与 $t-1$ 时刻系统的状态变量概率分布相关。

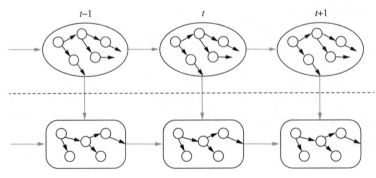

图 9.12　典型的 DBNs

设 $Z_t = (U_t, X_t, Y_t)$ 代表一个状态空间模型的所有变量集合，U_t 代表输入变量集，X_t 代表隐状态变量集，Y_t 代表输出变量集，系统是离散时间随机过程。那么，一个动态贝叶斯网络由一个初始网 B_1 和转换网 $B_\to$ 组成，即 $(B_1, B_\to)$。图 9.13 给出了一个动态贝叶斯网络的简单例子。

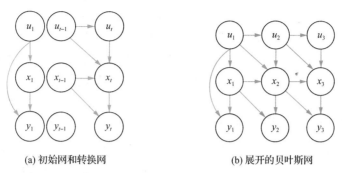

(a) 初始网和转换网　　　　　　　　(b) 展开的贝叶斯网

图 9.13　DBNS 的初始网和转换网

初始网 B_1 是一个贝叶斯网络，它指定了随机过程的初始条件概率分布 $P(Z_1)$。转换网 $B_\to$ 含有两个时间片，由两个贝叶斯网络组成，它对所有时间点 1, 2, $\cdots$, t 指定从时间点 $t-1$ 到时间点 t 属性集状态的转换概率 $P(Z_t | Z_{t-1})$。根据有向无环图(Direct Acyclic Graph, DAG)，如图 9.13(b)所示，有

$$p(Z_t | Z_{t-1}) = \prod_{i=1}^{N} p(Z_t^i | \mathrm{Pa}(Z_t^i)) \tag{9.30}$$

其中，Z_t^i 为时刻 t 的贝叶斯网络中第 i 个节点，即 U_t、X_t 或 Y_t 其中之一的一个节点；$\mathrm{Pa}(Z_t^i)$ 是 Z_t^i 的父节点集的取值。第一个时间片的贝叶斯网络中的节点之间没有任何相关参数，第二个时间片的贝叶斯网络中的节点之间存在相关的条件概率分布(Conditional Probability Distribution，CPD)，这定义了观测条件概率分布 $p(Z_t^i | \mathrm{Pa}(Z_t^i))$ ($t>1$)，这些 CPD 的形式是任意的。这里假设条件概率分布的参数是不随时间变化的，并且转移概率 $P(Z_t | Z_{t-1})$ 也是不变的。

一个动态贝叶斯网络定义了在动态随机过程中无穷变化轨迹上的概率分布。实际上，一般只在有穷时间间隔 1, 2, $\cdots$, T 上推理，那么可以把一个动态贝叶斯网络展开成在 $Z_1, Z_2, \cdots, Z_T$ 上的"长"贝叶斯网络。图 9.13(b)给出了图 9.13(a)所示的动态贝叶斯网的展开三个时间片的相应贝叶斯网络。给定动态贝叶斯网络 $B = (B_1, B_\to)$，在 $Z_1, Z_2, \cdots, Z_T$ 上的联合概率分布可以通过初始网和转换网指定的概率分布简化表示为

$$p(Z_{1:T}) = \prod_{t=1}^{T} \prod_{i=1}^{N} p(Z_t^i | Pa(Z_t^i)) \tag{9.31}$$

完全确定 DBNs 需要知道三个概率分布：状态转移条件分布 $P(Z_t | Z_{t-1})$、观测条件分布 $P(Z_t^i | Pa(Z_t^i))$ 和初始状态分布 $P(Z_1)$。所有的条件分布可以是时变的或定常的，可以取参数化形式 $P(x_t | x_{t-1}; \theta)$，也可以使用非参数化形式(概率表格或统计直方图)表示。

HMM 和卡尔曼滤波模型(Kalman Filter Model，KFM)就是两种最典型的状态空间模

型。因为它们的简单和灵活而成为研究随机过程的主要方法。例如，HMM 已经被应用在语音识别和生物序列分析；KFM 应用于跟踪飞机和导弹的轨迹及经济预测等。然而 HMM 和 KFM 都受限于它们表达知识的能力上，动态贝叶斯网络作为带有时间参数的贝叶斯网络可以克服这个缺点。动态贝叶斯网络能够用一个有 N_h 个变量的集合来表达隐状态 $X_t^1, \cdots, X_t^{N_h}$，即分布式的状态表达。相反，HMM 隐状态的表达是一个有 M 个可能的离散变量 X_t。动态贝叶斯网络允许条件概率分布是任意的，而 KFM 要求条件概率分布必须是线性-高斯分布。另外，HMM 和 KFM 的拓扑结构有限，而动态贝叶斯网络允许有更多样的图形结构。实际上，HMM 和 KFM 可以作为动态贝叶斯网络的特例。

9.4.2　动态贝叶斯网络的学习

动态贝叶斯网络的学习几乎是静态贝叶斯网络学习的直接扩展，但是其并不完全等同于静态贝叶斯网络的学习。本节将给出针对动态贝叶斯网络学习的具体公式。

1. 结构学习

通常，几乎没有专家能够给出动态随机过程的模型，从数据中学习是一种可行的建模方法。从数据中学习动态贝叶斯网络实际是寻找和训练序列集匹配度最高的动态贝叶斯网络。因为动态贝叶斯网络和贝叶斯网络有着非常密切的联系。一个动态贝叶斯网络由两个贝叶斯网络定义，并且一个动态贝叶斯网络可以展开成一个"长"的贝叶斯网络，所以可以考虑扩展贝叶斯网络的学习算法用于动态贝叶斯网络的学习。但是，动态贝叶斯网络的学习并不等同于把动态贝叶斯网络展开成"长"贝叶斯网络的学习，因为展开后的贝叶斯网络中含有重复的网络结构和重复的概率参数，如图 9.13(b)所示。没有必要学习重复的内容，增加计算复杂度，扩展贝叶斯网络的学习算法处理动态贝叶斯网络学习的做法是从训练序列中学习到两个贝叶斯网络结构(初始网 B_1 和转换网 $B_{\rightarrow}$)，通常的做法是引入一个评分函数来评价初始网 B_1 和转化网 $B_{\rightarrow}$ 定义的动态贝叶斯网络，以反映训练序列的准确度，然后由搜索算法寻找最好的动态贝叶斯网络，即寻找最好的初始网 B_1 和转化网 $B_{\rightarrow}$ 的组合。

(1) 完整数据集下的结构学习

① 基于贝叶斯信息准则(Bayesian Information Criterion，BIC)评分函数的学习。

给定一个训练数据集 D，它包含 N_{seq} 个完全观测的序列。第 i 个序列有 N_i 长度，并且变量的取值为 $X_i[1], \cdots, X_i[N_i]$。在这样一个数据集下，可以用 N_{seq} 条实例来训练初始网 B_1，用 $N = \sum_i N_i$ 条实例来训练转换网 $B_{\rightarrow}$。对于由 $B = (B_1, B_{\rightarrow})$ 组成的动态贝叶斯网络，有

$$
\begin{aligned}
L(B:D) = &\sum_i \sum_{\mathrm{Pa}(X_i[1])} \sum_{x_i[1]} N_1(x_i[1], \mathrm{Pa}(X_i[1])) \log p_{B_1}(x_i[1], \mathrm{Pa}(X_i[1])) + \\
&\sum_i \sum_{\mathrm{Pa}(X_i[2])} \sum_{x_i[2]} N_{\rightarrow}(x_i[2], \mathrm{Pa}(X_i[2])) \log p_{B_{\rightarrow}}(x_i[2], \mathrm{Pa}(X_i[2]))
\end{aligned}
\tag{9.32}
$$

其中，$N_1(\cdot)$ 和 $N_{\rightarrow}(\cdot)$ 分别是在训练第一个时间片和训练转换网时，序列中一个事件发生的次数。

$L(B:D)$ 后验分布最大时参数的值为

$$\theta^{N_1}_{x_i[1]\mathrm{Pa}(X_i[1])} \equiv \frac{N_1(x_i[1],\mathrm{Pa}(X_i[1]))}{N_1(\mathrm{Pa}(X_i[1]))} \tag{9.33}$$

$$\theta^{N_\rightarrow}_{x_i[2]\mathrm{Pa}(X_i[2])} \equiv \frac{N_\rightarrow(x_i[2],\mathrm{Pa}(X_i[2]))}{N_\rightarrow(\mathrm{Pa}(X_i[2]))} \tag{9.34}$$

因此，对于动态贝叶斯网络，给定任意一个网络结构 B_G，其 BIC 评分函数的计算公式为

$$\mathrm{BIC}(B_G:D) = \sum_i \mathrm{BIC}_1(X_i[1],\mathrm{Pa}(X_i[1]):D) + \sum_i \mathrm{BIC}_\rightarrow(X_i[2],\mathrm{Pa}(X_i[2]):D) \tag{9.35}$$

$$\mathrm{BIC}_1(X,Y:D) = \sum_{x,y} N_1(x,y)\log\frac{N_1(x,y)}{N_1(y)} - \frac{\log N_\mathrm{seq}}{2}\|Y\|(\|X\|-1) \tag{9.36}$$

$$\mathrm{BIC}_\rightarrow(X,Y:D) = \sum_{x,y} N_\rightarrow(x,y)\log\frac{N_\rightarrow(x,y)}{N_\rightarrow(y)} - \frac{\log N_\mathrm{seq}}{2}\|Y\|(\|X\|-1) \tag{9.37}$$

② 基于贝叶斯-狄利克雷等价(Beyesian Dirichlet equivalent，BDe)评分函数的学习。

根据贝叶斯网络的 BDe 评分学习过程可知，在学习时需要考虑参数 θ 的先验分布，一般选用多态分布的共轭分布或 Dirichlet 分布作为参数 θ 的先验分布。

扩展静态贝叶斯网络的 BDe 评分函数，可以得到动态贝叶斯网络的关于 BDe 评分函数的计算公式。

$$BDe(B_G\mid D) = \prod_i \prod_{\mathrm{Pa}(X_i[1])} \frac{\Gamma(\sum_{x_i[1]} N'_{i[1]})}{\Gamma(\sum_{x_i[1]} N'_{i[1]} + N_1(\mathrm{Pa}(X_i[1])))} \prod_{x_i[1]} \frac{\Gamma(N'_{i[1]} + N_1(x_i[1],\mathrm{Pa}(X_i[1])))}{\Gamma(N'_{i[1]})}$$

$$\prod_i \prod_{\mathrm{Pa}(X_i[2])} \frac{\Gamma(\sum_{x_i[2]} N'_{i[2]})}{\Gamma(\sum_{x_i[2]} N'_{i[2]} + N_\rightarrow(\mathrm{Pa}(X_i[2])))} \prod_{x_i[2]} \frac{\Gamma(N'_{i[2]} + N_\rightarrow(x_i[2],\mathrm{Pa}(X_i[2])))}{\Gamma(N'_{i[2]})}$$

$$\tag{9.38}$$

其中，N'_1 和 $N'_\rightarrow$ 为给定的先验网络 $B' = (B'_1, B'_\rightarrow)$ 下对应的实例数目，$N'_{i[t]}$ 为超参数 $N'_{x_i[t]\mathrm{pa}(X_i[t])}$ 的简写，$N'_{i[1]} = N'_1\, p_{B_1}(x_i[1]\mid\mathrm{Pa}(X_i[1]))$，$N'_{i[2]} = N'_\rightarrow\, p_{B_\rightarrow}(x_i[2]\mid\mathrm{Pa}(X_i[2]))$。

(2) 不完整数据集下的结构学习

Friedman 对贝叶斯网络的结构学习提出了结构期望最大值(Structual Expectation Maximization，SEM)算法，其中包含相同的 E-step。SEM 的 M-step 是把所有已标注样本和已软分类的样本作为训练样本集，根据当前的网络结构，评价任意一个候选网络结构，其网络结构的评价函数可以是包括 BIC 评分在内的任意一个评分函数，那么最终的结构应该是分值最高的。对于 DBNs 的结构学习，Friedman 对 SEM 算法进行了扩展。

设 $L = \{(X_i[0],Y[0]),\cdots,(X_i[T],Y[T])\}$ 为少量完整数据序列集，$U = \{(X_j[0]),\cdots,(X_j[T])\}$ 为不完整数据序列集，其 DBNs-SEM 算法流程如图 9.14 所示。

(1) 使用L学习一个初始动态贝叶斯网络$(B_0^0, B_\rightarrow^0)$。

(2) For n=0,1,…直到满足停止条件。

① 使用L和U，利用EM算法对DBNs进行参数学习，获得参数提高的$(B_0'', B_\rightarrow'')$。

② 根据$(B_0'', B_\rightarrow'')$对U中的缺失数据计算期望值，得到U'，并搜索整个候选DBNs网络结构，计算评分函数。

③ 选择评分最高的DBNs结构作为$(B_0^{n+1}, B_\rightarrow^{n+1})$。

④ 如果$(B_0^{n+1}, B_\rightarrow^{n+1})=(B_0'', B_\rightarrow'')$，那么返回$(B_0^{n+1}, B_\rightarrow^{n+1})$。

图 9.14　算法流程

2. 参数学习

确定了动态贝叶斯网络的结构，就可以从数据中进行网络的参数学习。

(1) 完整数据集下的参数学习

对于初始网的参数学习，我们可以独立于转移矩阵的学习，其学习完全是学习一个静态贝叶斯网络，并且每个时间片内的节点参数分布都与初始网相同。

转移矩阵的学习，也相当于把它看成一个静态网络来学习，只是第一个时间片内的节点无参数连接。学习第二个时间片内每个节点与第一个时间片内父节点的参数分布。

两者的学习方法都可以直接应用静态网络的参数学习。

(2) 不完整数据集下的参数学习

这种情况下的参数学习应用梯度下降法或EM算法。

9.4.3　动态贝叶斯网络的推理

对于动态贝叶斯网络的推理，最简单的方法是将其转换为 HMM，然后使用前向-后向算法。如果对于每一个时间片，N_h 为表示隐含状态变量的个数，并且每个变量有 M 个可能的值，转化后相应的 HMM 将具有 $S = M^{N_h}$ 个可能的状态。如果 S 的值不是特别大，把动态贝叶斯网络转化为 HMM 是可行的，因为前向-后向算法原理简单并易于实现。但由于 S 为 N_h 的指数函数，一般 S 是非常大的，必须寻找可行的有效的算法。连接树方法、变量消除序列的限定、边界算法和分界面算法是几个有效可行的精确推理算法。对于离散状态的动态贝叶斯网络近似推理有 Boyen-Koller 算法、Factored Frontier 算法、Loopy Belief Propagation 算法。

9.5　应 用 实 践

9.5.1　基于 ARIMA 模型的二氧化碳浓度预测

利用 ARIMA 模型预测二氧化碳浓度。本例将使用美国夏威夷莫纳罗亚(Mauna Loa)气象台的连续空气样本的大气二氧化碳的数据集。该数据集收集了从 1958 年 3 月至 2001

年 12 月期间夏威夷地区的二氧化碳样本。首先导入工具包和 pandas 数据集。具体代码如下。

```
import warnings
import itertools
import pandas as pd
import numpy as np
import statsmodels.api as sm
import matplotlib.pyplot as plt
plt.style.use('fivethirtyeight')          #定义绘图样式为 fivethirtyeight
data = sm.datasets.co2.load_pandas()      #导入二氧化碳浓度数据集
y = data.data
```

在预测之前，要对二氧化碳数据集中的数据进行预处理。每周一次的数据记录过于繁杂，因此使用 resample()函数将其转换成月平均值，用于简化计算。另外，使用 fillna()函数确保时间序列中没有缺失值。具体代码如下。

```
y = y['co2'].resample('MS').mean()  #参数'MS'将数据按每月第一天进行划分求均值
# 参数 bfill 表示如果遇到缺失值，则用后一项数据填充
y = y.fillna(y.bfill())
print(y)                                   #显示填充后的数据
y.plot(figsize=(15, 6))
plt.show()
```

运行上述代码，结果如表 9.2 所示。

表 9.2　数据显示结果

日期	结果
1958-03-01	316.100000
1958-04-01	317.200000
1958-05-01	317.433333
1958-06-01	315.625000
1958-07-01	315.625000
...	...
2001-08-01	369.425000
2001-09-01	367.880000
2001-10-01	368.050000
2001-11-01	369.375000
2001-12-01	371.020000

从图 9.15 中可以看出，序列数据存在明显的周期性模式，并且有逐年上升趋势。下面利用 ARIMA 模型对数据进行预测。

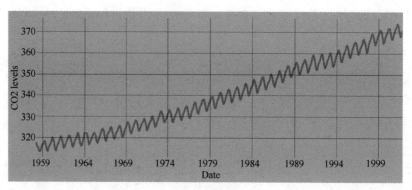

图 9.15　二氧化碳浓度序列数据绘制结果

使用周期性 ARIMA 模型拟合时间序列数据时，首要目标是找到优化目标度量的 ARIMA(p,d,q)(P,D,Q)s 的值。在本例中，将通过编写 Python 代码来选择 ARIMA(p,d,q)(P,D,Q)s 时间序列模型的最优参数值。

本例将使用网格搜索来迭代地遍历不同组合的参数。对于参数的每种组合，使用 statsmodels 模块的 SARIMAX() 函数拟合一个新的周期性 ARIMA 模型，并评估其整体质量。一旦遍历整个参数空间，将根据目标准则生成最佳参数。生成各种参数组合的具体代码如下。

```
# 定义参数p, d和q
p = d = q = range(0, 2)
pdq = list(itertools.product(p, d, q))     # 生成三个参数的所有不同的组合
# 生成周期性p, d和q的不同组合
seasonal_pdq = [(x[0], x[1], x[2], 12) for x in list(itertools.product(p, d, q))]
print('Examples of parameter combinations for Seasonal ARIMA...')
print('SARIMAX: {}X{}'.format(pdq[1], seasonal_pdq[1]))
print('SARIMAX: {}X{}'.format(pdq[1], seasonal_pdq[2]))
print('SARIMAX: {}X{}'.format(pdq[2], seasonal_pdq[3]))
print('SARIMAX: {}X{}'.format(pdq[2], seasonal_pdq[4]))
```

运行上述代码，得到的参数组合结果如表 9.3 所示。

表 9.3　参数组合

SARIMAX：(0,0,1)X(0,0,1,12)
SARIMAX：(0,0,1)X(0,1,0,12)
SARIMAX：(0,1,0)X(0,1,1,12)
SARIMAX：(0,1,0)X(1,0,0,12)

现在可以使用上面定义的不同组合的参数自动化地对 ARIMA 模型进行训练和评估。在机器学习中，这个过程被称为模型选择的网格搜索或超参数优化。

在评估和比较设置不同参数的统计模型时，可以根据模型对数据的拟合程度或预测的准确度，对每组参数进行排序。本例将使用 Akaike 信息准则(Akaike Information Criterion，AIC)值衡量模型拟合数据的程度。在数据拟合程度相同的情况下，使用更多特征的模型将被赋予更高的 AIC 得分。

下面的代码通过迭代不同的参数组合，使用 SARIMAX()函数来拟合相应的周期性 ARIMA 模型。这里，order 参数用于表示(p, d, q)参数，而 seasonal_order 参数用于表示周期性 ARIMA 模型的(P, D, Q, S)周期分量。

```python
warnings.filterwarnings("ignore") # 设置禁用警告信息
for param in pdq:
    for param_seasonal in seasonal_pdq:
        try:
            mod = sm.tsa.statespace.SARIMAX(y,
                                    order=param,
                                    seasonal_order=param_seasonal,
                                    enforce_stationarity=False,
                                    enforce_invertibility=False)
            results = mod.fit()
            print('ARIMA{}X{}12 - AIC:{}'.format(param, param_seasonal,
                    results.aic))
        except:
            continue
```

由于某些参数组合可能导致数值错误，因此设置禁用警告消息，以避免警告消息过载。运行上述代码，结果如表 9.4 所示。

表 9.4　参数组合及 AIC 值

ARIMA	AIC
(0,0,0)X(0,0,0,12)12	7612.583429881011
(0,0,0)X(0,0,1,12)12	6787.343624036742
(0,0,0)X(0,1,0,12)12	1854.828234141261
(0,0,0)X(0,1,1,12)12	1596.711172764116
(0,0,0)X(1,0,0,12)12	1058.938892132003
(0,0,0)X(1,0,1,12)12	1056.287849828458
(0,0,0)X(1,1,0,12)12	1361.657897807208
(0,0,0)X(1,1,1,12)12	1044.7647912934656
(0,0,1)X(0,0,0,12)12	6881.048755158018
(0,0,1)X(0,0,1,12)12	6072.662327703169
...	...
(1,1,1)X(0,1,0,12)12	581.309993504983
(1,1,1)X(0,1,1,12)12	295.937405952287
(1,1,1)X(1,0,0,12)12	576.864711170258
(1,1,1)X(1,0,1,12)12	327.904899075218
(1,1,1)X(1,1,0,12)12	428.602463318429
(1,1,1)X(1,1,1,12)12	277.78021989218

在输出的参数组合中，ARIMAX(1, 1, 1)X(1, 1, 1, 12)拥有最低的 AIC 值 277.78，因此，选择这组参数作为模型的最佳参数，代入新的 SARIMAX 模型中。具体代码如下。

```
mod = sm.tsa.statespace.SARIMAX(y,
                    order=(1, 1, 1),
                    seasonal_order=(1, 1, 1, 12),
                    enforce_stationarity=False,
                    enforce_invertibility=False)
results = mod.fit()
print(results.summary().tables[1])
results.plot_diagnostics(figsize=(15, 12))
plt.show()
```

运行上述代码，结果如图 9.16 和图 9.17 所示。

	coef	std_err	z	P>|z|	[0.025	0.975]
ar.L1	0.3183	0.092	3.443	0.001	0.137	0.499
ma.L1	−0.6255	0.077	−8.165	0.000	−0.776	0.475
ar.S.L12	0.0010	0.001	1.732	0.083	−0.000	0.002
mr.S.L12	−0.8769	0.026	−33.812	0.000	−0.928	−0.826
sigma2	0.0972	0.004	22.632	0.000	0.089	0.106

图 9.16　最优参数 SARIMAX 模型训练结果

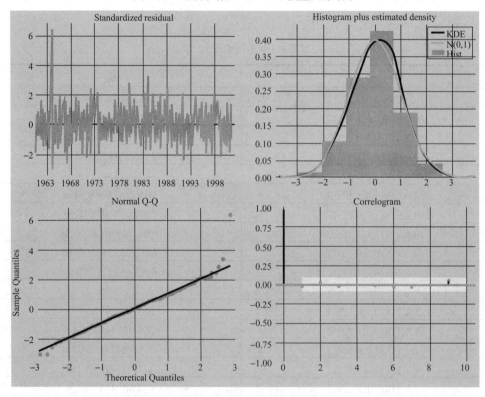

图 9.17　模型诊断结果

其中，coef 列表示每个特征的重要性系数，P>|z|列表示每个特征重要性的统计学意义。在周期性 ARIMA 模型的训练过程中，对模型进行诊断是非常重要的，以确保训练过程没

有违反模型的假设，而 plot_diagnostics 对象可以快速生成模型诊断并检测异常行为。在图 9.17 的右上图中，KDE 线与 N(0,1)线是均值为 0、标准差为 1 的标准正态分布；左下角的散点图显示，残差(蓝点)的有序分布遵循 $N(0, 1)$ 标准正态分布的线性采样趋势；左上图显示，随着时间的推移，残差不会出现任何明显的周期性，似乎是白噪声；也可以通过右下角的自相关图来证实，这表明时间序列残差与其本身具有低相关性。这些结果表明，模型产生了令人满意的拟合结果，可以有效地预测时间序列数据。

现在来验证模型的预测结果。首先，将预测值与时间序列的实际值进行比较，验证模型预测的准确性。可以通过 get_prediction()和 conf_int()函数获得时间序列预测值和相关的置信区间。规定从 1998 年 1 月开始进行预测。"dynamic=False"参数表明利用此前的历史数据生成向前一步的预测结果。通过绘制二氧化碳时间序列的实际值和预测值，可以评估模型的预测效果。具体代码如下。

```
pred = results.get_prediction(start=pd.to_datetime('1998-01-01'), dynamic=
                              False)
pred_ci = pred.conf_int()
ax = y['1990':].plot(label='observed')
pred.predicted_mean.plot(ax=ax, label='One-step ahead Forecast', alpha=.7)
ax.fill_between(pred_ci.index,
                pred_ci.iloc[:, 0],
                pred_ci.iloc[:, 1], color='k', alpha=.2)
ax.set_xlabel('Date')
ax.set_ylabel('CO2 Levels')
plt.legend()
plt.show()
```

运行上述代码，结果如图 9.18 所示。从图 9.18 中可以看出，模型的预测值与真实值基本保持一致，呈现总体增长趋势。

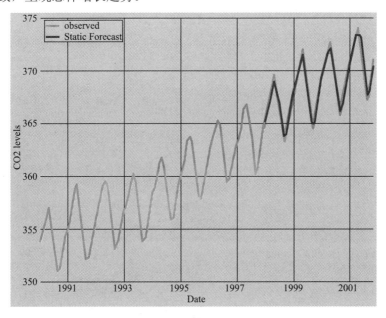

图 9.18　二氧化碳浓度时间序列数据预测结果

9.5.2 基于 HMM 的比特币投资预测

利用 HMM 拟合比特币价格历史数据，并指导比特币与现金之间的交易策略，达到投资收益最大化的目的。首先，导入工具包和数据集，并进行数据清洗。具体代码如下。

```python
import numpy as np
import pandas as pd
from matplotlib import pyplot as plt
import datetime
# 导入比特币价格历史数据
df =pd.read_csv("../input/coinbaseUSD_1-min_data_2014-12-01_to_2019-01-
                09.csv")
df['date'] = pd.to_datetime(df['Timestamp'],unit='s').dt.date
group = df.groupby('date')
Real_Price = group['Weighted_Price'].mean()


date=datetime.date(2014,12,1)                        # 设置起始和终止时间
enddate=datetime.date(2019,1,7)
j=0
BC_Prices=[]
while date<enddate:
    while Real_Price.index[j]<date:
        j=j+1
        if Real_Price.index[j]==date:
            BC_Prices.append(Real_Price[j])
        else:
            BC_Prices.append(np.nan)
    date=date+datetime.timedelta(days=1)
BC_Prices=np.array(BC_Prices)
ndays=BC_Prices.shape[0]
for i in range(ndays):                               # 用平均值填充缺失数据
    if np.isnan(BC_Prices[i]):
        j=i
        while j<ndays and np.isnan(BC_Prices[j]):
            j=j+1
        if j<ndays:
            BC_Prices[i]=0.5*(BC_Prices[i-1]+BC_Prices[j])
        else:
            BC_Prices[i]=BC_Prices[i-1]
```

```
plt.plot(BC_Prices)                              # 绘制每日价格信息
plt.xlabel('day')
plt.ylabel('Bitcoin price')
plt.show()
```

运行上述代码，得到比特币每日价格走势图，如图 9.19 所示。

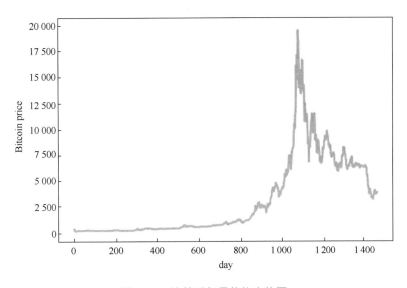

图 9.19　比特币每日价格走势图

在现实中，比特币的买卖交易存在市场消耗，也就是交易费。频繁交易会降低比特币投资收益。本例将所有可能的市场消耗整合成摩擦率 f。如果交易 b 个价格为 p 的比特币，只能得到 $(1-f)bp$ 的现金。同样，如果用金额为 c 的现金购买价格为 p 的比特币，只能购买 $(1-f)c/p$ 个比特币。下面绘制仅跟踪前一天价格趋势的比特币投资者在不同摩擦率下的投资收益。具体代码如下。

```
friction=np.linspace(0,0.02,100)
plt.semilogy(friction,V0[-1]*np.power(1-friction,ntrades),label=
          'previous day trend follower')
plt.semilogy([0,0.02],[BC_Prices[-1]/BC_Prices[0],BC_Prices[-1]/BC_
          Prices[0]],label='bitcoin investment')
plt.legend()
plt.xlabel('friction rate')
plt.ylabel('final return')
plt.show()
```

运行结果如图 9.20 所示。可以看出，随着摩擦率的增大，投资者的收益率降低。

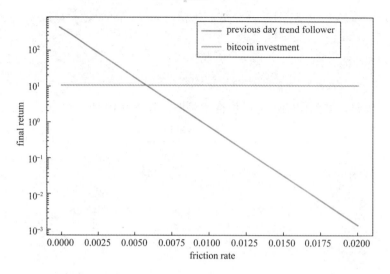

图 9.20　收益率与摩擦率关系图

　　通过 HMM 可以在收益率和摩擦率之间找到折中，获得更好的比特币投资策略。训练 HMM 需要从数据集中拆分训练部分，与大多数典型的机器学习应用程序不同，本例不能随机选择训练数据集。取而代之的是，必须确定序列的开始，以便随后可以使用后续数据来测试模型。本例使用第 100 天到第 600 天之间的 500 天作为模型训练期，通过最大化负对数似然方法(Negative Log Likelihood，NLL)来拟合 HMM。具体代码如下。

```python
from scipy.optimize import minimize
class MHH:
    def fit_HMM(self,Prices,nstarts=10):                    # 训练 HMM 模型
        R=np.log(Prices[1:]/Prices[:-1])
        n=R.shape[0]
        bnds = ((None,None),(None,None),(None,None),(None,None),(None,0),
            (None, 0),(None, 0), (0, 1),(0, 1), (0, 1),(None,None))
        def HMM_NLL(x):                                      # 定义 NLL
            sig=np.exp(x[0])
            MU=x[1:4]
            r0,r1,r2=np.exp(x[4:7])
            p0,p1,p2=x[7:10]
            beta=x[10]
            TP=np.array([[1-r0,r0*p0,r0*(1-p0)],[r1*p1,1-r1,r1*(1-p1)],
            [r2*p2,r2*(1-p2),1-r2]]).T
            P=np.zeros((n+1,3))
            P[0,:]=np.ones(3)/3
            S=np.zeros(n+1)
            rold=0
            for t in range(n):
                P[t+1]=np.matmul(TP,P[t])
                for j in range(3):
                    P[t+1,j]=P[t+1,j]*np.exp(-0.5*((R[t]-rold*beta-MU[j])
                        /sig)**2)/sig
```

```
                rold=R[t]
                S[t+1]=max(P[t+1])
                P[t+1]=P[t+1]/S[t+1]
            nll=-np.sum(np.log(S[1:]))
            return nll
        best=np.inf
        for i in range(nstarts):
            mu0=np.random.rand()*0.001
            mu1=np.random.rand()*0.001
            mu2=-np.random.rand()*0.001
            r0=np.random.rand()
            r1=np.random.rand()
            r2=np.random.rand()
            p0=np.random.rand()
            p1=np.random.rand()
            p2=np.random.rand()
            sig=np.random.rand()*0.1
            beta=np.random.rand()*0.1
            x0=np.array([np.log(sig),mu0,mu1,mu2,np.log(r0),np.log(r1),
            np.log(r2),p0,p1,p2,beta])
            OPT = minimize(HMM_NLL, x0,bounds=bnds)
            if i==0:
                x=OPT.x
                OPTbest=OPT
            if OPT.fun<best:
                best=OPT.fun
                x=OPT.x
                OPTbest=OPT
        self.sig=np.exp(x[0])
        self.MU=x[1:4]
        r0,r1,r2=np.exp(x[4:7])
        p0,p1,p2=x[7:10]
        self.TP=np.array([[1-r0,r0*p0,r0*(1-p0)],[r1*p1,1-r1,r1*(1-p1)],
        [r2*p2,r2*(1-p2),1-r2]]).T
        self.beta=x[10]
        self.x=x
        self.OPT=OPT
        # reorder so MU is increasing
        ix=np.argsort(-self.MU)
        self.MU=self.MU[ix]
        self.TP=self.TP[np.ix_(ix,ix)]
    def get_hidden_state_probabilities(self,Prices):   # 计算隐藏状态概率
        R=np.log(Prices[1:]/Prices[:-1])
        n=R.shape[0]
        P=np.zeros((n+1,3))
        P[0,:]=np.ones(3)/3
        rold=0
        for t in range(n):
            P[t+1]=np.matmul(self.TP,P[t])
```

```
            for j in range(3):
                P[t+1,j]=P[t+1,j]*np.exp(-0.5*((R[t]-self.beta*rold-
                    self.MU[j])/self.sig)**2)/self.sig
            rold=R[t]
            P[t+1]=P[t+1]/np.sum(P[t+1])
        return P
    def get_expected_abnormal_rates(self,Prices):        #计算期望异常率
        P=self.get_hidden_state_probabilities(Prices)
        R=np.zeros(Prices.shape[0])
        R[1:]=np.log(Prices[1:]/Prices[:-1])
        lam,V=np.linalg.eig(self.TP)
        ix=np.argsort(lam)
        lam=lam[ix]
        V=V[:,ix]
        V[:,2]=V[:,2]/np.sum(V[:,2])
        VMU=np.matmul(V.T,self.MU)
        D=(1/(1-hmm.beta))*(lam[:2]/(1-lam[:2]))*VMU[:2]
        EAR=np.matmul(D,np.linalg.solve(V,P.T)[:2,:])+(1/(1-self.beta))*R
        return EAR
```

下面沿着期间比特币价格绘制 HMM 中三个隐藏状态的后验概率，对隐藏状态进行排序，1 代表快速上升，2 代表缓慢上升，3 代表下降。显然，当比特币增长率非常高或为负时，该模型能够选择短期。具体代码如下。

```
# 设置训练集的范围
train_start=100
train_end=600
Prices=BC_Prices[train_start:train_end]
# 训练 HMM
hmm=MHH()
hmm.fit_HMM(Prices)
# 预处理价格数据
LP=np.log(Prices)
pmin=np.min(LP)
pmax=np.max(LP)
LP=(LP-pmin)/(pmax-pmin)
# 计算并绘制隐藏状态概率
P=hmm.get_hidden_state_probabilities(Prices)
plt.plot(range(train_start,train_end),P[:,0],label='h0 - upup')
plt.plot(range(train_start,train_end),P[:,1],label='h1 - up')
plt.plot(range(train_start,train_end),P[:,2],label='h1 - down')
plt.plot(range(train_start,train_end),LP*2+1)
plt.legend()
plt.xlabel('day')
plt.ylabel('probability of hidden state')
plt.show()
# 计算并绘制期望异常率
```

```
EAR=hmm.get_expected_abnormal_rates(Prices)
plt.plot(range(train_start,train_end),EAR)
plt.plot(range(train_start,train_end),(LP*2+1)*np.max(EAR))
plt.xlabel('day')
plt.ylabel('expected abnormal rates')
plt.show()
print('beta = '+str(hmm.beta))
print('\n')
print('MU =')
print(hmm.MU)
print('\n')
print('P =')
print(hmm.TP)
```

运行上述代码，结果如图 9.21 所示。这里定义期望异常率为 Markov 链状态的函数

$$A(h,r)=\lim_{n\to\infty}E(\sum_{t=1}^{n}(r_t-\gamma)\mid r_0=r,h_0=h)$$

其中，γ 是平均速率，定义为 $\gamma=\lim_{n\to\infty}\frac{1}{n}E(\sum_{t=1}^{n}r_t)$。

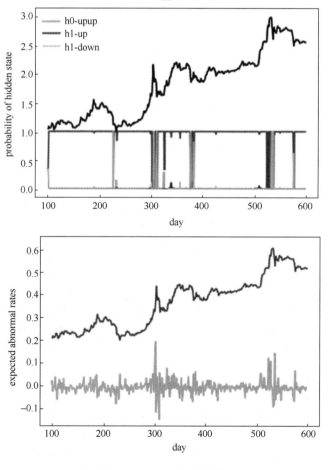

图 9.21 HMM 训练结果

大数据、数据挖掘理论与应用实践

从图 9.21 可以看出，后验期望异常率为预测短期未来的比特币价格提供了有用的度量。下面绘制从 600 天开始的 1 美元现金在 HMM 预测投资策略下的收益率。具体代码如下。

```python
# 测试 HMM 模型投资策略
def back_test_pol(mdl,friction,Buy_Price,Sell_Price,Prices):
    P=mdl.get_hidden_state_probabilities(Prices)
    EAR=mdl.get_expected_abnormal_rates(Prices)
    n=P.shape[0]
    Portfolios=np.zeros((100,n,2))
    Value=np.zeros((100,n))
    for i in range(100):
        buy=Buy_Price[i]
        sell=Sell_Price[i]
        rate=1-friction[i]
        Portfolios[i,0,0]=1
        a='c'
        for t in range(n-1):
            if a=='c' and EAR[t]>buy:
                Portfolios[i,t,1]=rate*Portfolios[i,t,0]/Prices[t]
                Portfolios[i,t,0]=0
                a='b'
            if a=='b' and EAR[t]<sell:
                Portfolios[i,t,0]=rate*Portfolios[i,t,1]*Prices[t]
                Portfolios[i,t,1]=0
                a='c'
            Portfolios[i,t+1]=Portfolios[i,t]
        Value[i]=Portfolios[i,:,0]+Portfolios[i,:,1]*Prices
    return Portfolios,Value
Portfolios1,V1=back_test_pol(hmm,friction,Buy_Price,Sell_Price,BC_Prices)
ntrades_in_test_period0=np.sum(Portfolio0[train_end:-1]*Portfolio0
[train_end+1:]>0)
plt.semilogy(friction,V0[-1]/V0[train_end]*np.power(1-friction,ntrades
_in_test_period0),label='previous day trend follower')
plt.semilogy(friction,V1[:,-1]/V1[:,train_end],label='back-train optimized
HMM buy/sell policy')
plt.semilogy([0,np.max(friction)],[BC_Prices[-1]/BC_Prices[train_end],
BC_Prices[-1]/BC_Prices[train_end]],label='Bitcoin investment')
#选择不同的摩擦率
plt.plot(range(train_end,ndays),V1[i,train_end:]/V1[i,train_end],label
='HMM buy/sell policy')
plt.plot(range(train_end,ndays),BC_Prices[train_end:]/BC_Prices[train_
end],label='Bitcoin investment')
plt.xlabel('day')
```

264

```
plt.ylabel('portfolio value')
plt.title('simulation with 0.5% market friction')
plt.legend()
plt.show()
```

运行结果如图 9.22 和图 9.23 所示。从图 9.22 和图 9.23 中可以看出，HMM 策略始终能够击败基本的比特币投资收益率和仅跟踪前一天价格趋势的比特币投资者，但是当摩擦率增大时，HMM 投资策略的收益率与基本的比特币投资收益率之间的差距逐渐缩短。

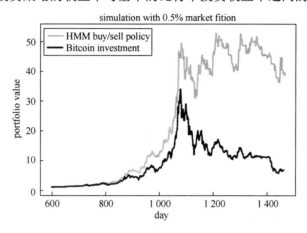

图 9.22　摩擦率为 0.5%时的收益率比较

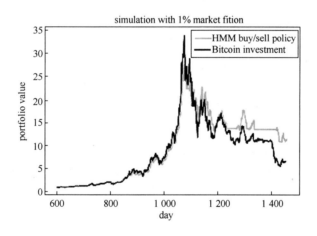

图 9.23　摩擦率为 1%时的收益率比较

本 章 小 结

日常生活中，经常会遇到关于时间序列的数据，这是关于数值和数值类型数据的一种特殊形式，其中一个数值类型为时间，我们要对此进行分析和预测。时间序列可以分为平稳序列和非平稳序列，平稳序列中的各观察值基本上在某个固定的水平上波动；而非平稳序列含有周期、季度趋势、随机性的特征。确定时间序列类型后，就可选择适当的预测方法。利用时间数据进行预测，通常假定过去的变化趋势会延续到未来，这样就可以根据过去已有的形态或模式进行预测。时序分析时，若导致非平稳的原因是确定的，可用的方法主要有趋势拟合模型、季节调整模型、移动平均、指数平滑等；若导致非平稳的原因是随机的，方法主要有 ARIMA 模型、HMM 等。

习　题

一、选择题

1．关于自相关系数的性质，不正确的是(　　)。

  A．规范性   B．对称性

  C．非负定性   D．唯一性

2．若零均值平稳序列，其样本自相关系数呈现二阶截尾性，其样本偏自相关系数呈现拖尾性，则可初步认为应该建立(　　)模型。

  A．MA(2)   B．IMA(1,2)

  C．ARI(2,1)   D．ARIMA(2,1,2)

3．下列关于 ARMA 模型的说法，正确的是(　　)。

  A．MA(q)模型偏自相关系数拖尾

  B．AR(p)模型偏自相关系数拖尾

  C．ARMA(p,q)模型自相关系数截尾

  D．ARMA(p,q)模型偏自相关系数截尾

4．下列关于 ARMA 模型的说法，错误的是(　　)。

  A．ARMA 模型的自相关系数、偏相关系数都具有截尾性

  B．ARMA 模型是一个可逆的模型

  C．一个自相关系数对应一个唯一可逆的 MA 模型

  D．AR 模型和 MA 模型都需要进行平稳性检验

5．图 9.24 是某时间序列的样本偏自相关图，则恰当的模型是(　　)。

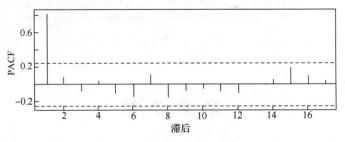

图 9.24　某时间序列的样本偏自相关图

  A．MA(1)   B．AR(1)

  C．ARMA(1,1)   D．MA(2)

6. 考虑 MA(2)模型 $Y_t = e_t - 0.9e_{t-1} + 0.2e_{t-2}$，则其 MA 特征方程的根是(　　)。

    A. $\lambda_1 = 0.4, \lambda_2 = 0.5$ B. $\lambda_1 = -0.4, \lambda_2 = -0.5$

    C. $\lambda_1 = 2, \lambda_2 = 2.5$ D. $\lambda_1 = -2, \lambda_2 = 2.5$

7. 时间序列数据更适合用(　　)进行数据规约。

    A. 小波变换   B. 主成分分析

    C. 决策树   D. 直方图

8. 在 HMM 中，如果已知观察序列和产生观察序列的状态序列，那么可用以下哪种方法直接进行参数估计？(　　)

    A. EM 算法   B. Viterbi 算法

    C. 前向-后向算法   D. 最大似然估计

9. 下列数据集中，适合使用 HMM 建模的有(　　)。

    A. 基因序列集合   B. 电影影评数据集合

    C. 股票市场数据集合   D. 北京气温数据集合

10. 下列关于贝叶斯网络和马尔可夫网络的说法中，正确的是(　　)。

    A. 贝叶斯网络是有向图，而马尔可夫网络是无向图

    B. 贝叶斯网络和马尔可夫网络都是无向图，只是网络结构差别

    C. 贝叶斯网络和马尔可夫网络都是有向图，只是网络结构差别

    D. 贝叶斯网络是无向图，而马尔可夫网络是有向图

二、简答题

1. 简述 ARMA 模型的建模流程。

2. 某一观察值序列最后四期的观察值为 $X_{T-3}=8$、$X_{T-2}=8.4$、$X_{T-1}=8.8$、$X_T=9.2$，使用四期移动平均法预测 $\hat{X}_{T+2}$。

3. 某 AR 模型的 AR 特征多项式为 $(1-1.7x+0.7x^2)(1-0.8x^{12})$。

(1) 写出此模型的具体表达式。

(2) 此模型平稳吗？为什么？

第三部分
数据实践篇

第*10*章
大数据工具

学习目标

[1] 掌握分布式系统的概念，学会安装与配置 Hadoop 环境。

[2] 掌握 MapReduce 思想和编程。

[3] 掌握 Hive、HBase，了解与传统数据库的区别。

重要知识点图谱

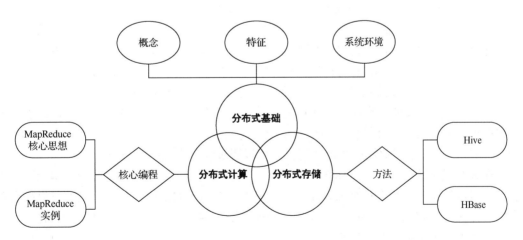

重点与难点

[1] Hadoop 环境的配置。

[2] MapReduce 编程。

[3] HBase 与传统数据库的区别。

学习指南

本章将通过学习实用的大数据工具，来协助完成大数据功能的实现。首先学习 Hadoop 的部署，这是大数据工具实现的基础。然后介绍大数据分布式核心的计算框架 MapReduce 编程。接着介绍数据库工具 Hive 及 HBase 的功能及其实现。HBase 提供了 Key-Value 的数据库，Hive 提供了类似 SQL 的数据库语言。

10.1　分布式系统概述

分布式系统是若干独立计算机的集合。计算机对用户来说就像单个相关系统，也就是说，分布式系统背后是由一系列的计算机组成的，但用户感知不到背后的逻辑，就像访问单台计算机一样。

一个标准的分布式系统应该具有以下几个主要特征。

(1) 分布性。分布式系统中的多台计算机之间在空间位置上可以随意分布，系统中的多台计算机之间没有主、从之分，既没有控制整个系统的主机，也没有受控的从机。

(2) 透明性。系统资源被所有计算机共享。每台计算机的用户不仅可以使用本机的资源，还可以使用本分布式系统中其他计算机的资源，包括 CPU、文件、打印机等。

(3) 同一性。系统中的若干台计算机可以互相协作来完成一个共同的任务，或者说一个程序可以分布在几台计算机上并行地运行。

(4) 通信性。系统中任意两台计算机都可以通过通信来交换信息。

在分布式系统中，应用可以按业务类型拆分成多个应用，再按结构分成接口层、服务层，也可以按访问入口分，如移动端、PC 端等定义不同的接口应用。数据库可以按业务类型拆分成多个实例，还可以对单表进行分库分表，增加分布式缓存、搜索、文件、消息队列、非关系型数据库等中间件。

很明显，分布式系统可以解决集中式不便扩展的弊端，可以很方便地在任何一个环节扩展应用，就算一个应用出现问题也不会影响到其他应用。

分布式系统虽好，但具有复杂性，如分布式事务、分布式锁、分布式 session、数据一致性等都是现在分布式系统中需要解决的难题，虽然已经有很多成熟的方案，但都不完美。

分布式系统也增加了开发、测试和运维成本。工作量增加，如果分布式系统管理得不好反而会变成一种负担。

10.2 Hadoop 概述

Hadoop 是一个由 Apache 基金会所开发的分布式系统基础架构，其框架如图 10.1 所示。用户可以在不了解分布式底层细节的情况下开发分布式程序。充分利用集群的威力进行高速运算和存储。Hadoop 实现了一个分布式文件系统(Hadoop Distributed File System，HDFS)。HDFS 有高容错性的特点，并且设计用来部署在低廉的 (low-cost) 硬件上；而且它提供高吞吐量 (high throughput) 来访问应用程序的数据，适合那些有着超大数据集(large data set) 的应用程序。HDFS 放宽了可移植操作系统接口(Protable Operating System Interface，POSIX) 的要求，可以以流的形式访问文件系统中的数据。Hadoop 框架最核心的设计就是 HDFS 和 MapReduce。HDFS 为海量的数据提供了存储，而 MapReduce 则为海量的数据提供了计算。

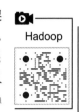

Hadoop

图 10.1 Hadoop 框架

Hadoop 框架

10.3 Hadoop 伪分布式的安装和配置

Hadoop 最早是为了在 Linux 平台上使用而开发的，现在 Hadoop 在 UNIX、Windows、Mac OS X 系统上也能运行良好。本节介绍在 Linux 环境下 Hadoop 的安装配置。本章使用的 Linux 环境为 Ubuntu16.4，Python 的版本为 3.6。

10.3.1 安装前准备

1. 创建 hadoop 用户

```
$ sudo useradd -m hadoop -s /bin/bash    #创建hadoop用户,用/bin/bash作为shell
$ sudo passwd hadoop        #为hadoop用户设置密码,之后需要连续输入两次密码
```

```
$ sudo adduser hadoop sudo          #为hadoop用户增加管理员权限
$ su - hadoop                        #切换当前用户为hadoop
$ sudo apt-get update                #更新hadoop用户的apt,方便后面的安装
//安装SSH,设置SSH无密码登录:
$ sudo apt-get install openssh-server      #安装SSH server
$ ssh localhost                            #登录SSH,第一次登录输入yes
$ exit                                     #退出登录的ssh localhost
$ cd ~/.ssh/              #如果没法进入该目录,执行一次ssh localhost
$ ssh-keygen -t rsa                        #使用rsa加密
```

输入完"$ ssh-keygen -t rsa"语句之后,需要连续按三次回车键。其中,第一次回车是让 KEY 存于默认位置,以方便后续的命令输入;第二次和第三次回车是确定密钥。按回车键完毕之后,如果出现类似于图 10.2 所示的输出,即表示公钥生成成功。

图 10.2　生成公钥

之后再输入以下语句。

```
$ cat ./id_rsa.pub >> ./authorized_keys                        #加入授权
$ ssh localhost
```

第一条语句是把公钥加入用于认证的公钥文件中,authorized_keys 是用于认证的公钥文件。此时已不需密码即可登录 localhost。登录后的界面如图 10.3 所示。

```
hadoop@ubuntu:~$ ssh localhost
Welcome to Ubuntu 16.04.2 LTS (GNU/Linux 4.8.0-41-generic x86_64)

 * Documentation:  https://help.ubuntu.com
 * Management:      https://landscape.canonical.com
 * Support:         https://ubuntu.com/advantage

30 packages can be updated.
0 updates are security updates.
```

图 10.3　登录 localhost

2. 安装 JDK 1.7

首先在 Oracle 官网下载 JDK 1.7。然后进行安装与环境变量配置。根据计算机操作系统选择对应版本,在此选择的是 jdk-7u80-linux-x64.tar.gz 安装包。

```
$ mkdir /usr/lib/jvm                                   //创建jvm文件夹
$ sudo tar zxvf jdk-7u80-linux-x64.tar.gz -C /usr/lib //解压到/usr/lib/jvm目录下
$ cd /usr/lib/jvm                                      //进入该目录
```

```
$ mv jdk1.7.0_80 java                          //重命名为java
$ vi ~/.bashrc                                 //给 JDK 配置环境变量
```

在.bashrc 文件中添加以下内容。

```
export JAVA_HOME=/usr/lib/jvm/java             //JDK 的安装位置
export JRE_HOME=${JAVA_HOME}/jre
export CLASSPATH=.:${JAVA_HOME}/lib:${JRE_HOME}/lib
export PATH=${JAVA_HOME}/bin:$PATH
```

在文件修改完毕后，输入以下语句。

```
$ source ~/.bashrc                             //使新配置的环境变量生效
$ java -version                                //检测 Java 是否安装成功
```

10.3.2　安装 Hadoop

Hadoop 分别从三个角度将主机划分为两种角色。最基本的是将主机划分为 master 和 slave，即主与从；从 HDFS 的角度，将主机划分为 NameNode(在分布式文件系统中，目录的管理很重要，而 NameNode 就是这个管理者)和 DataNode；从 MapReduce 的角度，将主机划分为 JobTracker 和 TaskTracker。

下载 hadoop-2.6.0.tar.gz 安装包。安装过程如下。

```
$ sudo tar -zxvf hadoop-2.6.0.tar.gz -C /usr/local //解压到/usr/local目录下
$ cd /usr/local
$ sudo mv hadoop-2.6.0 hadoop                  //重命名为hadoop
$ sudo chown -R hadoop ./hadoop                //修改文件权限
```

给 Hadoop 配置环境变量，在.bashrc 文件中添加以下内容。

```
export HADOOP_HOME=/usr/local/hadoop
export CLASSPATH=$($HADOOP_HOME/bin/hadoop classpath):$CLASSPATH
export HADOOP_COMMON_LIB_NATIVE_DIR=$HADOOP_HOME/lib/native
export PATH=$PATH:$HADOOP_HOME/bin:$HADOOP_HOME/sbin
```

同样，执行"source ~/.bashrc"命令使设置生效，并查看 Hadoop 是否安装成功。

10.3.3　伪分布式配置

Hadoop 可以在单节点上以伪分布式的方式运行。Hadoop 进程以分离的 Java 进程来运行，节点既作为 NameNode 也作为 DataNode，同时，读取的是 HDFS 中的文件。Hadoop 的配置文件位于/usr/local/hadoop/etc/hadoop/目录中，配置伪分布式需要修改两个配置文件：core-site.xml 和 hdfs-site.xml。Hadoop 的配置文件是 xml 格式，每个配置以声明 <property> 标签的 <name> 和 <value> 属性来实现。首先将 JDK 1.7 的路径 (export JAVA_HOME=/usr/lib/jvm/java)添加到 hadoop-env.sh 文件。然后修改 core-site.xml 配置文件。

```
<configuration>
```

```
        <property>
            <name>hadoop.tmp.dir</name>
            <value>file:/usr/local/hadoop/tmp</value>
            <description>Abase for other temporary directories. </description>
            </property>
        <property>
            <name>fs.defaultFS</name>
            <value>hdfs://localhost:9000</value>
        </property>
    </configuration>
```

再修改 hdfs-site.xml 配置文件。

```
<configuration>
        <property>
            <name>dfs.replication</name>
            <value>1</value>
        </property>
        <property>
            <name>dfs.namenode.name.dir</name>
            <value>file:/usr/local/hadoop/tmp/dfs/name</value>
        </property>
        <property>
            <name>dfs.datanode.data.dir</name>
            <value>file:/usr/local/hadoop/tmp/dfs/data</value>
        </property>
    </configuration>
```

Hadoop 的运行方式是由配置文件决定的，如果需要从伪分布式模式切换回非分布式模式，需删除 core-site.xml 文件中的配置项。此外，伪分布式虽然只需配置 fs.defaultFS 和 dfs.replication 就可以运行，若没配置 hadoop.tmp.dir 参数，则默认使用的临时目录为 /tmp/hadoo-hadoop，而该目录在重启时有可能被系统清理掉，导致必须重新执行格式化 (format) 才能启动。所以要设置临时目录，同时指定 dfs.namenode.name.dir 和 dfs.datanode.data.dir，否则在接下来的步骤中可能会出错。配置完成后，执行 NameNode 的格式化。

```
$ ./bin/hdfs namenode -format
$ ./sbin/start-dfs.sh        #启动 namenode 和 datanode 进程，并查看启动结果
$ jps
```

可通过 jps 命令来判断是否成功启动。若成功启动会列出 NameNode、DataNode 和 SecondaryNameNode 等进程，如图 10.4 所示。可在浏览器界面中访问 http://localhost:50070，查看 NameNode 和 DataNode 信息，如图 10.5 所示，还可在线查看 HDFS 中的文件。

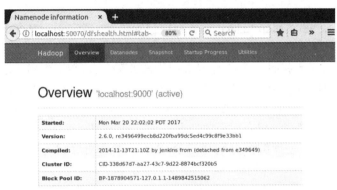

图 10.4 启动 Hadoop 成功

图 10.5 访问本地主机信息

10.4 MapReduce

MapReduce 是面向大数据并行处理的计算模型、框架和平台。MapReduce 的流行是有理由的,它非常简单、易于实现且扩展性强。可以通过 MapReduce 轻松地编写出同时在多台主机上运行的程序,可以使用 Ruby、Python、PHP 和 C++等非 Java 类语言编写 Map 或 Reduce 程序,还可以在任何安装 Hadoop 的集群中运行同样的程序,不论这个集群有多少台主机。MapReduce 适合于处理大量的数据集,因为它会同时被多台主机一起处理,这样通常会有较快的速度。MapReduce 隐含了三层含义。

(1) 一个基于集群的高性能并行计算平台(cluster infrastructure)。它允许用市场上普通的商用服务器构建一个包含数十、数百,甚至数千个节点的分布和并行计算集群。

(2) 一个并行计算与运行软件框架(software framework)。它提供了一个庞大但设计精良的并行计算软件框架,能自动完成计算任务的并行化处理,自动划分计算数据和计算任务,在集群节点上自动分配和执行任务以及收集计算结果,将数据分布存储、数据通信、容错处理等并行计算涉及的很多系统底层的复杂细节交由系统负责处理,大大减少了软件开发人员的负担。

(3) 一个并行程序设计模型与方法(programming model & methodology)。它借助于函数式程序设计语言 Lisp 的设计思想,提供了一种简便的并行程序设计方法,用 Map 和 Reduce 两个函数编程实现基本的并行计算任务,提供了抽象的操作和并行编程接口,以简单方便地完成大规模数据的编程和计算处理。

10.4.1 MapReduce 任务的工作流程

要了解 MapReduce,首先需要了解 MapReduce 的载体是什么。在 Hadoop 中,用于执行 MapReduce 任务的机器角色有两个,一个是 JobTracker,另一个是 TaskTracker。JobTracker 是用于调度工作的,TaskTracker 是用于执行工作的。一个 Hadoop 集群中只有一台 JobTracker。

在 Hadoop 中,每个 MapReduce 任务都被初始化为一个 Job。每个 Job 又可以分为两个阶段:Map 阶段和 Reduce 阶段。这两个阶段分别用两个函数来表示,即 map()函数和 reduce()函数。Map 函数接收一个<key, value>形式的输入,然后同样产生一个<key, value>形式的中间输出;Hadoop 会负责将所有中间输出中具有相同 key 值的 value 集合到一起传递给 reduce()函数;reduce()函数接收一个如<key, (list of values)>形式的输入,然后对这个 value 集合进行处理,每个 reduce()函数产生 0 或 1 个输出,reduce()函数的输出也是<key, value>形式的。为了方便理解,分别将三个<key, value>对标记为<k1, v1>、<k2, v2>、<k3,v3>,那么上面所述的过程就可以用图 10.6 表示。

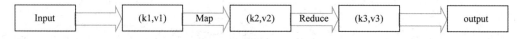

图 10.6　MapReduce 任务的工作流程

MapReduce 任务中的 map()和 reduce()函数可以分布到多个节点中运算。map()函数从 HDFS 中读取数据块,reduce()函数从不同的 map 节点输出中获取数据,从而大大提高计算效率。Map Reduce 任务的处理步骤可以总结如下。

1. Map 任务处理

(1) 读取输入文件内容,将输入文件的每一行解析成<key, value>对。

(2) 写自己的逻辑,对输入的<key, value>进行处理,转换成新的<key, value>输出。

(3) 对输出的<key, value>进行分区(对应不同的 Reduce 任务节点)。

(4) 对不同分区的数据,按照 key 值进行排序、分组,相同 key 值的 value 放到一个集合中。

(5) 分组后的数据进行归约。

2. Reduce 任务处理

(1) 对多个 map 任务的输出,按照不同的分区,通过网络复制到不同的 reduce 节点。

(2) 对多个 map 任务的输出进行合并、排序,根据自己定义的 reduce()函数逻辑,对输入的<key, value>进行处理,转换成新的<key, value>输出。

(3) 把 reduce()函数的输出保存到文件中。

下面通过实例来理解 MapReduce 任务的工作流程。其大体上分为六个步骤,分别为 input、split、map、shuffle、reduce、output。

(1) 输入(input)。如给定一个文档，包含以下四行。

```
Hello Java
Hello C
Hello Java
Hello C++
```

(2) 拆分(split)。将上述文档中每一行的内容转换为<key,value>对。

```
0 - Hello Java
1 - Hello C
2 - Hello Java
3 - Hello C++
```

(3) 映射(map)。将拆分之后的内容转换成新的<key,value>对。

```
(Hello , 1)
(Java , 1)
(Hello , 1)
(C , 1)
(Hello , 1)
(Java , 1)
(Hello , 1)
(C++ , 1)
```

(4) 派发(shuffle)。将相同的 key 值集合在一起。

```
(Hello , 1)
(Hello , 1)
(Hello , 1)
(Hello , 1)
(Java , 1)
(Java , 1)
(C , 1)
(C++ , 1)
```

需要注意的是这一步需要移动数据，原来的数据可能在不同的 DataNode 上，这一步过后，相同 key 值的数据会被移动到同一台机器上。最终，它会返回一个包含各种<key,(list of value)>对的 list。

```
{Hello: 1,1,1,1}
{Java: 1,1}
{C: 1}
{C++: 1}
```

(5) 缩减(reduce)。把同一个 key 值的结果加在一起。

```
(Hello , 4)
```

```
(Java , 2)
(C , 1)
(C++,1)
```

(6) 输出(output)。输出缩减之后的所有结果。

10.4.2　MapReduce 编程

以 WordCount 类在 Hadoop 中的 MapReduce 为例，具体代码如下。

```
import sys
import re
p = re.compile(r'\w+')
for line in sys.stdin:
    word_list = line.strip().split(' ')
    for word in word_list:
        low_word = p.findall(word)
        if len(low_word) < 1:
            continue
        s_low = low_word[0].lower()
        print(s_low+'\t'+'1')
```

终端运行代码：cat input.txt | python map.py，如图 10.7 所示。

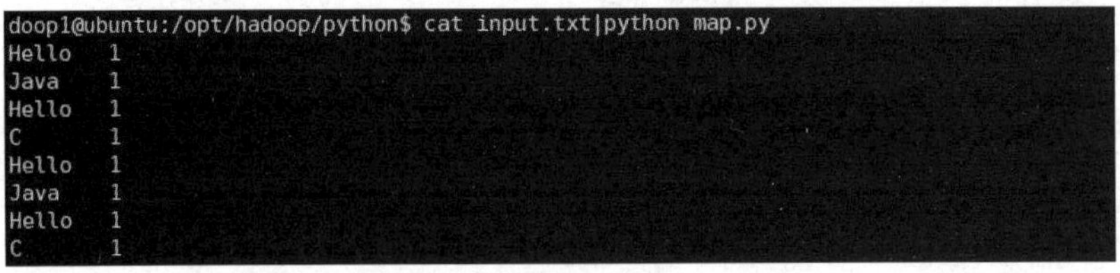

```
doop1@ubuntu:/opt/hadoop/python$ cat input.txt|python map.py
Hello    1
Java     1
Hello    1
C        1
Hello    1
Java     1
Hello    1
C        1
```

图 10.7　终端运行代码 1

其中：sys.stdin 接受标准输入，将 cat 输出的 txt 所有内容，逐行传递进 python 的 map 文件进行处理。

具体代码如下。

```
import sys
current_word = None
count_pool = []
sum = 0
for line in sys.stdin:
    word, val = line.strip().split('\t')
    if current_word == None:
        current_word = word
    if current_word != word:
        for count in count_pool:
            sum += count
        print("%s\t%s" % (current_word, sum))
        current_word = word
        count_pool = []
```

```
        sum = 0
    count_pool.append(int(val))
for count in count_pool:
    sum += count
print("%s\t%s" % (current_word, str(sum)))
```

终端运行代码: cat input.txt | python map.py | sort -k1 |python reduce.py, 如图 10.8 所示。

```
doop1@ubuntu:/opt/hadoop/python$ cat input.txt|python map.py|sort -k1|python reduce.py
C       2
Hello   4
Java    2
```

图 10.8 终端运行代码 2

10.5 利用 MapReduce 中的矩阵相乘

Excel、SPSS,甚至 SAS 都处理不了或处理起来非常困难,需要分布式方法才能高效解决基本运算(如转置、加法、乘法、求逆)的矩阵,我们称其为大矩阵。这意味着此种矩阵的维度至少是百万级的,经常是千万级的,有时是亿万级的。例如,至 2012 年年底,新浪微博注册用户超 5 亿,日活跃用户 4 629 万,如要探索这些用户可以分成哪些类别,以便深入了解用户的共同特征,制定精准的营销策略,势必要用到聚类相关的算法,而聚类算法都需要构造用户两两之间的关系,形成 $n×n$ 的矩阵,称为相似度矩阵。该矩阵的维度将大于 4 000 万×4 000 万。这时就需要用 MapReduce 来计算大矩阵乘法。

当所操作的矩阵维度达到百万、千万级时,会产生亟待攻克的新问题:大矩阵如何存储?计算模型如何设计?矩阵维度如何传递给乘法运算?其中,第三个问题看似与矩阵的"大"无关。但实际上,当矩阵规模巨大时,就不太可能像对待小规模矩阵一样将整个矩阵读入内存,从而在一个任务中就判断出其维度,而是需要分开成为两个任务。第一个任务专注于计算矩阵维度并存入全局变量,然后传递给第二个任务做乘法运算。本节中假定矩阵维度已知,先着眼于解决前两个问题。

10.5.1 数据准备

对于矩阵 $A = \begin{pmatrix} 1 & 2 & 3 \\ 4 & 5 & 0 \\ 7 & 8 & 9 \\ 10 & 11 & 12 \end{pmatrix}$ 和 $B = \begin{pmatrix} 10 & 15 \\ 0 & 2 \\ 11 & 9 \end{pmatrix}$, A 是一个 4×3 矩阵, B 是一个 3×2 矩阵,

能够计算出 $C = AB = \begin{pmatrix} 43 & 46 \\ 40 & 70 \\ 169 & 202 \\ 232 & 280 \end{pmatrix}$。

10.5.2 矩阵的存储方式

理论上，可以在一个文件中存储 4 000 万×4 000 万的矩阵，但这意味着在一条记录中挤下千万级变量的值。我们注意到，根据海量数据构造的矩阵，往往是极其稀疏的，如 4 000 万×4 000 万的相似度矩阵。一般来说，如果平均每个用户和 1 万个用户具有大于零的相似度，常识告诉我们，这样的关系网络已经非常密集了；但对于 4 000 万维度的矩阵，它却依然是极度稀疏的。因此，可采用稀疏矩阵的存储方式存储非 0 值，即存储矩阵中每条记录的结构为 (i, j, A[i, j])。其中，i 为行标签，j 为列标签，A[i, j] 为对应的非零值。

例如，在下面的 A 和 B 矩阵中，A 矩阵在 HDFS 中的存储为

1	1	1	3	2	8
1	2	2	3	3	9
1	3	3	4	1	10
2	1	4	4	2	11
2	2	5	4	3	12
3	1	7			

而 B 矩阵存储为

1	1	10
1	2	15
2	2	2
3	1	11
3	2	9

假设 $A = (a_{ij})_{mn}$，$B = (b_{jk})_{nl}$，那么 $C = AB = (c_{ik})_{ml} = (a_{i1}b_{1j} + a_{i2}b_{2j} + \cdots + a_{in}b_{nj})_{ml}$ $= (\sum_{k=1}^{n} a_{ik}b_{kj})_{ml}$。注意，矩阵可乘要求左矩阵 A 的列数与右矩阵 B 的行数相等。可以发现，C 矩阵中各个元素 c_{ik} 的计算都是相互独立的。在 Map 阶段，就可以把计算 c_{ik} 所需要的元素都集中到同一个 key 中，然后在 Reduce 阶段就可以从中解析出各个元素来计算 c_{ik}。还需要注意的是，a_{11} 会被 $c_{11}, c_{12}, \cdots, c_{1l}$ 的计算所使用，b_{11} 会被 $c_{11}, c_{21}, \cdots, c_{m1}$ 的计算所使用。也就是说，在 Map 阶段，当从 HDFS 中取出一行记录时，如果该记录是 A 矩阵的元素，则需要存储成 l 个<key, value>对，并且这 l 个 key 互不相同；如果该记录是 B 矩阵的元素，则需要存储成 m 个<key, value>对，同样这 m 个 key 也应互不相同；但同时，用于计算 c_{11} 的存放 $a_{11}, a_{12}, \cdots, a_{1l}$ 和 $b_{11}, b_{21}, \cdots, b_{m1}$ 的<key, value>对的 key 应该都是相同的，这样才能被传递到同一个 Reduce 中。因此，可将整个计算过程设计成三个阶段。矩阵相乘的计算过程如图 10.9 所示。

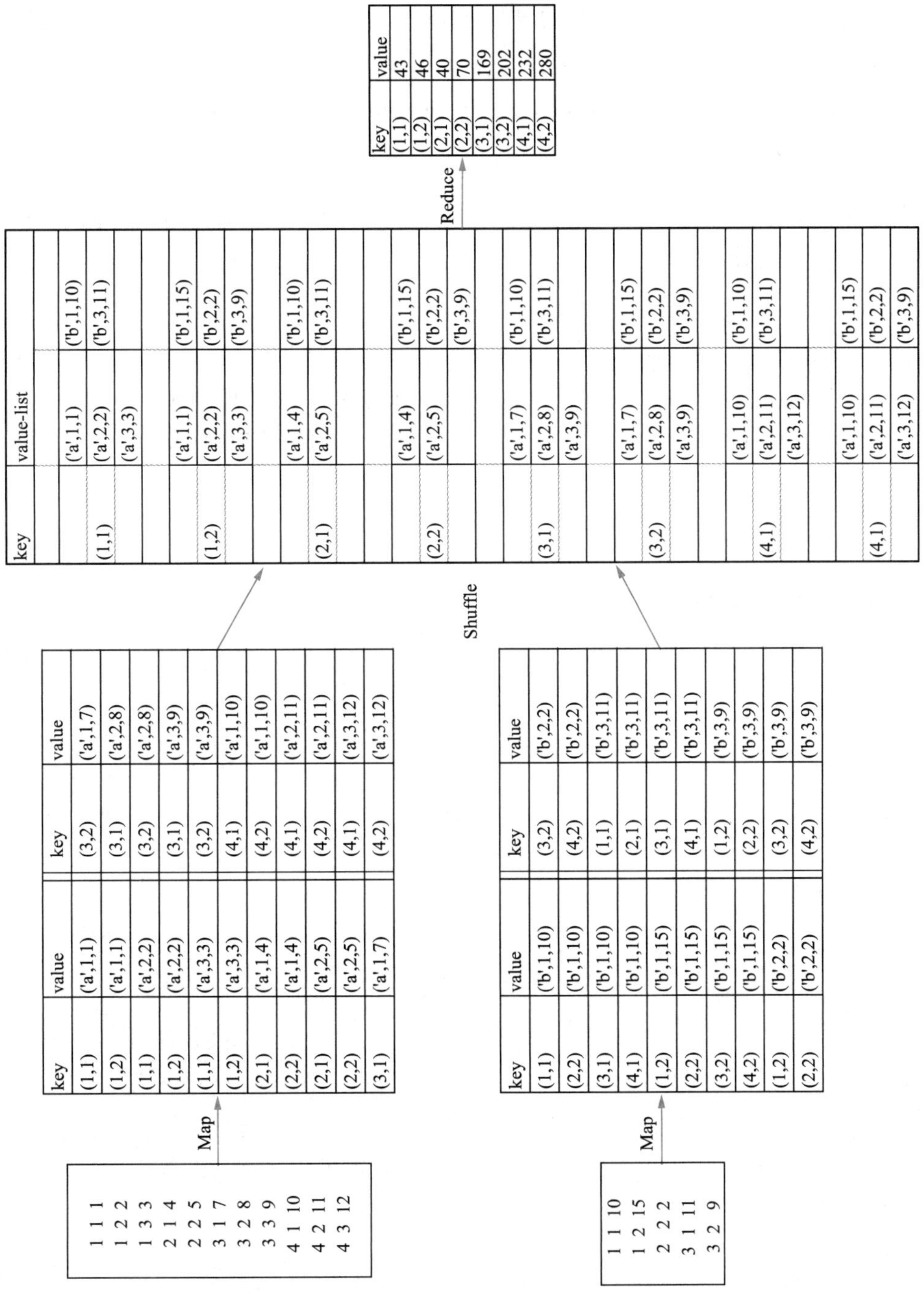

输入矩阵 A：
```
1 1 1
1 2 2
1 3 3
2 1 4
2 2 5
3 1 7
3 2 8
3 3 9
4 1 10
4 2 11
4 3 12
```

输入矩阵 B：
```
1 1 10
1 2 15
2 2 2
3 1 11
3 2 9
```

Map（矩阵 A）

key	value	key	value
(1,1)	('a',1,1)	(3,2)	('a',1,7)
(1,2)	('a',1,1)	(3,1)	('a',2,8)
(1,1)	('a',2,2)	(3,2)	('a',2,8)
(1,2)	('a',2,2)	(3,1)	('a',3,9)
(1,1)	('a',3,3)	(3,2)	('a',3,9)
(1,2)	('a',3,3)	(4,1)	('a',1,10)
(2,1)	('a',1,4)	(4,2)	('a',1,10)
(2,1)	('a',1,4)	(4,1)	('a',2,11)
(2,2)	('a',2,5)	(4,2)	('a',2,11)
(2,2)	('a',2,5)	(4,1)	('a',3,12)
(3,1)	('a',1,7)	(4,2)	('a',3,12)

Map（矩阵 B）

key	value	key	value
(1,1)	('b',1,10)	(3,2)	('b',2,2)
(2,2)	('b',1,10)	(4,2)	('b',2,2)
(3,1)	('b',1,10)	(1,1)	('b',3,11)
(4,1)	('b',1,10)	(2,1)	('b',3,11)
(1,2)	('b',1,15)	(3,1)	('b',3,11)
(2,2)	('b',1,15)	(4,1)	('b',3,11)
(3,2)	('b',1,15)	(1,2)	('b',3,9)
(4,2)	('b',1,15)	(2,2)	('b',3,9)
(1,2)	('b',2,2)	(3,2)	('b',3,9)
(2,2)	('b',2,2)	(4,2)	('b',3,9)

Shuffle

key	value-list		
(1,1)	('a',1,1) ('a',2,2) ('a',3,3)	('b',1,10) ('b',3,11)	
(1,2)	('a',1,1) ('a',2,2) ('a',3,3)	('b',1,15) ('b',2,2) ('b',3,9)	
(2,1)	('a',1,4) ('a',2,5)	('b',1,10) ('b',3,11)	
(2,2)	('a',1,4) ('a',2,5)	('b',1,15) ('b',2,2) ('b',3,9)	
(3,1)	('a',1,7) ('a',2,8) ('a',3,9)	('b',1,10) ('b',3,11)	
(3,2)	('a',1,7) ('a',2,8) ('a',3,9)	('b',1,15) ('b',2,2) ('b',3,9)	
(4,1)	('a',1,10) ('a',2,11) ('a',3,12)	('b',1,10) ('b',3,11)	
(4,1)	('a',1,10) ('a',2,11) ('a',3,12)	('b',1,15) ('b',2,2) ('b',3,9)	

Reduce

key	value
(1,1)	43
(1,2)	46
(2,1)	40
(2,2)	70
(3,1)	169
(3,2)	202
(4,1)	232
(4,2)	280

图 10.9　矩阵相乘的计算过程

1. Map 阶段

把 A 矩阵中的元素 a_{ij} 标识成 l 条 <key, value> 的形式，其中 $key = (i,k)$，$value = ('a', j, a_{ij})$，$k = 1, 2, \cdots, l$；把来自 B 矩阵的元素 b_{jk} 标识成 m 条 <key, value> 的形式，其中 $key = (i,k)$，$value = ('b', j, b_{jk})$，$i = 1, 2, \cdots, m$。于是，通过 key，把参与计算 c_{ik} 的数据归为一类；通过 value，能区分元素是来自 A 还是 B，以及具体的位置。

2. Shuffle 阶段

相同 key 的 value 会被加入同一个列表中，形成 <key, list(value)> 对，传递给 Reduce，这个由 Hadoop 自动完成。

3. Reduce 阶段

来自 A 的元素单独放在一个数组中，来自 B 的元素放在另一个数组中。计算两个数组(各自看作一个向量)的点积，即可计算出 value 的值。对于 Shuffle 阶段的 $(1, 1)$，将 A 的元素的值组成数组 $(1, 2, 3)$，将 B 的元素组成数组 $(10, 0, 11)$，点积后的值为 **43**。

以输入矩阵 $A = \begin{bmatrix} 1 & 0 & 2 \\ -1 & 3 & 1 \end{bmatrix}$ 和 $B = \begin{bmatrix} 3 & 1 \\ 2 & 1 \\ 1 & 0 \end{bmatrix}$ 为例，具体代码如下。

(1) 两矩阵的文本存储为：

```
A.data
A#1,0,2
A#-1,3,1

B.data
B#3,1
B#2,1
B#1,0
```

(2) Map 阶段的代码如下：

```
#!/usr/bin/python
# -*-coding:utf-8 -*-
import sys
rowNum = 2
colNum = 2
rowIndexA = 1
rowIndexB = 1
def read_inputdata(splitstr):
    for line in sys.stdin:          #分割出矩阵名和矩阵的一行元素
        yield line.split(splitstr)

if __name__ == '__main__':
    for matrix, matrixline in read_inputdata('#'):
        if matrix == 'A':   #分割出矩阵元素(使用,分隔)，并用 key, value 输出
            for i in range(rowNum):
                key = str(rowIndexA) + ',' + str(i+1)
                value = matrix + ':'
```

```
            j = 1
            for element in matrixline.split(','):
                #print("A")
                print('%s %s%s,%s'%(key, value, j, element))
                j += 1
        rowIndexA += 1
    elif matrix == 'B':
        for i in range(colNum):
            value = matrix + ':'
            j = 1
            for element in matrixline.split(','):
                #print("B")
                print('%s,%s %s%s,%s'% (i+1, j, value, rowIndexB, element))
                j = j+1
        rowIndexB += 1
    else:
        continue
```

终端运行代码如图 10.10 所示。

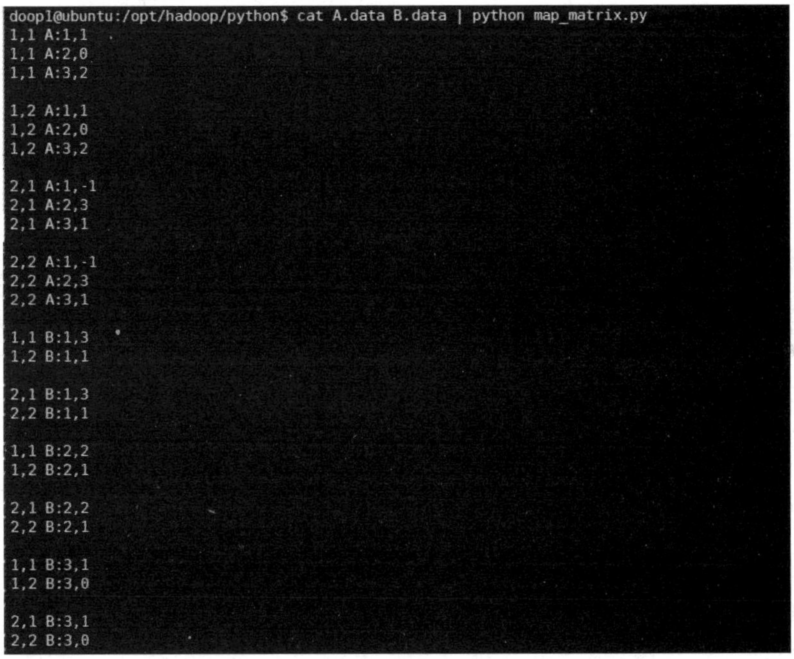

```
doop1@ubuntu:/opt/hadoop/python$ cat A.data B.data | python map_matrix.py
1,1 A:1,1
1,1 A:2,0
1,1 A:3,2

1,2 A:1,1
1,2 A:2,0
1,2 A:3,2

2,1 A:1,-1
2,1 A:2,3
2,1 A:3,1

2,2 A:1,-1
2,2 A:2,3
2,2 A:3,1

1,1 B:1,3
1,2 B:1,1

2,1 B:1,3
2,2 B:1,1

1,1 B:2,2
1,2 B:2,1

2,1 B:2,2
2,2 B:2,1

1,1 B:3,1
1,2 B:3,0

2,1 B:3,1
2,2 B:3,0
```

图 10.10　终端运行代码 3

(3) Reduce 阶段代码如下：

```
import sys
from itertools import groupby
from operator import itemgetter

def read_input(splitstr):
    for line in sys.stdin:
        line = line.strip()
```

```
        if len(line) == 0:
            continue
        yield line.split(splitstr)

if __name__ == '__main__':
    data = read_input(' ')
    lstg = (groupby(data, itemgetter(0)))
    try:
        for flag, group in lstg:
            matrix_a, matrix_b = {}, {}
            total = 0.0
            for element, g in group:
                matrix = g.split(':')[0]
                pos = g.split(':')[1].split(',')[0]
                value = g.split(',')[1]
                if matrix == 'A':
                    matrix_a[pos] = value
                else:
                    matrix_b[pos] = value
            for key in matrix_a:
                total += float(matrix_a[key]) * float(matrix_b[key])
            print("%s\t%s" % (flag, total))
    except Exception:
        pass
```

终端运行代码如图 10.11 所示。

```
doop1@ubuntu:/opt/hadoop/python$ cat A.data B.data|python map_matrix.py|sort -k1|python reduce_matrix.py
1,1    5.0
1,2    1.0
2,1    4.0
2,2    2.0
```

图 10.11　终端运行代码 4

10.6　Hive

由于传统应用的惯性，业界保守派依然青睐于关系型数据库和 SQL 语言。而在学术界中，互联网阵营则更集中于支持 MapReduce 的开发模式。Hive 是 Hadoop 中的一个重要子项目，它利用 MapReduce 编程技术，实现了部分 SQL 语句的功能，提供了类 SQL 的编程接口。Hive 的出现极大地推进了 Hadoop 在数据仓库方面的发展。

10.6.1　Hive 简介

Hive 是一个建立在 Hadoop 上的数据仓库架构，提供了一个 SQL 解析过程，并从外部接口中获取命令，以对用户指令进行解析。Hive 可将外部命令解析成一个 MapReduce 可执行计划，并按照该计划生成 MapReduce 任务后交给 Hadoop 集群处理。Hive 为数据仓库的管理提供了许多功能，包括数据抽取、转换和加载工具、数据存储管理和大型数据集的查询与分析。同时 Hive 还定义了类 SQL 的语言——HQL，其允许用户进行和 SQL 相似的操作，还允许开发人员方便地使用 Mapper 和 Reducer 操作，这样对 MapReduce 框架是一个强有力的支持。

　　由于 Hadoop 是批量处理系统，任务是高延迟性的，所以在任务提交和处理过程中会消耗一些时间成本。同样，即使 Hive 处理的数据集非常小(如几百 MB)，在执行时也会出现延迟现象。在小数据集上，Hive 的性能不可能很好地和传统数据库(如 Oracle、MySQL等)比较。例如，Hive 不能提供数据排序和查询 cache 功能，也不能提供在线事务处理，不能提供实时的查询和记录级的更新，但是 Hive 能更好地处理不变的大规模数据集(如网络日志)上的批量任务。所以，Hive 最大的价值是可扩展性(基于 Hadoop 平台，可以自动适应机器数目和数据量的动态变化)、可延展性(结合 MapReduce 和用户自定义的函数库)，并且拥有良好的容错性和低约束的数据输入格式。Hive 架构如图 10.12 所示。

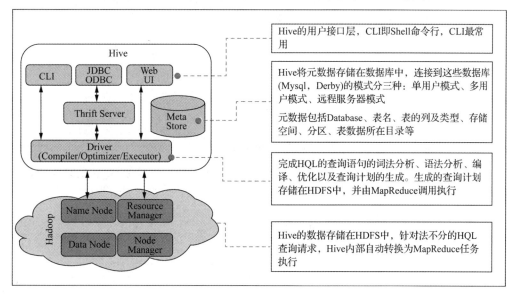

图 10.12　Hive 架构

10.6.2　数据存储

　　Hive 的存储是建立在 Hadoop 文件系统之上的。Hive 本身没有专门的数据存储格式，也不能为数据建立索引，用户可以非常自由地组织 Hive 中的表，只需要在创建表的时候告诉 Hive 数据中的列分隔符和行分隔符就可以解析数据了。Hive 中主要包含四类数据模型：表(table)、外部表(external table)、分区(partition)和桶(bucket)。

　　Hive 中的表和数据库中的表在概念上是类似的，每个表在 Hive 中都有一个对应的存储目录。例如，一个表在 HDFS 中的路径为/datawarehouse/htable。其中，/datawarehouse是 hive-site.xml 配置文件中由${hive.metastore.warehouse.dir}指定的数据仓库的目录，所有的表数据(除了外部表)都保存在这个目录中。

10.6.3　用 Python 执行 HQL 命令

考虑到有不少朋友偏爱用 Python 处理数据、构建模型，所以先介绍如何通过 Python 连接 Hive 查询数据。

需要先启动 Hive 远程服务，只有 HiveServer2 开放才能通过 JDBC 建立连接(具体可直接找负责集群运维的人员开放)。要外部查询 Hive，需要安装 thrift 和 fb303，但 Hive 本身提供了 thrift 的接口。在使用 Python 连接 Hive 前，首先把 Hive 根目录下的 $HIVE_HOME/lib/py 复制到 Python 的库中，也就是 site-package 中，命令为"cp -r $HIVE_PATH/lib/py /usr/local/lib/python2.7/site-packages"；或者把新写的 Python 代码和复制的 py 库放在同一个目录下，然后用这个目录下提供的 thrift 接口调用，即用 Hive 提供的 Python 客户端代码来连接 Hive。代码如下。

```
from hive_ service import ThriftHive
from hive service.ttypes import HiveServerException
from thrift import Thrift
from thrift. transport import TSocket
from thrift. transport import TTransport
from thrift.protocol import TBinaryProtocol
```

在编写 Python 脚本前，先加载上述这些库。下面给出一个连接 Hive 的功能模块，以后直接调用即可，代码如下。

```
def hiveExe() :
try:
    transport = TSocket.TSocket ('127.0.0.1',10000)
    transport = TTransport.TBufferedTransport (transport)
    protocol = TBinaryProtocol.TBinaryProtocol (transport)
    client = ThriftHive.Client(protocol)
    transport.open()
    hql = raw_ input ("输入查询语句： ")
    client.execute(hql)
    alldata = client.fetchAll()
    transport.close()
    return alldata
except Thrift.TException, tx:
    print('%s' % (tx.message))
    if __name__ =='__main__':
    hiveExe ()
```

最后保存文件，在此将文件命名为 hiveExe.py，后期直接调用即可。

10.6.4　**必知的 HQL 知识**

本节主要介绍针对数据挖掘工程师在业务场景建模前期，使用 Hive 进行数据清洗的过程中会涉及的知识。

1. HQL 与 SQL 的差异

Hive 是建立在 Hadoop 上的数据仓库，可以进行数据的抽取、转换、加载(Extract-Tramsform-Lood，ETL)操作，它定义了简单的类 SQL 查询语言，也允许熟悉 MapReduce 的开发者自定义复杂的数据查询。

由于 Hive 采用了类似 SQL 的查询语言 HQL，因此很容易将它理解为数据库。但客观地说，它们之间除了拥有相同的查询语言，再无相同之处。它们的差异性主要体现在以下三个方面。

(1) **数据存储位置的差异**。Hive 建立在 Hadoop 上，所有数据都存储在 HDFS 上。关系数据库则将数据保存在块设备或本地文件系统中。

(2) **数据格式的差异**。Hive 中没有规定数据格式，可由用户指定，而在加载数据时，是在查询阶段检测数据格式，为读模式。关系数据库有自己的存储引擎，定义了数据结构，而且在加载数据时会检测数据格式，为写模式。

(3) **数据更新的差异**。Hive 在数据仓库的内容是读多写少，因此，它不支持对数据的改写和添加，所有数据都是预先确定的。关系数据库中的数据通常需要修改，可以支持被更新。

两者的差异性体现在索引、执行时间效率、计算规模的可扩展性这三个方面。

2. 常规用法

在此主要围绕日常涉及的常规命令进行介绍和说明。

(1) 创建表

```
CREATE [external] TABLE [if not exists] 表名(表字段详情)
[COMMENT (表描述说明)]
[partitioned by (分区字段说明)]]
ROW FORMAT DELIMITED
FIELDS TERMINATED BY '\t '
COLLECTION ITEMS TERMINATED BY ','
MAP KEYS TERMINATED BY ':'
LINES TERMINATED BY '\n'
STORED AS textfile;
```

注意，创建外部表和内部表时，内部表在 drop 时会从 HDFS 上删除数据，而外部表不会删除数据。

(2) 操作命令

```
alter table 表名 add partition (dt='') location '目录'       //添加分区
```

```
alter table 表名 drop partition (dt='')                //删除分区
alter table 表名 rename to 新表名                       //更改表名
alter table 表名 change col col1 string                //修改列名
alter table 表名 change col col1 string after col2     //修改列位置
alter table 表名 change col col1 string first          //修改列位置
```

(3) 函数的使用

函数是最常用的，甚至可以自定义函数来解决复杂的数据清洗。如果忘了函数名，可以输入以下命令。

```
show functions
```

需要注意的是，具体的函数类型有关系运算、数值计算、类型转换、条件函数、日期函数、字符串函数及汇总统计函数。

3. 容易混淆的 HQL 命令

这个细节会涉及很多业务建模中常用的命令，稍有不慎，对数据结果的影响就会很大。

(1) on 和 where

on 和 where 的区别是很多初学者都容易混淆的。

① 主表和从表关联，on 条件筛选主表数据。

```
select s1.*, s2.*
from s1
left outer join s2 on ( s1.条件1=s2.条件1 and s1.条件2='...' )
```

② 主表和从表关联，on 条件筛选从表数据。

```
select s1.*, s2.*
from s1
left outer join s2 on ( s1.条件1=s2.条件1 and s2.条件2='...' )
```

③ 主表和从表关联，where 条件筛选主表数据。

```
select s1.*, s2. *
from s1
left outer join s2 on ( s1.条件1=s2.条件1 )
where s1.条件2='...'
```

④ 主表和从表关联，where 条件筛选从表数据。

```
select s1.*, s2.*
from s1
left outer join s2 on (s1.条件1=s2.条件1)
where s2. 条件2='...'
```

每一位数据挖掘工程师都应该知道这四种场景的差异性。

(2) left semi join 和 where ... in

在 MySQL 中，常常使用 in 关键字进行查询，目的在于可以限制某个指标的数值范围。

旧版本的 HQL，不支持使用 in 关键字进行查询的操作，即使后期完善和更新，但是官方也不提倡这样操作，可以使用 left semi join 来代替 in 关键字。

例如，昨天有用户在网站平台上发布了订单，但是业务人员需要在今天发布的订单用户中，筛选昨天也发布订单的用户。

```
left semi join (子查询) s2 on(s1.id=s2.id)
```

(3) order by、distribute by 和 sort by

① 对于 order by 和 sort by 来说，当 Reducer 的个数为 1 时，两者相同；当 Reducer 的个数不止一个时，输出结果会有重合。sort by 是控制每个 Reducer 内的排序。

② distribute by 可控制某些数据进入同一个 Reducer，这样经过 sort by 以后，可以得到全局排序的结果。

```
SELECT col1, col2 FROM ss DISTRIBUTE BY col1 SORT BY col1,col2;
```

(4) 各种连接命令

HQL 中的各种连接命令如图 10.13 所示。

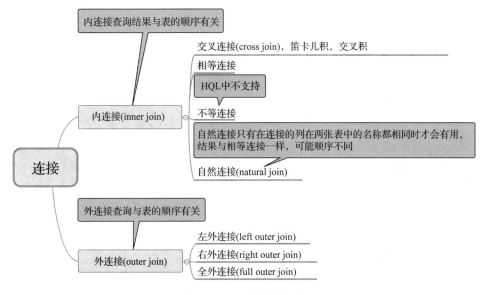

图 10.13 各种连接命令

① 内连接(inner join)。只有进行连接的两个表中都存在与连接标准相匹配的数据，才会被保留下来。

② 交叉连接(cross join)。返回被连接的两个表所有数据行的笛卡儿积。

③ 左外连接(left outer join)。join 操作符左边的表符合 where 子句的所有记录将会被返回；join 操作符右边的表中如果没有符合 on 后面连接条件的记录时，那么从右边表指定选择的列将会是 null。

④ 右外连接(right outer join)。返回右边表所有符合 where 子句的记录，左边表中匹配不上的字段值用 null 代替。

⑤ 全外连接(full outer join)。返回所有表中符合 where 子句条件的所有记录。如果任一表的指定字段没有符合条件的值，就使用 null 值代替。

4. HQL 与 HBase 的整合

HBase 在数据挖掘中也有一定的实用性，而 HQL 和 HBase 的结合，更有利于在构建业务场景模型前期，发挥特征向量的灵活性。

例如，有以下创建表的语句：

```
CREATE TABLE hive表名(key int, value string)
STORED BY 'org.apache.hadoop.hive.hbase.HBaseStorageHandler '
WITH SERDEPROPERTIES ("hbase.columns.mapping" =":key,cf1:val")
TBLPROPERTIES ("hbase.table.name" = "hbase表名");
```

需要注意的是，上述语句创建的两个表是相关联的，如果从 Hive 中删除了表，则 HBase 也删除了表。通过上述操作，就可以成功整合了。在业务建模过程中，可以把新据清洗的工作放在 Hive 中，同时也需要设计好相应的 rowkey。

5. 调优策略

(1) 学会利用本地模式

如果在 Hive 中运行的数据量很小，那么使用本地 MapReduce 的效率比提交任务到集群的执行效率要高很多。当一个任务满足以下条件时才能真正使用本地模式。配置以下参数，可以开启 Hive 的本地模式。

```
set hive.exec.mode.local.auto=true ;              //开启本地模式(默认为false)
//设置本地模式的最大输入数据量(默认128MB)
set hive.exec.mode.local.auto.inputbytes.max=5000000
//设置本地模式的最大输入文件个数(默认4或者没定义)
set hive.exec.mode.local.auto.input.files.max=10;
```

需要注意的是，如果执行的是本地任务(看任务名称的中间有 local)，但是仍然会报错，提示找不到 jar 包，则需要添加下面的语句。

```
set fs.defaultFs=file
```

总体来说，这是一种处理日常小任务的方式，有利于做小规模业务建模的数据处理。

(2) 学会利用并行模式

当任务被解析成多个阶段，而且相互之间不存在依赖时，可以让多个阶段的任务并行执行。下面的场景可以考虑进行并行模式。

当 HQL 中出现 union all 语句，或者语句中出现"from 查询表 insert overwrite ...插入表 1 select ... insert overwrite ...插入表 2 select"时，可开启并行模式。代码如下。

```
set hive.exec.parallel=true              //开启任务并行执行
set hive.exec.parallel.thread.number=4  //同一个SQL允许并行任务的最大线程数
```

这样可以大大加快任务执行的速度，但同时也需要更多的集群资源。需要注意的是，任务的最大线程数不是越大越好，而是需要根据实际情况进行分配。在资源有限的情况下，最多产生固定数的并发线程。

(3) 学会控制 Map 和 Reduce 的个数

主要决定 Map 个数的因素有三个：输入文件个数、输入文件大小、集群的文件块大小。要结合实际情况扩大 Map 数，或者缩减 Map 数。当文件数较多且较小时，可以合并小文件，减少 Map 数，从而提高整体执行效率。

```
set hive.merge.mapfiles=true;              //是否合并 Map 的输出文件(默认为 true)
```

当输入文件很大，任务逻辑复杂时，Map 执行非常慢。此时考虑增加 Map 数，使每个 Map 处理的数据量减少，从而提高整体执行效率。

```
set hive.merge.mapredfiles=false   //是否合并 Reduce 的输出文件(默认为 false)
```

同样，对于 Reduce 执行个数的设置，也需要结合任务量和数据量的情况进行合理调整。

```
set mapred. reduce.tasks =个数
```

(4) 学会利用 MapJoin 与 ReduceJoin 的差异

更为人熟知的是 ReduceJoin 的连接操作，也叫常规连接，其与 MapJoin 的差异体现在连接时机的不同。在 Map 阶段进行表之间的连接，而不是进入 Reduce 阶段才进行连接，这样就能节省在 Shuffle 阶段大量的数据传输，从而起到提高作业效率的作用。其原理如下。

把小表作为一个完整的驱动表来进行连接操作。除了一份表的数据分布在不同的 Map 中外，其他连接表的数据必须在每个 Map 中有完整的副本。MapJoin 会把小表全部读入内存中，在 Map 阶段直接拿另外一个表的数据和内存中表的数据匹配。在新的 Hive 版本中，MapJoin 优化是打开的。

```
set hive.auto.convert.join=true
```

(5) 学会利用 Fetch task 解决日常查询

在数据挖掘中，在使用集群时也要考虑资源问题，因此，对常规表数据的直接查询可以使用以下命令。

```
set hive.fetch.task.conversion=more
```

(6) 避免和解决数据倾斜问题

所谓数据倾斜，简单地说，就像有一个开发项目，由于任务分配不均匀，导致有些人工作轻松，有些人却很忙。而整个项目的开发完成是以最终所有功能都通过测试可以上线为准的，所以很忙的人一直忙不过来，导致完整的项目开发被延期。在数据领域，无论是 Hadoop 还是 Spark，数据倾斜都集中在 Shuffle 阶段。解决数据倾斜问题的核心在于以下三点。

Spark

① 将每个人的任务分配均匀。

② 提高所有人的开发能力。

③ 调整分配任务。

针对第一点，很多时候是由于业务本身的特殊性，导致数据比例严重失衡(很多数据是由少数用户产生的)。需要做的是，在数据清洗之前，适当聚合汇总源数据，减少源表数据量；剔除极易引起数据倾斜的用户数据，并单独处理，最终再和结果数据整合在一起；在键值上做处理，对于数据量大的单用户随机增加编码序号，从而间接地打散密集数据的分布，促使数据分布均匀。

针对第二点，主要是优化 Shuffle 阶段的并行能力。该环节包含了大量的磁盘读写、序列化、网络数据传输等操作，有必要对 Shuffle 阶段的参数进行调优。

针对第三点，尽可能避免 Shuffle 阶段的出现。

10.6.5　HQL 实例

下面通过电影评分来对 HQL 的使用方法进行介绍，了解它与传统 SQL 语句的异同点。首先创建表，并定义文本格式。具体代码如下。

```
CREATE TABLE u_data (
userid INT,
movieid INT,
rating INT,
unixtime STRING)
ROW FORMAT DELIMITED
FIELDS TERMINATED BY '\t'
STORED AS TEXTFILE;
```

然后下载数据文本文件，解压数据集[1]ml-100k，得到文件 u.data。将文件载入 u_data 表中并统计 u_data 表的行数。具体代码如下。

```
LOAD DATA LOCAL INPATH './u. data ' OVERWRITE INTO TABLE u_ data;
SELECT COUNT(*) FROM u_ data;                 // 统计 u_data 表的行数
```

下面基于该表进行一些复杂的数据分析操作。具体代码如下。

```
#创建 weekday_ mapper.py 文件
import sys
import datetime
for line in sys. stdin:
    line = line. strip()
    userid, movieid, rating, unixtime = line.split('\t')
    weekday = datetime.datetime.fromtimestamp (float (unixtime)).isoweekday()
    print('\t',join( (userid, movieid, rating, str (weekday)]))
    CREATE TABLE u_ data_ new (              // 使用下面的mapper 脚本
    userid INT,
    movieid INT,
    rating INT,
```

---

[1] http://files.grouplens.org/datasets/movielens/ml-100k.zip

```
weekday INT)
ROW FORMAT DELIMITED
FIELDS TERMINATED BY '\t';
add FILE weekday_mapper.py;
INSERT OVERWRITE TABLE u_data_new
SELECT
TRANSFORM (userid, movieid, rating, unixtime)
USING 'python weekday_mapper.py'
AS (userid, movieid, rating, weekday)
FROM u_data;
SELECT weekday, COUNT(*)
FROM u_data_new
GROUP BY weekday;
```

10.7　HBase

　　HBase 是 Apache Hadoop 的数据库，能够对大型数据提供随机、实时的读写访问，目前是 Apache 众多开源项目中的一个顶级项目。HBase 的运行依赖于其他文件系统，它模仿并提供了基于 Google 文件系统(Google File System，GFS)中大表数据库(BigTable)的所有功能。HBase 的服务器体系结构遵从简单的主从服务器架构。HMaster 服务器负责管理所有的 HRegion 服务器，而 HBase 中所有的服务器都是通过 ZooKeeper 来进行协调，并处理 HBase 服务器运行期间可能遇到的错误。HBase 体系结构如图 10.14 所示。

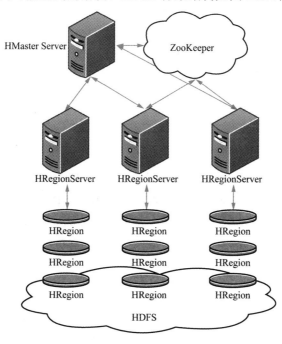

图 10.14　HBase 体系结构

10.7.1　数据模型

HBase 存储的是松散型数据。具体来说，HBase 存储的数据介于映射(key/value)和关系型数据之间。HBase 存储的数据从逻辑上来看就像一张很大的表，并且它的数据列可以根据需要动态增加。除此之外，每个单元(由行和列所确定的位置)中的数据又可以具有多个版本(通过时间戳来区别)。HBase 还具有这样的特点：向下提供存储，向上提供运算。另外，在 HBase 之上还可以使用 Hadoop 的 MapReduce 计算模型来并行处理大规模数据，这也是其具有强大性能的核心所在。它将数据存储与并行计算完美地结合在一起，如图 10.15 和表 10.1 所示。

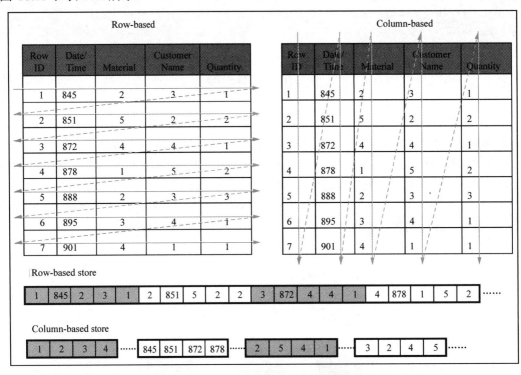

图 10.15　基于行和列的存储模式

HBase 中的数据存储在一个稀疏的、长期存储的(存在硬盘上)、多维度的、排序的映射表中。这张表的索引是行关键字、列关键字和时间戳。HBase 中的数据都是字符串类型。由于是稀疏存储，所以同一张表里面的每一行数据都可以有截然不同的列。列名字的格式是"<family>:<qualifer>"，都是由字符串组成的。每一张表有一个列族(family)集合，这个集合是固定不变的，只能通过改变表结构来改变。但是 qualifer 的值相对于每一行来说都是可以改变的。HBase 把同一个列族中的数据存储在同一个目录下，并且 HBase 的写操作是锁行的，每一行都是一个原子元素，都可以加锁。

HBase 所有数据库的更新都有一个时间戳标记，每个更新都是一个新的版本。HBase 会保留一定数量的版本，这个值是可以设定的。客户端可以选择获取距离某个时间点最近的版本单元的值，或者一次获取所有版本单元的值。

表 10.1　行式存储与列式存储的优缺点

	行式存储	列式存储
优点	✧　数据被保存在一起 ✧　INSERT/UPDATE 容易	✧　查询时只有涉及的列会被读取 ✧　投影(projection)很高效 ✧　任何列都能作为索引
缺点	✧　选择(selection)时即使只涉及某几列，所有数据也都会被读取	✧　选择完成时，被选择的列要重新组装 ✧　INSERT/UPDATE 比较麻烦

10.7.2　HBase 的特点

HBase 是一个基于列模式的映射数据库，只能表示很简单的键——数据的映射关系，这大大简化了传统的关系数据库。与关系数据库相比，它具有以下特点。

(1) 数据类型方面。HBase 只有简单的字符串类型，所有的类型都交由用户自己处理的，它只保存字符串。而关系数据库有丰富的数据类型选择和存储方式。

(2) 数据操作方面。HBase 只有很简单的插入、查询、删除、清空等操作，表和表之间是分离的，没有复杂的表和表之间的关系，所以不能也没有必要实现表和表之间的关联等。而传统的关系数据通常有各种各样的函数、连接操作。

(3) 存储模式方面。HBase 是基于列存储的，每个列族都由几个文件保存，不同列族的文件是分离的。而传统的关系数据库是基于表格结构和行模式保存的。

(4) 数据维护方面。HBase 更新操作应该不叫更新，虽然一个主键或列会对应新的版本，但它的旧版本仍然会保留，所以它实际上是插入了新数据，而不是传统关系数据库里面的替换修改。

(5) 可伸缩性方面。HBase 这类分布式数据库就是为了这个目的而开发出来的，所以它能够轻易地增加或减少硬件数量，并且对错误的兼容性比较高。而传统的关系数据库通常需要增加中间层才能实现类似的功能。

当前的关系数据库基本都是从 20 世纪 70 年代发展起来的，它拥有丰富的 SQL 语言，除此之外它们基本都具有以下特点：面向磁盘存储、带有索引结构、多线程访问、基于锁的同步访问机制、基于 log 记录的恢复机制等。

而 HBase 这种基于列模式的分布式数据库，更适应海量存储和互联网应用的需求，灵活的分布式架构可以使其利用廉价的硬件设备组建一个大的数据仓库。互联网应用是以字符为基础的，而 HBase 就是针对这些应用开发出来的数据库。由于 HBase 具有时间戳特性，所以它生来就特别适合开发 wiki、archiveorg 之类的服务，并且它原本就是作为一个搜索引擎的一部分开发出来的。

10.7.3　获取数据

除了从 HDFS 和本地目录中读取文件外，在使用 MapReduce 构建业务场景模型时也可以从 HBase 中获取数据，而且对于某些场景来说会更合适。

通过 Pyspark 读取 HBase 存储的数据的代码如下。

```python
#!/usr/bin/env python3
from pyspark import SparkConf, SparkContext
conf=SparkConf.setMaster("local").setAppName("ReadHBase")
sc =SparkContext(conf = conf)
host='localhost'
table ='student'
conf= {"hbasc.zookeeper.quorum": host, "hbase.mapreduce.inputtable": table}
keyConv="org.apache.spark.examples.pythonconverters.ImmutableBytesWritableToStringConverter"
valueConv="org.apache.spark.examples.pythonconverters.HBaseResultToStringConverter"
hbase_rdd=sc.newAPIHadoopRDD("org.apache.hadoop.hbase.mapreduce.
        TablelnputFormat", "org.apache.hadoop.hbase.io.
        ImmutableBytesWritable","org.apache. hadoop.hbase.client.
        Result", keyConverter=keyConvy, yalueConverter=valueConv, conf=conf)
count= hbase_rdd.count()
hbase_rdd.cache()
output= hbase_rdd.collect()
for(k, v) in output:
  print(k,v)
```

以上就是在构建业务模型中，从 HBase 中获取源数据，然后经过模型处理，最终存储到 HDFS 文件目录的全过程。

10.7.4　存储数据

将 10.7.4 中相关的 java 代码替换成 python 代码。如下所示。

```python
#!/usr/bin/env python3

from pyspark import SparkConf,SparkContext
conf = SparkConf().setMaster("local").setAppName("ReadHBase")
sc=SparkContext(conf = conf)
host = 'localhost'
table = 'student'
keyConv="org.apache.spark.examples.pythonconverters.StringTolmmutableBytesWritableCon-verter"
valueConv="org.apache.spark.examples.pythonconverters.StringListToPutConverter"
conf={"hbase.zookeeper.quorum":host,"hbase.mapred.outputtable":table,"
        mapreduce.outputformat.class","org.apache.hadoop.hbase.
        mapreduce.TableOutputFormat","mapreduce.job.output.key.class",
        "org.apache.hadoop.hbase.io.ImmutableBytesWritable","mapreduce.
```

```
job.output.value.class","org.apache.hadoop.io.Writable"}
rawData=['3,info,name,Rongcheng','3,info,gender,M','3,info,age,26',
         '4,info,na,Guanhua",'4,info,gender,M','4,info,age,27']
sc.parallelize(rawData).map(lambdax:(x[0],x.split(','))).saveAsNewAPlH
adoopDataset(conf=conf,keyConverter=keyConv,valueConverter=valueConv)
```

本 章 小 结

本章主要对 Hadoop 的常用工具 Hive、HBase 进行了详细的讲解。首先介绍了 Hadoop 的安装和配置。然后，着重介绍了 Hive 的类 SQL 语言 HQL，可以看到，HQL 既继承了传统 SQL 的优势，又结合了 Hadoop 文件系统的特性。最后介绍了 HBase，包括 HBase 的特点、数据模型，以及如何获取数据、存储数据等内容。

通过本章内容，读者可以了解到 Hadoop 与传统关系数据库有着本质的不同，并且在某些场合中，Hadoop 拥有其他数据库所不具有的优势。它为大型数据的存储和某些特殊应用提供了很好的解决方案。

习　题

一、选择题

1. 下列哪个程序负责 HDFS 数据存储？(　　)

    A．NameNode   B．Jobtracker

    C．Datanode   D．SecondaryNameNode

    E tasktracker

2. HDFS 中的 block 默认保存(　　)。

    A．3 份   B．2 份

    C．1 份   D．不确定

3. 关于 SecondaryNameNode，说法正确的是(　　)。

    A．它是 NameNode 的热备

    B．它对内存没有要求

    C．它的目的是帮助 NameNode 合并编辑日志，减少 NameNode 启动时间

    D．SecondaryNameNode 应与 NameNode 部署到一个节点

4. 下列(　　)通常是集群的最主要瓶颈。

    A．CPU   B．网络

    C．磁盘   D．内存

5. 关于 Hadoop map/reduce，说法正确的是(　　)。

    A．reduce 的数量必须大于零

    B．reduce 总是在所有 map 完成之后再执行

C．combiner 过程实际也是 reduce 过程

D．Mapper 的数量由输入的文件个数决定

6．关于 HDFS 安全模式，说法正确的是(　　)。

A．在安全模式下只能写不能读　　B．在安全模式下只能读不能写

C．在安全模式下读写都不允许　　D．在安全模式下读写都可以

7．关于 Hive 与 Hadoop 其他组件的关系，描述错误的是(　　)。

A．Hive 最终将数据存储在 HDFS 中

B．HQL 的本质是执行的 MapReduce 任务

C．Hive 是 Hadoop 平台的数据仓库工具

D．Hive 对 HBase 有强依赖

8．关于 HBase，说法正确的是(　　)。

A．HBase 是行存储的　　　　　　B．HBase 是列存储的

C．HBase 支持行级事务　　　　　D．HBase 支持列级事务

二、简答题

1．什么是分布式计算？

2．在 HDFS 中，集群中的 DataNode 节点需要周期性地向 NameNode 发送什么信息？

3．在 HDFS 中，SecondaryNameNode 的主要作用是什么？

4．简要说明 Hadoop YARN 的一级调度管理与二级调度管理。

5．描述 Hadoop 的 shuffle 过程。

6．简述 MapReduce 算法的原理。

7．根据书中给出的方案，搭建一个 Hadoop 平台。

8．用 Python 练习 HQL 的相关命令。

第 **11**章

基于卷积神经网络和深度哈希编码的图像检索方法

学 习 目 标

[1] 掌握图像检索方法的发展历程。
[2] 掌握卷积深度哈希网络的基本框架。
[3] 掌握神经网络、深度学习的精髓。

重要知识点图谱

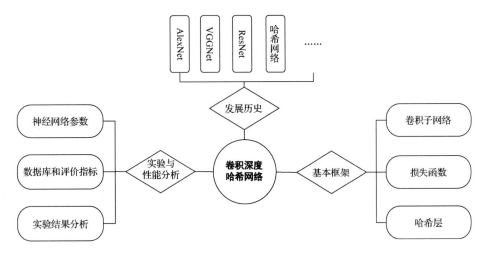

重点与难点

[1] 对神经网络的性能评价。

[2] 设计简单的神经网络。

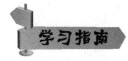学习指南

本章将介绍图像检索方法的发展历史，卷积深度哈希网络的基础框架，并且提出了一个有效的基于卷积深度哈希网络的图像检索方法。

11.1　图像检索方法的发展历程

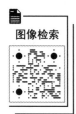
图像检索

近年来，互联网大数据发展迅猛，大量的图像资源被更新与上传，因此如何从大规模图像资源中既快又准地返回用户需要的图像一直是图像检索领域学者的研究重心。例如，基于内容的图像检索(Content-Based Image Retrieval，CBIR)技术。CBIR 是提取查询图像和数据库中图像的低层特征，并对特征空间中的距离进行排序，返回距离最小的图像。CBIR 虽然已经取得不错的检索效果，但是基于低层视觉特征的方法仍普遍存在两个问题：一是语义鸿沟难以逾越；二是大规模图像资源的线性查找耗费大量的内存和时间。

为了更好地学习图像深层语义信息，Hinton 等学者利用深度学习的卷积神经网络(Convolutional Neural Networks，CNN)提取更加有效的图像特征。自 2012 年，AlexNet 模型在 ImageNet 比赛中以绝对优势夺冠后，深度学习和 CNN 得到了迅速发展，引起了国内外的研究热潮。

2014 年，VGGNet 模型被 Karen 等人提出。该模型通过增加网络深度和使用较小的卷积核，有效提高了模型在不同数据库上的泛化能力。同年，GoogleNet 模型赢得了 ILSVRC 比赛的第一名。此模型引入了一个新的网络结构 Inception 模块，有效地降低了参数量，同时保证了准确率。

2015 年，ResNet 模型在网络结构上做了大调整，网络层数成功突破三位数且引入了残差单元。CNN 模型生成的图像特征具有更强的区分度和表达能力，但是存在特征维数巨大的问题，难以适用于大规模图像检索。

哈希方法的出现为实现有效地检索大规模高维图像数据提供了可能性。该方法将图像的高维特征映射为低维的哈希编码，同时保持了原始特征之间的相似性。低维空间计算相对简单，有效地降低了空间和时间复杂度。早期的哈希方法研究注重数据无关性，如局部敏感哈希(Local Sensitive Hashing，LSH)及其改进算法。LSH 利用随机映射构造哈希函数，

使用较长的哈希码以达到令人满意的检索精度，但通常空间复杂度比较高。为了生成更紧凑的哈希码，提出了数据相关性哈希方法。该方法可分为无监督、半监督和全监督哈希方法。

无监督哈希方法不考虑除图像以外的信息，如谱哈希(Spectral Hashing，SH)，其将图像特征向量编码问题转换为拉普拉斯特征图的降维问题。半监督哈希方法考虑图像的部分语义相似性，如半监督哈希算法(Semi-Supervised Hashing，SSH)。全监督哈希方法将数据库标签或者语义相似性信息作为监督信息，如二值重建嵌入(Binary Reconstruction Embedding，BRE)、核哈希(Kernel-based Supervised Hashing，KSH)、卷积神经网络哈希(Convolutional Neural Network Hashing，CNNH)和深度监督哈希(Deep Supervised Hashing，DSH)等。

11.2　卷积深度哈希网络的基本框架

CNN 被广泛应用于提取图像数据的深度特征，通过卷积核获取具有平移和缩放不变性的 CNN 特征。基于 CNN 特征的鲁棒性，本章设计了一种基于卷积神经网络的框架——卷积深度哈希(Convolutional Deep Hashing，CDH)网络，结构如图 11.1 所示。使用其提取紧凑的表达能力强的哈希特征，提出了 Binary-like 层并设计了新的损失函数，在低维度空间中完成高效的大规模图像检索任务。

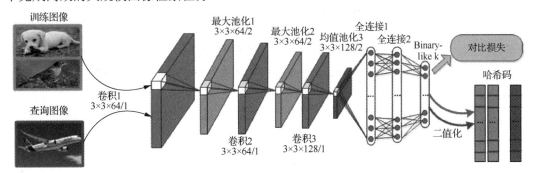

图 11.1　CDH 网络结构

11.2.1　卷积子网络

CDH 的卷积子网络主要包含卷积层 1、2、3，池化层 1、2、3，全连接层 1、2，Binary-like 层和哈希层。卷积层 1、2 使用的卷积核大小为 3×3，个数为 64，步长为 1。卷积层 3 使用的卷积核大小为 3×3，个数为 128，步长为 1。所有的卷积层都有 BN 和 ReLU，其输出的结果作为池化层的输入。

卷积神经网络

池化层 1、2 是最大池化，过滤器大小为 3×3，个数为 64，步长为 2。池化层 3 是均值池化，过滤器大小为 3×3，个数为 128，步长为 2。全连接层 1 的节点数为 1 152，全连接层 2 的节点数为 512。Binary-like 层的节点数 k 与哈希二进制位数相等。哈希层将输入进行二值化处理得到二进制的哈希码。

11.2.2　损失函数

在此选取的损失函数是对比损失函数(contrastive loss)。损失函数的目的就是尽可能减小相似图像的编码距离，增大不相似图像编码的距离。对于图像对 $I_1,I_2 \in \Omega$ 对应的二进制编码为 $b_1,b_2 \in \{0,1\}^k$，$y=0$ 表示图像对相似，$y=1$ 表示图像对不相似，则损失函数被定义为

$$L_b(b_1,b_2,y) = \frac{1}{2}(1-y)D_h(b_1,b_2) + \frac{1}{2}y \cdot \max(\mathrm{m}-D_h(b_1,b_2),0) \tag{11.1}$$

其中，$D_h(\cdot,\cdot)$ 表示汉明距离；$m>0$ 表示阈值。

由于汉明距离计算形式复杂，无法直接优化式(11.1)，所以本节使用 Binary-like 层的输出，用欧式距离代替汉明距离，计算损失函数。对于图像对 $I_1,I_2 \in \Omega$ 对应的 Binary-like 层输出为 $L_1,L_2 \in \{-1,1\}^k$，则损失函数被重新定义为

$$L_L(L_1,L_2,y) = \frac{1}{2}(1-y)\|L_1-L_2\|_2^2 + \frac{1}{2}y \cdot \max(m-\|L_1-L_2\|_2^2,0) \tag{11.2}$$

其中，$\|\cdot\|_2$ 表示 L2 范数。

随机从数据库的训练集中选择 N 个图像对：$\{(I_{i,1},I_{i,2},y_i),i=1,\cdots,N\}^k$，则整体损失函数计算公式为

$$\begin{aligned} L &= \sum_{i=1}^N L_L(L_{i,1},L_{i,2},y_i) \\ &= \frac{1}{2}(1-y_i)\|L_{i,1}-L_{i,2}\|_2^2 + \frac{1}{2}y_i\max(m-\|L_{i,1}-L_{i,2}\|_2^2,0) \end{aligned} \tag{11.3}$$

采用梯度下降法对网络进行反向传播训练，需要计算损失函数的梯度。对不同的 y 和 m 的取值，梯度计算公式为：

当 $y_i=0$ 时，$\dfrac{\partial L}{\partial L_{i,j}} = (-1)^{j+1}(1-y_i)(L_{i,1}-L_{i,2})$ $\tag{11.4}$

当 $y_i=1$ 时，$\dfrac{\partial L}{\partial L_{i,j}} = \begin{cases} (-1)^{j+1}y_i(L_{i,1}-L_{i,2}), & \|L_{i,1}-L_{i,2}\|_2^2 < m \\ 0, & \text{other} \end{cases}$ $\tag{11.5}$

11.2.3　哈希层

设 Ω 为原始空间，哈希层的目的是将 Ω 映射到 k 位二进制编码：$\Omega \rightarrow \{0,1\}^k$，让相似图像被映射成相似的二进制编码。此处 Binary-like 层节点数与输出哈希码位数一致，因此只需采用 Sigmoid 函数，将其松弛到规定的 $(0,1)$ 区间内。最后，进行二值化处理，得到哈希码。

假设 Binary-like 层得到的连续哈希编码为 $H = \{H_1,H_2,\cdots,H_k\}$，则二进制哈希码为 $B = \{B_1,B_2,\cdots,B_k\}$，计算公式为

$$B^i = \begin{cases} 1, H^i \geqslant 0.5 \\ 0, H^i < 0.5 \end{cases} \tag{11.6}$$

11.3　实验结果与性能分析

11.3.1　神经网络参数

本实验的 CDH 网络是基于开源 pyTorch 框架实现的，网络结构及参数参见第 11.2 节。训练时，weight 初始化使用 Xavier 方法，batchsize 为 256，momentum 为 0.9，weight decay 为 0.004。迭代次数为 150 000 次，learning rate 设置为 10^{-3}，每进行 20 000 次迭代之后学习率减少 40%，启发式地设置阈值 $m = 2k$。

11.3.2　数据库和评价指标

本实验在 MNIST 和 CIFAR10 数据库上对新提出的方法进行了评估，两个数据库的部分示例图像如图 11.2 和图 11.3 所示，相关实验信息如表 11.1 所示。

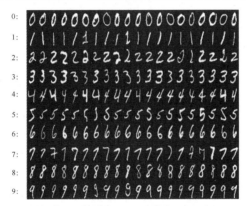

图 11.2　MNIST 数据库示例图像

图 11.3　CIFAR10 数据库示例图像

表 11.1　实验信息

数据库名称	类别数	图像尺寸	图像数	训练集数	测试集数
MNIST	10	28×28	70 000	60 000	10 000
CIFAR10	10	32×32	60 000	50 000	10 000

本实验的图像检索性能指标采用平均查准率均值(Mean Average Precision，MAP)。

$$MAP = \frac{多次图像检索的平均查准率}{检索次数} \times 100\% \tag{11.7}$$

11.3.3　实验结果分析

为了验证 CDH 有效地提高了检索性能，本实验将其与主流的哈希算法进行比较，包括传统哈希算法 LSH、SH、BRE、KSH 和深度哈希算法 CNNN、DSH。为了保证实验比较的公平性，所有算法使用相同数据集中的训练集和测试集。在 MNIST 数据库上，CDH 算法与其他算法的比较结果如表 11.2 和图 11.4 所示。

表 11.2　在 MNIST 数据库上不同长度哈希码的 MAP

单位：%

哈希码位数	12 位	24 位	36 位	48 位
LSH	18.7	20.9	23.5	24.3
SH	26.5	26.7	25.9	25.0
BRE	51.5	59.3	61.3	63.4
KSH	87.2	89.1	89.7	90.0
CNNH	95.7	96.3	95.6	96.0
DSH	96.1	97.5	97.4	97.3
CDH	95.9	98.0	98.7	98.3

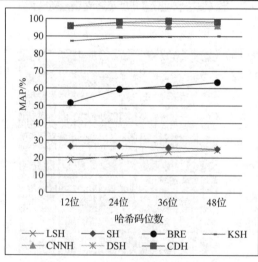

图 11.4　MNIST 数据库上不同长度哈希码的 MAP 对比

从图 11.4 可以清晰看出，在相同的实验条件和评价标准下，相较于传统手工特征，深度哈希算法 CNNH、DSH 和 DCH 普遍比传统哈希算法 LSH、SH、BRE 和 KSH 的检索性能好。这是因为，卷积深度神经网络提取到的图像深度特征比传统特征的表达能力更强。

CDH 在哈希码位数为 12 位时 MAP 明显比 LSH、SH、BRE 和 KSH 这样的传统哈希算法要高，且比深度学习方法 CNNH 算法也要高，与 DSH 算法几乎持平。在哈希码位数为 24、36 和 48 时，CDH 的 MAP 较传统的哈希算法都有较大幅度的提高。相较 CNNH 算法，CDH 在哈希码位数为 24、36 和 48 时，MAP 分别提高了 1.7%、3.1% 和 1.7%；相较于 DSH 算法，CDH 的 MAP 分别提高了 0.5%、0.7% 和 1.0%。

此外，在 MNIST 数据库上，使用批量标准化(Batch Normalization，BN)和未使用 BN 的检索结果如图 11.5 所示。对比发现，使用 BN 在哈希码位数为 12、24、36 和 48 时，比未使用 BN 的 MAP 分别提高了 0.8%、0.3%、0.4% 和 0.6%。

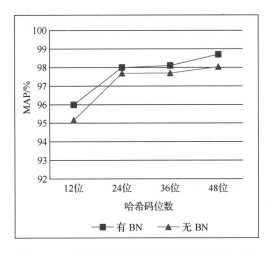

图 11.5　MNIST 数据库上是否使用 BN 的对比

如表 11.3 和图 11.6 所示为在 CIFAR10 数据库上，CDH 算法与其他算法的比较结果。

表 11.3　在 CIFAR10 数据库上不同长度哈希码的 MAP

单位：%

哈希码位数	12 位	24 位	36 位	48 位
LSH	12.1	12.6	12.0	12.0
SH	13.1	13.5	13.3	13.0
BRE	15.9	18.1	19.3	19.6
KSH	30.3	33.7	34.6	35.6
CNNH	43.9	51.1	50.9	52.2
DSH	61.6	65.1	66.1	67.6
CDH	64.4	72.2	76.2	78.9

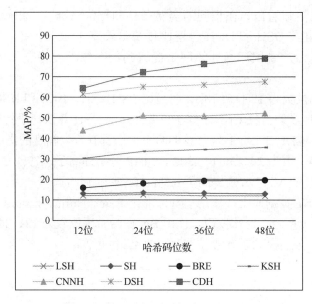

图 11.6　CIFAR10 数据库上不同长度哈希码的 MAP 对比

　　由图 11.6 可以看出，随着哈希码位数的增加，各算法的 MAP 值都呈现出先有所提高后趋于饱和的趋势。在相同的实验条件下，CDH 算法较其他主流算法的 MAP 有明显提高，即使是与较新的深度哈希算法 CNNH 和 DSH 比较。在哈希码位数为 12、24、36 和 48 时，CDH 较 CNNH 算法，MAP 具有较大幅度的提升，分别提高了 20.5%、24.1%、25.3% 和 26.7%；较 DHS 算法，MAP 也具有稳定提升，分别提高了 2.8%、7.1%、10.1% 和 11.3%。

　　此外，CDH 在 CIFAR10 数据库上使用 BN 和未使用 BN 的检索结果如图 11.7 所示。在哈希码位数为 12、24、36 和 48 时，使用 BN 较未使用 BN 的 MAP 均有增幅，其中当哈希码位数为 12 时，增幅最大，为 13.5%，其余在位数为 24、36 和 48 时，增幅分别为6.1%、1.5% 和 5.1%。

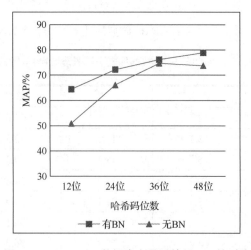

图 11.7　CIFAR10 数据库上是否使用 BN 的对比

本 章 小 结

　　本章提出了一个有效的基于卷积深度哈希网络的图像检索方法，针对传统图像检索方法特征表达能力弱，高维度特征计算复杂度高，导致检索性能不好的问题，设计了高效新颖的卷积深度哈希(CDH)网络。在两个通用数据库上的实验表明，与传统哈希算法相比，CDH 有效地提高了检索性能。但是该方法也存在一些问题，如数据库的图像数量规模未能达到海量级，数据类别也不是很多。因此下一步应考虑在更大规模、更高分辨率的数据库上进行试验，以及考虑不同神经网络之间的特征融合从而实现更高精度的图像检索。

习　　题

一、选择题

在卷积深度哈希(CDH)网络中，对比损失函数使用的相似性度量距离是(　　　)。

A．欧氏距离 　　　　　　　　　　B．汉明距离

C．曼哈顿距离 　　　　　　　　　D．切比雪夫距离

二、简答题

1．简述基于内容的图像检索(CBIR)技术的基本原理。

2．数据相关性哈希方法一般可分为哪几种？

3．分情况讨论，在图像对相似和不相似的前提下，具体损失函数的计算公式。

4．简述批量标准化(BN)的原理与作用。

第**12**章
蛋白质作用网络模型

学习目标

[1] 掌握蛋白质作用网络的起源。

[2] 掌握蛋白质作用网络的典型模型，了解蛋白质机理。

重要知识点图谱

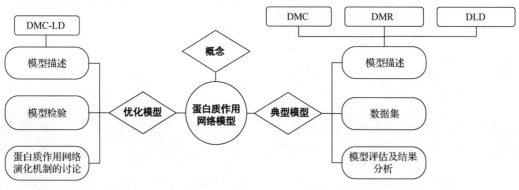

重点与难点

[1] 蛋白质作用网络模型的构建思想。

[2] 蛋白质作用网络模型的评价方法。

学习指南

本章将介绍生物学启发对网络模型的影响。通过理解蛋白质作用网络的拓扑结构及其内在的生成演化机制，来拟合网络的生成演化规律。

12.1　蛋白质作用网络概述

随着互联网的兴起，网络日渐渗透到人们生活的方方面面。人们对网络与日俱增的依赖激发了研究者对网络科学领域的研究热潮。除了常见的互联网、万维网和电网等人工网络，网络研究的对象还包括神经细胞网络、基因调控网络和蛋白质作用网络等自然网络。这些网络不仅规模巨大、结构复杂，而且还处于不断变化中。

例如，美国科学家通过激活神经元中的复合荧光蛋白，并利用荧光蛋白成像技术(双重大脑彩虹技术)绘制出了果蝇的神经网络图，这对研究神经元之间如何通信，并对理解人类大脑是怎样工作的起关键作用。如图 12.1(a)所示为利用荧光蛋白成像技术得到的果蝇神经系统；如图 12.1(b)所示为利用双重大脑彩虹成像技术描绘的果蝇大脑。

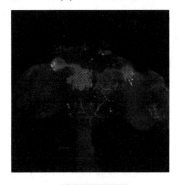

图 12.1
彩图

(a)　果蝇神经系统　　　　　　(b)　果蝇大脑

图 12.1　果蝇神经系统和大脑技术成像图

对于蛋白质作用网络来说，蛋白质之间的相互作用对于保持细胞分子系统的正常工作至关重要。它们是很多生物进程的基础，如细胞间通信、激活或抑制基因的转录、改变细胞的分子组分等。蛋白质之间的作用关系错综复杂难以厘清，可以通过复杂网络理论对它们进行研究，即将蛋白质抽象为节点，它们之间的物理作用关系抽象为边，如图 12.2 所示。

近年来，随着大型蛋白质作用网络数据的获取与开放，研究者对它们的结构特征有了深入的认识。2001 年，Jeong 等人发现酵母的蛋白质网络结构非常不均匀，小部分蛋白质拥有大量连接，而其他大多数蛋白质仅有几个连接。这种无标度结构在随后的幽门螺杆菌和黑腹果蝇中也被发现。这些发现意味着无标度结构可能是所有物种的蛋白质作用网络的共性。除此之外，这类网络还包含许多模块化组织和 motifs。诸多大型数据和网络结构特征的揭示引发了对蛋白质作用网络的建模热潮。涌现出了许多生物学启发的网络模型致力于重现蛋白质网络的拓扑结构，揭示其内在的生成演化机制。

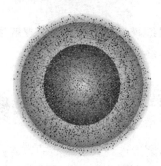

图 12.2　黑腹果蝇的蛋白质作用网络

模型代表了建模者对系统对象的理解，它的设计依据主要有两大来源。一是来源于观察或理解到的系统规律，建模者在设计时将这些规律纳入模型中；二是来源于系统表现出来的特性，建模者通过设计各种机制以期能重现这些特性。在蛋白质作用网络的建模中，有两种变化规律被认为是最重要的，一是基因复制，二是功能边重连(link attachments and detachments 或 link dynamics)，即基因变异使得与之对应的蛋白质得到或失去一些功能边。现有模型大多建立在这两点之上。虽然大家都知道这两种机制非常重要，但并不明确机制的具体步骤，也不清楚其中的哪个在塑造蛋白质网络的过程中起着最为关键的作用。另一方面，如前所述，从真实数据中发掘出来的网络特性也极大地促进了模型的发展，如网络的无标度现象，当前涌现的大部分模型都是围绕着重现这一特性而展开的。然而，多种偏好于不同机制的模型(或侧重于基因复制，或侧重于功能边重连)都能较好地重现这一现象，因而依然无法回答哪个模型更好，哪种机制更关键。

以前，受限于网络比较方法的不足，致使模型评估方法单一，无法判断哪个模型更好。在此引入多种网络比较和模型评估方法，如图 12.3 所示，以期能发现不同模型的优缺点，进而取长补短改进模型，以便能更好地理解网络的生成演化规律。

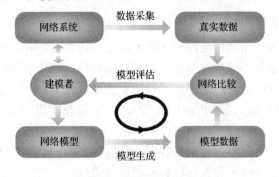

图 12.3　网络模型的评估与重建

本章先介绍三个经典的蛋白质作用网络模型，接着运用三种评估方法来发掘各个模型的优缺点。

(1) 通过对比模型与真实数据的度数分布是否一致来评价模型是否有效。

(2) 通过对比两者的小子图统计分布来评估模型的拟合程度。小子图法反映了蛋白质网络中的模块组织和 motifs 等丰富的局部结构。

(3) 通过对比两者的遍历曲线来评估模型的拟合程度。遍历曲线是广度优先遍历将节点一个个串起来形成的一幅网络整体图。它反映的网络侧面互补于小子图统计。

通过评估检测，总结三个模型的优缺点，并在此基础上提出了一个获得良好评价的改进模型。实验结果表明，在塑造果蝇网络的结构中，基因复制与功能边重连机制起着同等重要的作用，弱化其中的任何一个都无法很好地重现果蝇网络。

12.2　典型的蛋白质作用网络模型

近年来涌现了许多致力于重现蛋白质网络结构的成长与演化模型。这里挑选出三个典型的模型，希望通过对它们的检测与评估来厘清各种成长机制的优缺点。这三个都是受生物学启发的模型，一般来说，这类模型主要考虑两种关键的进化过程：基因复制和功能边重连。基因复制机制被认为是最重要的进化动力，为产生新基因和新功能提供初始原料。这里考虑的复制主要是指单基因复制，一个基因被复制后，它原来的功能将在这对新老基因之间重新分配。在对应的蛋白质作用网络中，一个基因复制将产生一个与现有蛋白质相同的复制体，这对蛋白质将在随后的短时间内重新分配原有的功能边。在第二种关于功能边重连的过程中，一个基因可能通过有益的变异获得新功能，或者随着有害的变异而失去原有的功能。这些基因变异会使得相应编码的蛋白质增加或失去相应的作用边，从而改变蛋白质作用网络的结构。

在这三种生物学启发的模型中，前两个注重于复制机制对网络结构的影响。第三个模型侧重于边的重连机制。下面先介绍一下用到的数据和模型，然后再对它们进行检测和评估。通过考察它们的度数分布、小子图频率和遍历曲线来发掘它们各自的优缺点。

本章使用的数据采用的是果蝇蛋白质网络。视蛋白质为节点，蛋白质之间的相互作用关系为边，可以将数据转化为一张蛋白质作用网络。由于数据中含有很多假阳性，Giot 等人对每条蛋白质相互作用边赋予了一个信心指数 $P_c \in [0,1]$，度量该作用关系在活体中发生的可能性高低。为了排除不大可能的边，建议设置一个信心指数阈值 P_c^*，即只有当边的信心指数大于阈值时，视该边存在。建议的阈值为 $P_c^*=0.5$，为了获得更全面的实验结果，这里对 $P_c^*=0.0$(包括所有观测到的作用边)和 Middendorf 等人推荐的另一个较高阈值 $P_c^*=0.65$ 也进行了实验。通过预处理去掉其中孤立点、重边和自返边，对应于三个信心指数阈值 P_c^* 分别为 0.65、0.5、0.0，最后所得网络分别包含 3 279、4 508、6 823 个节点及 2 728、4 569、19 630 条边。

12.2.1 模型描述

1. 互补变异的复制(简记为 DMC)模型

该模型成长于一个微小的种子网络。在每个时间步，随机选择一个已有的节点 v_{old}，对它进行复制从而获得一个新节点 v_{new}。新节点继承了老节点的所有功能，即 v_{new} 与 v_{old} 的所有邻居都相连。随后这两个节点发生变异，对每对连向同一个邻居 u 的边，以概率 q_{del} 选择其中的一条边删除。这保证了如果这对节点中的一个丧失了某项功能(某条边)，另一个节点将继续保持这项功能(保持连向同一个邻居的边)。最后，这对节点 v_{old} 和 v_{new} 之间以概率 q_{con} 相连。其中概率参数 q_{del} 和 q_{con} 随机采样自区间 $[0,1]$。

2. 带随机变异的复制-变异(简记为 DMR)模型

该模型的复制算法与 DMC 不同。它强调由随机变异引入新的具有优势性的功能，并且忽略原蛋白质与其复制体的作用关系。在每个时间步，随机选择一个已有的节点 v_{old}，对它进行复制从而获得一个新节点 v_{new}，v_{new} 与 v_{old} 的所有邻居都相连。随后 v_{new} 发生变异，每条继承自 v_{old} 的边都以概率 q_{del} 失效断开。另外，v_{new} 与每个已有的节点之间以概率 q_{del}/N_t 相连，为蛋白质之间引入新的作用关系，其中 N_t 代表在时刻 t 网络已有的节点数。概率参数 q_{del} 和 q_{new} 随机采样自区间 $[0,1]$。

3. 带简单复制机制的功能边重连模型

Wagner 和 Berg 等人通过对酵母蛋白质网络的统计分析发现，蛋白质得到或失去作用边的速率比由基因复制而使网络得到增长的速率要快至少一个量级。他们认为网络的重要属性(如度数分布)主要是由边的重连机制塑造的。因此，他们简化了复制机制并主要通过边的重连机制建立演化模型。DLD 模型从一个节点数 N 和平均度数 k 与真实蛋白质作用网络相接近的种子网络开始演化。模型使用了一个非常简化的复制步骤：每一个时间步，一个没有边的新节点加入到网络。当新节点加入以后，作用边的添加或删除将分别按经验数据中观察到的规律进行。经验数据显示新增的边倾向于连接高度数的蛋白质。在该模型中，新增的边一端连向均匀随机选择的一个节点，另一端倾向于连接高度数的节点，即连接概率正比于节点的度数。这两个节点的选择都是面向已有节点全局随机的。另外，对于边的删除，先均匀随机地选择一个节点，再均匀随机地删除它的一条边。为了平衡边的增加与减少，保持网络的平均度数稳定，模型使用相同的速率 g 添加和删除边，即在每一个时间步，添加和删除 g 条边。

4. 线性优先连接(简记为 LPA)模型

Barabási 和 Albert 提出了一个基于优先连接机制的网络成长模型。在每个时间步，一个新加入的节点优先连接高度数的节点，即连接概率正比于现有节点的度数。这种简单的概率模型能重现许多实际网络拥有的无标度性质，其中也包括蛋白质作用网络。

12.2.2　数据集

这里采用黑腹果蝇(drosophila melanogaster)的蛋白质作用数据。视蛋白质为节点，蛋白质之间的相互作用关系为边，可以将数据转化为一张蛋白质作用网络。由于数据中含有许多假阳性(false positives)，Giot 等人对每条蛋白质相互作用边赋了一个信心指数 $P_c^* \in [0,1]$，度量该作用关系在活体中发生的可能性高低。为了排除不大可能的边，他们建议设置一个信心指数阈值 P_c^*，只有当边的信心指数大于阈值(即 $P_c > P_c^*$)时，视该边存在。他们建议的阈值为 $P_c = 0.5$，这里对 $P_c^* = 0.0$ 也进行了实验。依照 Wiuf 等人的建议，为了集中考察核心网络，选取该数据的最大连通子图作为参数评估的目标网络，并去掉其中的重边和自返边。最后得到供网络模型来拟合的目标网络 GT，对于两个阈值 $P_c^* = 0.5 / 0.0$，所得的两个目标网络包含的节点数分别为 2965 和 6698。

12.2.3　模型评估及结果分析

下面进行对比实验，在不同的阈值 $P_c^* = 0.65$ 和 $P_c^* = 0.5$ 的情况下，为每个模型生成 1 000 个网络实例，其中每个网络的节点数和平均度数都与相应阈值的果蝇蛋白质网络近似(允许 ±5% 的偏差)。接着获取它们的度数分布、小子图统计和曲线距离 D_g，用来评估它们对果蝇蛋白质网络的拟合程度。其中，小子图分类器使用了决策树将果蝇蛋白质网络归为某一模型并输出预测分数，模型的分数越高对它的评价越好。该分类器的输入特征取自一个小子图集合在网络中出现的频率，集合中的每个小子图都是在网络上游走八条边获得的。

三个模型都能较好地重现出果蝇蛋白质网络的度数分布，仅凭度数分布无法分辨出哪个模型最好。注意到小子图法和曲线方法给了 DMC 和 DLD 完全相反的评价。小子图法认为 DMC 比 DLD 更能拟合果蝇蛋白质网络，而曲线方法则认为 DLD 更好。这种相反的结论源自小子图法和曲线方法在刻画网络结构时采取了不同的角度，前者更关注网络的局部结构，而后者侧重于网络的整体结构。

如图 12.4(a)和(b)所示分别对应于阈值为 $P_c^* = 0.65$ 和 $P_c^* = 0.5$ 的网络，每个模型的分布都平均自 1 000 个实例网络。

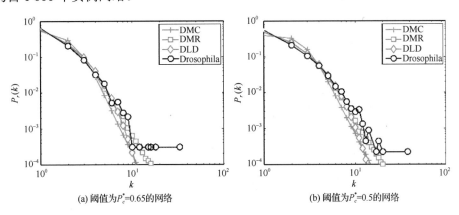

(a) 阈值为 P_c^* =0.65 的网络　　　　　(b) 阈值为 P_c^* =0.5 的网络

图 12.4　模型 DMC、DMR、DLD 与果蝇蛋白质网络的度数分布对比

如图 12.5(a)和(b)所示分别对应于阈值为 $P_c^*=0.65$ 和 $P_c^*=0.5$ 的网络，每条竖直线都代表一个模型与果蝇网络之间的中位距离 $\tilde{D}_g$，即处于最远的一半和最近的一半之间的那个距离值。模型的距离越近对它的评价越好。

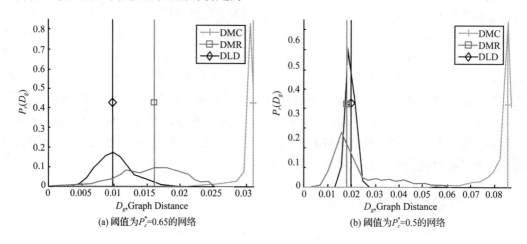

(a) 阈值为 $P_c^*=0.65$ 的网络　　　　　　(b) 阈值为 $P_c^*=0.5$ 的网络

图 12.5　DMC、DMR、DLD 模型与果蝇蛋白质网络之间的距离分布

如表 12.1 所示，小子图法显示 DMC 的预测分数最高，表明 DMC 模型在重现果蝇蛋白质网络的局部结构上很有优势。而 DLD 的预测分数要低很多，表明 DLD 的边重连机制并不适合构造果蝇蛋白质网络的局部结构。但是，曲线方法显示 DMC 并不善于重现果蝇蛋白质网络的整体结构。在信心指数阈值 P_c^* 分别为 0.65 和 0.5 的情况下，DMC 网络的最大连通子图平均大小约为 0.045、0.18(即仅有 4.5%、18%的节点在最大连通子图中)，而果蝇的分别是其 9 倍、3 倍，约为 0.44、0.66。当阈值较高时 ($P_c^*=0.65$)，DMC 网络由微小而孤立的连通子图构成，这与果蝇蛋白质网络很不相似。相比而言，在重现网络的整体形态上，DLD 比 DMC 表现得更好。

表 12.1　小子图法对 DMC、DMR、DLD 模型进行的预测

rank	$P_c^*=0.65$		$P_c^*=0.5$	
	model	score	model	score
1	DMC	17.5	DMC	27.0
2	DMR	−17.3	DMR	−25.4
3	DLD	−21.4	DLD	−24.8

DMR 模型在这两种评估方法中排名中等偏上，这可能是由于它既包含了基因复制机制又带有部分边重连机制。它在通过复制机制重现果蝇蛋白质网络局部结构时，又通过在新老节点间添加新边，增强了整个网络的连通性。通过模型检测与评估，发掘了不同机制的优缺点，很自然地就会取长补短，试着设计更好的模型。

12.3　综合考虑基因复制与边重连的模型

12.3.1　模型描述

Wagner 和 Berg 等人之所以认为蛋白质作用网络的重要属性是由边的重连机制塑造的,而不是复制机制,这是由于他们将度数分布作为最重要的模型检验依据。在他们的实验中,复制机制不改变度数分布,因而他们认为这种机制对网络结构的影响不大。上一节的实验显示 DLD 模型虽然能较好地重现果蝇网络的整体形态,但两者在局部结构上相去甚远。在局部结构的重现上,基于复制机制的 DMC 模型更具优势。这些结果暗示了综合多种机制的模型可能会更好地拟合果蝇网络。这里综合 DMC 模型的复制机制与 Wagner 等人在经验数据中发现的边增减规律,提出了一个改进模型——互补变异的复制带中度的边重连(简记为 DMC-LD)模型。

该模型成长于一个微小的种子网络,在每一个时间步,随机选择一个已有的节点 v_{old},对它进行复制从而获得一个新节点 v_{new},新节点继承了老节点的所有功能,即 v_{new} 与 v_{old} 的所有邻居都相连。随后这两个节点发生变异,对于每对连向同一个邻居 u 的边 $<v_{new}, u>$ 和 $<v_{old}, u>$,以概率 q_{del} 选择其中的一条删除。这对节点 v_{old} 和 v_{new} 之间以概率 q_{con} 相连。其中概率参数 q_{del} 和 q_{con} 随机采样自区间 $[0,1]$。

如图 12.6(a)和图 12.6(b)所示分别对应于阈值为 $P_c^* = 0.65$ 和 $P_c^* = 0.5$ 的网络,模型的分布平均自 1 000 个实例网络。

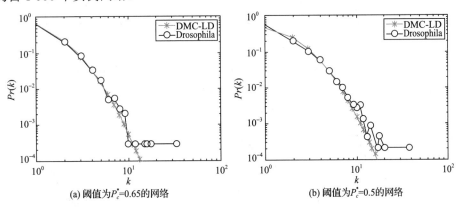

图 12.6　DMC-LD 模型与果蝇蛋白质网络的度数分布对比

添加完新节点后开始进行边的重连,按一定规则增加 g 条边、删去 g 条边,保持边数的增减平衡。Wagner 等人在经验数据中观察到新增的边倾向于连接高度数的节点。在他们的 DLD 模型里,新增的边一端连向均匀随机选择的一个节点,另一端倾向于连接高度数的节点。在这个模型中,新边的两端都倾向于连接已有的高度数节点,连接概率正比于节点的度数。另外,边的删减规则与 DLD 模型的相同,先均匀随机地选择一个节点,再均匀随机地删去它的一条边。

DMC-LD 模型综合了基因复制与边的重连机制。其中的 g 代表了边重连的速率与复制的速率之比。当 $g=0$ 时，它与 DMC 模型相同。而当 g 足够大(如 $g>100$)时，边的重连会很快地破坏复制节点的连接结构，模型主要就由重连机制主导了。DMC-LD 模型通过调节 g 值的大小衔接了两个极端模型。

12.3.2　模型检验

下面进行对比实验，在不同的阈值 P_c^* 下，为 DMC-LD、DMC、DMR、DLD 和 LPA 模型生成 1 000 个网络实例，获取它们的度数分布、小子图统计和曲线距离 D_g 来评估它们对果蝇蛋白质网络的拟合程度。

如表 12.2 所示，模型的分数越高对它的评价越好。其中，score 的值是小子图法在没有 DMC 模型的情况下打的分数。由于小子图法的时间复杂度较高，至少为 $O(M<k>^7)$，对于阈值 $P_c^*=0.5$ 下的 LPA 网络和所有 $P_c^*=0.0$ 下的网络，在此提供不了它们的计算结果。

表 12.2　小子图法对五个模型进行的预测

rank	P_c^* =0.65		P_c^* =0.65		P_c^* =0.5	
	model	score	model	score	model	score
1	DMC	14.4	DMC-LD	22.5	DMC-LD	5.0
2	DMC-LD	−14.9	DMR	−22.7	DMC	−9.6
3	DMR	−29.7	LPA	−29.6	DMR	−30.4
4	LPA	−29.9	DLD	−38.5	DLD	−35.2
5	DLD	−36.3				

如图 12.7(a)和图 12.7(b)所示分别对应于阈值 $P_c^*=0.65$ 和 $P_c^*=0.5$ 的遍历曲线图，其中粗线代表果蝇蛋白质网络的遍历曲线，细线代表 1 000 个由 DMC-LD 模型生成的网络实例。如图 12.8(a)和图 12.8(b)所示分别为 $P_c^*=0.65$ 和 $P_c^*=0.5$ 的网络距离分布。其中每条竖直线都代表一个模型与果蝇蛋白质网络之间的中位距离 $\tilde{D}_g$。

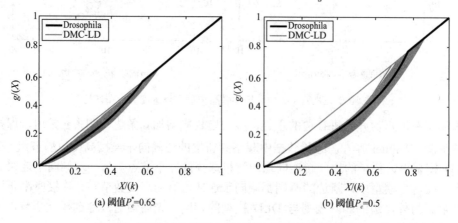

(a) 阈值P_c^*=0.65　　　　　(b) 阈值P_c^*=0.5

图 12.7　DMC-LD 模型与果蝇蛋白质网络的遍历曲线

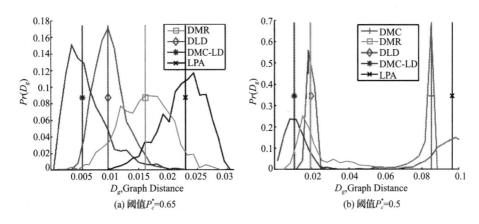

图 12.8　各模型与果蝇蛋白质网络之间的距离分布

如表 12.3 所示，中位距离 $\tilde{D}_g$ 值越小评估越好。其中，当 $P_c^*=0.65$ 时，DMC 模型网络由微小而孤立的连通子图构成，它的最大连通子图太小(只有大约 4.5% 的节点属于最大连通子图，是果蝇的 44% 的 1/9)而不能代表整个网络的主要属性，故中位距离 $\tilde{D}_g$ 在这种情况下并不适用。

表 12.3　模型网络与果蝇蛋白质网络之间的关系

rank	$P_c^*=0.65^a$		$P_c^*=0.5$		$P_c^*=0.0$	
	model	$\tilde{D}_g$	model	$\tilde{D}_g$	model	$\tilde{D}_g$
1	DMC-LD	0.005 4	DMC-LD	0.010 7	DMC-LD	0.020 0
2	DLD	0.009 8	DMR	0.018 3	DLD	0.022 4
3	DMR	0.016 2	DLD	0.019 6	LPA	0.035 1
4	LPA	0.023 0	DMC	0.085 1	DMR	0.065 1
5			LPA	0.096 3	DMC	0.218 1

<h3>12.3.3　关于蛋白质作用网络演化机制的讨论</h3>

由图 12.7、图 12.8 和表 12.3 可见，综合了两个关键进化过程的 DMC-LD 模型比侧重于单个进化过程的 DMC、DMR 和 DLD 模型在拟合果蝇蛋白质网络上表现更佳。该结果表明果蝇蛋白质网络的结构是由基因复制和功能边的重连过程共同塑造的，而不是仅有其中一个。如表 12.2 所示，这一结果得到了小子图法的部分证实。DMC-LD 模型的预测得分在大多数情况下比其他模型要高。唯一的例外是，当阈值 $P_c^*=0.65$ 时，DMC 模型的预测得分更高，这表明复制机制在重现网络的局部结构中依然起着关键作用。

在小子图检测中，DLD 模型的预测得分始终最低，它的边重连机制并不擅长于重现果蝇蛋白质网络的局部结构。但是，曲线方法显示 DLD 模型的拟合程度处于中等偏上水平。而且，在拟合得最好的 DMC-LD 模型中，如果没有边的重连机制，大多数由 DMC 复制机制形成的小子图仍将处于孤立状态(如当 $P_c^* = 0.65$ 时，DMC 网络的大多数小子图处于孤立状态)。这验证了功能边的重连过程是塑造蛋白质作用网络的一项关键机制，尽管它并不是唯一的决定因素。

在塑造果蝇蛋白质网络的结构时，基因复制与边重连机制起着同等重要的作用。在 DMC-LD 模型里，边的重连速率 g 与复制速率相当。对于不同阈值的果蝇蛋白质网络 $P_c^* = 0.65$、0.5、0.0，一次复制添加一个新节点，并按不同方式增加并删除 $g = 0.5$、0.5、2.0 条边。这个速率比 Wagner 等人预计的要低至少一个数量级。为了检测速率 g 值的高低，这里做了一组对比实验，对照组里的 $g' = g \times 10$。实验结果如表 12.4 和表 12.5 所示，当 $g \times 10$ 后，距离 D_g 增加并且预测分数降低。这两种模型评估方法都支持较低的 g 值。这是由于太多的全局范围内的边重连过程会破坏由复制产生的局部结构。Wagner 等人估计的高重连速率可能主要发生在局部范围内。另外，对于边重连的方式，DLD 模型中的新增边的一端是均匀随机选择，而另一端倾向于高度数节点，DMC-LD 模型中的新增边的两端都倾向于连接高度数节点。从表 12.4 和表 12.5 中数据可见，DMC-LD(即表中的 g-two)的边增方式拟合得更好，其中 " -one " 表示新增边的一端均匀随机，而另一端倾向于高度数节点，" -two " 表示新增边的两端都倾向于高度数节点。

表 12.4　边的重连速率 g 和边的新增方式对模型距离 $\tilde{D}_g$ 的影响

rank	$P_c^* = 0.65$		$P_c^* = 0.5$		$P_c^* = 0.0$	
	model	$\tilde{D}_g$	model	$\tilde{D}_g$	model	$\tilde{D}_g$
1	g-two	0.005 4	g-two	0.010 7	g-two	0.020 0
2	$g \times 10$-two	0.006 2	$g \times 10$-one	0.020 0	$g \times 10$-one	0.022 6
3	$g \times 10$-one	0.016 8	g-one	0.020 6	g-one	0.031 4
4	g-one	0.018 4	$g \times 10$-two	0.028 6	$g \times 10$-two	0.049 1

表 12.5　边的重连速率 g 和边的新增方式对模型预测分数的影响

rank	$P_c^* = 0.65$		$P_c^* = 0.5$	
	model	score	model	score
1	g-two	16.6	g-two	11.3
2	g-one	−16.6	g-one	−12.1
3	$g \times 10$-two	−24.2	$g \times 10$-two	−21.5
4	$g \times 10$-one	−27.0	$g \times 10$-one	−28.0

本 章 小 结

本章采用多种互补的模型评估方法，比较了三个有竞争力的网络模型，通过数值实验发现，互补变异的复制机制善于重现果蝇蛋白质网络的局部结构，而倾向于连接高度数节点的边重连机制则善于增强网络的整体连通性。在总结它们各自优点的基础上，提出了一个综合考虑基因复制和边重连机制的蛋白质作用网络模型。该模型在度数分布、小子图统计和曲线方法上获得了良好的评价。实验结果表明，在塑造果蝇蛋白质网络的结构时，基因复制与边的重连机制起着同等重要的作用，弱化了前者无法重现网络的微观结构，也弱化了后者无法保证网络的整体连通性。

习　　题

简答题

1．在自然界和人类社会中，网络无处不在，试列举五种形态的网络。

2．近 15 年来，深度神经网络获得了极大的发展，人们开始担心其将对人类智能构成重大挑战。请阐述人工神经网络和神经细胞网络之间的异同点。

3．请分析蛋白质作用网络对动物生命的作用与意义，生成模型和判别模型，及其常用模型。

4．什么是"维度诅咒"？

第13章

基于改进的长短期记忆网络的道路交通事故预测模型

学习目标

[1] 领会分类与预测的定义及主要特性。

[2] 精通 LSTM、ARIMA、ELM、SVM。

[3] 掌握 DS-LSTM-ARIMA 模型、ELM-SVM 模型的精髓。

重要知识点图谱

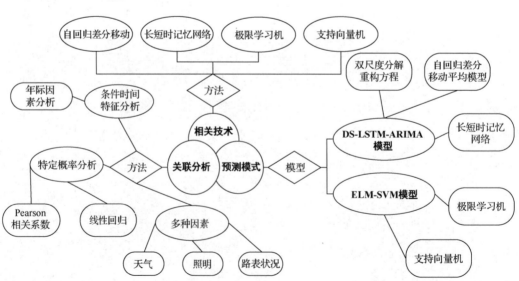

[1]　相关模型的理论。

[2]　DS-LSTM-ARIMA 模型。

本章主要通过实验来充分理解 DS-LSTM-ARIMA 模型和 ELM-SVM 模型的精髓。

交通安全是人们一直以来广泛关注的问题。当今社会经济发展迅速，道路上车辆不断地增加，随之而来的是，道路交通事故发生的频率也逐年升高。引发道路交通事故的主要因素分为两种：外在的因素有环境和车；内在的因素主要是人。其中，环境是主要因素，恶劣的环境直接或间接影响车辆和地面的接触摩擦系数，同时影响驾驶员的身体和心理状况。

道路交通事故被称为全球"第一杀手"，据统计，世界上每年因道路交通事故而受伤的人数约 5 000 万、死亡的人数约 120 万。2012 年 6 月 3 日，沈海高速盐城段因发生团雾，双向相继发生多起机动车追尾事故，共造成了 11 人死亡，19 人受伤。2013 年 12 月 3 日，江苏淮北及江淮之间地区发生浓雾天气，最低能见度不足 10 米，造成了城市道路交通严重瘫痪。2016 年，在我国发生的道路交通事故共造成 63 093 人死亡，死亡人数位居世界第二位。因此，减少交通事故的发生成为刻不容缓的事情。

想要减少交通事故的发生，需要提前获得其在特定时间发生的概率，才能够采取有效的措施进行预防。依据某些条件能够提前获知发生交通事故的概率，可保障生命安全和减少财产损失。因此，准确预测交通事故非常重要，准确的预测模型受到越来越多学者的关注。

通过对大数据的分析，了解导致交通事故的多种因素，利用数据挖掘技术及具有自学习和鲁棒性等优势的神经网络技术对气象与交通事故之间的关系进行分析，对事故进行预测具有重要的意义。

自然因素造成的道路交通事故中的主要因素是气象因素。道路交通事故的发生由多种因素造成，而不同天气将造成多种路面状况及多种照明状况，从而影响道路交通事故的发生情况。如果能够提前获得在多种情况下发生交通事故的概率，就可以提前做出准备，减少财产损失和人员伤亡。

13.1 道路交通事故预测相关技术

13.1.1 LSTM 预测模型理论

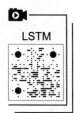

Hochreiter 等人提出的长短时记忆网络(Long Short Term Memory Network，LSTM)模型是递归神经网络(Recurrent Neural Network，RNN)的一个变体。它构建了专门的记忆存储单元，利用时间反向传播算法对数据进行训练。RNN 网络的梯度消失及梯度爆炸的问题可以通过 LSTM 很好地解决。LSTM 利用边乘边加的方式解决了 RNN 的梯度消失问题,同时也避免了 RNN 无休止连乘的问题。

RNN 相较于传统神经网络而言，其可以通过记忆单元处理任意不同时刻的时序数据。它是一种能够用于处理天气道路交通事故时间序列的神经网络。前一时刻的输入和当前时刻的输入与权重共同决定 RNN 的输出情况。而天气道路交通事故时间序列之间的特征是具有关联性的，不仅造成交通事故之间各因素存在关联，而且发生交通事故时间序列之间也存在相关性，因此采用 RNN 进行学习更好。

我们将多种因素和道路交通事故数据作为递归神经网络的输入数据。RNN 使得一组多种因素和道路交通事故数据时间序列的输出与之前数据的输出相关联，即采取记忆的形式将之前学习到的信息保存到当前的输入计算中。在图 13.1 中，h_1 的输出与 h_0 有关，同样，h_2 的输出与 h_1 有关。

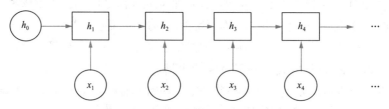

图 13.1 RNN 结构

RNN 的每一个输出都受到上一个输出的影响，计算公式如下。

$$h_1 = f(Ux_1 + Wh_0 + b) \tag{13.1}$$
$$h_2 = f(Ux_2 + Wh_1 + b) \tag{13.2}$$

LSTM 作为 RNN 的改进版本，具有记忆能力，能够更好地理解上下文。RNN 具有一个重复模块能够处理时间序列。这个重复模块是像 tanh 层一样的简单结构。RNN 链式结构如图 13.2 所示。

LSTM 和 RNN 一样有这样的重复结构，但是其重复的结构相对复杂。与单一神经网络不同的是，LSTM 有几个状态是在流动的。主要是隐层 h 及代表了长期记忆的细胞状态 c。LSTM 网络结构如图 13.3 所示。

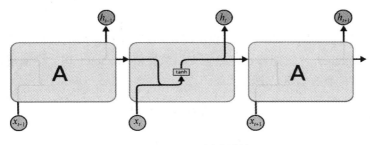

图 13.2　RNN 链式结构

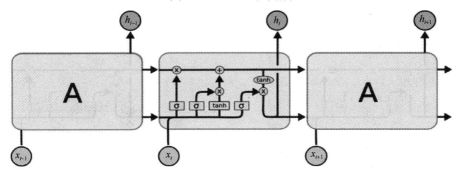

图 13.3　LSTM 网络结构

细胞状态作为 LSTM 的核心的存在，其具有很少的信息交互，而且在信息流转的时候不容易改变，在整个链式结构上可以直接运行。细胞结构能够判定信息是否有效。与此同时，LSTM 主要利用"门"的结构更新信息、决定信息是否存入细胞状态。一个细胞主要由三种门构成，分别是遗忘门、输入门和输出门。它们分别控制丢弃、保留、记忆信息。

1. 遗忘门

通过遗忘门能够知道哪些信息是可以丢弃的，其结构如图 13.4 所示。其通过读取 h_{t-1} 和 x_t，给每个细胞状态 c_{t-1} 输出一个[0,1]的数值来选择信息是否需要丢弃。其中，0 代表完全不通过，即丢弃；1 代表完全通过，即保留。其计算公式如下。

$$f_t = \sigma(W_f \cdot [h_{t-1}, x_t] + b_f) \tag{13.3}$$

其中，h_{t-1} 代表上一时刻隐层的输出；x_t 代表现在细胞的输入；σ 是 Sigmoid 函数。

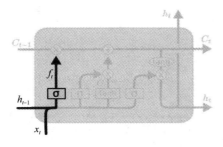

图 13.4　遗忘门结构

2. 输入门

某些新的细胞是否要加入细胞状态里由输入门决定。更新细胞状态的过程如图 13.5 所示。输入门的 Sigmoid 函数能够决定是否更新数据信息，tanh 用一个向量来存储备用的 Sigmoid 函数更新的数据。其计算公式如下。

$$i_t = \sigma(W_i[h_{t-1}, x_t] + b_i) \tag{13.4}$$

$$\tilde{C}_t = \tanh(W_c[h_{t-1}, x_t] + b_c) \tag{13.5}$$

$$C_t = f_t \cdot C_{t-1} + i_t \cdot \tilde{C}_t \tag{13.6}$$

其中，C_{t-1} 是旧细胞状态。

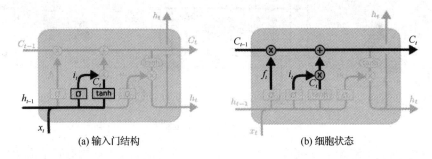

图 13.5　更新细胞状态的过程

3. 输出门

输出门决定输出的具体值，结构如图 13.6 所示。可用两步完成输出门的任务。第一步，利用 Sigmoid() 函数确定 C_t 哪部分可以输出，利用 tanh 函数处理 C_t，得到一个在 [-1,1] 的数值。第二步，利用 tanh() 函数处理得到的数值和 C_t 输出的那部分进行相乘，得到终值。其计算公式如下。

$$o_t = \sigma(W_o[h_{t-1}, x_t] + b_o) \tag{13.7}$$

$$h_t = o_t \cdot \tanh(C_t) \tag{13.8}$$

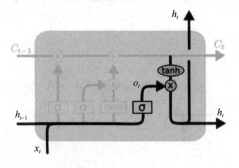

图 13.6　输出门结构

13.1.2　ARIMA 预测模型理论

自回归差分移动平均(Auto-Regressive Integrated Moving Average，ARIMA)预测模型是短期预测的高精度预测模型，它是对平稳时间数据具有较好预测性能的相对简单的随机时序模型。

多种因素的组合是导致道路交通事故发生的根本原因。由于这些因素数据的繁杂导致其含有一定的噪声，是一种不平稳的序列。因此，想要使用 ARIMA 模型，就要想办法将数据通过多次差分转换成平稳的时间序列数据。主要根据以下几个模型构建 ARIMA 模型。

1. 自回归(Auto-Regressive，AR)模型

过去的真实数据和现在的干扰数据进行组合是 AR 模型所要预测的。若能满足式(13.9)的模型，其被称为 p 阶自回归模型，记为 AR(p)。

$$x_t = \phi_0 + \phi_1 x_{t-1} + \phi_2 x_{t-2} + \cdots + \phi_p x_{t-p} + \varepsilon_t \tag{13.9}$$

其中，x_t 是前 p 期的 $x_{t-1}, x_{t-2}, \cdots, x_{t-p}$ 和 ε_t 的多元线性回归，过去 p 期的序列对变量 x_t 有很大影响；误差项 ε_t 是噪声为零的干扰项。当 $\phi_0 = 0$ 时，其被称为中心化 AR(p)模型。

2. 移动平均(Moving Average，MA)模型

过去真实数据的干扰值及当前数据的干扰值组合是 MA 模型所要预测的。当存在 q 满足式(13.10)，则称其为 q 阶移动平均模型，简记为 MA(q)。

$$x_t = \mu + \varepsilon_t + \theta_1 \varepsilon_{t-1} + \theta_2 \varepsilon_{t-2} + \cdots + \theta_q \varepsilon_{t-q} \tag{13.10}$$

其中，变量 x_t 在 t 时刻的取值为前 q 期的 $\varepsilon_t, \varepsilon_{t-1}, \varepsilon_{t-2}, \cdots, \varepsilon_{t-q}$，其是多元线性函数；误差项 ε_t 是白噪声均值为零的干扰项；μ 是序列 $\{x_t\}$ 的均值。过去 q 期的误差项主要影响 x_t。当 $\mu = 0$ 时，其被称为中心化 MA(q)模型。

3. ARIMA 模型

ARIMA 模型主要对平稳数据有效。当检测到一组数据为平稳时，则直接进行建模预测。对于非平稳的时间序列，通常采用 d 阶差分的方法将其转变成平稳。在确定 d 以后，再确定自回归阶数 p 及移动平均阶数 q，最终利用 p、d、q 进行建模。模型预测结果通过反向变换得到与源数据相似的预测结果。ARIMA 模型由 AR(p)模型、MA(q)模型及 ARMA(p,q)模型组成。

ARMA 模型的数学表达式如下。

$$x_t = \phi_0 + \phi_1 x_{t-1} + \phi_2 x_{t-2} + \cdots + \phi_p x_{t-p} + \varepsilon_t + \theta_1 \varepsilon_{t-1} + \theta_2 \varepsilon_{t-2} + \cdots + \theta_q \varepsilon_{t-q} \tag{13.11}$$

其中，x_t 代表原始时序数据；$\phi_i (i = 1, 2, 3, \cdots, p)$ 和 $\theta_j (j = 1, 2, 3, \cdots, q)$ 为模型参数；ε_t 是服从 $N(0, \sigma^2)$ 的噪声。

平稳的数据才能够使用 ARMA 模型。当数据非平稳时，需要利用差分处理，将其转换成平稳数据。加入差分之后的模型被称为 ARIMA 模型，表达式如下。

$$w_t = \Delta^d x_t = (1-L)^d x_t \tag{13.12}$$

$\Delta^d x_t = (1-L)^d x_t$ 是 d 阶差分算子。对 w_t 建立模型 ARMA，则将其记为 ARIMA(p,d,q)，形式如下。

$$w_t = \phi_0 + \phi_1 w_{t-1} + \phi_2 w_{t-2} + \cdots + \phi_p w_{t-p} + \varepsilon_t + \theta_1 \varepsilon_{t-1} + \theta_2 \varepsilon_{t-2} + \cdots + \theta_q \varepsilon_{t-q} \tag{13.13}$$

一般建立模型后需要对其进行检验，检验的方式有多种。在此采用残差白噪声检测判断该模型是否充分有效。当残差不包含任何明显的线性相关关系时，说明该模型充分有效。ARMA(p,q)的残差数学表达式如下。

$$u_t = \hat{\Theta}(L)^{-1} \hat{\Phi}(L) x_t \tag{13.14}$$

求解出自相关系数 $\hat{p}_k$。

$$\hat{p}_k = \frac{\sum_{t=k+1}^{T} u_t u_{t-k}}{\sum_{t=1}^{T} u_t^2} \tag{13.15}$$

建立统计检验量 Q 来进行检测。

$$Q = T \sum_{k=1}^{m} \hat{p}_k^2 \tag{13.16}$$

然后，通过 LB 检验统计量。

$$LB = T(T+2) \sum_{k=1}^{m} \frac{\hat{p}_k^2}{T-k} \tag{13.17}$$

LB 的结果接近于噪声和残差噪声且呈现反比，可以利用其值判断模型是否有效。

13.1.3　ELM 预测模型理论

2004 年，南洋理工大学的黄光斌提出了一种相较于传统神经网络具有误差小和训练速度快优点的单隐层前馈神经网络，被称为极限学习机(Extreme Learning Machine，ELM)，而且容易得到最优解。如图 13.7 所示为一个 $p-M-q$ 结构的 ELM 神经网络。

在一个单隐层神经网络中，存在 N 个任意的样本($\boldsymbol{x}_i, \boldsymbol{t}_i$)，其中 $\boldsymbol{x}_i = \left[x_{i1}, x_{i2}, \cdots, x_{ip} \right]^{\mathrm{T}} \in R^p$，$\boldsymbol{t}_i = \left[t_{i1}, t_{i2}, \cdots, t_{iq} \right]^{\mathrm{T}} \in R^q$。在隐层节点数为 M、输入神经元数为 p 及输出层神经元数为 q 并且将 $\mathrm{g}(x)$ 作为激活函数时，单隐层神经网络的表达式如下。

$$\sum_{i=1}^{M} \boldsymbol{\beta}_i g_i(\boldsymbol{x}_i) = \sum_{i=1}^{M} \boldsymbol{\beta}_i g(\boldsymbol{w}_i \cdot \boldsymbol{x}_i + \boldsymbol{h}_i) = \boldsymbol{o}_j \quad (j=1,\cdots,N) \tag{13.18}$$

其中，$\boldsymbol{w}_i = \left[w_{i1}, w_{i2}, \cdots, w_{ip} \right]^{\mathrm{T}}$ 表示第 i 个隐层神经元和输入层神经元之间的权重；$\boldsymbol{\beta}_i = \left[\beta_{i1}, \beta_{i2}, \cdots \beta_{iq} \right]^{\mathrm{T}}$ 表示第 i 个隐层神经元和输出层神经元的权重；$\boldsymbol{h}_i$ 表示第 i 个隐层神经元的阈值；$\boldsymbol{w}_i \cdot \boldsymbol{x}_i$ 表示 $\boldsymbol{w}_i$ 与 $\boldsymbol{x}_i$ 的内积。

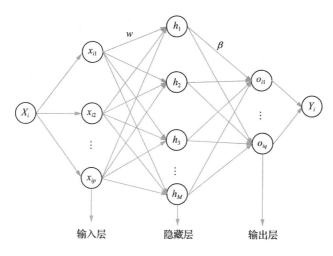

图 13.7　ELM 神经网络

$g(x)$ 激活函数有很多种，主要有 Sigmoid 函数、径向基函数等。使目标的输出最小化是单隐层神经网络学习的目标，即满足式(13.19)。

$$\sum_{j=1}^{N} \left\| \boldsymbol{o}_j - \boldsymbol{t}_j \right\| = 0 \tag{13.19}$$

当存在 $\boldsymbol{\beta}_i$、$\boldsymbol{w}_i$ 和 $\boldsymbol{h}_i$，使式(13.20)成立。

$$\sum_{i=1}^{M} \boldsymbol{\beta}_i g \left(\boldsymbol{w}_i \cdot \boldsymbol{x}_i + \boldsymbol{h}_i \right) = \boldsymbol{t}_j \, (j = 1, \cdots, N) \tag{13.20}$$

可表示为式(13.21)。

$$\boldsymbol{H}\boldsymbol{\beta} = \boldsymbol{T} \tag{13.21}$$

其中，隐层节点输出用 $\boldsymbol{H}$ 表示、输出权重以及期望输出分别用 $\boldsymbol{\beta}$ 和 $\boldsymbol{T}$ 表示。将式(13.21)改成式(13.22)。

$$\boldsymbol{H}(\boldsymbol{w}_1, \cdots, \boldsymbol{w}_M, \boldsymbol{h}_1, \cdots, \boldsymbol{h}_M, \boldsymbol{x}_1, \cdots, \boldsymbol{x}_p)\boldsymbol{\beta} = \begin{bmatrix} g\left(\boldsymbol{w}_1 \cdot \boldsymbol{x}_1 + \boldsymbol{h}_1\right) \cdots g\left(\boldsymbol{w}_M \cdot \boldsymbol{x}_1 + \boldsymbol{h}_M\right) \\ \vdots \quad \cdots \quad \vdots \\ g\left(\boldsymbol{w}_1 \cdot \boldsymbol{x}_p + \boldsymbol{h}_1\right) \cdots g\left(\boldsymbol{w}_M \cdot \boldsymbol{x}_p + \boldsymbol{h}_M\right) \end{bmatrix}_{N \times M} \tag{13.22}$$

其中，$\boldsymbol{\beta} = \begin{bmatrix} \boldsymbol{\beta}_1^{\mathrm{T}} \\ \vdots \\ \boldsymbol{\beta}_M^{\mathrm{T}} \end{bmatrix}_{M \times q}$；$T = \begin{bmatrix} \boldsymbol{t}_1^{\mathrm{T}} \\ \vdots \\ \boldsymbol{t}_N^{\mathrm{T}} \end{bmatrix}_{N \times q}$。

一般需要找到特定的 $\hat{w}_i, \hat{h}_i, \hat{\beta}(i=1,\cdots,M)$ 来训练一个单隐层的极限学习机网络，即满足式(13.23)。

$$\| H(\hat{w}_i,\cdots,\hat{w}_N,\hat{h}_i,\cdots,\hat{h}_N)\hat{\beta}-T \|= \min_{\hat{w}_i,\hat{h}_i,\hat{\beta}} \| H(\hat{w}_i,\cdots,\hat{w}_N,\hat{h}_i,\cdots,\hat{h}_N)\hat{\beta}-T \| \tag{13.23}$$

要满足误差最小，即使输出与期望之间的值满足式(13.24)。

$$E = \sum_{j=1}^{N}\left(\sum_{i=1}^{M}\beta_i g(w_i \cdot x_i + h_i)-t_j\right)^2 \tag{13.24}$$

在隐层激活函数可以进行无休止微分的情况时，极限学习机得到输入权重 w_i 及隐含层神经元阈值 h_i 任意取值。因此，当网络开始后 w_i 和 h_i 就不需要手动更改。这个时候矩阵 H 作为隐层输出将不会变化。依据式(13.22)可以得出，w_i 和 h_i 也固定不变。因此其就是一个简单寻求线性 $H\beta=T$ 的最小二乘解 $\hat{\beta}$。

当 $M=N$，即隐层神经元 M 和训练样本 N 数量相同，且 H 为方阵且可逆时，输入权重 w_i 和隐层神经元阈值 h_i 任意取值。这样，单隐层极限学习机就能够无误差地进行样本学习。

但在现实生活中，M(隐层神经元数量)和 N(训练样木数量)基本不会相同，且 M 一般远远小于 N，因此，矩阵 H 不是方阵，就不存在 h_i, w_i，$\beta(i=1,2,\cdots,M)$，使 $H\beta=T$。式(13.22)的最小二乘解能表示为 $\hat{\beta}=H^+T$，其中 H^+ 为矩阵 H 的 Moore-Penrose 广义逆矩阵，并可以求证解 $\hat{\beta}$ 是最小唯一正解。

13.1.4　SVM 预测模型理论

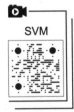

1922 年，Boser、Guyon 和 Vapnik 提出了支持向量机(Support Vector Machine，SVM)。SVM 的思想为将输入从低维度空间转换成高维度空间，并且高维度空间的计算要采用核函数进行求解。如果采用合适的核函数就可以使得输入的线性不可分转换成高维度空间线性可分。采用回归方式进行求解，满足式(13.25)。

$$f(x) = w^T\varphi(x)+b \tag{13.25}$$

其中，非线性映射值表示为 $\varphi(x)$；权值为 w；阈值(偏置量)为 b。SVM 回归预测想达到所要的需求，应该要求 $f(x)$ 满足经验风险和结构风险双重最小才可以，即满足式(13.26)的值最小。

$$J = \frac{1}{2}w^T \cdot w + C\sum_{i=1}^{N}L(f(x_i),y_i) \tag{13.26}$$

其中，正规化参数表示为 C；损失函数表示为 $L(f(x_i),y_i)$；年数用 N 表示。

损失函数有多种，一般采用 Laplace 损失函数、Quadratic 损失函数、Huber 损失函数和 X-Insensitive 损失函数等。在此使用 X-Insensitive 损失函数，即满足式(13.27)。

$$L(f(x_i),y_i) = \left\{ \begin{array}{l} 0 \\ |y_i - \{w,\varphi(x_i)\}-b| \end{array} \right. \tag{13.27}$$

想要通过式(13.27)确认模型，就需要确认 w_i 和 b。所以引入两个临时变量 ξ_i 和 ξ_i^* 用以表示误差正负两种情况，得到式(13.28)。

$$
\begin{cases}
J = \dfrac{1}{2} \boldsymbol{w}^{\mathrm{T}} \cdot \boldsymbol{w} + C \displaystyle\sum_{i=1}^{N} L\left(\xi_i, \xi_i^*\right) \\[2mm]
\mathrm{st}\begin{cases}
y_i - \boldsymbol{w}^{\mathrm{T}} \varphi\left(x_i\right) - b \leqslant \xi_i; \boldsymbol{w}^{\mathrm{T}} \varphi\left(x_i\right) + b - y_i \leqslant \xi_i^* \\[1mm]
\xi_i, \xi_i^* \geqslant 0, i = 1, 2, \cdots, N
\end{cases}
\end{cases}
\tag{13.28}
$$

在线性不等式约束的二次规划问题中，多采用拉格朗日乘子法求解，即满足式(13.29)。

$$
\max_{\alpha, \alpha^*, \ \beta, \beta^*} \left\{ \dfrac{1}{2} \boldsymbol{w}^{\mathrm{T}} \boldsymbol{w} + C \sum_{i=1}^{N} L\left(\xi_i, \xi_i^*\right) - \sum_{i=1}^{N} \alpha_i \left(\varepsilon + \xi_i - y_i + \boldsymbol{w} \cdot x_i + b\right) + \right.
$$
$$
\left. \sum_{i=1}^{N} \alpha^* \left(\varepsilon + \xi_i^* + y_i - \boldsymbol{w} \cdot x_i - b\right) - \sum_{i=1}^{N} \left(\beta_i \xi_i - \beta_i^* \xi_i^*\right) \right\}
\tag{13.29}
$$

其中，α、α^*，β、β^* 均表示大于 0 的拉格朗日乘子。通过对 w、b、ξ_i、ξ_i^* 求偏导，使其值等于 0，得到式(13.30)。

$$
\begin{cases}
\dfrac{\partial L}{\partial \boldsymbol{w}} = 0 \Rightarrow \boldsymbol{w} - \displaystyle\sum_{i=1}^{N} \alpha_i \varphi\left(x_i\right) + \sum_{i=1}^{N} \alpha^* \varphi\left(x_i\right) = 0 \\[3mm]
\dfrac{\partial L}{\partial b} = 0 \Rightarrow \displaystyle\sum_{i=1}^{N} \left(\alpha_i - \alpha_i^*\right) = 0 \\[3mm]
\dfrac{\partial L}{\partial \xi_i} = 0 \Rightarrow \left(C - \alpha_i\right) \xi_i = 0 \\[3mm]
\dfrac{\partial L}{\partial \xi_i^*} = 0 \Rightarrow \left(C - \alpha_i^*\right) \xi_i^* = 0
\end{cases}
\tag{13.30}
$$

利用对偶原理和核函数技术，结合式(13.29)和式(13.30)，得到最优问题。通过最优问题，可以求解得到 α_i、α_j^* 的具体值。

$$
K\left(x_i, x_j\right) = \varphi\left(x_i\right) \cdot \varphi\left(x_j\right)
\tag{13.31}
$$

$$
\max_{\alpha, \alpha^*} \left\{ -\dfrac{1}{2} \sum_{i,j=1}^{N} \left(\alpha_i - \alpha_i^*\right)\left(\alpha_j - \alpha_j^*\right) K\left(x_i, x_j\right) - \sum_{i=1}^{N} \left[\alpha_i\left(y_i - \varepsilon\right) - \alpha_i^*\left(y_i + \xi\right)\right] \right\}
$$
$$
\sum_{i=1}^{N} \left(\alpha_i - \alpha_i^*\right) = 0; \qquad 0 \leqslant \alpha_i - \alpha_i^* \leqslant C; \ i = 1, \cdots, N
\tag{13.32}
$$

其中，$K\left(x_i, x_j\right)$ 为核函数。核函数有多种形式，常用的有：高斯径向基核、多项式核、指数径向基核、多层感知核、样条核等。

给定一个函数 $K\left(x, y\right)$，高维特征空间的内积能够用给定的函数表示，则对于任意的函数 $g\left(x\right)$，有

$$
K\left(x, y\right) = \sum_{i=1}^{\infty} a_i \psi\left(x\right) \psi\left(y\right), a_i \geqslant 0
\tag{13.33}
$$

$$\iint K(x,y)g(x)g(y)\mathrm{d}x\mathrm{d}y > 0, \int g^2(x)\mathrm{d}x < 0 \tag{13.34}$$

那么，$K(x,y)$ 就对应了特征空间中的一个内积(核函数)。目前常用的核函数有以下几个。

(1) 线性函数。其表达式如下。

$$K(x_i,x) = x_i \cdot x \tag{13.35}$$

(2) 多项式核函数。其表达式如下。

$$K(x,y) = (x \cdot y + 1)^p \quad (p = 1,2,\cdots) \tag{13.36}$$

(3) 高斯径向核函数。其表达式如下。

$$K(x,y) = \mathrm{e}^{-\frac{\|x-y\|^2}{2\sigma^2}} \tag{13.37}$$

(4) Sigmoid 核函数。其表达式如下。

$$K(x,y) = \tanh\left(a(x \cdot y) + \theta\right) \tag{13.38}$$

通过实验分析，本节核函数 $K(x_i,x)$ 采用高斯径向基核函数。

$$K(x_i,x) = \exp\left(-\frac{\|x_i - x\|}{2^{\mathrm{e}^2}}\right) \tag{13.39}$$

13.2 气象因素与道路交通事故关联性分析

13.2.1 数据准备

1. 数据来源

本节主要研究两个数据集的气象数据和道路交通事故数据，它们是研究道路交通事故和气象因素之间相关性的重要基础和依据。两个数据集分别为英国利兹市和伦敦市 2010—2015 年的气象数据和道路交通事故数据。每个数据集约有 60 万条数据。数据集中包括多个列项信息，主要有道路交通事故发生时间、事故车辆类型、事故时天气情况、事故道路类型、事故时照明情况等信息。将数据分成训练和测试集，如表 13.1 所示。

表 13.1　数据集情况

数据集	数据量	数据属性	训练数据/%	测试数据/%
利兹市数据集	623 587	12	80	20
伦敦市数据集	685 349	14	80	20

2. 数据预处理

海量的数据通常会伴随一些噪声数据，这些数据给道路交通事故的分析带来不必要的麻烦。因此利用数据预处理技术，删除对分析无用的一些噪声数据，并对部分缺失数据进行填充等处理，这将在很大程度上提高数据挖掘的结果质量。本节通过以下方式对数据集进行处理。

（1）数据清理。由于采集的数据集中存在空缺和无用的数据，因此利用数据清理将数据集中对分析预测无用的一些数据进行清理，并且对部分采集不完整的数据以平均值的方式将其填充，保证数据的完整性。

（2）数据集成。每个数据集由两个表构成，一个是气象数据，另一个是道路交通事故数据。要探究两个数据表之间的关系，可通过数据集成将两个独立的数据表结合在一起，方便探究不同数据表之间数据存在的关系。

（3）数据归约。将两个数据集集成后，数据集相对较大。数据归约的思想就是在确保主要信息不丢失的情况下，尽量减小数据集大小，以便于进行数据挖掘，节省时间。常用的技术有数据压缩、离散化及进行维归约操作。本节使用数据压缩的方法。

（4）数据规范化。数据规范化通常是将数据集中的数据规定在一个适合挖掘的尽量小的区间，用以提高样本训练的学习速度。通过数据清洗、数据集成和数据归约三步处理后的数据集可能存在量纲或极值，并不能直接进行分析。因此利用规范化、聚集或平滑对数据进行简单操作，使数据适合数据挖掘分析。常用的规范化方式有三种：最小-最大规范化、零-均值规范化及小数定标规范化。下面对这三种方式进行简单介绍。

① 最小-最大规范化又称离差标准化。将原始数据值通过一定的方法转化为[0,1]之间的一种线性方式的转换法。转换公式如下。

$$x^* = \frac{x - \min}{\max - \min} \tag{13.40}$$

其中，max 代表样本数据的最大值；min 代表样本数据的最小值；max−min 代表样本数据的极差。最小-最大规范化在保证自身数据间关系的同时，一个缺点是能够很好地解决不同数据之间不同量纲所带来的问题。但是其有两个缺点：当数据集中存在 max−min 结果较大的情况时，将导致离差标准化后的所有值接近零；另一个缺点是在新数据加载时超过[min, max]的情况时，将无法进行规划，需重新定义 min 和 max。

② 零-均值规范化又称标准差标准化。通过规范化之后的数据标准差为 1 和均值为 0。转换公式如下。

$$x^* = \frac{x - \bar{x}}{\sigma} \tag{13.41}$$

其中，$\bar{x}$ 代表原始数据均值；σ 代表原始数据的标准差。零-均值规范化为当前使用最多的数据规范化方法之一。但现实生活中由于数据集离散程度的影响，一般均值和标准差都达不到要求。在上述方程中使用中位数 M 来代替 $\bar{x}$，再用绝对标准差 σ^* 取代标准差 σ，$\sigma^* = \sum_{i=1}^{n} |x_i - W|$，$W$ 为平均数或中位数。

③ 小数定标规范化主要将数据集各属性值映射到[-1,1]，要达到这个标准需要改变数据集各属性的小数位。改变的小数位数的多少是由所更改属性的绝对值最大值确定。转化公式如下。

$$x^* = \frac{x}{10^k} \qquad (13.42)$$

通过分析观察数据集数据特性，本节采用最小-最大规范化对样本的属性进行线性变换。

3. 数据分析

利用上一节介绍的技术，选择气象因素中的几种因素进行相关性分析，通过数据预处理后构建气象交通事故多元线性回归模型。

选取天气、路面状况、照明等因素的数据进行相关性分析，通过实验从中选取与道路交通事故关联性较强的因子。利用 Pearson 相关系数分析上述变量之间的线性相关性，结果如表 13.2 所示。可以得出天气、路面状况和照明情况对事故有显著影响。

表 13.2　Pearson 相关系数

因素	利兹市事故量	伦敦市事故量	天气	路面状况	照明
利兹市事故量	1				
伦敦市事故量	0	1			
天气	−0.603	−0.621	1		
路面状况	−0.189	−0.126	0.846	1	
照明	−0.337	−0.462	0.022	−0.005	1

由于天气、路面状况和照明与利兹市和伦敦市事故量之间的 perason 相关系数为负，说明随着天气、路面状况和照明情况变好，道路交通事故发生量会减少。

确定各因素之后，为得到各因素与道路交通事故之间的关联性，建立以最小二乘法为基础的多元线性回归方程，如下所示。

$$Y = \beta_0 + \beta_1 \text{weather} + \beta_2 \text{road} + \beta_3 \text{light} + \varepsilon \qquad (13.43)$$

式(13.43)中包含了天气、路面状况和照明三种因素。表 13.3 说明了式(13.43)中各参数的含义。

表 13.3　多元回归变量说明

变量名称	说明
Y	因变量(事故量)
$\beta_0, \beta_1, \beta_2, \beta_3$	常数和各变量的回归系数
$\text{weather}, \text{road}, \text{light}, \varepsilon$	天气、路面状况、照明、偏置数

以利兹市天气、路面状况和照明因素作为自变量，事故量作为因变量时多元线性的回归结果如表 13.4 所示。其中，各影响因素的回归系数分别为 $\beta_1 = -0.085$、$\beta_2 = -0.039$，

β_3=-0.065。以伦敦市天气、路面状况和照明因素作为自变量，事故量作为因变量时的多元线性回归结果如表 13.5 所示。其中，各影响因素的回归系数分别为 β_1=-0.106、β_2=-0.032，β_3=-0.096。

表 13.4　利兹市交通事故量为因变量时的多元线性回归结果

因素	系数	标准误差	t
β_0	0.483	0.017	23.347
天气	-0.085	0.023	-2.734
路面状况	-0.039	0.029	-1.356
照明	-0.065	0.035	2.352

表 13.5　伦敦市交通事故量为因变量时的多元线性回归结果

因素	系数	标准误差	t
β_0	0.413	0.013	16.238
天气	-0.106	0.020	0.329
路面状况	-0.032	0.047	1.835
照明	-0.096	0.029	-2.317

13.2.2　道路交通事故的时间变化特征

因不利天气情况直接或间接引起的道路交通事故，常被称为"气象交通事故"。不利的天气条件一般包括雨、雪、雷暴、大风、大雾等，由这些不利天气间接造成不同道路表面和不同照明情况，进而对道路交通产生影响。因此，本节利用第 13.2.1 节准备的数据集，研究上述情况对道路交通事故的影响。

1. 不同天气类型下的道路交通事故年变化情况

不同天气类型下利兹市和伦敦市道路交通事故 2010—2015 年的变化情况如图 13.8 和图 13.9 所示。两个地区不同天气类型下的受伤人数、涉事车数量、事故数量均呈现不同趋势。由图 13.8(a)、图 13.8(c)分析得出，利兹市雨天和雾天的受伤人数和事故数量相较于其余天气的要多；由图 13.8(b)分析得出，涉事车数量呈现出不规律的变化，但整体上雨、雾天气时相对较多。由图 13.9(a)、图 13.9(c)分析得出，伦敦市雨天和雾天的受伤人数和事故数量相较于其余天气的要多；由图 13.9(b)分析得出，涉事车数量呈现出不规律的变化，但整体上雨、雾和雪天气时相对较多。总体而言，利兹市和伦敦市两个地区的七种天气条件中，雨和雾天气是影响道路交通事故的主要因素，其次是雪和狂风暴雨天气。

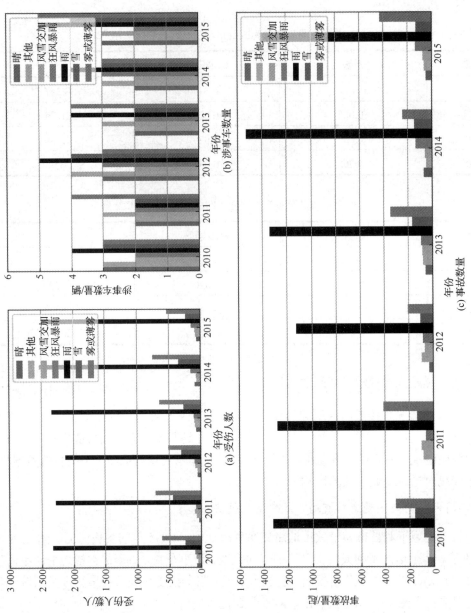

图 13.8 利兹市 2010—2015 年不同天气类型下交通事故状态

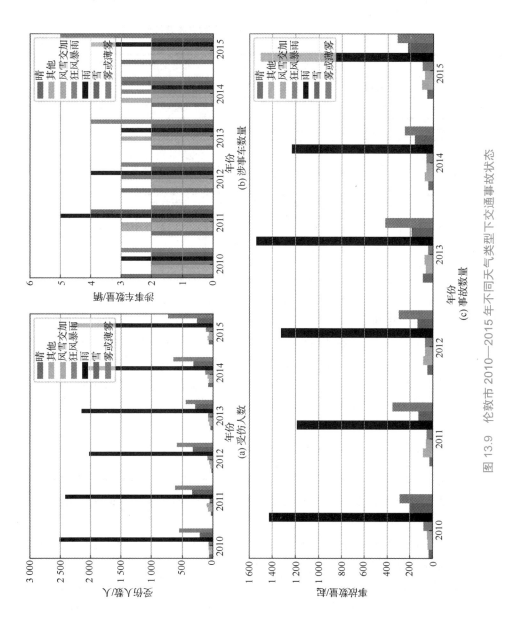

图 13.9　伦敦市 2010—2015 年不同天气类型下交通事故状态

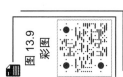

图 13.9
彩图

经统计，利兹市和伦敦市 2010—2015 年不同天气类型下对应的受伤人数、涉事车数量和事故数量所占比例分别如表 13.6 和表 13.7 所示，可以发现雨天发生交通事故的比例均最大。(注：表 13.6～表 13.11 中数据因数据处理的误差，不一定为 100%)。

表 13.6　利兹市 2010—2015 年不同天气类型下交通事故要素比例

单位：%

数据项	雨	雪	雾或薄雾	狂风暴雨	风雨交加	晴	其他
受伤人数	65.42	8.44	17.47	3.03	2.31	1.55	1.73
涉事车数量	19.38	14.51	17.74	11.26	12.04	12.13	12.90
事故数量	64.46	6.57	15.58	4.67	3.34	2.11	3.23

表 13.7　伦敦市 2010—2015 年不同天气类型下交通事故要素比例

单位：%

数据项	雨	雪	雾或薄雾	狂风暴雨	风雨交加	晴	其他
受伤人数	66.23	8.49	17.46	2.49	2.12	1.31	1.86
涉事车数量	18.58	13.27	17.69	12.38	12.36	13.27	12.38
事故数量	65.12	8.02	15.12	3.10	2.94	2.18	3.47

由表 13.6 可见，利兹市在雨天时交通事故的受伤人数、涉事车数量和事故数量所占比例分别为 65.42%、19.38%和 64.46%；雾天时交通事故的受伤人数、涉事车数量和事故数量所占比例分别为 17.47%、17.74%和 15.58%，都大于其余天气。由表 13.7 可见，伦敦市在雨天时交通事故的受伤人数、涉事车数量和事故数量所占比例分别为 66.23%、18.58%和 65.12%；雾天时交通事故的受伤人数、涉事车数量和事故数量所占比例分别为 17.46%、17.69%和 15.12%。而晴、狂风暴雨、风雨交加及其他天气下发生交通事故的比例相对较少。

2. 不同路面状况下的道路交通事故年变化情况

不同路面状况下利兹市和伦敦市道路交通事故 2010—2015 年的变化情况如图 13.10 和图 13.11 所示。两个地区不同路面状况下的受伤人数、涉事车数量、事故数量均呈现不同趋势。

由图 13.10(a)、图 13.10(c)分析得出，利兹市霜/冰和湿路面状况的受伤人数和事故数量相较于其余路面状况的要多；由图 13.10(b)分析得出，涉事车数量呈现出不规律的变化，但整体上霜/冰和湿路面状况时相对较多。由图 13.11(a)、图 13.11(c)分析得出，伦敦市霜/冰和湿路面状况的受伤人数和事故数量相较于其余路面状况的要多；由图 13.11(b)分析得出，涉事车数量呈现出不规律的变化，但整体积上雪、霜/冰和湿路面状况时相对较多。总体而言，利兹市和伦敦市两个地区的六种路面状况中，霜/冰和湿路面状况是造成道路交通事故的主要因素，其次是积雪和积水路面。

经统计，2010—2015 年不同路面状况下对应的受伤人数、涉事车数量和事故数量所占比例分别如表 13.8 和表 13.9 所示，可以发现霜/冰路面状况发生交通事故的比例均最大。

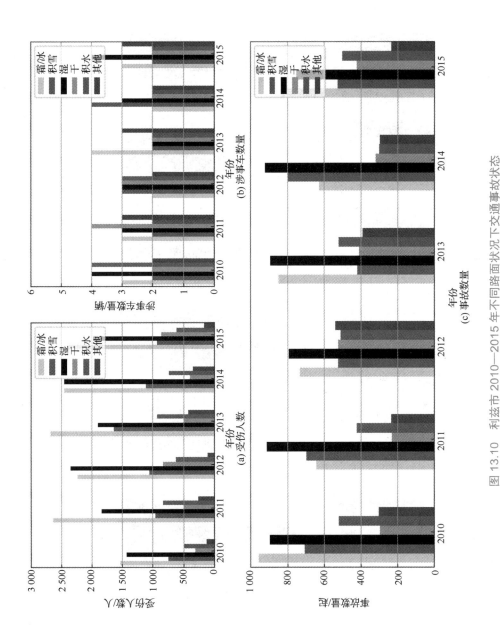

图 13.10 利兹市 2010—2015 年不同路面状况下交通事故状态

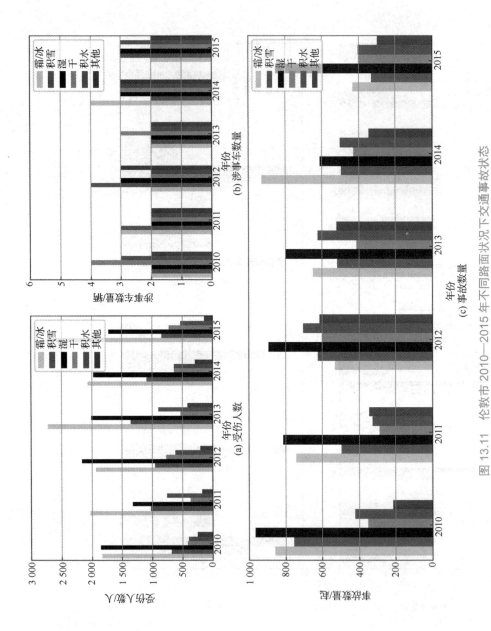

图 13.11　伦敦市 2010—2015 年不同路面状况下交通事故状态

表 13.8　利兹市 2010—2015 年不同路面状况下交通事故要素比例

单位：%

数据项	霜/冰	积雪	湿	积水	干	其他
受伤人数	33.74	15.57	28.89	8.14	10.24	3.39
涉事车数量	17.70	15.62	19.79	15.62	15.62	15.62
事故数量	22.64	17.91	25.24	10.78	13.58	9.81

表 13.9　伦敦市 2010—2015 年不同路面状况下交通事故要素比例

单位：%

数据项	霜/冰	积雪	湿	积水	干	其他
受伤人数	34.16	15.24	28.37	8.73	9.76	3.71
涉事车数量	16.48	17.58	16.48	17.58	16.48	15.38
事故数量	20.60	16.02	24.56	12.34	14.82	11.64

由表 13.8 可见，利兹市在霜/冰路面状况时交通事故的受伤人数、涉事车数量和事故数量所占比例分别为 33.74%、17.70% 和 22.64%；湿路面状况下交通事故的受伤人数、涉事车数量和事故数量所占比例大于其余路面状况，分别为 28.89%、19.79% 和 25.24%；而积水、干燥路面状况下发生交通事故的比例相对较少。由表 13.9 可见，伦敦市在霜/冰路面状况下交通事故的受伤人数、涉事车数量和事故数量所占比例分别为 34.16%、16.48% 和 20.60%；湿路面状况下交通事故的受伤人数、涉事车数量和事故数量所占比例大于积雪路面状况，分别为 28.37%、16.48% 和 24.56%；而积水、干燥路面状况下发生交通事故的比例相对较少。

3.　不同照明情况下的道路交通事故年变化情况

不同照明情况下利兹市和伦敦市道路交通事故 2010—2015 年的变化情况如图 13.12 和图 13.13 所示。两个地区不同照明情况下的受伤人数、涉事车数量、事故数量均呈现不同趋势。

由图 13.12 和图 13.13 分析得出，不论是利兹市还是伦敦市，在夜晚无论有无照明，其受伤人数和事故数量都是最多的，利兹市的涉事车数量也是呈现这种变化；而伦敦市的涉事车数量则呈现出不规律的变化，但夜间灯光情况相对于其余状态，涉事车数量相对较多，如图 13.13(b)所示。通过以上分析，在利兹市和伦敦市两个地区的四种照明情况中，夜晚情况是影响道路交通事故的主要因素。

经统计，2010—2015 年不同照明情况下对应的受伤人数、涉事车数量和事故数量所占比例分别如表 13.10 和表 13.11 所示，可以发现夜/无灯情况下发生交通事故的比例均最大。

由表 13.10 可见，利兹市在夜/无灯情况下交通事故的受伤人数、涉事车数量和事故数量所占比例分别为 32.32%、30.76% 和 43.19%；相较于夜/无灯情况，夜/路灯点亮、白昼和其他情况发生道路交通事故的比例相对较少。由表 13.11 可见，伦敦市在夜/无灯情况下交通事故的受伤人数、涉事车数量和事故数量所占比例分别为 31.39%、28.56% 和 43.67%；相较于夜/无灯情况下，夜/路灯点亮、白昼和其他情况发生道路交通事故的比例相对较少。

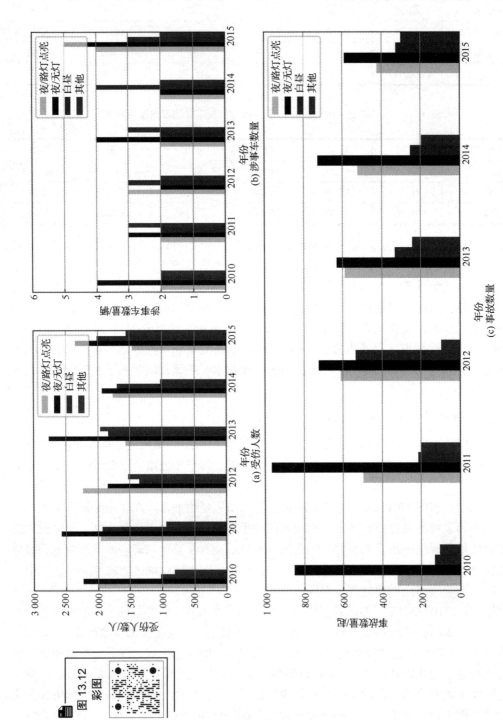

图 13.12　利兹市 2010—2015 年不同照明情况下交通事故状态

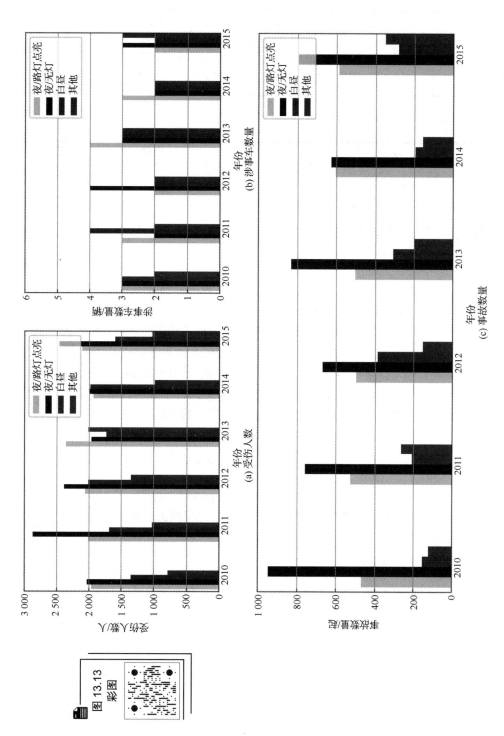

图 13.13　伦敦市 2010—2015 年不同照明情况下交通事故状态

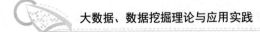

表 13.10　利兹市 2010—2015 年不同照明情况下交通事故要素比例

单位：%

数据项	夜/路灯点亮	夜/无灯	白昼	其他
受伤人数	25.96	32.32	23.28	18.44
涉事车数量	23.07	30.76	24.61	21.56
事故数量	28.55	43.19	17.25	11.01

表 13.11　伦敦市 2010—2015 年不同照明情况下交通事故要素比例

单位：%

数据项	夜/路灯点亮	夜/无灯	白昼	其他
受伤人数	28.45	31.39	23.72	16.44
涉事车数量	24.56	28.56	25.00	21.88
事故数量	30.00	43.67	14.53	11.8

13.2.3　RTAIF 构建和时间变化特征

交通事故对经济造成巨大的损失，多种多样的因素共同影响道路交通事故，而且每种因素造成的影响程度都不相同。因此，定义一个道路交通事故的影响因子(Road Traffic Accident Impact Factor，RTAIF)，以表示单个或多个因素对道路交通事故发生的影响程度。

RTAIF 通过 Pearson 相关系数和线性回归系数法得到，计算多种影响因素对道路交通事故的影响程度。首先，计算出多种因素和道路交通事故之间的 Pearson 相关系数及各因素和道路交通事故之间的线性回归系数与偏重；然后，根据每个影响因素的影响大小确定权重因子；最后，求两者之和作为各因素对道路交通事故的影响因子。RTAIF 越大，表示影响交通事故的程度越大，即发生交通事故的概率越大。其计算公式如下。

$$\text{RTAIF} = \sum_{i=1}^{n} \left(w_{\text{cpi}} \cdot \text{Person} + w_{\text{cli}} \cdot \text{Coefficient} \right) + \beta \tag{13.44}$$

其中，Pearson 表示单个影响因素和道路交通事故的 Pearson 相关系数；Coefficient 表示单个影响因素和道路交通事故的线性回归系数；w_{cpi} 和 w_{cli} 为权重值；β 表示偏重值；n 表示多种不同影响因素。

1. 不同天气类型的 RTAIF

2010—2015 年，利兹市和伦敦市七种天气条件下 RTAIF 的逐年变化情况如图 13.14 和图 13.15 所示。

由图 13.14 可见，首先是利兹市雨天的 RTAIF 变化幅度最大，大约介于 4 和 24 之间；其次是雪和雾或薄雾天气的 RTAIF 变化幅度，大约介于 3 和 12 之间；最后是其余几种天气的 RTAIF 变化幅度基本在 0 到 5 之间波动。由图 13.15 可见，首先是伦敦市雨天的 RTAIF 变化幅度最大，大约介于 5 和 22 之间；其次是雪天气的 RTAIF 变化幅度，大约介于 5 和 15 之间；最后是其余天气的 RTAIF 变化幅度较小。综合来看，雨、雪和雾或薄雾天气发生重大交通事故的可能性大于其他天气类型。

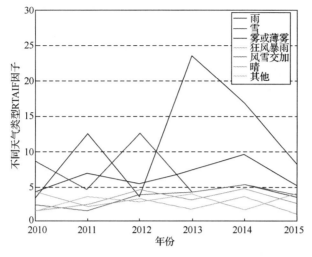

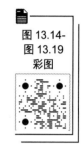

图 13.14　利兹市不同天气类型下 RTAIF 逐年变化情况

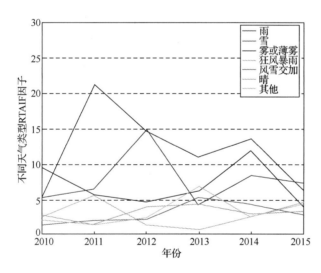

图 13.15　伦敦市不同天气类型下 RTAIF 逐年变化情况

2. 不同路面状况的 RTAIF

2010—2015 年，利兹市和伦敦市六种路面状况下 RTAIF 的逐年变化情况如图 13.16 和图 13.17 所示。由图 3.16 可见，首先是利兹市湿路面状况的 RTAIF 变化幅度较大，大约介于 3.0 和 5.8 之间；其次是霜/冰和积雪路面状况的 RTAIF 变化幅度，大约介于 3.5 和 5.5 之间；其余几种路面状况的 RTAIF 变化幅度基本在 1 到 3.2 之间波动。由图 13.17 可见，首先是伦敦市湿路面状况的 RTAIF 变化幅度最大，大约介于 2.9 和 5.2 之间；其次是霜/冰和积雪路面状况的 RTAIF 变化幅度，大约介于 3.5 和 5 之间；最后是路面状况的 ATAIF 变化幅度介于 1.9 到 3.1 之间。综合来看，湿、霜/冰和积雪路面状况发生重大交通事故的可能性大于其余路面状况。

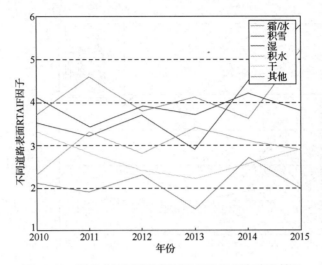

图 13.16　利兹市不同路面状况下 RTAIF 逐年变化情况

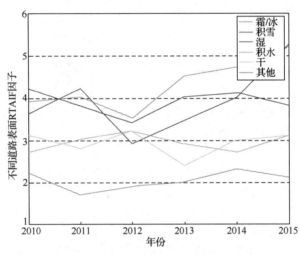

图 13.17　伦敦市不同路面状况下 RTAIF 逐年变化情况

3.　不同照明情况的 RTAIF

2010—2015 年，利兹市和伦敦市四种照明条件下 RTAIF 的逐年变化情况如图 13.18 和图 13.19 所示。

由图 13.18 可见，首先是利兹市夜/无灯条件下的 RTAIF 变化幅度最大，大约介于 3.2 和 5.1 之间，整体在 4 以上；其次是夜/路灯点亮条件下的 RTAIF 变化幅度，整体在 3 到 4 之间；最后是其余几种照明条件下的 RTAIF 变化幅度基本在 2 到 3 之间波动。由图 13.19 可见，首先是伦敦市夜/无灯和夜/路灯点亮条件下的 RTAIF 变化幅度最大，大约介于 2.7 和 5.3 之间；首先是其余几种照明条件下的 RTAIF 变化幅度基本在 2 到 3 之间。综合来看，在夜晚(有/无灯光)时发生重大交通事故的可能性大于其余照明条件。

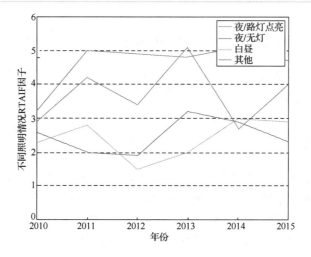

图 13.18　利兹市不同照明情况下 RTAIF 逐年变化情况

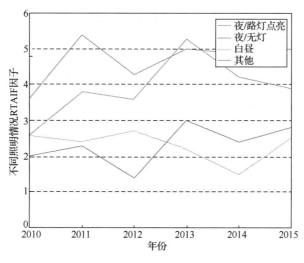

图 13.19　伦敦市不同照明情况下 RTAIF 逐年变化情况

13.3　气象因素下道路交通事故数量的预测模型

本节利用上一节得到的天气、路面状况和照明因素中造成道路交通事故的主成分因子,构建多因素和单因素道路交通事故预测模型。通过长短时记忆网络和差分自回归模型,构建多因素预测模型,以天气、路面状况和照明三种主成分因子作为输入,事故数量作为输出,进行多因素预测模型的训练;通过极限学习和支持向量机,构建单因素预测模型,分别以天气、路面状况和照明中的一种影响因素作为输入,事故数量作为输出,进行单因素预测模型的训练。利用利兹市和伦敦市的两个数据集对构建的单因素和多因素预测模型进行实验验证。

13.3.1　基于双尺度长短时记忆网络的交通事故数量预测模型

道路交通事故的发生往往不是由一个因素造成的，因此，本节研究多因素对道路交通事故的影响，利用不同的因素构建预测模型。该模型是一种多输入、单输出的预测模型，主要利用过去的天气、路面状况和照明条件与道路交通事故数据分析它们之间的关联性。当输入新的多个影响因素时，可预测下一时刻道路交通事故发生情况。

道路交通数据由线性部分和非线性部分组成，ARIMA 模型主要用以处理平稳的线性数据，对于部分非线性复杂时间序列数据的处理效果不理想。本节利用 LSTM 优秀特性对 ARIMA 模型未处理的非线性复杂时间序列数据进行建模预测。将 LSTM 与 ARIMA 模型相结合，构建了 DS-LSTM-ARIMA 模型。实验表明，DS-LSTM-ARIMA 模型相较于原始的 LSTM 和 ARIMA 模型具有更高的预测精度，同时具有良好的鲁棒性和自适应能力。

1. 构建 LSTM 预测模型

LSTM 模型构建流程如图 13.20 所示。建立 LSTM 模型需要以下几个步骤。

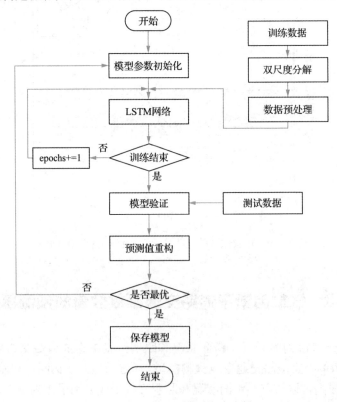

图 13.20　LSTM 模型构建流程

(1) LSTM 模型数据预处理。原始时序数据一般不能直接输入到构建的神经网络模型。为了使神经网络能够对原始时序数据进行预测，需要对原始数据进行相应处理。LSTM 预测模型想要使用与天气相关的交通事故数据，需要将原始数据通过窗口转变成二维矩阵的

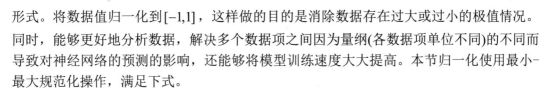

形式。将数据值归一化到[-1,1]，这样做的目的是消除数据存在过大或过小的极值情况。同时，能够更好地分析数据，解决多个数据项之间因为量纲(各数据项单位不同)的不同而导致对神经网络的预测的影响，还能够将模型训练速度大大提高。本节归一化使用最小-最大规范化操作，满足下式。

$$y_t = (y_{t(\max)} - y_{t(\min)})\frac{x_t - x_{t(\min)}}{x_{t(\max)} - x_{t(\min)}} + y_{\min(t)} \tag{13.45}$$

其中，x_t 为 t 时刻的输入数据；$x_{t(\max)}$ 和 $x_{t(\min)}$ 是 t 时刻模型输入训练数据的上界和下界；$y_{t(\max)}$ 和 $y_{t(\min)}$ 是数据映射后值域的上界和下界，分别设为 1 与 -1。

(2) LSTM 模型参数初始化。想达到较好的预测性能，需要在初始化的时候确定模型的权值、激活函数及通过何种方式能够有效避免出现过拟合的情况等。其中，对模型拟合效果产生较大影响的是学习率和窗口函数。本节通过 Keras 框架来构建 LSTM 神经网络，在模型构建之前要求确认该框架下构建 LSTM 模型所需要的参数及参数确定方式。

(3) 利用 Adam 优化算法确定权重。Adam 通过计算梯度一阶矩阵或二阶矩阵为不同的参数设计相对独立的自适应学习率(监督学习中的超参数，决定了目标函数能否收敛到局部最小和何时收敛到最小)。

(4) 训练输出。通过步骤(2)之后利用 Pycharm 平台，使用 Keras 框架完成对 LSTM 的模型构建，并使用 Tensorflow 完成模型整体架构。将步骤(1)处理后的数据输入到构建好的训练模型中，然后进行模型训练，在训练中迭代达到设定的峰值后，训练结束。

(5) 输出数据的反归一化。一般神经网络的输出并不能代表最终值，由于预处理将数据进行归一化操作，因此需要将数据进行一次逆向归一化操作得到真实输出值。这种方式被称为反归一化。

2．构建 ARIMA 预测模型

ARIMA 模型中的 p、d、q 三个参数代表了自回归项阶数、序列差分阶数、移动平均阶数，这几个参数都可以手动设定。ARIMA 模型构建流程如图 13.21 所示。建立 ARIMA 模型需要以下几个步骤。

(1) 时间序列平稳性检测。如果输入序列不是平稳时间序列，则需要对其进行差分操作使其趋于平稳。通过差分操作确定时间序列差分阶数 d。通过确定差分阶数就可以构建 ARIMA 预测模型。但是需要注意的是，部分原始数据的特性在差分的时候有可能会被删除。因此在差分之前对数据进行一定的分析，确定差分范围，然后逐渐确定终值。

(2) 确定模型阶数。ARIMA 模型的定阶过程，就是确定 p、d、q 的值。通常根据自相关函数(ACF)和偏自相关函数(PACF)的生成图确认差分阶数 d。然后通过一定的准则确定相应的回归项阶数和移动平均数阶数。一般通过关系能够获得多个合适的 p 和 q 值。根据 p 和 q 绘制图形，通过观察图形的特征来选取 p 和 q 的值。p 和 q 的最大值选取规则如表 13.12 所示。

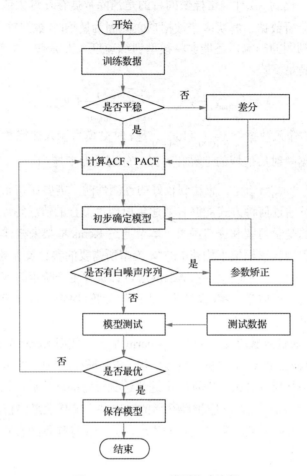

图 13.21　ARIMA 模型构建流程

表 13.12　ARIMA 定阶准则

模型	ACF 图特征	PACF 图特征
AR(p)	拖尾	p 阶截尾
MA(q)	q 阶截尾	拖尾
ARMA(p,q)	拖尾	拖尾

如果 ACF 和 PACF 在某一个阶数之后慢慢地变成 0,这时就称其是截尾。但是如果在无论阶数如何 ACF 及 ACF 都没有这种方式的变换,就称其是拖尾。在满足第一种情况的时候,则 p 和 q 的最大值就是 ACF 及 PACF 的截断位置。因此它们的组合就产生了多个 ARIMA 模型,通过步骤(3)进行验证得到在不同的 p 和 q 取值情况下模型的性能。

(3) 模型检验。通过步骤(2)可以得到多个模型,对每个模型进行白噪声检测,最终确认模型具体参数值。

3. 双尺度分解重构

所用的气象交通事故数据是非平稳且特征复杂的数据。利用双尺度方程将原始数据进行分解和重构处理，是一种有效的数据处理方式。该方式对处理非平稳和数据特征复杂的数据有很好的效果，使非平稳数据经过处理后趋于近似平稳，并降低数据复杂度。具体计算如下。

$$\varphi(t) = \sum_{n=-p}^{q} h(n)\varphi(2t-n) \tag{13.46}$$

$$\psi(t) = \sum_{n=1-q}^{1+p} g(n)\psi(2t-n) \tag{13.47}$$

其中，$g(n) = (-1)^n h(1-n)$，$h(n)$ 和 $g(n)$ 为滤波系数；p 和 $q \geq 0$，$(p+q)$ 为奇数，令 $p+q+1=2M$，M 为正整数。

当 $n \in [0, p+q]$ 时，式(13.46)变为

$$\varphi(t) = \sum_{n=0}^{p+q} h(n-p)\varphi(2t-n+p) \tag{13.48}$$

式(13.47)变为

$$\psi(t) = \sum_{n=0}^{p+q} g(n+1-q)\psi(2t-n-1+q) \tag{13.49}$$

设 $a(n) = h(n-p)\sqrt{2}$，其中 $n=0,1,\cdots,p+q$，则有 $h(n) = a(n+p)\sqrt{2}$，其中 $n=-p,-p-1,\cdots,q$，代入式(13.48)；设 $b(n) = (-1)^{n-q+1} a(2M-1-n)$，代入式(13.49)，可以得到

$$\varphi(t) = \sqrt{2}\sum_{n=0}^{p+q} a(n)\varphi(2t-n+p) = \sqrt{2}\sum_{n=0}^{2M-1} a(n)\varphi(2t-n+p) \tag{13.50}$$

$$\psi(t) = \sum_{n=0}^{p+q} \sqrt{2}b(n)\psi(2t-n-1+q) = \sum_{n=0}^{2M-1} \sqrt{2}b(n)\psi(2t-n-1+q) \tag{13.51}$$

设 $t=2^{-j}t-k$，代入式(13.50)；设 $t=t-k$，代入式(13.51)，可以得到

$$\varphi(2^{-j}t-k) = \sqrt{2}\sum_{n=0}^{2M-1} a(n)\varphi(2^{-j+1}t-2k-n+p) \tag{13.52}$$

$$\psi(t-k) = \sqrt{2}\sum_{n=0}^{2M-1} b(n)\psi(2t-2k-n-1+q) \tag{13.53}$$

假设给定离散信号 $c^0(k)$，其中 $k=0,1,2,\cdots,2^n$。根据分解思想，由式(13.52)和式(13.53)推导得出

$$
\begin{aligned}
c_{j,k} &= \langle f(t), \varphi_{j,k}(t) \rangle = \int_R f(t)\sqrt{2^{-j/2}}\varphi(2^{-j}t-k)\mathrm{d}t \\
&= \sum_{n=0}^{2M-1} a_n \int_R f(t)\sqrt{2^{(-j+1)/2}}\varphi(2^{-j+1}t-2k-n+p)\mathrm{d}t \\
&= \sum_{n=0}^{2M-1} a_n \langle f(t), \varphi_{j-1,2k+n-p}(t) \rangle = \sum_{n=0}^{2M-1} a_n c_{j-1},2k+n-p
\end{aligned}
\tag{13.54}
$$

即

$$L_j(k) = \sum_{n=0}^{2M-1} a(n) c_{j-1}(2k+n-p) \tag{13.55}$$

使用同样方法可得

$$D_j(k) = \sum_{n=0}^{2M-1} b(n) c_{j-1}(2k+n+1-p) \tag{13.56}$$

其中，$j = 1, 2, \cdots, n$；$k = 0, 1, 2, \cdots, 2^{n-j}$，$L_j(k)$ 和 $D_j(k)$ 为原数据分解的序列。

由重构原理依据式(13.50)和式(13.53)推导出重构方程为

$$f(t) = \sum_{k=0}^{2^{n-j}} c_j(k) 2^{(n-j)/2} \varphi\left(2^{n-j}t-k\right) + \sum_{k=0}^{2^{n-j}} d_j(k) 2^{(n-j)/2} \psi\left(2^{n-j}t-k\right) \tag{13.57}$$

设下列形式的信号 $f(t)$ 展开式为

$$\begin{aligned}
f(t) &= \sum_{k=0}^{2^{n-j}} c_j(k) 2^{(n-j)/2} \sum_{m=0}^{2M-1} a(m) \varphi\left(2^{n-j+1}t-2k-m+p\right) + \\
&\quad \sum_{k=0}^{2^{n-j}} d_j(k) 2^{(n-j)/2} \sum_{m=0}^{2M-1} b(m) \psi\left(2^{n-j+1}t-2k-m+p-1\right) \\
&= f_1(t) + f_2(t)
\end{aligned} \tag{13.58}$$

对上式两边同乘 $2^{(n-j+1)/2} \varphi\left(2^{n-j+1}t-2n\right)$，在 $(-\infty, \infty)$ 上积分利用正交性，在 $f_1(t)$ 中，只有当 $2k+m-p=2n$，即 $m=2n-2k+p$ 时，对应项不为零，设 m 取 $2i+1(i=0,1,\cdots,M-1)$，这时 $k=n-i+(p-1)/2$；又在 $f_2(t)$ 中，只有当 $2k+m-q+1=2n$，即 $m=2n+q-1-2k$ 时，对应项不为零，设 m 取 $2i+1(i=0,1,\cdots,M-1)$，因此 $k=n-i+q/2-1$。综合上面的结果可得

$$c_{j-1}(2n) = \sum_{n=0}^{M-1} a(2k) c_j\left(n-k+\frac{p-1}{2}\right) + \sum_{n=0}^{M-1} b(2k) d_j\left(n-k+\frac{q}{2}-1\right) \tag{13.59}$$

使用同样方法得到

$$c_{j-1}(2n+1) = \sum_{n=0}^{M-1} a(2k+1) c_j\left(n-k+\frac{p+1}{2}\right) + \sum_{n=0}^{M-1} b(2k+1) d_j\left(n-k+\frac{q}{2}\right) \tag{13.60}$$

4. 构建 DS-LSTM-ARIMA 模型

基于上述 ARIMA 和 LSTM 预测模型构建 DS-LSTM-ARIMA 预测模型。DS-LSTM-ARIMA 预测模型是通过组合双尺度方程、长短时记忆网络和自回归差分滑动平均模型进行预测的。该模型的构建流程如图 13.22 所示。

构建 DS-LSTM-ARIMA 预测模型的步骤如下。

(1) 通过收集原始交通事故数据，进行预处理操作，分析其关联性；然后依据分析结果确定主成分因子并将数据分成两部分(训练集和测试集)。

(2) 将训练集的主成分因子通过双尺度分解输入到 LSTM 预测模型；同时检测训练集中数据的平稳性，输入到 ARIMA 预测模型中，进行模型训练。

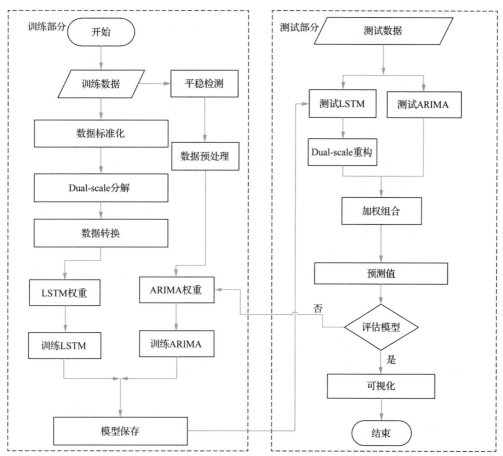

图 13.22　DS-LSTM-ARIMA 模型构建流程

(3) 对上一步中训练得到的模型利用测试集进行测试，利用双尺度重构将 LSTM 预测值进行重构，得到最终 LSTM 的预测值；然后利用平均加权法确定 ARIMA 和重构后的 LSTM 预测值的权重，进行组合，得到最终预测值。

(4) 将上一步中得到的最终预测值和实际值进行比较，确定模型的性能，判断是否达到最优(在此利用准确率判断)，如果是最优则保存模型；反之继续执行步骤(2)和(3)，直到达到理想最优模型，将模型和参数保存。

利用平均权重法获得最终预测值 $\tilde{y}$，如式(13.61)所示。

$$\tilde{y} = \sum_{i=1}^{n} w_i f(t)_i + w_{AN} f(t)_{AN} \tag{13.61}$$

其中，w_i、w_{AN} 为各子层预测值权重，利用平均权重法进行权重确定，即

$$w_i = \frac{f(t)_i}{\sum_{j=1}^{n+1} f(t)_j} \quad (i = 1, \cdots, n+1) \tag{13.62}$$

其中，$f(t)_i$、$f(t)_j$ 表示各子层预测结果；w_{n+1}、$f(t)_{n+1}$ 即为 w_{AN}、$f(t)_{AN}$。

13.3.2　基于极限学习机和支持向量机的交通事故数量预测模型

由于存在多种不确定因素，通常获取道路交通事故的多种因素并不完整，无法利用多输入预测模型进行预测。因此本节研究单因素对道路交通事故影响的问题，通过数据分析结果，利用极限学习机和支持向量机构建一个单输入、单输出的道路交通事故预测模型。

由 13.1.3 节可知，ELM 作为一个权值和隐层阈值，可以人为随机设定的一个前向反馈神经网络。相较于传统的神经网络而言，其仅需要设置隐层节点数。想要得到高精度的预测结果，隐层节点的数量需要增加。但是，隐层节点的增多反过来会大大降低神经网络的训练速度，并且一定情况下影响训练效果。由 13.1.4 节可知，SVM 是一种新型的结构化风险最小的机器学习，与神经网络相比，SVM 学习速度快，但是单一的 SVM 预测精度不高。

因此，本节构建 ELM-SVM 预测模型。首先该模型通过将预处理数据分别输入构建的 SVM 和 ELM 预测模型得到预测值，然后利用方差倒数法求取两个预测值的权重，得到最终预测值。实验表明，该模型的预测精度高于单个 SVM 和 ELM 预测模型，同时具有良好的鲁棒性和自适应性。

1. 构建 ELM 预测模型

构建 ELM 预测模型的主要步骤如下。

(1) 将原始数据分割成两部分(训练集和测试集)。对训练集进行分析处理用以训练模型，通过分析选择主成分影响因素作为 ELM 的输入。

(2) 参数初始化。将上一步选出的主成分因素标准化，利用训练集训练模型，得出模型的参数。这些参数包括隐层节点的最大数目 L、激活函数 $f(x)$、权重系数 w、隐层神经元阈值 b 等，通过设定激活函数能够得到隐层输出矩阵 $\boldsymbol{H}$。

(3) 利用步骤(1)分割出的测试集对步骤(2)得到的模型进行测试，得到预测值，用一定评价标准(准确度)评价模型，如果模型达到预期，保存模型和参数；反之重复执行步骤(2)、步骤(3)，直到达到预期。

ELM 模型构建流程如图 13.23 所示，其中 M 和 N 表示输入层和输出层的神经元个数。

2. 构建 SVM 预测模型

构建 SVM 预测模型的主要步骤如下。

(1) 数据特征选择。将数据集分割成训练集和测试集，对训练集利用关联分析方法，确定各因素之间的关联性，选择其中的几个密切关联特征组成特征序列。

(2) 数据预处理。将上一步选择的特征数据进行无量纲、归一化等处理，使其能够满足 SVM 输入数据的要求。

(3) 参数初始化。选择核函数和参数，利用上一步处理后的数据，输入到构建的 SVM 预测模型中，进行模型训练，保存模型和训练参数。

(4) 将预测模型得到的值进行反向归一化处理，得到理论预测值，然后利用真实值与其进行比较，并利用分割的测试集对模型进行测试。评估模型的优良性，重复执行步骤(1)、步骤(2)、步骤(3)、步骤(4)，得到最优预测模型，并保存。

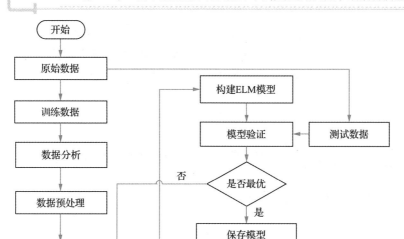

图 13.23　ELM 模型构建流程

SVM 模型构建流程如图 13.24 所示。

3. 构建 ELM-SVM 模型

下面基于上述 ELM 和 SVM 预测模型构建 ELM-SVM 预测模型。ELM-SVM 预测模型是通过组合极限学习机与支持向量机模型进行预测的。构建 ELM-SVM 预测模型的主要步骤如下。

(1) 将原始数据分割成两部分(训练集和测试集)，进行分析和预处理操作，依据分析结果确定主成分因素。

(2) 将上一步分割出的训练集中的主成分因素预处理后输入到构建的 SVM 和 ELM 预测模型，得到各模型的预测值。然后利用方差倒数法确定两个模型输出预测值的权重，得到最终预测值。

(3) 利用测试集对 ELM-SVM 预测模型进行测试，利用一定评价标准(在此使用准确度)判断模型的优劣。如果达到预期效果，则保存模型；反之，重复执行步骤(2)、步骤(3)，直到达到预期效果，保存模型和参数。

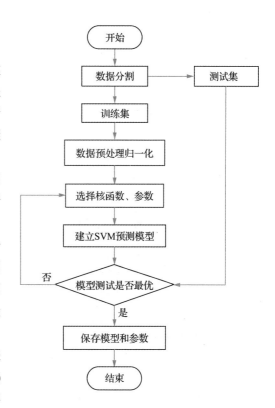

图 13.24　SVM 模型构建流程

利用方差倒数确定两个模型的输出预测值的权重。权重计算过程如下。

(1) 计算各模型的输出预测值与输入的真实值之间的误差平方和。

(2) 按照整体误差平方和最小的原则确定各模型权重。具体公式为

$$w_j = e_j^{-1} \sum_{j=1}^{m} e_j^{-1} \tag{13.63}$$

其中，$e_j = \sum_{j=1}^{m} \left(\tilde{y}_{tj} - y_{tj} \right)^2$。$\tilde{y}_{tj}$ 是在 t 时刻第 j 种预测模型的预测值，y_{tj} 是 t 时刻第 j 种预测模型的真实值。最终预测值计算公式为

$$Y_t = \frac{\sum_{i=1}^{m} w_i \tilde{y}_{ti}}{m} \tag{13.64}$$

其中，Y_t 是 t 时刻的最终预测值；m 在这里为 2，表示预测模型数；w_i 表示第 i 种预测模型的权重。

ELM-SVM 模型构建流程如图 13.25 所示。

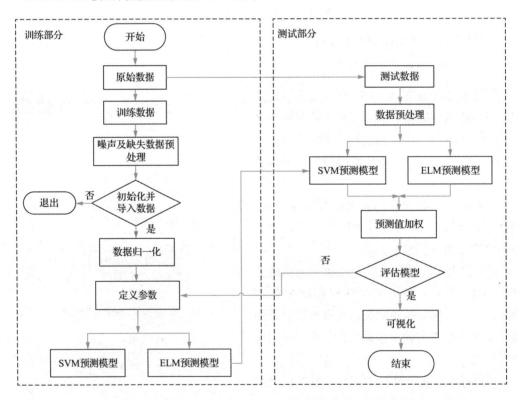

图 13.25　ELM-SVM 模型构建流程

13.3.3　实验结果与分析

1．实验环境与评价指标

本节利用 Python 3.6.6 和 Tensonflow2.4.2 在 Windows 10 下的 Pycharm 编译器中进行测试。其衡量模型性能的评价标准为以下四个：平均绝对误差(Mean Absolute Error，MAE)、均方误差(Mean Squared Error，MSE)、均方根误差(Root Mean Square Error，RMSE)和准确率(Accuracy，ACC)。相关定义如下。

$$MAE = \frac{1}{N}\sum_t \left|\tilde{y}(t) - y(t)\right| \tag{13.65}$$

$$MSE = \sqrt{\left(\tilde{y}(t) - y(t)\right)^2} \tag{13.66}$$

$$RMSE = \sqrt{\frac{1}{N}\sum_{i=1}^{N}\left(y(t) - \tilde{y}(t)\right)^2} \tag{13.67}$$

$$ACC = 1 - \left[\frac{\sum_{t=0}^{N}\left|\tilde{y}(t) - y(t)\right|}{\sum_{t=0}^{N} y(t)}\right] \tag{13.68}$$

其中，$y(t)$ 表示在 t 时刻交通事故数量的实测值；$\tilde{y}(t)$ 为预测值；N 表示样本个数。

将两个数据集分别进行处理，然后进行单影响因素和多影响因素交通事故数量预测。在此主要利用 DS-LSTM-ARIMA 模型进行多影响因素预测；利用 ELM-SVM 模型进行单影响因素预测。利用同一个数据集采用不同算法对结果进行比较，判断本节提出算法的优劣性。

2．DS-LSTM-ARIMA 模型效果

在此评价三个交通事故预测模型，包括 LSTM 模型、ARIMA 模型和新提出的 DS-LSTM-ARIMA 模型。

为测试 DS-LSTM-ARIMA 模型的有效性，需要确定模型的各个参数，包括 epochs(训练次数)和 p、d、q。当时序数据是非平稳的情况时，需要使用差分将其转换为平稳数据。从 ADF 实验结果分析得到数据是不平稳的，因此对其进行差分，通过测试一阶差分(d=1)后数据达到稳定，并定下 $p \subset (1,3)$ 和 $q \subset (1,3)$。ARIMA 依据 AIC 和 SC 准则确定阶数，拟合度越高，AIC、SC 值越小。根据 epochs 确定 DS-LSTM 模型达到最优时的训练次数。表 13.13 为不同 ARIMA 模型的 AIC、SC 和准确率。表 13.14 为 DS-LSTM 在不同 epochs 下预测模型的准确率。

由表 13.13 可见，利兹市和伦敦市两个数据集最优的 p、d、q 值。利兹市在模型为 ARIMA(1,1,1)时最佳，伦敦市在模型为 ARIMA(3,1,2)时最佳。由表 13.14 可见，利兹市和伦敦市两个数据集最优的 epochs 值。利兹市在 epochs=900 时最优，伦敦市在 epochs=700 时最优。

表 13.13　不同 ARIMA 模型的 AIC、SC 和准确率

模型参数(p,d,q)	AIC 值	SC 值	ACC/%
利兹市数据集			
ARIMA(1,1,2)	2.449 1	2.404 8	68.358 2
ARIMA(2,1,2)	2.032 5	2.416 8	73.258 6
ARIMA(3,1,2)	2.006 4	2.435 8	75.746 3
ARIMA(2,1,3)	2.163 3	2.473 2	70.982 4
ARIMA(1,1,1)	1.936 8	2.354 6	77.590 6
伦敦市数据集			
ARIMA(1,1,2)	2.551 2	2.368 4	69.591 4
ARIMA(2,1,2)	2.312 5	2.432 6	70.420 2
ARIMA(3,1,2)	1.832 1	2.253 4	73.623 9
ARIMA(2,1,3)	2.947 6	2.451 2	64.254 3
ARIMA(1,1,1)	2.214 2	2.368 4	71.300 2

表 13.14　DS-LSTM 模型不同 epochs 的准确率

epochs	利兹市数据集 ACC/%	伦敦市数据集 ACC/%
400	74.889 1	84.840 6
500	79.325 0	85.250 3
600	79.924 6	85.921 7
700	81.528 7	88.187 6
800	82.091 5	88.029 2
900	83.207 9	88.017 2
1 000	82.295 2	85.432 9

　　利兹市在 epochs=900，(p,d,q)=(1,1,1)时的三种交通事故数量预测模型结果如图 13.26 所示。伦敦市在 epochs=700，(p,d,q)=(3,1,2)时的三种交通事故数量预测模型结果如图 13.27 所示。其中的小图为 1 月份事故发生数量的局部放大效果。

　　由图 13.26 可知，DS-LSTM-ARIMA 模型预测结果相较于 LSTM、ARIMA 模型更加接近真实值。由图 13.27 可知，DS-LSTM-ARIMA 模型预测结果相较于 LSTM、ARIMA 模型更加接近真实值。

　　由于两个数据集在数据量、数据的离散程度和数据特征性等方面不同，两个数据集利用相同的参数进行实验生成预测结果。由结果得出混合模型相较于单个模型预测准确率有显著提高。例如，从利兹市数据集更换为伦敦市数据集时，通过对图 13.26 与图 13.27 分析，与单个模型(如 LSTM)相比，混合模型的预测结果相对更接近真实值，而单个模型的预测结果出现较大偏差；利用式(13.46)和式(13.47)处理得到的数据，趋于近似平稳，利用

式(13.61)和式(13.62)重构 LSTM 预测值，并利用平均加权方法将两个预测值进行组合得到最终预测值，预测准确率有显著的提高。

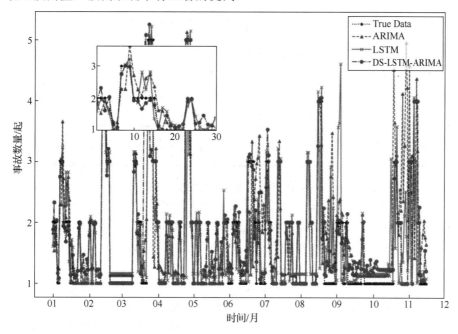

图 13.26　利兹市在 epochs=900，(*p*,*d*,*q*)=(1,1,1)时的事故数量

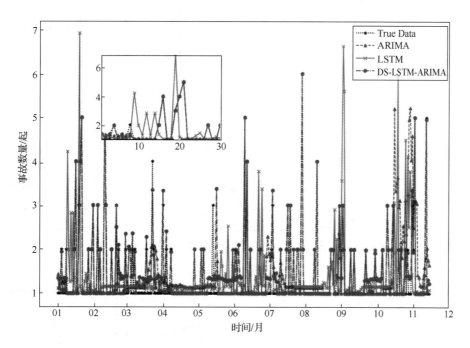

图 13.27　伦敦市在 epochs=700，(*p*,*d*,*q*)=(3,1,2)时的事故数量

依据常用模型评价标准，各模型达到最优时的性能指标如表 13.15 所示。

表 13.15　不同数据集下的模型特性

模型	评价标准							
	利兹市 epochs=900，(p,d,q)=(1,1,1)				伦敦市 epochs=700，(p,d,q)=(3,1,2)			
	MAE	MSE	RMSE	ACC/%	MAE	MSE	RMSE	ACC/%
LSTM	0.428 8	0.581 1	0.762 2	76.760 8	0.513 5	0.616 1	0.784 9	60.858 8
ARIMA	0.382 3	0.483 3	0.695 2	77.590 6	0.364 3	0.643 7	0.802 3	73.623 9
DS-LSTM-ARIMA	0.183 7	0.213 2	0.461 7	89.232 3	0.124 1	0.069 0	0.262 7	91.015 3

由表 13.15 可知，DS-LSTM-ARIMA 模型对两个数据集进行预测的准确率都高于 LSTM 和 ARIMA 模型。例如，在利兹市的数据为 epochs=900，（p,d,q）=(1,1,1) 时，DS-LSTM-ARIMA 预测模型的性能指标相较于 LSTM 和 ARIMA 预测模型分别为，MAE 降低了 0.245 1 和 0.198 6、MSE 降低了 0.367 9 和 0.270 1、RMSE 降低了 0.300 5 和 0.233 5，通过数据得到 DS-LSTM-ARIMA 模型预测的准确率达到 89.232 3%，相较于 LSTM 和 ARIMA 模型分别提高了约 13% 和 12%；在伦敦市的数据为 epochs=700，（p,d,q）=(3,1,2) 时，DS-LSTM-ARIMA 预测模型的性能指标相较于 LSTM 和 ARIMA 预测模型分别为，MAE 降低了 0.389 4 和 0.240 2、MSE 降低了 0.547 1 和 0.574 7、RMSE 降低了 0.522 2 和 0.539 6，通过数据得到 DS-LSTM-ARIMA 模型预测的准确率达到 91.015 3%，相较于 LSTM 和 ARIMA 模型分别提高了约 30% 和 18%。

通过实验结果得出，DS-LSTM-ARIMA 模型在同等测试条件下，预测道路交通事故的效果相比于 LSTM 和 ARIMA 模型有显著的提高，验证了该模型的高效性和鲁棒性。

3. ELM-SVM 模型效果

在此评价三个交通事故预测模型，包括 ELM 模型、SVM 模型和新提出的 ELM-SVM 模型。

为测试 ELM-SVM 模型的有效性，需要先确定模型的各个参数，包括 nodes(隐层节点)、gamma(核参数)及 C(惩罚因子)。C 值越高，说明越不能容忍出现误差，容易过拟合；C 值越小，容易欠拟合；C 值过大或过小，泛化能力变差。gamma 是选择径向基核函数后，该函数自带的一个参数，其隐含地决定了数据映射到新的特征空间后的分布。gamma 值越大，支持向量越少；gamma 值越小，支持向量越多。确定预测模型 SVM 和 ELM 的参数，使模型达到最优化。表 13.16 和表 13.17 为 SVM 和 ELM 模型在不同参数下的模型测试准确率。

表 13.16　SVM 模型不同参数预测结果

数据集	gamma 值	C 值	ACC/%
利兹市数据集	3	0.002 6	58.309 2
	200	0.003 1	61.593 7
	400	0.003 8	63.462 8
	1 000	0.009 4	59.290 7

续表

数据集	gamma 值	C 值	ACC/%
伦敦市数据集	3	0.000 4	54.455 7
	10	0.002 6	60.187 9
	100	0.003 3	61.235 8
	500	0.007 4	63.765 5
	1 000	0.007 6	63.310 1

表 13.17　ELM 模型不同参数预测结果

数据集	nodes	ACC/%
利兹市数据集	3	57.672 7
	100	58.453 7
	1 000	58.453 8
	2 000	58.453 6
伦敦市数据集	3	54.058 5
	10	62.687 1
	100	62.775 7
	1 000	62.776 0
	2 000	62.776 1

　　利兹市在 nodes=1 000，gamma=400、C=0.003 8 时的三种交通事故数量预测模型结果如图 13.28 所示。由图 13.28 可知，ELM-SVM 模型预测结果相较于 ELM、SVM 模型更加接近真实值。伦敦市在 nodes=2 000、gamma=500、C=0.009 4 时的三种交通事故预测模型结果如图 13.29 所示。由图 13.29 可知，ELM-SVM 模型预测结果相较于 ELM、SVM 模型更加接近真实值。

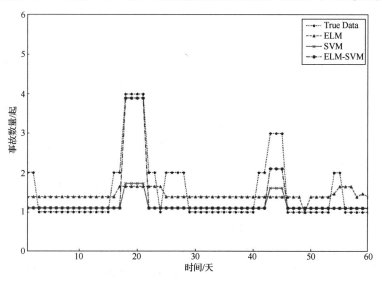

图 13.28　利兹市数据集两个月期间的事故数量

图 13.28-图 13.29 彩图

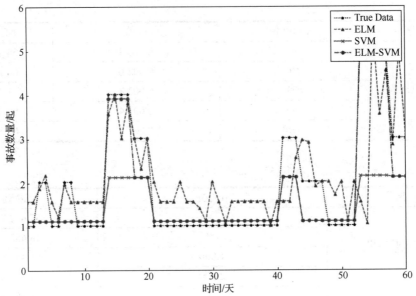

图 13.29　伦敦市数据集两个月期间的事故数量

依据常用模型评价标准，各模型达到最优时的性能指标如表 13.18 所示。

表 13.18　不同数据集下的模型特性

模型	评价标准							
	利兹市 nodes=1 000，gamma=400，C=0.003 8				伦敦市 nodes = 2 000，gamma=500，C=0.0074			
	MAE	MAE	RMSE	ACC/%	MAE	MSE	RMSE	ACC/%
ELM	0.621 2	0.677 5	0.823 1	58.453 8	0.659 3	0.921 8	0.960 1	62.776 1
SVM	0.496 4	0.638 0	0.798 8	63.462 8	0.677 8	0.688 2	0.896 1	63.765 5
ELM-SVM	0.366 7	0.436 6	0.496 4	78.691 4	0.326 6	0.236 6	0.486 4	83.389 8

由表 13.18 可知，ELM-SVM 模型对两个数据集进行预测的准确率要高于 ELM 和 SVM 模型。例如，在利兹市的数据为 nodes=1000、gamma=400、C=0.003 8 时，ELM-SVM 预测模型的性能指标相较于 ELM 和 SVM 预测模型分别为，MAE 降低了 0.294 5 和 0.169 7、MSE 降低了 0.440 9 和 0.401 4、RMSE 降低了 0.336 7 和 0.312 4，通过数据得到 ELM-SVM 模型预测的准确率达到 78.691 4%，相较于 ELM 和 SVM 模型分别提高了约 20%和 15%；在伦敦市的数据为 nodes=2000、gamma=500、C=0.007 4 时，ELM-SVM 预测模型的性能指标相较于 ELM 和 SVM 预测模型分别为，MAE 降低了 0.332 7 和 0.351 2、MSE 降低了 0.685 2 和 0.451 6、RMSE 降低了 0.473 7 和 0.405 2，通过数据得到 ELM-SVM 模型预测的准确率达到 83.389 8%，相较于 ELM 和 SVM 模型分别提高了约 21%和 20%。

通过实验结果得出，利用 ELM-SVM 模型对单因素道路交通事故的预测性能高于 ELM 和 SVM 模型，验证了该模型的准确性和鲁棒性。

本 章 小 结

本章设计了 DS-LSTM-ARIMA 预测模型实现多因素影响道路交通事故的预测，还设计了 ELM-SVM 预测模型实现对单因素影响道路交通事故的预测。

使用多种算法对利兹市和伦敦市数据集进行实验分析，结果验证了 DS-LSTM-ARIMA 预测模型对多影响因素有较好的预测性能；ELM-SVM 预测模型对单影响因素有较好的预测性能。

习　　题

1．什么是交通事故?交通事故包含哪几种?
2．简述交通事故预测的流程。
3．造成交通事故的原因有哪些？如何利用各种因素预测交通事故?
4．研究道路交通事故的预测有何意义？请用实例说明。
5．简述你对分类与预测的理解，并举例说明主要特性。

第 *14* 章
大数据工作流的性能 建模和预测

学 习 目 标

[1] 理解大数据系统中工作流的基本概念。

[2] 学会对工作流性能进行合理的分析。

[3] 理解工作流性能问题的建模和评估方法。

重要知识点图谱

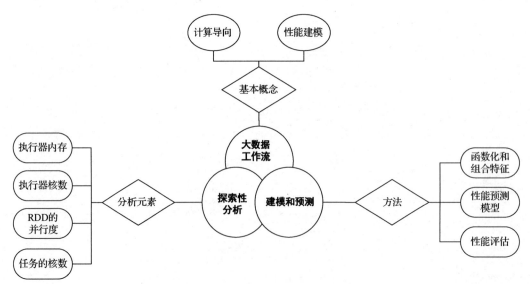

[1] 工作流性能的应用场景。

[2] 针对工作流性能问题建立合适的预测模型。

随着工作流技术的广泛使用及性能评估数据的快速累积，为工作流执行性能的建模及不同平台上的工作流执行性能预测提供了便利。许多研究者都为之做出了努力，希望以此来支持对以计算为导向的任务。

本章关注执行在现代大数据系统中的计算工作流的性能，如基于 YARN 的资源管理下的 Spark 的计算，分析了在大数据技术中影响工作流的主要因素。另外，本章所提出的探索性分析和基于机器学习的工作流性能建模和预测可以通过自定义框架的形式推广到其他大数据系统。

14.1 概　述

下一代科研和商业应用通常都涉及大规模的仿真、观测、实验数据集的处理和分析。这些大数据的处理和分析过程往往以计算工作流的形式来构建、运行和管理。此类大数据工作流，在云环境中一般需要大量的计算资源以维持在集群中的高效运行。为了在大数据工作流的执行中达到更高的计算及能源效率，过去很多研究都采用了一种自顶向下的设计方法，为了对工作流性能进行优化，通常将应用程序代码以及硬件系统都考虑在内。为大数据工作流而设计的计算平台的技术栈涉及大量的配置参数，而且终端用户需要通过参数设置来提前请求计算资源。

本章考虑一个普遍的问题，即在广泛使用的并行计算平台，如搭建在 Spark 和 YARN 之上的 Hadoop 系统的执行性能优化问题。在这样的大数据系统当中，大数据工作流的生命周期由多个阶段组成，包括提交工作流的输入数据，Spark 对执行器(executor)的分配，YARN 对容器分配的协调，以及在运行时对 HDFS 中的数据访问。需要注意的是，这些平台的计算资源往往由不同用户提交的多个工作流分时共享，因此在资源共享及竞争时会在空间维度(工作流的拓扑结构)和时间维度上产生很高的复杂度。因此，为了提高资源利用率及用户满意度，需要高效的调度算法来进行资源预留及分配。

对任何在大数据系统中运行的工作流来说，选择有影响力(对于系统整体性能的影响)的参数集并对这些参数进行设置是十分重要的。执行器由 Spark 层创建，其作用是为工作流的运行提供由 YARN 对底层计算资源抽象得到的虚拟容器。这些虚拟化的资源(即

VCores 和虚拟内存)一旦被分配，在用户所提交的工作流的生命周期中就是独享的。由于这个排他访问的特性，任何被分配的资源，如果没有被充分使用，就会造成浪费。因此，为参数的合理配置做出有效的推荐，对于终端用户深入理解应用性能以及优化工作流的执行策略很重要，譬如可以帮助终端用户决定并行度，分配给执行器的 CPU 核数(CPU cores)及需要的内存。对于系统资源管理者来说，合理的参数设置推荐可以更好地调度工作流的执行请求，譬如可以帮助资源管理者拒绝内存需求很大的请求，或者分配资源的时候给予合适的大小，这样能使得资源被充分使用。

然而，找到令人满意的工作流执行的参数在如此复杂的系统里对于用户来说是十分具有挑战性的，这些用户往往又是自身领域当中的专家。大多数现存的系统为参数设置的时候提供了默认参数，不幸的是，这些参数并不总是能够产出最大的性能。另外，工作流执行进程的复杂性使得选择正确并且配置来自技术栈当中不同层之间的参数十分困难，而且这些参数常常相互影响而且还不在同一层内。大多数现有的为了参数设置的研究都是在以计算为导向(computational steering)的环境中执行的，这使得终端用户能够与计算工作流和运行期间的系统交互。虽然在其所希望的环境当中实现取得了显著的成功，但这些方法常常会给终端用户提供过度的负担，因为需花费大量的时间通过试错从很大的参数空间中筛选。因此，这仍然是一个重要但没有被解决的问题：在系统和工作流的某些领域知识的帮助下，怎样选择大数据系统中最好的参数设置，以获得最优的系统运行性能？

本章将使用机器学习来有策略地选择超参数子集，并且以此解决建模和工作流性能预测问题。因为参数的重要性是通过其在性能上的影响来反映的，我们的目标是开发一个性能影响模型(Performance-Influence Model, PIM)，模型将会考虑最具影响力的独立及不独立的参数作为输入。为了这个目标，我们在跨层之间使用了不同的参数设置并且运行了多种不同的工作流，并从这些工作流的执行中收集了大量的性能评估数据。在大数据系统中，在不同配置下工作流执行的表现及模式为性能优化和配置建议提供了数据基础。基于测量得到的性能数据，我们在大数据系统的多层中挑选出独立特征(independent features)的参数集，包括工作流的输入结构(如输入数据的大小)，Spark 计算引擎和 YARN 资源管理。接着我们进行了深度的定性和探索性分析来调查发现这些参数对于工作流的性能影响。通过来自探索性分析的发现及相关领域的知识，通过将参数的子集与候选函数建立一个映射关系来对相应的工作流性能建模以创建独立特征(construct dependent features)。我们进一步提出了一个基于信息理论(information theory)的特征选取方法来挑选出最有影响的参数，并且进行实验来评估我们的方法在挑选用于工作流执行的最佳参数的时候所展现出来的性能。

14.2 相 关 工 作

用户与基于仿真模型的交互的重要性已经被科学界所认可。在过去的十年当中，大量的研究和努力都是为了帮助用户在以计算导向或者性能建模中选取合适的参数设置。

对于科学工作流来说，以计算为导向的建模的主要任务是为终端用户的仿真及计算任务(procedures)来选择和推荐最好的参数。为了帮助以实时为导向建模的任务，一些工作流管理系统采用了自下而上的设计来提供定制的灵活性和功能。Pegasus 是一个在高性能计算的领域广泛使用的工作流管理系统(Workflow Management System，WMS)，它能够允许用户来自定义框架的配置来满足其计算需求。Fireworks 是另一个强大的数据流系统，以高吞吐量性能为设计目标，它实现了工作流执行的高并发及高效率。例如，通过分析在 Pegasus 中收集的过去的工作流执行数据，Lee 等人为工作流执行的可解释性而提出了一个自适应调度算法。他们的分析显示，WMS 的超参数集设置在不同的计算需求下能够显著地影响工作流执行的性能。不幸的是，这种分析在解释参数的影响(对于性能的影响)时具有较高的复杂度，因此，在 WMS 中选择超参数能提供的信息十分有限。

14.3　问题描述

计算在大数据系统中的工作流的性能 y(主要是执行时间或最大完成时间)，一般来说可以描述为函数：$f = f(x)$。其中，向量 x 是跨层的特征(across layers feature)，包括工作流的输入、WMS、资源管理。构建一个准确的模型函数并且在特征向量中找到最重要的分量不仅仅能够帮助终端用户理解这些超参数是如何影响工作流性能的，还能够对终端用户在设置参数来优化性能的时候提供一些实用的指导建议。然而，因为工作流执行流程的复杂性和相关控制参数的数量巨大，得到函数 f 的解析式是一件十分棘手的事情。一些基于学习的方法，如基于黑箱子的机器学习模型可能在某些环境中适用，但是通常这些方法缺少可解释性。因此，本章的目标是选择并且构建可解释特征(interpretable features)$\hat{x}$ 的子集，这个子集能够对工作流和系统的配置(如输入数据与内存大小之间的比率)提供一些指导性的意见，在这样的可解释特征之上构建的性能影响模型，对比传统的特征向量来说能够在性能预测中实现更高的准确率。

准确地说，给定一个以下所示的传统性能评估的训练数据集。

$$D = \left\{ (x_1, y_1), (x_2, y_2), \cdots, (x_n, y_n) \right\}$$

其中，$x_i (i = 1, 2, \cdots, n)$ 是特征向量 x 的一些特殊值，y_i 是 x_i 对应的性能。本章的目标是根据 x 构建一个 $\hat{x}$ 来做近似，即 $\hat{f}(\widehat{x_i}) \approx y_i = f(\widehat{x_i})$，那么自然可以根据所给的数据集 D 来预测 y_i。

特征向量 x 是工作流执行流程中各个阶段的参数集汇聚而成的，包括以下内容。

(1) 工作流提交阶段，如输入数据的大小、模块的功能等。

(2) Spark 的调度，如执行器的数量、执行器分配的 CPU 核数、执行器运行时的内存等。

(3) YARN 的资源管理，如 VCores 的最大数量、内存等。

然而，如果没有相关领域的知识，确定高阶表示项 $\hat{x}$(可理解为确定 x 的最高次数)和建立一个准确的预测模型是十分困难的。

因此，本章进行了全面的探索性分析来创建候选的表示特征，并且构建了一个基于信息论的学习方法来选择重要的相关特征，根据这些特征开发一个准确的性能预测器。

14.4　探索性分析

通过基于工作流的线性回归实验，在大数据系统当中根据不同参数对工作流性能的影响做了一个经验式研究。工作流主要由三个模块组成。

(1) 数据预处理，将输入的文件分割为两部分，一个用于训练，一个用于测试。

(2) 使用训练数据来训练模型。

(3) 使用训练数据来对模型进行测试。

工作流的实现是用 Spark，使用的是运行在本地计算机上的一个虚拟机集群(一个 master node，两个 salve nodes)，每一个虚拟机都是 8 核，内存是 24GB。每一个默认的 salve nodes 为一个执行器提供一个虚拟内核(virtual core)和 1GB 的虚拟内存。

这一经验式研究和性能分析的目的是理解和探究独立的参数与跨层的多个参数耦合在一起所造成的影响。探索性研究促进了在性能影响模型中特征选取的使用，另外也为设计和整合基于信息论的方法来开发学习模型旨在实现较高的预测准确率上提供了灵感。特别地，我们专注于调查参数集 S 的影响，通常这些参数终端用户可以通过 Spark 层来访问和调节，包括执行器的内存大小、执行器的核数、弹性分布式数据集(Resilient Distributed Dataset，RDD)的并行度、任务的核数。为了更好地展示单个参数对于计算工作流的性能影响，将其他参数都设置为系统默认值或者设置在一个合理的区间内。

14.4.1　执行器的内存大小

在 HDFS 中一个文件会被分割为相等大小的数据块(最后一个块大小不同，因为不可能都是 64MB 的倍数)，这些数据块又会经过复制后分散到集群各个节点中。在 Spark 中，多个任务会并行地来处理对文件的分割。默认情况下，不同节点上的执行器对应一个数据块。任务的数量是由输入文件的大小、数据块的大小，以及被提交的项目来决定。基于 Spark 的 WMS 的计算密集型任务都是在内存中处理(基于内存运算会比 Hadoop 速度更快)的。Spark 中的执行器是高内存需求的 Java 虚拟机(Java Virtual Machine，JVM)进程，所以它为可执行单元提供了执行环境，另外执行器是运行在根据用户请求而提供的容器当中。在收到设置好指定参数的 Spark 任务后，Spark 进一步将任务分成几个连续的进程，每一个进程都包含了几个子任务。一般来说，为执行器分配更大的内存有助于任务的执行，因为更大的内存避免了因为内存太小而导致的任务暂停。

为了了解执行器内存的大小对于工作流性能的影响，进行了两组实验。在两个执行器中都计算基于 Spark 的线性回归工作流，每一个执行器都有四个虚拟内核，使用不同大小的内存来测试对性能的影响。在第一个实验当中，所需要处理的文件大小和执行器最小内存差不多(即 800MB)，然后重复实验五次。执行器的执行时间和垃圾回收(Garbage Collection，GC)时间经过测量和归一化，如图 14.1(a)和图 14.1(b)所示。需要注意的是，GC 是执行过程的一部分，所以工作流的执行时间包括了 GC 时间。可以观察到，相对较小的执行器内存(如小于 1.5 倍文件大小)，增加执行器的内存大小能够提高工作流的性能。这是因为在每个执行器的四个并行任务中，缺少内存来执行 RDD 操作。然而，进一步增加执行器的内存，若超过输入数据所需的内存，并不会因此获得与之相符合的性能提升。由于某些原因，GC 时间的图像曲线和执行时间的图像曲线相类似。

在第二组实验当中，运行了相同的工作流来处理相同的文件，并且测量了在不同的执行器内存下对应的性能，如图 14.1(c)和图 14.1(d)所示。随着输入文件大小由 120MB 增加到 240MB、479MB，更多的任务被创建并且执行，因此增加了工作流的执行时间和 GC 时间。这些实验结果也说明，输入数据的文件大小相对来说小于执行器内存的时候，增加执行器内存的大小对于执行时间的影响是十分有限的。这是因为执行器提供的运行环境有充足的环境来存放和处理整个 RDD。

从图 14.1(d)中可以观测到，增加执行器的内存能够降低 GC 时间，因为在内存充足的时候，并不会常常触发 GC 来释放内存。

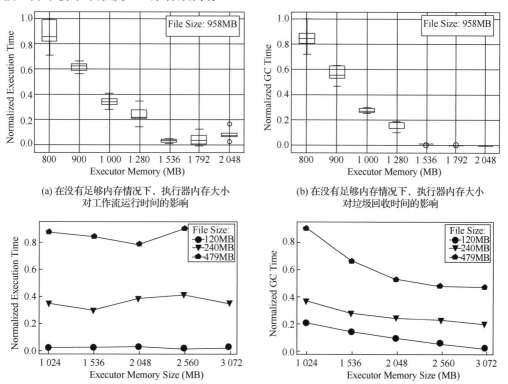

(a) 在没有足够内存情况下，执行器内存大小
对工作流运行时间的影响

(b) 在没有足够内存情况下，执行器内存大小
对垃圾回收时间的影响

(c) 在有足够内存情况下处理小文件时，执行器内存
大小对工作流运行时间的影响

(d) 在有足够内存情况下处理小文件时，执行器内存
大小对垃圾回收时间的影响

图 14.1　执行器内存大小对线性回归工作流性能的影响

14.4.2 执行器的核数

一般来说，内核的数量决定了一个执行器的计算能力，因为更多的内核能够并行运行更多的任务，所以在需要多次迭代的任务中能够实现更快的运行。虽然特定的执行动态下占用内核时间可能会因为处理的文件大小不同而不同，但是其性能在定性上来说是一致的(可理解为在实验结果的图示中，大概的走向是相似的)。随着核数的增加，工作流的执行时间也随之降低，如图 14.2(a)所示，但 GC 时间增加了，如图 14.2(b)所示。执行器的核数越多，意味着需要增加算力来运行更多的并行任务，从而加快工作流的执行，但是同时需要更多的内存来存放计算中的一些临时性结果，于是就会更加频繁地触发 GC 进程。工作流的执行时间逐渐减少，GC 时间逐渐增加，这两者在经过某点以后，达到了一个平稳阶段，表明在所给定的输入数据大小下，再为执行器增加核数将不会为工作流的性能带来显著的提升。

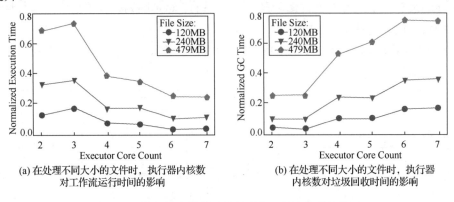

(a) 在处理不同大小的文件时，执行器内核数　　　　(b) 在处理不同大小的文件时，执行器
对工作流运行时间的影响　　　　　　　　　　内核数对垃圾回收时间的影响

图 14.2　执行器内核数对线性回归工作流性能的影响

14.4.3　RDD 的并行度

对于并行计算的性能来说，并行度的高低是十分重要的。调整并行度对于调节大数据处理的性能来说是一个可行的办法。

增加并行度，往往是大有裨益的，但是从并行处理中获得的性能提升可能会被由中间结果的收集和交换所带来的负担而抵消。Spark 通过引入 RDD 的概念从而实现了较高的并行度，RDD 是由数据转变而来的(如在 HDFS 中的文件)，RDD 经过分割后，再在集群中的不同节点中并行地被处理。RDD 还可以被进一步地划分为更小的单元(partition)来增加并行度。在 spark.default.parallelism 参数中能够为父 RDD 设置并行度的最大值。如图 14.3 所示为在输入文件为 4GB 时，相同的线性回归工作流在设置了不同的 spark.default.parallelism 值的情况下所对应的工作流的性能。在达到最佳并行度之前，工作流的性能都随着并行度的增加而显著提高，如图 14.3(a)所示，总的 GC 时间随着并行度的增加而降低，如图 14.3(b)所示，其执行时间的性能与图 14.3(a)所表现的相一致。随着并行度变得更高,RDD 被分割为了更小的单元,更小的单元在处理的时候所需要的内存就更少,因此不会常常触发 GC 来释放内存。

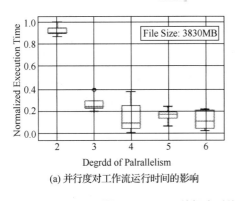

(a) 并行度对工作流运行时间的影响

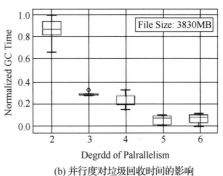

(b) 并行度对垃圾回收时间的影响

图 14.3　RDD 并行度对线性回归工作流性能的影响

14.4.4　任务的核数

任务的核数是一个 RDD 单元在一个执行器中可执行的最小单元。可在 spark.task.cpus 参数中设置为每一个任务所分配的核数。因为 Spark 任务是连续执行的，而且在任务这一层面执行了并行计算，从理论上来说，增加任务的核数并不会影响工作流的性能。但是因为执行器拥有固定数量的内核，提高 spark.task.cpus 的值会降低任务的并行执行效率，所需的内存会更少，如图 14.4(a) 所示。工作流的执行时间增加了但是 GC 时间会减少，如图 14.4(b) 所示。这是为每一个执行器分配八个虚拟内核而得到的数据。

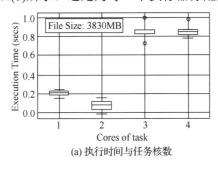

(a) 执行时间与任务核数

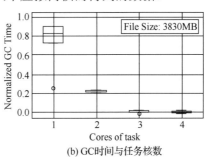

(b) GC时间与任务核数

图 14.4　任务的计算核个数对线性回归工作流性能的影响

性能评估的结果在定性上与线性回归得到的结果是相类似的。可以说这些参数所造成的影响是很复杂的，尤其是当多个参数耦合在一起的时候，所以建议使用机器学习的算法来对性能建模及预测。

14.5　函数化和组合特征

大数据系统在不同的层面上有很多的参数可以调整，包含应用层面(工作流)、中间件(如 Spark、YARN)和硬件(虚拟机配置)。在这样的计算系统中，大数据工作流性能的优化需要探索各种配置，包括那些会互相影响的参数。这些参数的影响通常是用户注意不到的。

因此要确定最能影响性能的配置项,如两个参数之间的比例(内存大小、输入文件大小的比例)。这种参数能很大程度地决定系统的运行效率。为了实现这个目标,本节通过启发式方法和相关领域知识,从参数列表中寻找一些比较重要的参数,也可自己构造一些参数。

为了建立一个贯彻各个层面的性能影响模型,需要调查那些独立和互相影响的参数。本节将探究大数据系统的可配置参数及从专门设计的映射函数中得出的构造参数。但是如果把所有参数都考虑进去,它们的组合复杂度将成指数级上升,这是不可行的。因此可采用不同的启发式方法去选取那些最能影响系统运行效率的参数。

1. 基于领域知识的特征选择

现在很多的大数据系统如 Hadoop,都提供大量的参数供用户调整。例如,Spark 提供超过 160 个参数,YARN 提供超过 100 个参数。通过黑箱穷举的方法寻找合适的参数是不可行的,因为它的复杂度成指数级上升。因此可以根据相关领域知识,人工选择一些影响比较大,可以观察到的中间参数,并且和执行器和容器相关的参数,如表 14.1 所示。

表 14.1　工作流中不同层面上的参数

应用层面	参数	类型
工作流	输入文件大小	integer, MB
	机器学习模型	string
WMS	执行器内存	integer, MB
	执行器 CPU	integer
	驱动器内存	integer
	执行器数量	integer
	最大分配内存	integer, MB
	数据交换时是否压缩	boolean
	当地等待时间	integer, secs
	并行数	integer
	内存和硬盘空间大小比例	float
Intermediate	CPU 消耗数	integer
	内存消耗量	integer
	总垃圾回收时间	integer
	总输入字节数	integer
	数据交换时总的读次数	integer
	数据交换时总的写次数	integer

2. 函数化

配置项中的参数 p 对系统性能的影响都可以通过函数 $f(p)$ 来映射,这样能更好地表现出一个参数对性能的影响。这样的表达方式不仅有助于更好地表达基于机器学习的性能—影响模型,也能让人直观地看出参数对性能的影响。

在 14.4 节中的探索性分析表明，执行器内核数量和并行度类似于回归模型，可以扩展为反向 Sigmoid 函数来近似表示。

$$f(p) = 1 - 1/\left(1 + e^{-\alpha(p-p_0)}\right) \tag{14.1}$$

其中，α 和 p_0 为超参数。如图 14.5 所示，性能和并行度的函数关系基本和反向 Sigmoid 函数吻合。为了进一步扩展函数的描述性，增加候选特征池的特征数量，可进一步构造一系列函数，如 tanh、Sigmoid、反向 Sigmoid 和指数函数。

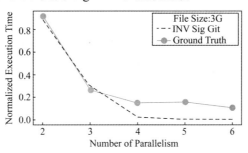

图 14.5　用基于反向 Sigmoid 的函数回归拟合并行度对工作流性能的影响

3. 组合特征

在基于 Spark 和 YARN 的大数据系统中，在 YARN 中设置的 Y 参数通常作为阈值，它定义了容器如最大内存、CPU 等重要属性。YARN 中不同的设置会对系统性能产生显著的影响，它能够控制在系统中最多能有几个容器同时运行。在 Spark 层中设置的 S 参数决定了在一个执行器中的任务能够获得多少计算资源。因此，Y 和 S 是系统中两个不同层面的参数，它们互相独立。因此它们服从独立概率公式 $P(Y,S) = P(Y) \cdot P(S)$。然而这两个层面的参数也许会相互影响，之间有着复杂的关联。执行器的内存大小和的内核数量相互影响着系统性能。这样相互关联的关系也称为 k-interact。独立的影响(如内存或 CPU)，通常很容易被观察和测量，如图 14.6(a)所示；而相互的影响，就非常难度量，如图 14.6(b)所示。

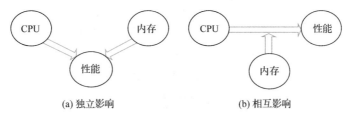

图 14.6　内存和 CPU 对工作流性能的独立和相互影响

为了让模型能从跨层的参数之间的相互影响获取信息，可通过组合不同层的参数并使用特定映射函数去拟合对应的性能值。例如，用输入文件大小(YARN 层)和执行器内存大小(Spark 层)的比例，或用执行器内存大小(Spark 层)和容器的最大内存(YARN 层)的比例。

14.6　大数据工作流性能预测模型

为了建立准确的性能预测模型，使用基于机器学习的方法从候选参数列表中选出最能影响系统性能的关键参数 $\hat{x}$。首先使用基于信息论的特征选择方法，再探讨性能预测模型。

14.6.1　基于机器学习的特征选择

特征选择在机器学习中是一个很重要的问题。要从海量的特征中选择尽可能相关，有助于提高模型精度的特征，这样能够减少数据体积，提升模型精度。传统的方法是遍历所有的可能返回一个最高精度的特征。然而，这种穷举的搜索方法非常浪费计算资源，当有大量特征的时候，复杂度接近指数级上升，所以使用这种方法是不可行的。因此，可采用启发式算法，并使用机器学习的方法来寻找最适合的特征。

在预测模型中，没有直接在原始特征库中建模，而是推测大数据工作流的性能应该可以通过特征池中的独立特征 U、函数化特征 D 和相互影响特征 H 来拟合。例如，$y = f(\hat{x}) + \epsilon$，其中，$\hat{x} = \{U, D, H\}$，$\epsilon$ 表示系统的动态误差。这种近似策略不仅提高了性能影响模型的可解释性，而且还为用户提供了宝贵的参数设置参数。例如，通过设置输入文件大小与执行器内存大小为适当比例来避免资源系统浪费。

但是，由于候选特征库很大，进行特征选择非常具有挑战性，尤其是考虑到每个单独特征之间的复杂相互影响时，这种情况通常称为 k-way 正向相互影响。如图 14.7 所示，CPU、性能和内存之间的相互影响中，内存(m)和 CPU(c)相对于对方是互相独立的，它们可以分别被用户指定。因此，m 和 c 之间的互信息为 0，且不能从性能 y 中推断出来。然而如果知道了性能 y，可以知道条件互信息 $\mathrm{MI}(c, m \mid y)$ 不为 0 且可以通过历史数据测量。这样的分析进一步激励我们使用基于信息论的特征选择来检验预测模型并选择合适的特征 $\hat{x}$。基于我们建立的会相互影响的新特征，成对地计算它们的互信息，并按照它们对性能影响的程度进行排序。两个随机变量 A 和 B 之间的互信息公式为

$$D_{\mathrm{KL}}(J_{A,B} \| M_A \otimes M_B) \tag{14.2}$$

其中，$M_A \otimes M_B$ 表示两个边缘分布的乘积；$J_{A,B}$ 表示它们的联合分布；$\|$ 表示两种分布之间的差距；D_{KL} 表示两种分布之间的 KL 散度(Kullback Leibler divergence)。

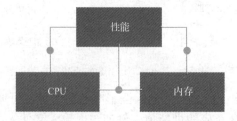

图 14.7　内存、CPU 和性能之间的共有信息和相互关系

如前所述，性能 y 在很大程度上受 U、D 和 H 的影响。U 可以表示为第 14.5 节中的

独立参数附带上权重，我们的工作专注于快速识别对工作流程执行性能影响最大的特征。更加正式地说，我们要从候选特征集 $\{\mathcal{O}\}$ 中选出它的子集 $\{S\}$，使得 $F(\cdot)$ 最大化且限制在 C 之下。其中，F 是用来衡量 $\{S\}$ 和 y 之间的相关度(如互信息、精度等)，C 是迭代次数限制。为了对特征对性能影响的程度进行排序，使用基于互信息的评分函数来量化 S 和 y 之间的相关性。因此我们的目标是优化以下问题。

$$\underset{S}{\arg\max}\, I(S:y),\, \text{s.t.}\, C(S) < \delta \tag{14.3}$$

其中，$I(\cdot)$ 代表互信息。

注意，从 N 维特征空间映射到实数值的 set 函数，也就是 $f:2^N \to \mathbb{R}$。每个都是次模函数(submodular function)。

$$f(A \cup B) + f(A \cap B) \leqslant f(A) + f(B) \tag{14.4}$$

其中，用 N 表示所有可用特征，A 和 B 为 N 的两个子集。此外，由于互信息属于次模函数，因此最大化式(14.4)等同于优化 k-constraint 次模函数，该问题已被证明是 NP-hard，并在文献[14]中通过贪婪启发式方法求解。

与文献[14]中的工作类似，通过限制特征和结果向量之间的互信息来选择影响 y 的候选特征。更具体地说，在特征选择的每个步骤中，评估候选特征和 y 之间的互信息，如果其结果大于预定阈值，则选择该特征。这个功能实现的伪代码如图 14.8 所示。

Algorithm 1 Greedy Feature Selection

Input: candidate feature set $\mathcal{P}$, mutual information threshold τ
Output: selected feature set X

1: $X = \phi$;
2: **for each** t_i in $\mathcal{P}$ **do**
3:     $t_i = \arg\max_{t_i} I(t_i : \mathcal{Y})$;
4:     **if** $\arg\max_{t_i} I(t_i : \mathcal{Y}) > \tau$ **then**
5:         $X = X \cup t_i$;
6: **return** X;

图 14.8　互信息算法伪代码

14.6.2　性能预测和参数推荐

使用了基于信息论的方法选择了关键特征后，现在需要选择一种合适的机器学习模型，该模型可以有效地从单个特征和组合特征中提取信息。为了实现这一目标，选择一组 $\{M\}$ 机器学习模型，这些模型均为回归模型。具体包含以下几个模型。

(1) 线性回归(Linear Regression，LR)，线性模型。

(2) 支持向量回归(Support Vector Regressor，SVR)，基于 Kernel 的模型。

(3) 随机森林回归(Random Forest Regressor，RFR)，集成模型。

(4) 多层感知机(Multiple Layer Perceptron，MLP)，神经网络模型。

使用基于实验的交叉验证方法解决以下优化问题。

$$\underset{\mathcal{M}^*,\theta_m^*}{\arg\min}\, \mathcal{L}(\mathcal{M}(X,\theta_m),y)\, A,B \subseteq N \tag{14.5}$$

其中，M 表示附带超参数 θ_m 的机器学习模型；$\mathcal{L}$ 表示损失函数。通过优化式(14.5)获取最

好的模型 $\mathcal{M}^*$，用来预测新参数下的系统性能。基于这样的预测，可以进行性能比较，然后选择最佳的系统配置，以使系统的性能最大化。

14.7　性　能　评　估

在本节中，首先描述执行两个测试工作流的实验设置，然后展现基于特征选择方法的预测结果。

14.7.1　实验设置

为了评估系统性能预测的精度，将同一组文件放在两个工作流中进行测试。第一个工作流使用线性回归的方法，第二个工作流采用随机森林的方法。两个工作流均包含三个计算模块，如图 14.9 所示。特别指出，第一个模块将给定数据按照 9:1 的比例拆分为训练数据集和测试数据集。第二个模块使用线性回归或随机森林的方法训练模型。第三个模块使用测试数据集来检验模型的效果。两个回归模型使用 Spark 中的 MLlib 实现。这两个工作流都在本地计算机集群运行，每个工作流包含三台虚拟机，每个虚拟机配置为 8 核，24GB 内存。输入工作流的数据大小有 120MB、240MB、479MB、958MB、1915MB、3830MB 几种。

图 14.9　用于实验的回归工作流的线性结构

14.7.2　选择配置

将这些工作流部署在同一本地 Spark + YARN 集群。尽管 Spark 和 Yarn 提供了大量的配置选项，但是很多配置不会影响系统的运行效率，如端口号、日志存储位置等。因此不需要关心所有配置，只要专注于那几个能够影响性能并能被观察到的配置。对于数字参数，在有效范围内递增采样值；对于非数字参数(如布尔类型)，对两种可能都进行测试。将这些设置组合起来放在系统中运行，并测量结果。之后将性能结果提供给机器学习模型进行预测。

14.7.3　性能预测结果

使用基于 Python 的 scikit-learn 库中不同的回归函数实现了性能—影响模型。该模型的性能预测分两个步骤进行评估。

第一步：选择基于原始参数集的各种回归算法中效果最好的模型作为基准模型。

第二步：展示基于通过信息论特征选择方法选择的参数相比于原来参数所产生的性能提升。

1. 不同回归模型的性能比较

首先，将从执行两个测试工作流中收集的性能测量数据分为训练集和测试集两个部分。然后使用训练数据进行 10-fold 交叉验证，以调整四个代表性的回归模型，即 LR、SVR、RFR 和 MLP。根据各种性能指标来衡量这些模型的预测准确性，包括归一化均方根误差(Normalized Root Mean Square Error，NRMSE)、归一化平均绝对误差(Normalized Mean Absolute Error，NMAE)和归一化平均绝对百分比误差(Normalized Mean Absolute Percentage Error，NMAPE)，如图 14.10 所示。LR 模型的性能很差，因为它无法捕获性能影响关系中的非线性特征。MLP 模型也表现出较差的性能，因为训练数据不足以训练具有多层的神经网络体系结构。就 NMAPE 而言，RFR 和 SVR 的性能几乎相同。但是，RFR 在所有指标上都具有最佳的整体性能，因此，被选为进一步研究的基准模型，来提高集群性能。

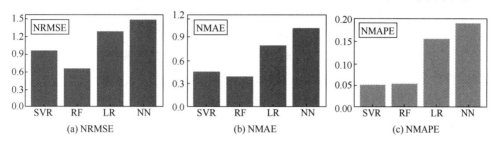

图 14.10　不同模型之间的性能预测准确度比较

2. 基于特征选择的性能提升

在此使用基于信息论的特征选择方法来选择对系统执行时间影响最大的特征和自己构造的最能影响系统性能的特征，如表 14.2 所示。根据每个特征和结果向量(工作流性能)之间的互信息，对这些特征进行排序。每多选择一个特征，就重新运行一次 RFR-based 模型进行计算，判断它的精度。考虑越多的特征，模型的精度越高，而且前面 4 个特征影响效果最明显，如图 14.11 所示。

表 14.2　关键特征的排序列表

特征名称	特征描述
CPURatio	构建得到的文件大小和执行器内核数的比例
MemoryRatio	构建得到的文件大小和执行器内存大小的比例
FileSize	原始输入文件大小
InvSigPara	构建得到的并行度的反 sigmoid 映射

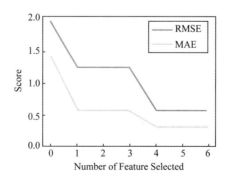

图 14.11　优化模型的结果

本 章 小 结

本章研究了大数据系统中工作流性能建模和预测的问题。具体内容如下。

(1) 探索性分析。对相关参数集进行深度分析，定性解释了它们在大数据系统中对工作流性能的影响。这一分析有助于构建相关的特征，并为这些特征提供有价值的参考，从而构建一个准确的性能影响模型。

(2) 功能性和耦合的分析。单个参数可能会同其他参数相互作用而成为相关特征，并且共同影响工作流的性能。这一相关特征反映了复杂的耦合对于大数据工作流性能的影响，而且该影响不能由解析形式(analytical form)明确地被建模。我们设计了一个映射函数来处理这种特征，并解释其对工作流性能的影响。

(3) 基于信息论的特征选取。因为高阶耦合特征(high-order coupled feature)携带了和工作流性能相关的信息，因此提出了一个基于信息论的特征选取方法来进一步地筛选出那些最能影响系统性能的特征。这种特征选取方法能够很快地选取重要特征从而能够最大化的影响系统的性能。

(4) 使用性能-影响模型来进行参数推荐。基于信息论选取重要特征，并把具有相互耦合影响的不同特征进行合并，作为性能预测模型的特征输入来进行模型训练，提出了一个可靠的性能-影响模型。评估了性能-影响模型，根据多种经过基于广泛实验得出的性能指标来选择最佳的参数设置并且以此来对终端用户提供建议。

习 题

1. 简述工作流执行流程中，各个阶段有哪些用户可调参数。
2. 解释执行器内存大小对 Spark 应用程序运行性能的影响。
3. Spark 中 RDD 的并行度由哪些因素决定？
4. 在为 Spark 工作流性能建模时为什么要考虑组合特征？
5. 用于工作流性能预测的常用模型有哪些？

附　录
数学基础知识

一、线性代数

1. 向量

向量是指具有 n 个互相独立性质(维度)的对象的表示, 向量常使用字母+箭头的形式表示, 也可以使用几何坐标来表示向量。

$$\vec{a} \cdot \vec{b} = |\vec{a}| \cdot |\vec{b}| \cdot \cos\theta$$

2. 矩阵

描述线性代数中线性关系的参数, 即矩阵是一个线性变换, 可以将一些向量转换为另外一些向量。$Y = AX$ 表示的是向量 X 和 Y 的一种映射关系, 其中 A 是描述这种关系的参数, 可直观表示为

$$A = \begin{bmatrix} a_{11} & a_{12} & \cdots & a_{1n} \\ a_{21} & a_{22} & \cdots & a_{2n} \\ \vdots & \vdots & \vdots & \vdots \\ a_{n1} & a_{n2} & \cdots & a_{nn} \end{bmatrix}$$

3. 行列式

通常用到的行列式是一个数, 行列式是数学中的一个函数, 可以看成在几何空间中, 一个线性变换对"面积"或"体积"的影响。

$$A = \begin{vmatrix} a_{11} & a_{12} & \cdots & a_{1n} \\ a_{21} & a_{22} & \cdots & a_{2n} \\ \vdots & \vdots & \vdots & \vdots \\ a_{n1} & a_{n2} & \cdots & a_{nn} \end{vmatrix}$$

4. 方阵行列式

n 阶方阵 A 的方阵行列式表示为 $|A|$ 或者 $\det(A)$。

5. 代数余子式

对于行列式 A，划去 a_{ij} 所在的行列式所得的行和列所得到的行列式称为 a_{ij} 的余子式，记为 M_{ij}。

$$|A| = \sum_{i=1}^{n} a_{ij} \cdot (-1)^{i+j} M_{ij}$$

6. 伴随矩阵

如果矩阵可逆，那么它的逆矩阵和它的伴随矩阵之间只差一个系数，记为 A^*。

$$A \cdot A^* = |A| \cdot E$$

7. 方阵的逆

$AB = BA = E$，那么称 B 为 A 的逆矩阵，而 A 被称为可逆矩阵的非奇异矩阵。如果 A 不存在逆矩阵，那么 A 称为奇异矩阵。A 的逆矩阵记为 $A^{-1} = \dfrac{A^*}{|A|}$。

8. 矩阵的初等变换

矩阵的初等列变换与初等行变换统称为初等变换。

9. 等价

如果矩阵 A 经过有限次初等变换变成矩阵 B，就称 A 与 B 等价，记为 $A \sim B$。

10. 向量组

有限个相同维数的行向量或列向量组合成的一个集合就称为向量组。

$$A = (\vec{a_1}, \vec{a_2}, \vec{a_3}, \cdots, \vec{a_n})$$

11. 向量的线性

$$\beta = \lambda_1 \alpha_1 + \lambda_2 \alpha_2 + \cdots + \lambda_n \alpha_n$$

12. 转化为方程组

$$Ax = \beta (A = [\alpha_1, \alpha_2, \cdots, \alpha_n])$$

13. 线性相关

存在不全为 0 的数 $k_1, k_2, \cdots, k_m$，使得 $k_1\alpha_1 + k_2\alpha_2 + \cdots + k_1\alpha_2 = 0$。

14. 线性无关

不存在不全为 0 的数 $k_1, k_2, \cdots, k_m$，使得 $k_1\alpha_1 + k_2\alpha_2 + \cdots + k_1\alpha_2 = 0$。

15. 特征值和特征向量

A 为 n 阶矩阵，若数 λ 和 n 维非 0 列向量 $\vec{x}$ 满足 $A\vec{x} = \lambda\vec{x}$，那么数 λ 称为 A 的特征值，$\vec{x}$ 称为 A 的对应于特征值 λ 的特征向量。

16. 可对角化矩阵

如果一个矩阵与一个对角矩阵相似，就称这个矩阵可经相似变换对角化，简称可对角化。

$$P^{-1}AP = \Lambda$$

其中，$\Lambda = \begin{bmatrix} \lambda_1 & & & & \\ & \lambda_2 & & & \\ & & \ddots & & \\ & & & \ddots & \\ & & & & \lambda_n \end{bmatrix} = diag(\lambda_1, \lambda_2, \cdots, \lambda_n)$，可逆阵 $P = (P_1, P_2, \cdots, P_n)$ 由特征向

量 $P_1, P_2, \cdots, P$ 组成，$\lambda_1, \lambda_2, \cdots, \lambda_n$ 为矩阵 A 的特征根。

17. 正定矩阵

对于 n 阶方阵 A，若任意 n 阶向量 $\vec{x}$，都有 $X^T AX > 0$，则称矩阵 A 为正定矩阵。

18. 正交矩阵

若 n 阶方阵 A 满足 $A^T A = E$，则称 A 为正交矩阵，简称正交阵(复数域上称为酉矩阵)。A 是正交阵的充要条件：A 的列或行向量都是单位向量，且两两正交。

19. 向量的导数

A 为 $m \cdot n$ 的矩阵，$\vec{x}$ 为 $n \times 1$ 的列向量，则 $A\vec{x}$ 为 $m \times 1$ 的列向量，向量的导数即为

$$\frac{\partial A\vec{x}}{\partial \vec{x}} = \begin{pmatrix} a_{11} & a_{21} & \cdots & a_{m1} \\ a_{12} & a_{22} & \cdots & a_{m2} \\ \vdots & \vdots & \vdots & \vdots \\ a_{1n} & a_{2n} & \cdots & a_{mn} \end{pmatrix}$$

二、概率论

1. 随机变量

随机变量是可以随机地取不同值的变量。通常用小写字母来表示随机变量本身，而用带数字下标的小写字母来表示随机变量能够取到的值。例如，x_1 和 x_2 都是随机变量 X 可能的取值。随机变量可以是离散的或连续的。

2. 概率分布

给定某随机变量的取值范围，概率分布就是导致该随机事件出现的可能性。从机器学习的角度来看，概率分布就是符合随机变量取值范围的某个对象属于某个类别或服从某种趋势的可能性。

3. 条件概率

很多情况下，某个事件在给定其他事件发生时出现的概率称为条件概率。将给定 $X = x$

时 $Y = y$ 发生的概率记为 $P(Y = y \mid X = x)$，这个概率可以通过下面的公式来计算。

$$P(Y = y \mid X = x) = \frac{P(Y = y, X = x)}{P(X = x)}$$

4. 贝叶斯公式

贝叶斯公式是计算大事件 A 已经发生的条件下，分割中的小事件 B_i 发生的概率。

$$P(Y = y \mid X = x) = \frac{P(A \mid B_i) \cdot P(B_i)}{\sum_{i=1}^{N} P(A \mid B_i) \cdot P(B_i)}$$

5. 数字期望

在概率论和统计学中，数学期望是试验中每次可能结果的概率乘以其结果的总和。它是最基本的数学特征之一，反映随机变量平均值的大小。

假设 X 是一个离散随机变量，则其数学期望被定义为

$$E(x) = \sum_{k=1}^{n} x_k P(x_k)$$

假设 X 是一个连续随机变量，其概率密度函数为 $P(x)$，则其数学期望被定义为

$$E(x) = \int_{-\infty}^{+\infty} x f(x) dx$$

6. 方差

用来衡量随机变量与其数学期望之间的偏离程度；统计中的方差为样本方差，是各个样本数据分别与其平均数之差的平方和的平均数。

$$\mathrm{Var}(x) = E(x^2) - \left[E(x)\right]^2$$

7. 0-1 分布

0-1 分布是单个二值型离散随机变量的分布，其概率分布函数为

$$P(X = 1) = p \qquad P(X = 0) = 1 - p$$

8. 几何分布

几何分布是离散型概率分布，其定义是在 n 次伯努利试验中，试验 k 次才得到第一次成功的概率，即前 $k - 1$ 次皆失败，第 k 次成功的概率。其概率分布函数为

$$P(X = k) = (1 - p)^{k-1} p$$

9. 二项分布

二项分布即重复 n 次伯努利试验，各次试验之间都相互独立，并且每次试验中只有两种可能的结果，而且这两种结果发生与否相互对立。如果每次试验时，事件发生的概率为 p，不发生的概率为 $1 - p$，则 n 次重复独立试验中发生 k 次的概率为

$$P(X = k) = C_n^k p^k (1 - p)^{n-k}$$

10. 高斯分布

高斯分布又称正态分布，其曲线呈钟形，两头低，中间高，左右对称。若随机变量 X 服从一个位置参数为 μ、尺度参数为 σ 的概率分布，其概率密度函数为

$$f(x) = \frac{1}{\sqrt{2\pi}\sigma}\exp(-\frac{(x-\mu)^2}{2\sigma^2})$$

11. 指数分布

指数分布是事件的时间间隔的概率，它的一个重要特征是无记忆性。指数分布可以用来表示独立随机事件发生的时间间隔，如旅客进机场的时间间隔。

12. 泊松分布

泊松分布的参数 λ 是单位时间(或单位面积)内随机事件的平均发生次数。泊松分布适合于描述单位时间内随机事件发生的次数。泊松分布的概率函数为

$$P(X=k) = \frac{\lambda^k}{k!}e^{-\lambda}$$

三、信息论

1. 熵

在信息论中，熵是接收的每条消息中包含的平均信息量，又称信息熵、信源熵或平均自信息量。熵定义为信息的期望值。熵实际是对随机变量的比特量和顺次发生概率相乘再计算总和的数学期望。

如果一个随机变量 X 的可能取值为 $X = \{x_1, x_2, \cdots, x_n\}$，其概率分布为 $P(X=x_i) = p_i$，则随机变量 X 的熵定义为

$$H(x) = -\sum_{i=1}^{n} P(x_i)\log P(x_i) = \sum_{i=1}^{n} P(x_i)\frac{1}{\log P(x_i)}$$

2. 联合熵

两个随机变量 X 和 Y 的联合分布可以形成联合熵，定义为联合自信息的数学期望，它是二维随机变量 XY 的不确定性的度量，用 $H(X,Y)$ 表示。

$$H(X,Y) = -\sum_{i=1}^{n}\sum_{j=1}^{n} P(x,y)\log P(x_i,y_i)$$

3. 条件熵

在随机变量 X 发生的前提下，随机变量 Y 发生新带来的熵，定义为 Y 的条件熵，用 $H(Y|X)$ 表示。

$$H(Y|X) = -\sum_{x,y} P(x,y)\log P(y|x)$$

条件熵用来衡量在已知随机变量 X 的条件下，随机变量 Y 的不确定性。实际上，熵、联合熵和条件熵之间存在以下关系。

$$H(Y\,|\,X)=H(X,Y)-H(X)$$

4. 相对熵

相对熵又称互熵、交叉熵、KL 散度或信息增益，相对熵是描述两个概率分布 P 和 Q 差异的一种方法，记为 $D(P\,\|\,Q)$。在信息论中，$D(P\,\|\,Q)$ 表示当用概率分布 Q 来拟合真实分布 P 时，产生的信息损耗。其中，P 表示真实分布，Q 表示 P 的拟合分布。对于一个离散随机变量的两个概率分布 P 和 Q 来说，它们的相对熵定义为

$$D(P\,\|\,Q)=\sum_{i=1}^{n}P(x_i)\log\frac{P(x_i)}{Q(x_i)}$$

5. 互信息

两个随机变量 X、Y 的互信息定义为 X、Y 的联合分布和各自独立分布乘积的相对熵，用 $I(X,Y)$ 表示。互信息是信息论里一种有用的信息度量方式，它可以看成是一个随机变量中包含的关于另一个随机变量的信息量，或者说是一个随机变量由于已知的另一个随机变量而减少的不确定性。

$$I(X,Y)=\sum_{x\in X}\sum_{y\in Y}P(x,y)\log\frac{P(x,y)}{P(x)P(y)}$$

互信息、熵和条件熵之间存在以下关系。

$$I(X,Y)=H(Y)-I(X,Y)$$

6. 最大熵模型

最大熵原理是概率模型学习的一个准则，它认为学习概率模型时，在所有可能的概率分布中，熵最大的模型是最好的模型。通常用约束条件来确定模型的集合，所以最大熵模型原理也可以表述为：在满足约束条件的模型集合中选取熵最大的模型。

前面我们知道，若随机变量 X 的概率分布是 $P(x_i)$，则其熵定义为

$$H(X)=-\sum_{i=1}^{n}P(x_i)\log P(x_i)=\sum_{i=1}^{n}P(x_i)\frac{1}{\log P(x_i)}$$

式中，$0\leqslant H(X)\leqslant\log|X|$，$|X|$ 是 X 的取值个数，当且仅当 X 的分布是均匀分布时，右边的等号成立。也就是说，当 X 服从均匀分布时，熵最大。

四、范数

1. 向量范数

1-范数是向量元素绝对值之和。

$$\|x\|_1=\sum_{i=1}^{N}|x_i|$$

2-范数也称范数(欧几里得范数，常用于计算向量长度)，即向量元素绝对值的平方和再开方。

$$\|x\|_2=\sqrt{\sum_{i=1}^{N}x_i^2}$$

∞-范数是所有向量元素绝对值中的最小值。

$$\|x\|_\infty = \max_i |x_i|$$

P-范数是向量元素绝对值的 p 次方和的 $1/p$ 次幂。

$$\|x\|_p = (\sum_{i=1}^{N} |x_i|^p)^{\frac{1}{p}}$$

2. 矩阵范数

1-范数也称列和范数，即所有矩阵列向量绝对值之和的最大值。

$$\|A\|_1 = \max_j \sum_{i=1}^{m} |a_{ij}|$$

2-范数为

$$\|A\|_2 = \sqrt{\lambda}$$

其中 λ 为 $A^\mathrm{T}A$ 的最大特征值。

∞-范数也称行和范数，即所有矩阵行向量绝对值之和的最大值。

$$\|A\|_\infty = \max_i \sum_{j=1}^{N} |a_{ij}|$$

F-范数也称 Frobenius 范数，即矩阵元素绝对值的平方和再开方。

$$\|A\|_F = (\sum_{i=1}^{m} \sum_{j=1}^{n} |a_{ij}|^2)^{\frac{1}{2}}$$

参 考 文 献

[1] SMEULDERS A W M, WORRING M, SANTINI S, et al. Content-based image retrieval at the end of the early years [J]. IEEE transactions on pattern analysis and machine intelligence, 2000, 22(12): 1349-1380.

[2] 高净植, 刘祎, 张权, 等. 改进深度残差卷积神经网络的 LDCT 图像估计[J]. 计算机工程与应用, 2018,54(16): 203-210,219.

[3] 黄祥林, 沈兰荪. 基于内容的图像检索技术研究[J]. 电子学报, 2002,30(07):1065-1071.

[4] LECUN Y, BENGIO Y, HINTON G. Deep learning [J]. Nature, 2015,521: 436-444.

[5] 林嘉宇, 刘荧. RBF 神经网络的梯度下降训练方法中的学习步长优化[J]. 信号处理, 2002,18(01):43-48.

[6] 陈建廷, 向阳. 深度神经网络训练中梯度不稳定现象研究综述[J]. 软件学报, 2018,29(07): 2071-2091.

[7] DENG L. The MNIST database of handwritten digit images for machine learning research [J]. IEEE signal processing magazine, 2012,29(06):141-142.

[8] 李文书, 何芳芳, 钱沄涛, 等. 基于 Adaboost-高斯过程分类的人脸表情识别[J]. 浙江大学学报(工学版), 2012,46(01):79-83.

[9] BAO L, WU C, BU X, et al. Performance modeling and workflow scheduling of microservice-based applications in clouds[J]. IEEE transactions on parallel and distributed systems, 2019,30(09): 2114-2129.

[10] YUN D, WU C Q, ZHU M M. Transport-support workflow composition and optimization for big data movement in high-performance networks[J]. IEEE transactions on parallel and distributed systems, 2017, 28(12):3656-3670.

[11] KRAUSE A, GOLOVIN D. Submodular function maximization[M]. // Tractability: practical approaches to hard problems. Cambridge: Cambridge University Press, 2014:71-104.

[12] SU X C, JIN X G, MIN Y, et al. A curve shaped description of large networks, with an application to the evaluation of network models[J]. PloS one, 2011,6(05): 1-12.

[13] LI W S, LUO J H, LIU Q G, et al. Iterative regularization method for image denoising with adaptive scale parameter [J]. Journal of southeast University (English Edition), 2010,26(03): 453-456.

[14] PEDREGOSA F, VAROQUAUX G, GRAMFORT A，et al. 2011. Scikit-learn: Machine learning in python[J]. Journal of machine learning research, 2011,12: 2825-2830.

北大版·本科电气类专业规划教材

图文案例

精美课件

在线答题

课程平台

教学视频

部分教材展示

大数据导论

信号与系统（第2版）

自动控制原理（第2版）

模拟电子技术（第2版）

电路与模拟电子技术（第2版）

电工技术（第2版）

现代电子系统设计教程（第3版）

物理光学理论与应用（第3版）

光纤通信（第2版）

电子工艺实习（第2版）

大数据处理

集成电路版图设计（第2版）

光电技术应用

电子技术综合应用

传感与检测技术及应用

新能源与分布式发电技术（第2版）

激光技术与光纤通信实务

数字图像处理及应用

扫码进入电子书架查看更多专业教材，如需
申请样书、获取配套教学资源或在使用过程
中遇到任何问题，请添加客服咨询。

北大版·计算机专业规划教材

精美课件

图文案例

配套代码

课程平台

教学视频

本科计算机教材

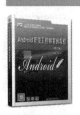    

高职计算机教材

扫码进入电子书架查看更多专业教材，如需申请样书、获取配套教学资源或在使用过程中遇到任何问题，请添加客服咨询。